Fisiología vegetal

Fisiología vegetal

Fundamentos moleculares y bioquímico-fisiológicos del metabolismo y el desarrollo

Dieter Hess

270 ilustraciones

Ediciones Omega, S. A. - Casanova, 220 - Barcelona-36

Dieter Hess, nacido en 1933 en Karlsruhe. Estudios de biología y químic en Friburgo de Br. y Tubinga. Se doctora en 1957 en botánica con F. Oehl kers en Friburgo. Asistente en el Instituto Botànico de la universidad d Friburgo de 1957 a 1961. Estudia bioquímica con F. Lynen en Munich Habilitación en 1961. De 1962 a 1967 es colaborador en el Instituto Ma Planck para zootecnia, departamento de genética, con J. Straub, en Co lonia. Varios encargos en universidades extranjeras. Desde 1967 tiene l cátedra de Fisiología botánica del desarrollo en la universidad de Hohen heim. Principales campos de trabajo: biología molecular del desarrollo d las plantas superiores, en particular genética experimental.

La edición original de esta obra ha sido publicada en alemán por la editorial Eugen Ulmer, de Stuttgart, Alemania, con el título

PFLANZENPHYSIOLOGIE

Traducido por
Mercè de Simón
Licenciada en Ciencias Biológicas

ISBN 84-282-0571-X

Depósito legal: B. 472-1980

Printed in Spain

Imprenta Juvenil, S. A. - Maracaibo, 11 - Barcelona-30

A mi madre

PREFACIO

En los pasados años, la biología molecular ha penetrado en todos los campos de la botánica. Esto es válido muy especialmente para la fisiología vegetal. En el presente libro, se ha intentado dar una iniciación a la fisiología del metabolismo y fisiología del desarrollo de las plantas superiores, partiendo de datos moleculares. Expondremos el metabolismo, partiendo de la función heterocatalítica del DNA, en los diez primeros capítulos, y el desarrollo, partiendo de la función autocatalítica del DNA, en los siguientes nueve capítulos, prescindiendo de varios complementos de orientación fisiometabólica. Ambas esferas de la fisiología vegetal están tan estrechamente relacionadas, que una exposición integrada de este tipo no sólo nos pareció posible, sino incluso deseable.

Contrariamente que en otras exposiciones, se ha intentado al menos tratar *equilibradamente* el metabolismo y el desarrollo. Sobre todo se ha tratado adecuadamente, por lo menos hasta cierto punto, las llamadas sustancias vegetales «secundarias», que no sólo son de esencial interés para los biólogos, sino también para farmacéuticos, técnicos de medios alimentarios y agricultores. Es lógico que lo amplio del tema exigiera una nueva versión.

El libro está pensado para principiantes. Consecuentemente, ha debido de ser simplificado en parte. Sin embargo, no podía renunciarse a mencionar hipótesis avanzadas, pues también el principiante debería experimentar basándose en determinados datos, ya que primero se establecen hipótesis de trabajo, que luego pueden comprobarse o refutarse.

En este contexto surge la cuestión de qué conocimientos cabría esperar del principiante antes mencionado. Éste debería disponer de un buen manual de botánica general, como el *Nultsch*. ¡Nuestro principiante no sólo debe tener los libros, sino también trabajar con ellos! Pero, sobre todo, el biólogo ya en el primer semestre, debería tener como asiduo acompañante el libro «Bioquímica», de A. L. Lehninger. Esto de ningún modo significa que tenga que dominar el tema que allí se trata, pero sin embargo debería ir repasando siempre y así irse familiarizando poco a poco con éste. Para no sobrepasar el marco del libro respecto al volumen y al precio, se tuvo que renunciar a una descripción de la metodología, a excepción de breves referencias. Debido a esto, existen indicaciones en cada manual de orientación bioquímica y también sucintas introducciones en forma de libro, como por ejemplo «Tools of Biology», de E. S. LENHOFF. El autor espera que su libro pueda ser de utilidad no sólo para los estudiantes de biología y de disciplinas con ella relacionadas, que estén en su primer semestre, sino también para los cuerpos docentes de escuelas superiores, que quisieran informarse sobre los nuevos avances en el campo de la fisiología vegetal y también tener en cuenta en la enseñanza el actual estado del asunto.

El autor quisiera dar las gracias de todo corazón a su editor, el señor ROLAND ULMER, y a sus colegas por su excelente colaboración, así como al señor EKKEHART VOLK por su esmero en la realización de los dibujos. Mi agradecimiento también a mi mujer e hija, que mostraron una total comprensión por el «trabajo a horas extraordinarias».

Al final de este prefacio he de expresar un deseo: quisiera que a los científicos de las Universidades alemanas, tanto ahora como en el futuro, no se les impidiera colaborar activamente en la explicación de las que son para todos nosotros cuestiones centrales de la moderna biología, por decisiones de una política orientada a corto plazo.

Stuttgart-Hohenheim

DIETER HESS

Prefacio a la cuarta edición

El hecho de que una edición se haya agotado con halagüeña rapidez, por lo general no indica nada: el autor y naturalmente también el editor, se alegran realmente de que su libro haya encontrado nuevos amigos. En esta nueva edición, primeramente se han corregido las inevitables faltas de cada edición —¡esperando que no se cometan nuevos errores!— y además de insignificantes complementos, se dan también complementos más voluminosos. El ciclo C_4 de los ácidos dicarboxílicos y el ciclo diurno de los ácidos en las plantas suculentas se han expuesto comparativamente, tomando en cuenta esencialmente la compartimentación. Se incluyó un capítulo sobre fotorrespiración. Los párrafos de orientación biomolecular consideran los avances más importantes habidos desde la última edición. El autor quisiera dar las gracias a muchos colegas y estudiantes por su estímulo, y espera también, de aquí en adelante, su ayuda en la estructuración de este libro.

Stuttgart-Hohenheim

DIETER HESS

ÍNDICE DE MATERIAS

CONTROL DE LOS CARACTERES A TRAVÉS DE LOS ÁCIDOS NUCLEICOS

El desarrollo de una planta es una sucesión de formaciones de caracteres: una semilla germina, origina un brote radicular, desarrolla los cotiledones, forma hojas del brote y hojas sucesivas, procede a la floración y lleva finalmente de nuevo al fruto y las semillas (fig. 1). Cada formación de caracteres consta de numerosas cadenas de reacciones químicas interrelacionadas. Todas estas cadenas de reacciones y también el desarrollo de caracteres están regidos genéticamente. Por ello preguntamos primero qué sustancias forman el material genético y cómo intervienen en la formación de caracteres.

1. Constitución química de los ácidos nucleicos

En los primeros 30 ó 40 años de este siglo, se demostró a través de pequeños trabajos llenos de esfuerzo, que el material genético de los organismos superiores nucleados, está localizado en primer lugar en los cromosomas del núcleo celular. Además se encuentra material genético en menor cuantía en algunos organelos citoplasmáticos, esto es, en los plástidos de las plantas y en los mitocondrios. Coloquemos en un primer plano de nuestra consideración, en relación con su importancia, el material genético localizado en los cromosomas del núcleo. Los cromosomas constan en su mayoría de proteínas y ácidos nucleicos. Las proteínas se separan en proteínas no histónicas y en proteínas básicas o histonas. Además existen aún proteínas enzimáticas con funciones determinadas. El segundo grupo en importancia de componentes cromosómicos, los ácidos nucleicos, fueron descubiertos por el suizo MIESCHER en Tübingen hace 100 años y son los portadores de la información genética. Dejemos de momento la demostración de este hecho y ocupémonos primero de la estructura química de estos ácidos nucleicos.

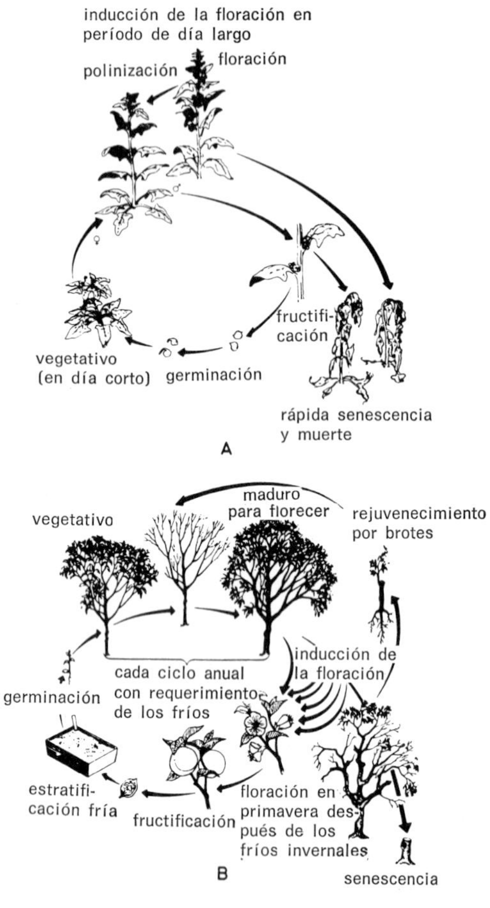

FIG. 1. Esquema del desarrollo de una planta herbácea (A) y una planta leñosa (B). La espinaca (A) germina bajo condiciones de luminosidad determinadas, se desarrolla formando una planta vegetativa y luego durante el período de días largos pasa a la floración. Después de dar el fruto, la planta perece.
El melocotonero (B) germina después de una estratificación fría y se desarrolla entonces hasta convertirse en un árbol. Después de 1 a 3 años, la fase vegetativa termina y la planta está madura para la floración. Después de la acción de los fríos invernales, la planta florece y fructifica. Este ciclo anual se repite, siendo siempre los fríos la condición indispensable para la floración. Gradualmente el árbol envejece y después de un largo estadio de senescencia muere. Es posible un rejuvenecimiento mediante brotes del tocón (según JANICK et al. 1969).

a. **Elementos básicos de los ácidos nucleicos** (fig. 2, tabla 1)

Todos los ácidos nucleicos están formados principalmente por tres grupos de sustancias: bases cíclicas que contienen nitrógeno, pentosas, que son azúcares con 5 átomos de carbono y fosfatos inorgánicos. Según las bases y azúcares que participan en la construcción de los ácidos nucleicos, se diferencian los dos grandes grupos de ácidos desoxirribonucleicos (DNA) y ácidos ribonucleicos (RNA). Cada uno de ambos grandes grupos es en sí heterogéneo. No existe un solo DNA, sino incontables y diferentes clases de DNA y no existe un solo RNA, sino 3 grandes subgrupos de RNA que se dividen otra vez en numerosos y distintos tipos.

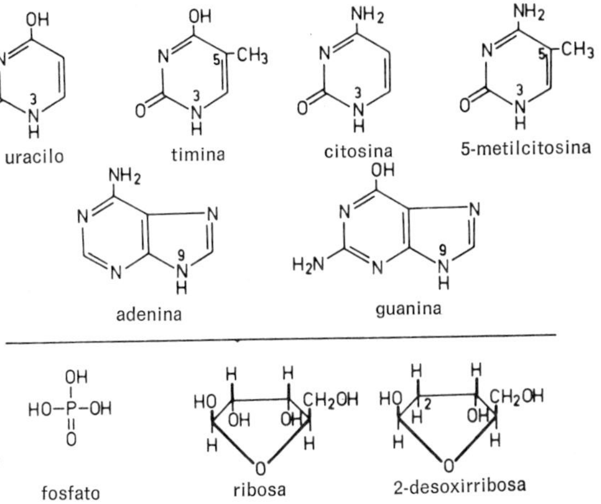

FIG. 2. Los sillares de los ácidos nucleicos.

Las bases sillares del DNA son las bases purínicas, adenina y guanina y las bases pirimidínicas, citosina y timina. La pentosa del DNA es la 2-desoxirribosa.

El RNA lleva igualmente las bases purínicas, adenina y guanina, y la base pirimidínica citosina. La segunda base pirimidínica no es sin embargo la timina, sino el uracilo. También la pentosa es otra: el RNA contiene ribosa.

A las bases mencionadas se añade aún una serie de bases más raras. De ellas hay que mencionar la 5-metilcitosina, ya que aún siendo rara, aparece relativamente a menudo en el DNA de las plantas superiores.

Establezcamos otra vez claramente en qué elementos básicos se diferencian el DNA y el RNA entre sí: el DNA contiene la base pirimidínica timina, y el RNA en vez de ésta, contiene la base pirimidínica uracilo. La pentosa del DNA es la 2-desoxirribosa y la del RNA, la ribosa.

TABLA 1. Designaciones de los nucleósidos y nucleótidos en el DNA y RNA. ph = fosfato, d = desoxi (frecuentemente se deja, cuando claramente ha de tratarse de enlaces d).

Base	Abreviaturas	RNA	
		Nucleósido	Nucleótido
Timina	T	—	—
Citosina	C	Citidina	Citidín-5′-ph
Uracilo	U	Uridina	Uridín-5′-ph
Adenina	A	Adenosina	Adenosín-5′-ph
Guanina	G	Guanosina	Guanosín-5′-ph

Base	Abreviaturas	DNA	
		Nucleósido	Nucleótido
Timina	T	d-timidina	d-timidín-5′-ph
Citosina	C	d--citidina	d-citidín-5′-ph
Uracilo	U	—	—
Adenina	A	d-adenosina	d-adenosín-5′-ph
Guanina	G	d-guanosina	d-guanosín-5′-ph

b. Nucleósidos, nucleótidos, polinucleótidos (fig. 3)

Los tres tipos de elementos básicos nombrados: las bases, las pentosas y los fosfatos, forman según leyes establecidas, los ácidos nucleicos. La base puede estar unida con la pentosa a través de uno de sus átomos de nitrógeno y el compuesto resultante se denomina nucleósido. Se une luego un hidroxilo de la pentosa a un fosfato inorgánico, obteniéndose así un nucleótido. Finalmente muchos nucleótidos se reúnen formando polinucleótidos. La unión entre los nucleótidos se realiza a través del fosfato.
Nos preguntamos aún qué grupos funcionales participan en el éxito de esta unión. En la formación de un nucleósido, un hidrógeno del nitrógeno 3 de una base pirimidínica o del nitrógeno 9 de una base purínica, reacciona con el grupo hidroxilo del átomo de carbono 1 de la pentosa, desprendiéndose agua. La química de los hidratos de carbono nos enseña que este hidro-

FIG. 3. Estructura de los nucleósidos, nucleótidos y polinucleótidos.

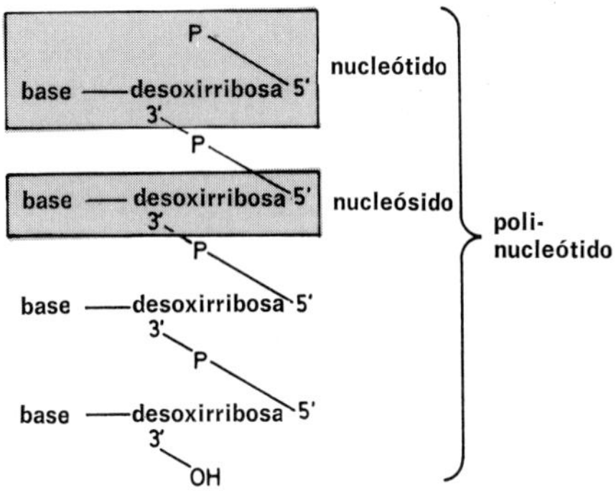

xilo en el átomo de carbono 1, es un hidroxilo glicosídico. El nucleósido es, según esto, un N-glicósido.
La formación del nucleótido resulta de un enlace éster entre el hidroxilo del átomo de carbono 5 de la pentosa y el fosfato. El nucleótido es entonces el éster fosfoácido del correspondiente nucleósido.
Aún nos quedan las uniones entre los nucleótidos; el hidroxilo en el átomo de carbono 3′ de la correspondiente pentosa reacciona produciendo agua, con un hidroxilo del ácido fosfórico del nucleótido siguiente.
Los polinucleótidos son largos filamentos con polaridad visible. Ésta reside en que siempre encontramos la secuencia pentosa-3′-fosfato-5′-pentosa-3′, o viceversa, según por qué extremo se empiece a contar. Al principio de una cadena semejante hay un nucleótido con un resto fosfato en el átomo de carbono 5′ y al final de ella un nucleótido con un hidroxilo libre en el átomo de carbono 3′.

c. **Modelo de Watson y Crick del DNA** (fig. 4)

El filamento de polinucleótidos del DNA es simple únicamente en algunos casos. La regla general es que dos filamentos sencillos de DNA se reúnen formando un doble filamento en forma de hélice. Esto fue propugnado por WATSON y CRICK en 1953, siendo para ello una ayuda esencial las radiografías de la estructura del DNA de WILKINS. WATSON y CRICK propusieron un modelo de la estructura del DNA que lleva su nombre. En este modelo el DNA forma un filamento bicatenario, una doble hélice. En la formación de esta hélice participan dos filamentos de DNA con polaridad opuesta. En el extremo de la hélice donde se encuentra el final 3′-hidroxilo de un filamento de DNA, se

FIG. 4. Modelo de DNA de WATSON y CRICK.

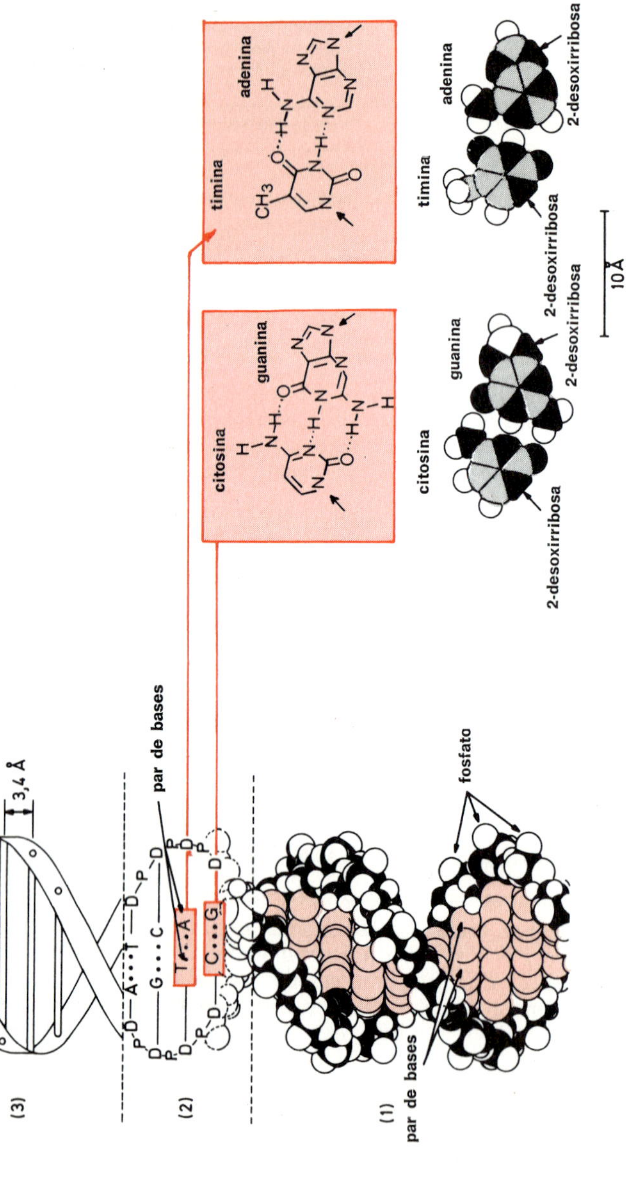

encuentra también el extremo 5'-fosfato del otro. Ambos filamentos se mantienen unidos a través de puentes de hidrógeno entre las bases purínicas y pirimidínicas. Estas bases se hallan en el eje central de los filamentos, que están formados por secuencias azúcar-fosfato. De aquí surge la posibilidad de que se formen puentes de hidrógeno entre las bases de ambos filamentos. Se habla entonces de apareamiento de bases. Este apareamiento de bases sigue una estricta regla, que se ha denominado ley del apareamiento de bases. Esto es, se aparea siempre una citosina, o bien una metilcitosina de un filamento con una guanina del otro, y una timina con una adenina, respectivamente. Entre la citosina o 5-metilcitosina y la guanina pueden formarse 3 puentes de hidrógeno, y entre la timina y la adenina pueden formarse 2. La ley del apareamiento de bases implica que ambos filamentos de DNA sean complementarios en su secuencia de bases.
Resumamos de nuevo lo más importante: el modelo del DNA de Watson y Crick consta de dos filamentos de DNA sencillos, complementarios, de polaridad opuesta, en forma de hélice, y unidos entre sí mediante enlaces de hidrógeno entre determinados pares de bases. Esta doble hélice se denomina la doble hélice de DNA.

2. Demostraciones directas del papel de los ácidos nucleicos como portadores de la información genética

Con los datos que poseemos, discutamos la pregunta de si los ácidos nucleicos pueden ser los portadores de la información genética o no. Los experimentos de transformaciones y transfecciones con ácidos nucleicos aislados, aportaron demostraciones directas al respecto.

a. Transformaciones (trasplantes de genes)

AVERYS en el año 1944 fue el iniciador de la era de la genética molecular con sus experimentos de transformación. Objeto de sus experimentos fueron los neumococos, o sea, las bacterias que son conocidas entre otras como causantes de inflamaciones pulmonares. De estos neumococos, hay cepas en las que cada bacteria está rodeada de una cápsula de polisacáridos. La cápsula protege a las bacterias del ataque de enzimas del organismo invadido, por lo que pueden multiplicarse en el organismo huésped, siendo así causantes de enfermedades virulentas. Al cultivar neumococos capsulados de este tipo en placas de Petri, forman colonias de superficie lisa. Se habla entonces de bacterias

S o de cepas S (smooth = liso). Otras cepas de neumococos no poseen cápsula y en consecuencia no son tan virulentas. Sus colonias muestran una superficie rugosa, de aquí la denominación de bacterias R o cepas R (rough = rugoso).
AVERY transfirió DNA aislado de cepas S a cultivos de cepas R. Un pequeño tanto por ciento (en estos experimentos un 1 %) de las bacterias R así tratadas formaba cápsulas (fig. 5). Una vez adquirida la capacidad de formación de cápsulas, ésta se mantiene constante en las generaciones siguientes.

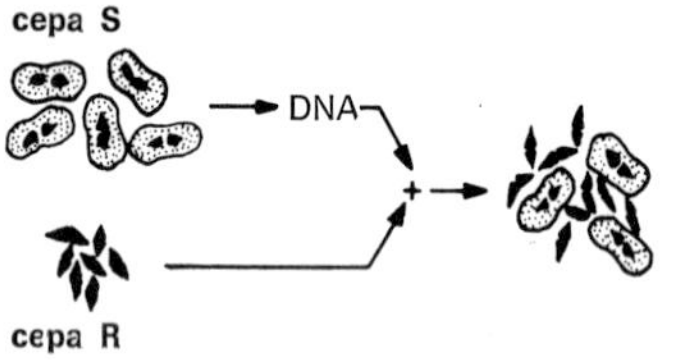

FIG. 5. Transformación en neumococos. DNA de las cepas S es transferido a algunas bacterias de la cepa R, que formarán cápsula como las bacterias de las cepas S (según KAUDEWITZ 1958).

Se consiguió pues transferir el gen para la formación de cápsula, y éste debía haberse encontrado en el DNA, con el cual las cepas R habían sido tratadas. Con ello se demostraba que el DNA puede ser el material genético.
Semejantes trasplantes de genes con la ayuda de DNA aislado, se llaman transformaciones y las bacterias o también otros organismos (abajo) genéticamente cambiados, transformantes. Las transformaciones fueron, mientras tanto, realizadas en un gran número de otras bacterias. Se consiguió, aparte de la capacidad de formación de cápsulas, transmitir otros muchos caracteres, como la capacidad de síntesis de determinados aminoácidos o la resistencia frente a diversos antibióticos. Se experimentaron transformaciones también en organismos superiores. El procedimiento era fundamentalmente el mismo que en las bacterias. Se partió de dos líneas puras que se diferenciaban entre sí en un determinado carácter; una línea poseía el carácter y con ello también los genes o el gen para la formación del carácter, la otra línea no poseía el carácter y con ello tampoco los genes correspondientes. De la primera línea, la donadora de DNA, se aisló DNA. Con él fueron tratados individuos de la segunda línea, la receptora de DNA.
Las transformaciones han tenido éxito hasta ahora en cultivos de células animales, humanas y vegetales, pero también en algunos organismos completos (en la mosca de vinagre *Drosophila*, el abejorro *Bombyx*, la efestia *Ephestia*, y entre las plantas, en las petunias y quizás también en la crucífera *Arabidopsis*). Tratemos brevemente los múltiples experimentos con petunias.
El receptor de DNA era una línea pura de *Petunia hybrida*, la

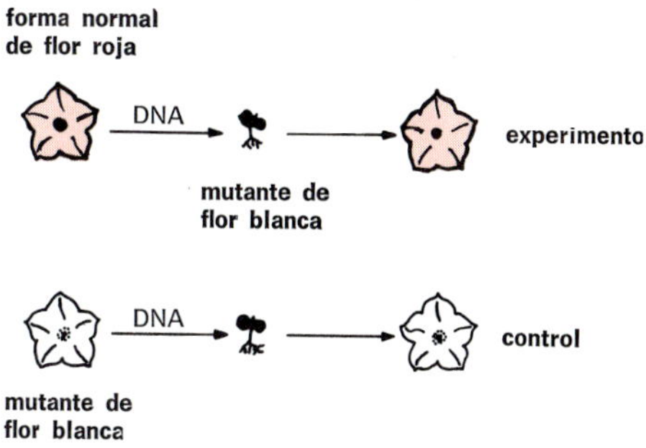

FIG. 6. Transformación en petunias. Se tratan brotes de un mutante de flor blanca con DNA de una forma normal de flor roja. Algunos de los mutantes así tratados, más tarde dan flores rojas. La capacidad de formar pigmentos rojos (antocianos) se mantiene constante a lo largo de la multiplicación tanto vegetativa como sexual. Como control se trataron mutantes de flor blanca con su propio DNA. Sus flores aparecían blancas, con algunas excepciones, en las que factores extraños incontrolados habían inducido una pequeña síntesis de antocianos. Esta insignificante síntesis de antocianos no se conservaba ni en la multiplicación vegetativa ni en la sexual.

cual había perdido por mutación la capacidad de síntesis de pigmento floral rojo (antociano), y cuya flor era blanca. Brotes germinativos de estos mutantes de flor blanca, fueron tratados con DNA de una línea de flor roja, o sea, portadora de antocianos. Una parte de las plantas tratadas tenían más tarde las flores de color rojo claro o rojo oscuro. La capacidad de síntesis de antocianos adquirida se mantenía en las siguientes generaciones (fig. 6). Toda la apariencia era de que el DNA del gen para la síntesis de antocianos había sido transferido de la línea de flor roja a los mutantes de flor blanca. Esta interpretación es apoyada por un gran número de experimentos complementarios.

Sin duda, la frecuencia de transformación del 0,06 % es muy pequeña. Además sólo tuvieron éxito unos cinco o seis experimentos. El proceso de demostración no se ve facilitado con ello. Una razón para el fracaso de muchos experimentos de trasplante de genes en plantas superiores, debería ser que la macromolécula de DNA sólo puede atravesar la barrera de la pared celular en contadas ocasiones. En consecuencia, se ha empezado a trabajar con protoplastos vegetales, o sea, células vegetales sin pared celular. La demostración de la incorporación de DNA en protoplastos aislados podría así obtenerse rápidamente. Aún no se tienen datos seguros de transformaciones con protoplastos que hayan tenido éxito. Otra causa de los fracasos de experimentos de transformación debería ser que el DNA aislado no es muy estable y que, además de esto, está abandonado sin protección alguna al ataque de enzimas. Se propuso ya hace años incorporar DNA exógeno empaquetado dentro de la proteína vírica.

El primer experimento de este tipo lo llevó a cabo con éxito MERRIL en fibroblastos humanos. En 1973 DOY, GRESSHOFF y ROLFE informaron sobre experimentos análogos en cultivos de tejidos del tomate entre otros. Estos cultivos no son capaces de crecer en un sustrato que contiene por ejemplo lactosa, un disacárido de galactosa y glucosa, como fuente de hidratos de carbono. La lactosa ha de ser primeramente disociada por el enzima β-galactosidasa en sus dos componentes, de los cuales, la glucosa alimentará el metabolismo. La β-galactosidasa de la planta trabaja muy débilmente, de manera que no hay glucosa disponible. Los cultivos de tejidos fueron infectados con fagos Φ que contenían material genético para la síntesis de β-galactosidasa. Los fagos Φ fueron tomados de bacterias de *E. coli* y el resultado fue que los tejidos de tomate crecían también en sustratos de lactosa (fig. 7). Experimentos enzimáticos e inmunológicos mostraron que en los tejidos vegetales se formaba la β-galactosidasa bacteriana. Los cultivos de tejidos estaban completamente exentos de bacterias. No hay pues duda posible de que el gen bacteriano para la síntesis de β-galactosidasa había sido transferido de los fagos a las células vegetales y que allí se manifestaba totalmente.

Desde un punto de vista general, la demostración directa del

FIG. 7. Transferencia de genes para la síntesis de β-galactosidasa en células vegetales, con la ayuda de fagos. Por lo general los tejidos de tomate crecen mal en medios de cultivo con lactosa como fuente de hidratos de carbono (en el centro). Se añaden fagos Φ 80 que llevan consigo el gen bacteriano para la síntesis de β-galactosidasa, con lo que las células del tomate empiezan la síntesis de β-galactosidasa y con ello el desdoblamiento y utilización de la lactosa y el crecimiento (a la derecha). El fago sin el gen bacteriano para la síntesis de β-galactosidasa no tiene efecto — uno de los controles necesarios (a la izquierda). Experimentos del Dr. P. GRESSHOFF.

papel del DNA como material genético en las plantas superiores, basada en las transferencias de genes, a pesar de estos descubrimientos, no está aún sobre terreno seguro. Sin embargo, los descubrimientos en virus y microorganismos, y una gran profusión de material demostrativo, no dejaron duda sobre que el DNA puede funcionar como material genético también en las plantas superiores.

b. Transfecciones

Se habla de transfecciones cuando se llevan a cabo infecciones víricas con ácidos nucleicos aislados de virus. Las transfecciones tuvieron éxito con DNA de bacteriófagos (bacteriófagos son los virus de las bacterias) y también con ácidos nucleicos de otros virus que atacan a células de organismos superiores. Como ejemplo describiremos una transfección con el RNA del virus del mosaico del tabaco.

El virus del mosaico del tabaco consta de una cubierta proteínica que encierra el RNA. Las hojas de tabaco infectadas con este virus no son ya de color verde normal, sino que forman un mosaico verde claro y verde normal, de aquí el nombre del virus. Se puede preparar el RNA del virus a partir de virus del mosaico del tabaco aislado. Se frotan hojas de tabaco con ellos y así el RNA penetra en las células de la hoja por pequeñas heridas, quizás a través de pelos quebrados. En las células se multiplica el RNA del virus e induce fuera de éstas a la formación de las proteínas de la cápsula específica del virus. Finalmente, se forman a partir del RNA y de estas proteínas, partículas víricas completas, que pueden atacar a otras células. En las hojas de la planta se forma entonces el mosaico verde característico. El RNA del virus del mosaico del tabaco contiene pues la información genética de su propia reduplicación y de la formación de proteínas específicas del virus.

Las transfecciones de este tipo demuestran únicamente que los ácidos nucleicos empleados son el material genético de los virus respectivos. Sin embargo, estos ácidos nucleicos se sitúan en el metabolismo celular en el lugar de los ácidos nucleicos de la propia célula, el DNA y RNA. En el lugar del propio programa genético encerrado en los ácidos nucleicos, entra ahora el de los ácidos nucleicos del virus. Esto se realiza por el mismo mecanismo que el programa de la propia célula antes de la transfección. El hecho de que la célula pueda trabajar con los ácidos nucleicos implantados, es un indicio de que también en las células normales los ácidos nucleicos son los portadores de la información.

3. Función heterocatalítica del DNA:

Transcripción y traducción

Siendo el DNA el material genético, ha de llevar a cabo su propia reduplicación. Sólo con la base de una reduplicación idéntica puede explicarse que el material se transmita constante de célula a célula, de organismo a organismo. Refiriéndose a este engranaje se habla de *función autocatalítica del DNA*. Volveremos a hablar de ella al tratar de la división celular.
De momento, otro requisito que hemos de establecer sobre el DNA resulta más importante: si éste constituye el material genético, ha de poder intervenir en la formación de caracteres; se habla entonces de *función heterocatalítica del DNA*. Ya que los caracteres visibles dependen en última instancia de determinadas transformaciones químicas, podemos seguir circunscribiéndonos y esperar del DNA que rija reacciones químicas. Es sobradamente conocido que en el organismo vivo semejantes transformaciones están catalizadas por enzimas. Y aquí está también uno de los inconvenientes del DNA: que éste puede iniciar la formación de enzimas.
Más tarde veremos que el material genético no sólo interviene en la formación de caracteres a través de la formación de enzimas. Dado que en el siguiente capítulo se estudia el metabolismo de las plantas, queremos tratar con primacía el tema de la relación entre el DNA y la síntesis de enzimas.

a. Concepto de genética molecular

El concepto de genética molecular puede resumirse de la siguiente manera (fig. 8): Cada gen es un trozo determinado de DNA. En los organismos superiores, este DNA está localizado en los cromosomas del núcleo celular e induce la formación de RNA, el cual es específico para el correspondiente trozo de DNA. A cada trozo de DNA, esto es, a cada gen, le corresponde un determinado RNA que emigra del núcleo a los ribosomas del citoplasma, donde actúa de patrón para la síntesis de polipéptidos, correspondiendo cada RNA a un determinado polipéptido.
En otras palabras: la información genética contenida en el DNA es transmitida al citado RNA. El paso del DNA al RNA se llama *transcripción*. El RNA transfiere entonces la información genética como un mensajero a los ribosomas del citoplasma y por ello se le denomina RNA mensajero o *mRNA*. La informa-

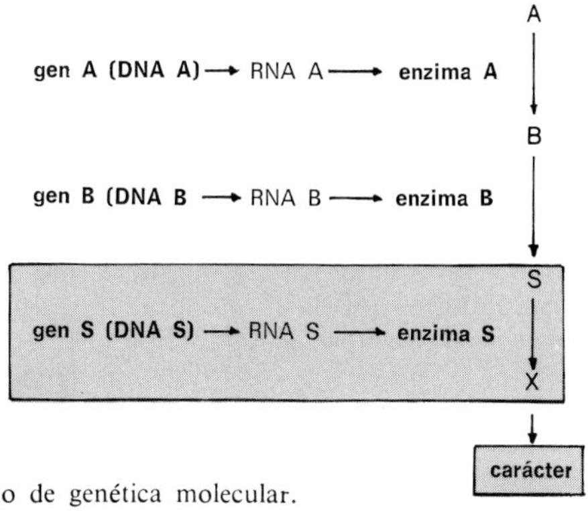

FIG. 8. Concepto de genética molecular.

ción genética almacenada en el mRNA es interpretada en los ribosomas y empleada en la síntesis de polipéptidos. Este segundo paso del mRNA al polipéptido se denomina *traducción.* El resultado de la transcripción y traducción es que cada gen finalmente produce un determinado polipéptido. Este último puede —no debe— ser una proteína enzimática, que caracteriza una determinada reacción metabólica. Por lo general, muchas proteínas enzimáticas que son regidas por el DNA actúan conjuntamente, hasta que finalmente se llega a la formación de un determinado carácter.

La información genética se transmite pues del DNA a los polipéptidos a través del mRNA. La ciencia que trata de este flujo de información entre macromoléculas, es la *genética molecular.*

b. El código genético

Hemos hablado ya del flujo de información genética entre macromoléculas. Con ello se plantea la siguiente pregunta: ¿de qué forma está contenida la información genética en estas macromoléculas? Y también, ¿cómo se representa *el código genético*?

Las letras del código genético son los nucleótidos. Cada tres de estos nucleótidos (triplete de nucleótidos) forman una palabra del código o *codón.* Se trata pues de un código terciario. Hemos hablado ya de dos ácidos nucleicos que intervienen en la transmisión de la información genética, el DNA y el mRNA. A qué se llama codón, ¿a un triplete de nucleótidos en el DNA o a un triplete en el mRNA?

El código genético fue determinado entre otros mediante experimentos con ácidos ribonucleicos sintéticos. Con este método se hizo comprensible que como codón se designa un triplete de nucleótidos en un mRNA, capaz de la estructuración de un polipéptido a partir de determinados aminoácidos. Las investigaciones comenzaron con NIRENBERG y MATTHAEI, que crearon, en un sistema libre de células que contenía todos los factores necesarios para la síntesis de polipéptidos, un mRNA sintético constituido sólo por nucleótidos de uracilo. Determinado por este «poli-U» se formaba un polipéptido que constaba únicamente de fenilalanina. Según el supuesto de un código terciario, el codón para la formación de un polipéptido a partir de la fenilalanina, debería ser UUU. Estudios posteriores, sobre todo los de KHORANA, que fueron muy acertados, en sistemas libres de células, llevaron a la conclusión de que se encontraban codones para todos los aminoácidos de las proteínas. Con esto se resolvió el código del RNA, al mismo tiempo que el código del DNA, como vamos a ver seguidamente.

1.ª base	2.ª base				3.ª base
	A	G	T	C	
A	Phe	Ser	Tyr	Cys	A
	Phe	Ser	Tyr	Cys	G
	Leu	Ser	(K-final)	-	T
	Leu	Ser	(K-final)	Tyr	C
G	Leu	Pro	His	Arg	A
	Leu	Pro	His	Arg	G
	Leu	Pro	GluN	Arg	T
	Leu	Pro	GluN	Arg	C
T	Ileu	Thr	AspN	Ser	A
	Ileu	Thr	AspN	Ser	G
	Ileu	Thr	Lys	Arg	T
	Met K-princ.	Thr	Lys	Arg	C
C	Val	Ala	Asp	Gly	A
	Val	Ala	Asp	Gly	G
	Val	Ala	Glu	Gly	T
	Val K-princ.	Ala	Glu	Gly	C

FIG. 9. Código genético. Se expone el código del DNA. Experimentalmente se conoció primero el código del mRNA, del cual se puede luego deducir el código del DNA. Cada palabra del código consta de tres bases. Por ejemplo AGC significa «colocación de serina en el lugar correspondiente en los polipéptidos en crecimiento». El código es degenerado, ya que para los mismos aminoácidos existe más de un codón. Palabras del código determinadas dan el comienzo (K-comienzo) y el final (K-final) de la cadena polipeptídica (según LYNEN 1969).

c. Transcripción

Vamos a tratar un poco más concretamente de la relación entre DNA, RNA y polipéptidos. Con ello se afinará nuestro burdo concepto de la transcripción y la traducción.
De los dos filamentos de la doble hélice de DNA, sólo uno de ellos es leído *in vivo* y se desconoce cómo se lleva a cabo con éxito la elección entre los dos filamentos. La lectura de la información genética tiene lugar de modo que el filamento de DNA sirve de matriz para la síntesis de un RNA complementario, o sea, del mRNA. La estructuración se lleva a cabo mediante el apareamiento de bases. En la síntesis del mRNA, a una adenina del DNA le corresponde un uracilo en el mRNA y a una guanina del primero, una citosina en el segundo y viceversa. Encontramos pues pares de bases semejantes a las que hay en los dos filamentos de una doble hélice de DNA, a excepción que en el mRNA entra un uracilo en vez de una timina.
Los tripletes de nucleótidos son también en el DNA las unidades determinantes (fig. 10). A un *codogen* del DNA le corres-

FIG. 10. Relación entre codogen en el DNA, codón en el mRNA y anticodón en el tRNA (modificado según HESS 1968).

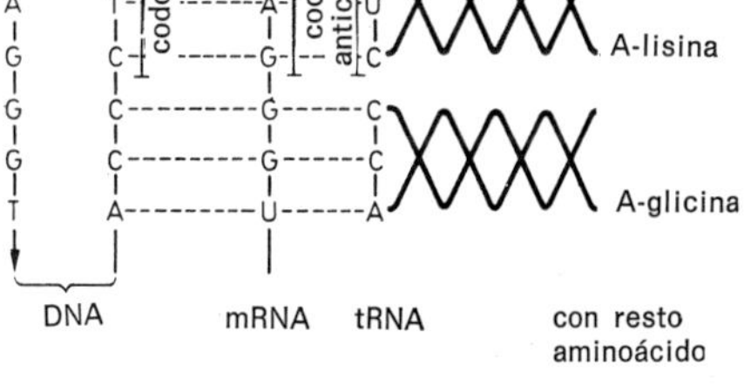

ponde siempre un codón complementario del mRNA, en el cual se ha de cambiar la timina por uracilo. La determinación del código del RNA significó pues al mismo tiempo la clarificación del código del DNA. Tratemos un poco más profundamente del mecanismo de síntesis del mRNA. El material constituyente no son nucleótidos o bases libres, sino nucleótidos-S-trifosfato. Éstos se ordenan según las reglas del apareamiento de bases, a lo largo de la matriz de DNA. Un enzima concreto dependiente del DNA, la *RNA-polimerasa,* escinde el pirofosfato de los trifosfatos y empalma los nucleósidos-5'-monofosfato resultantes = = nucleótidos, dando lugar al RNA. La RNA-polimerasa de *E. coli* está bien estudiada y se utiliza frecuentemente en experimentos. En las plantas superiores, las RNA polimerasas dependientes del DNA, como por ejemplo las de brotes de guisante y maíz han sido estudiadas a fondo.

$$\begin{matrix} n_1 \ ATP \\ n_2 \ GTP \\ n_3 \ UTP \\ n_4 \ CTP \end{matrix} \xrightarrow[\text{DNA}]{\text{RNA-polimerasa}} \text{RNA}\begin{cases} AMP_{n1} \\ GMP_{n2} \\ UMP_{n3} \\ CMP_{n4} \end{cases} + (n_1 + n_2 + n_3 + n_4)\ PP$$

d. Traducción

Tratemos pues el tema de la traducción, que es el tránsito del m-RNA a polipéptidos acabados. La traducción es más complicada que la transcripción. Los factores más importantes en el sistema de la traducción son:

Ribosomas + mRNA o polirribosomas
aminoacil-tRNA-sintetasas
ATP
tRNA
Mg^{++}
factores de la iniciación,
elongación y terminación

RIBOSOMAS Y POLIRRIBOSOMAS (POLISOMAS)

Los ribosomas son orgánulos más o menos redondeados, que constan aproximadamente en un 60 % de RNA y un 40 % de proteínas. En las bacterias, por ejemplo, en la ya muy estudiada *E. coli,* los ribosomas se caracterizaron por constantes de sedimentación 70 (ribosomas 70 S). Al retirar Mg^{++} de una suspensión de estos ribosomas, se disgregan en una subunidad mayor 50 S y en una subunidad menor 30 S. En las plantas superiores —y análogamente en animales— se encuentran dos tipos distintos de ribosomas. En las mitocondrias y en los plástidos se trata de ribosomas 70 S como en las bacterias. En el citoplasma, por el contrario, son ribosomas 80 S, los cuales por extracción de Mg^{++}, se disgregan en una subunidad 60 S y otra 40 S. Los ribosomas citoplasmáticos del guisante, que han sido bien estudiados, tienen forma de esferoide con ejes de 250 a 160 Å de longitud. El RNA de los ribosomas se denomina *rRNA* (RNA ribosomal) y constituye del 60 al 90 % del RNA celular. Los ribosomas 80 S del citoplasma se dividen en tres grupos: los rRNA 5 S, los rRNA 18 S y los rRNA 25 S, encontrándose estos últimos junto con los rRNA 5 S en la subunidad ribosomal mayor y los rRNA 18 S en la menor. Proporciones similares se han encontrado también en los ribosomas 70 S de las mitocondrias y plástidos, pero en éstos los valores de S de los grupos mayores de rRNA son algo menores (16 S y 23 S). El hecho de que en las células de las plantas superiores se encuentren dos grandes grupos de ribosomas, forma uno de los puntales de la llamada *hipótesis de los endosimbiontes.* Según esta teoría las mitocondrias fueron primero bacterias que se incorporaron como endosimbiontes en células nucleadas primitivas. Las algas azules (que respecto a sus ribosomas se comportan de forma parecida a las bacterias) o también las bacterias capaces de fotosíntesis, fueron incorporadas asimismo como endosimbiontes. A lo largo de la filogenia, existieron primero las bacterias, luego las recientes mitocondrias y las algas azules o bien las bacterias fotosintéticas, hasta llegar a los actuales plástidos. Trataremos algunos datos más de esta hipótesis vigente (págs. 20, 60, 104). Los *polirribosomas* son asociaciones entre mRNA y varios hasta muchos ribosomas. Los ribosomas están alineados en el mRNA como las cuentas de un collar. La mayoría de las veces se trata sólo de media docena de ellos. Las fotografías electrónico-ópticas de polirribosomas, muestran frecuentemente una estructura en espiral.

Los polirribosomas son el lugar de síntesis de los polipéptidos. Por lo menos en los organismos vivos la síntesis de polipéptidos debería darse principalmente en estos polirribosomas, y raramente en los ribosomas aislados.

Activación y transferencia de aminoácidos al tRNA

Antes de que los aminoácidos puedan ser utilizados en la síntesis de polipéptidos, han de ser primero activados. Como sucede la mayoría de veces en la célula viva, esta activación se lleva a cabo con la ayuda del almacenador de energía ATP. En una reacción acoplada de este tipo, los aminoácidos son transferidos a una molécula de un tercer tipo de RNA —hasta aquí hemos hablado del mRNA y del rRNA—, que se llama *tRNA* (RNA de transferencia). Ya trataremos más adelante de este tRNA. Primero demos una formulación resumida de la activación y transferencia:

1. Activación
   aminoácido + ATP + enzima = enzima-aminoacil-AMP + PP
2. Transferencia
   enzima-aminoacil-AMP + tRNA = aminoacil-tRNA + AMP + + enzima

En la activación se forma, mediante escisión de pirofosfato (PP), el monoadenilato del aminoácido, que queda unido al enzima catalizador. En la segunda reacción el resto aminoácido, esto es, el componente aminoacil, es transferido al tRNA, liberándose AMP y el enzima. Ambas reacciones son catalizadas por un complejo enzimático, al que se le ha puesto el bonito nombre de amino-acil-tRNA-sintetasa, porque da como producto final amino-acil-tRNA.

tRNA

La situación se hace más complicada que hasta ahora, ya que no sólo interviene un tRNA, sino por lo menos un tRNA y una sintetasa para cada aminoácido de la proteína. Ocupémonos más detenidamente de este tRNA.
Se trata de moléculas relativamente pequeñas, de unos 80 nucleótidos. A las bases sillares pertenecen muy frecuentemente pirimidinas y purinas raras, cuyas fórmulas no es necesario que conozcamos. Lo más probable es que haya un apareamiento de algunos segmentos del filamento de RNA consigo mismos, del cual pueden surgir estructuras en hoja de trébol. Todas las moléculas de tRNA conocidas llevan en su extremo final la misma secuencia de nucleótidos-CCA. En 1965 HOLLEY y sus colaboradores consiguieron conocer la secuencia de nucleótidos de un tRNA específico para el aminoácido alanina. Mientras tanto también se pudo averiguar las secuencias de nucleótidos de otros tipos de tRNA (fig. 11).
Cada tRNA posee tres regiones funcionales importantes:

1. Región de reconocimiento para la aminoacil-tRNA-sintetasa correspondiente.
2. Región de fijación de los aminoácidos.
3. Región reconocedora de las matrices o anticodón.

Con ayuda de la *región de reconocimiento para la aminoacil-tRNA-sintetasa,* el tRNA selecciona de entre los diferentes aminoácidos posibles, aquellos a cuya transferencia está sintonizado el correspondiente tRNA.
Un tRNA para la serina, por ejemplo, toma contacto en esta región con una sintetasa, que se ha unido a una serina y la ha activado. Cómo es en detalle esta región de reconocimiento y cómo funciona, está aún en el campo de la hipótesis. En todo caso, el aminoácido atrapado es llevado a la *región de fijación.* Esta región de fijación de aminoácidos es en todos los tipos de tRNA el extremo CCA de la molécula anteriormente mencionada.

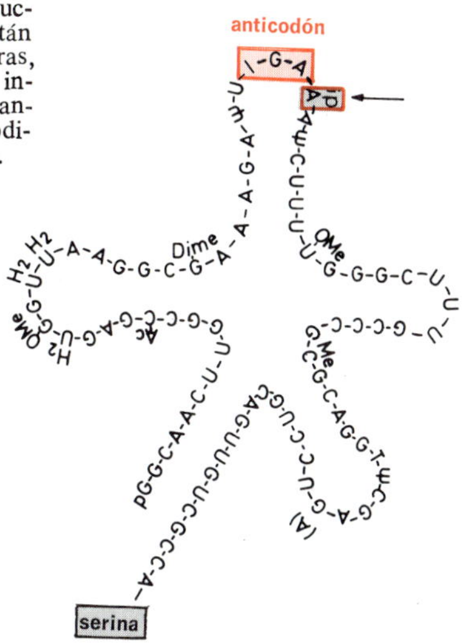

FIG. 11. Modelo estructural del serín-tRNA. En la estructura de hoja de trébol están contenidas muchas bases raras, por ejemplo I = inosina o inmediatamente al lado del anticodón IPA (pág. 247) (modificado según ZACHAU 1966).

TRADUCCIÓN EN EL RIBOSOMA

Vayamos ahora a la traducción en sentido propio, o sea a la síntesis de polipéptidos. Primeramente trataremos de cómo transcurre la traducción en un ribosoma aislado y luego pasaremos a estudiar los polirribosomas.

La traducción se divide en los procesos parciales de iniciación, elongación y terminación. En principio podría parecer inesperado que la *iniciación* (reacción de comienzo) no parta de un ribosoma completo. Se forma primero, partiendo de las subunidades ribosómicas más pequeñas (30 S o 40 S) y del mRNA, con la ayuda de un factor de iniciación especial, un complejo de iniciación, en el cual entra también el iniciador aminoacil-tRNA. Éste se liga al codón iniciador de mRNA. De los muchos factores de iniciación conocidos, a los que se ha dado distintos nombres y particularmente en organismos superiores, el IF_3 (factor 3 de iniciación) de las bacterias juega un papel decisivo. El aminoacil-tRNA iniciador es en las bacterias el formil-metionil-tRNA, o sea un resto metionil unido al tRNA correspondiente, que en su grupo amino lleva además un grupo formilo.

También en los sistemas ribosomales de las mitocondrias y plástidos de las plantas superiores la iniciación tiene lugar con ayuda del formil-metionil-tRNA, pero no en los ribosomas citoplasmáticos —un punto más a favor de la hipótesis de los endosimbiontes (compárese más adelante)—. Está aún en discusión qué aminoacil-tRNA empieza la traducción en los ribosomas del citoplasma. Posiblemente se trata del metionil-tRNA. Solamente después de la formación del complejo de iniciación, entra también a formar parte la subunidad ribosomal mayor (50 S o 60 S) y es en ese momento que puede empezar la *elongación* (propagación, alargamiento de la cadena polipeptídica).

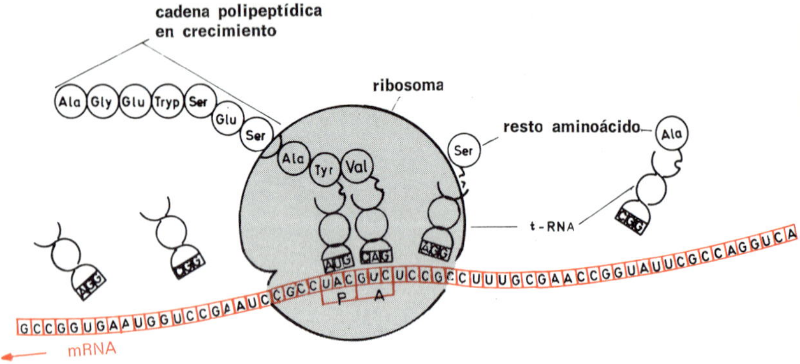

FIG. 12. La traducción en el ribosoma (modificado según KIMBALL 1970).

Hay dos puntos importantes en el ribosoma funcional: el lugar de formación para el aminoacil-tRNA (A en la fig. 12) y el lugar de formación para el polipéptido en crecimiento, para el peptidil-tRNA (P en la fig. 12). Tomemos un segmento de la elongación. En la posición A existe un determinado codón del mRNA, en la figura 12 el GUC que puede ser «leído». Esta lectura se lleva a cabo de modo que un aminoacil-tRNA se coloca junto con un anticodón complementario en el codón. Es aquí donde entra en juego pues la tercera región funcional importante del tRNA, la *región de reconocimiento de matrices,* o anticodón. Para que exista una fuerte unión del aminoacil-tRNA, es necesario un determinado factor de elongación. El segmento P está ocupado por un peptidil-tRNA que empareja su tRNA con el mRNA en el anticodón. Hay que añadir que, al principio, en el lugar del peptidil-tRNA está el aminoacil-tRNA iniciador, o sea el formil-metionil-tRNA. Con la ayuda del enzima correspondiente, que se cuenta también entre los «factores de elongación», se establece un enlace peptídico entre aminoacil-tRNA presente en A y el peptidil-tRNA que ocupa P. Al mismo tiempo se deshace la unión de la cadena peptídica a su tRNA correspondiente. Este tRNA es liberado y queda preparado para la aceptación de otro aminoácido. La cadena peptídica alargada está ahora ligada al tRNA que había aportado los nuevos aminoácidos y que se encuentra después en la posición A, aunque no por mucho tiempo, ya que en la llamada *translocación* el mRNA juntamente con el peptidil-tRNA fijado en su codón, es vuelto a la posición P, en la figura 12 pues, a la izquierda. En la posición A, una nueva palabra del código está disponible. El avance y unión de los aminoácidos, se repite hasta que el mRNA es leído totalmente. Después, determinadas palabras del código señalizan el final de la prolongación de la cadena, es la *terminación.* También aquí intervienen factores de terminación especiales. La cadena polipeptídica se deshace del tRNA y con ello del ribosoma. Asimismo el tRNA, mRNA y el ribosoma se separan. El ribosoma no queda libre como un todo sino que se disgrega inmediatamente en sus subunidades. Se habla entonces de un *ciclo de los ribosomas,* que en principio podría parecer excesivamente complicado, pero no debemos olvidar que un suceso complejo, ofrece muchos puntos de inserción para la regulación necesaria. Se ha descubierto que en las bacterias la gran cantidad de IF_3 disponible, puede suponer un regulador de la traducción. Así pues, sin IF_3 no pudo haber iniciación.

Traducción en el polirribosoma

Vamos a tratar en algunas líneas más sobre cómo tiene lugar la traducción en un polirribosoma. En una asociación semejante, la traducción tiene lugar en cada ribosoma por separado, como se indica en el esquema del mecanismo (fig. 13). En un

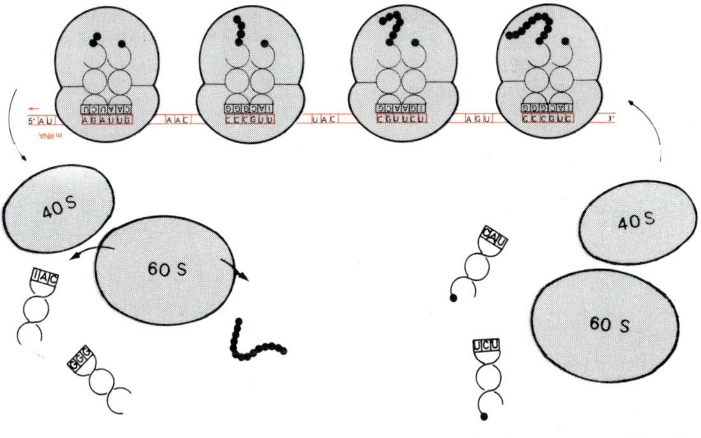

Fig. 13. La traducción en la asociación de los polirribosomas (modificado según Bennett 1970).

momento dado cada uno de estos ribosomas está en distinta posición respecto a la lectura del mRNA. Cuando recorremos el mRNA de izquierda a derecha, un ribosoma en el extremo izquierdo habrá terminado casi la lectura y llevará asimismo una cadena polipeptídica casi completa. Un ribosoma en el extremo derecho, por el contrario, estará empezando la lectura y junto a él habrá una cadena polipeptídica muy corta.
En un polirribosoma pueden formarse más moléculas polipeptídicas por unidad de tiempo que cuando un mRNA pasa por completo primero por un ribosoma y luego por otro. Los polirribosomas son pues una asociación realmente económica.

e. Antimetabolitos de la transcripción y traducción

La biología se plantea frecuentemente la cuestión de descubrir si el material genético interviene en un determinado proceso del desarrollo individual o no. Una participación semejante sólo puede llevarse a cabo a través de la transcripción y la traducción. También se debe conocer si el proceso en cuestión transcurre con la base de una transcripción y una traducción o no. Es por esto que las sustancias que inhiben la transcripción o la traducción en un lugar conocido, son una ayuda de gran valor. Así, el bloqueo del proceso investigado por la adición de este tipo de sustancias de actuación específica, presupone una transcripción y una traducción.
Las sustancias que bloquean el metabolismo intermediario se denominan generalmente antimetabolitos. Aquí son de interés dos clases de estos antimetabolitos, los análogos estructurales y los antibióticos.

Análogos estructurales

La mayoría de las veces son sustancias sintéticas que se asemejan extraordinariamente a los metabolitos naturales y que pueden ocupar sus lugares en el metabolismo. En este contexto son importantes los análogos estructurales de las bases de los ácidos nucleicos y de los aminoácidos (fig. 14). Ambos grupos pueden actuar como represores sobre dos mecanismos:
1. *Construcción.* Los análogos estructurales pueden colocarse en el lugar de los principios básicos naturales en los ácidos nucleicos y proteínas. De este modo se colocan el 2-tiouracilo y el 5-fluorouracilo en el lugar del uracilo en el RNA, el 5-bromouracilo en el lugar de la timina en el DNA, y la etionina en el lugar de la metionina en la proteína, originándose así ácidos nucleicos y proteínas alteradas, que no pueden llevar a cabo su función, o lo hacen de un modo deficiente no consiguiendo alcanzar una

FIG. 14. Análogos estructurales de las bases de ácidos nucleicos (arriba) y de aminoácidos (abajo).

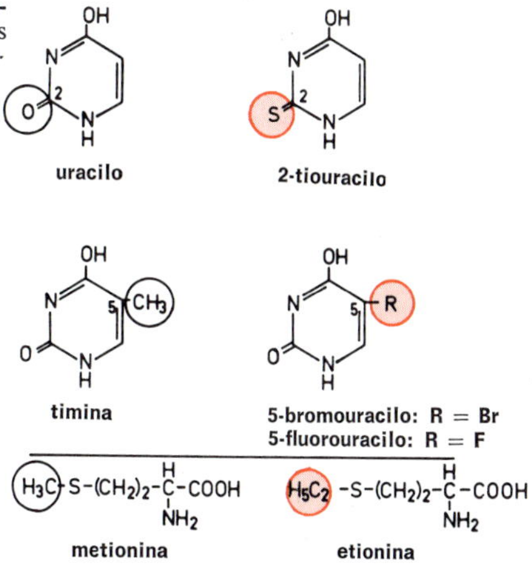

masa suficiente. Se habla por esta razón de ácidos nucleicos o proteínas «engañosas».

2. *Inhibición competitiva de los enzimas.* En una inhibición competitiva, los análogos estructurales compiten con los sustratos naturales por un lugar en el centro activo de los enzimas. De este modo, los enzimas de los ácidos nucleicos y de la síntesis proteica pueden ser bloqueados. Así el enzima timidilatos-sintetasa es inhibido competitivamente por un derivado del 5-fluo-

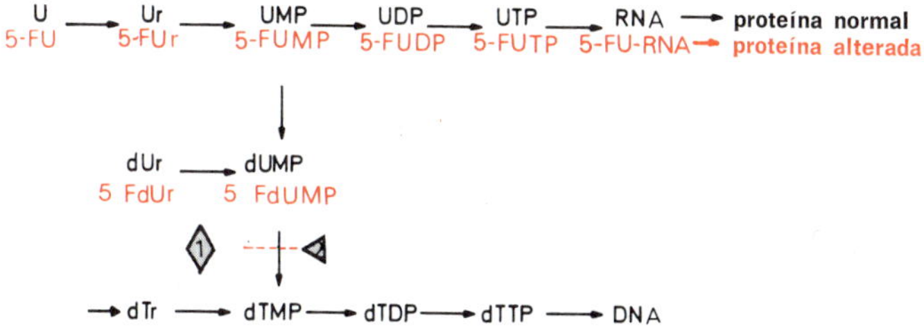

FIG. 15. Actuación del 5-fluorouracilo (5-FU) y del 5-fluordesoxiuridina (5-FdUMP) en la síntesis de RNA y DNA. El 5-FU es colocado en el RNA, el 5-FdUMP inhibe competitivamente a la timidilato-sintetasa y bloquea así la síntesis de DNA. La transformación de timidina (dTr) en timidilato (dTMP), llevada a cabo con la ayuda de la timidín-quinasa, es sólo una reacción lateral en la síntesis de timidilato que sin embargo bajo determinadas condiciones puede ser importante en el polen en desarrollo.
U = uracilo, Ur = uridina, UMP = uridín-monofosfato, UDP = uridín-difosfato, UTP = uridín-trifosfato, Tr = timidina, TMP = timidín-monofosfato = timidilato, TDP = timidín-difosfato, TTP = timidin-trifosfato, 5-F = 5-fluor, d = desoxi, 1 = timidín-quinasa, 2 = timidilato-sintetasa.

rouracilo, la 5-fluordesoxiuridina (fig. 15). La timidilato-sintetasa suministra d-timidín-5'-fosfato (= «timidilato»), sustancia importante en la síntesis de DNA. Un bloqueo de este enzima conduce a un paro en la síntesis de DNA y con ello en el desarrollo total posterior. Más adelante volveremos a tratar más concretamente de la síntesis de DNA y de la timidilato-sintetasa (págs. 24, 194). Tanto en el caso de la construcción como en el de la inhibición competitiva el efecto es de alteración en la transcripción o en la traducción. Debería presentarse constantemente atención a la utilización de antimetabolitos: tanto los análogos de bases como los antibióticos, que aún no hemos explicado, pueden tener efectos secundarios que nada tienen que ver con la transcripción o la traducción y pueden, sobre todo al suministrarse en grandes cantidades, actuar como tóxicos y sin especifidad alguna, como productos químicos cualesquiera. Para trabajar con antimetabolitos es necesario tomar precauciones.
Algunas de estas precauciones a tomar al trabajar con análogos estructurales son:

1. Comprobación de la correcta colocación de los análogos en la correspondiente estructura, como por ejemplo en el RNA, en el DNA o en la proteína.
2. Supresión de la inhibición por aporte de la base sillar natural correspondiente —un exceso de esta base natural debería desalojar de su lugar de acción al análogo.
3. Demostración de que no existe ninguna acción tóxica inespecífica. Esta última precaución ha de ser tomada no sólo en trabajos con análogos estructurales, sino también con antibióticos, mientras que las otras dos atañen principalmente a experimentos con análogos estructurales.

Hemos tratado de un modo ideal de todos estos requisitos al suponer inhibidos todos los procesos de transcripción y traducción que están implicados en el proceso a investigar. No obstante, existen otros procesos que también se inician a través de una transcripción y traducción que no deberían ser menospreciados. Se debería pues influir selectivamente lo más posible en el proceso que interesa. Es obvio que semejantes *inhibiciones selectivas* no son tan fáciles y en ningún caso siempre alcanzables. Hablaremos aún de algunos ejemplos y trataremos en profundidad de los detalles.

Antibióticos

Éstas son sustancias naturales (los análogos estructurales proceden por lo general, como antes decíamos, del matraz de los químicos) que en pequeñas concentraciones inhiben los procesos de crecimiento y diferenciación, sin tener carácter enzimático. En contra de la opinión más usual, se conocen antibióticos no sólo de microorganismos, sino también de animales y plantas superiores. Muchas plantas medicinales de los escritos médicos de la Edad Antigua, y herbarios de la Edad Media, se ha sabido después de nuevas investigaciones, que contienen antibióticos. De los numerosos antibióticos hasta ahora conocidos, nos interesa aquí sólo un pequeño grupo, los que entorpecen la función heterocatalítica del DNA. Demos algunos ejemplos: la actinomicina C_1, que es una sustancia inhibidora de la transcripción, la puromicina, el cloranfenicol, la estreptomicina y la actidiona que son sustancias inhibidoras de la traducción. Todas ellas son utilizadas para determinar la dependencia de un determinado proceso de la transcripción y la traducción. Otra posibilidad de aplicación la da el hecho de que algunos de estos antibióticos sólo sean activos en sistemas muy determinados. Por ejemplo, el cloranfenicol inhibe la traducción sólo en los ribosomas 70 S y no en los ribosomas 80 S. Con ello surge la posibilidad de localizar un proceso de traducción que tenga lugar dentro de la célula (compárese con la pág. 310).

Actinomicina C_1 (fig. 16)

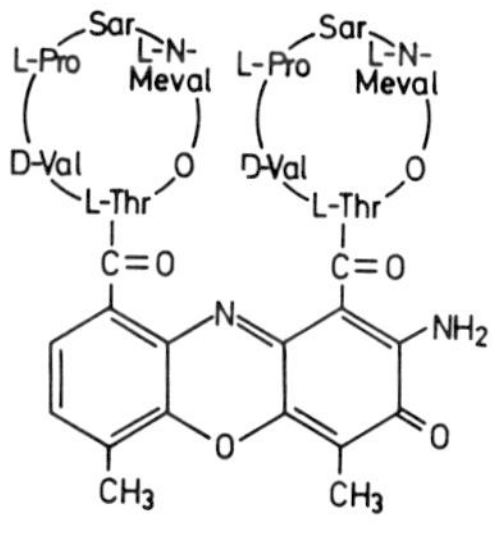

FIG. 16. Actinomicina C_1 = D. Los aminoácidos en los dos anillos peptídicos se han señalado por sus primeras letras.
Sar = sarcosina, Meval = metilvalina.

Se trata de un grupo cromógeno que lleva dos anillos peptídicos iguales de 5 componentes. Se conocen varias actinomicinas que se diferencian entre sí por sus componentes peptídicos. Como es frecuente en los péptidos fisiológicamente activos, en su construcción participan componentes raros, como por ejemplo la sarcosina. La colocación de componentes raros y el encadenamiento de éstos en anillos, protege a los péptidos fisiológicamente activos del ataque de los enzimas proteolíticos corporales.
La actinomicina C_1 se coloca en el átomo de nitrógeno 7 de la guanina presente en el DNA y por ello el DNA queda oculto y el funcionamiento de la RNA-polimerasa bloqueado. Así pues, no puede formarse mRNA.

Puromicina (fig. 17)

Este antibiótico es un análogo natural del aminoacil-tRNA, particularmente del tRNA que lleva la fenilalanina o la tirosina. La purimicina se une a través de su grupo amino a la cadena polipeptídica existente en el ribosoma y en contraste con el tRNA ya no se deshace del polipéptido; con ello el crecimiento de la cadena polipeptídica se interrumpe. Ya que por otra parte la puromicina no presenta anticodón, no se puede aparear con el mRNA. Como resultado de ello la cadena polipeptídica inacabada, a cuyo extremo está atada la puromicina, es liberada del ribosoma.

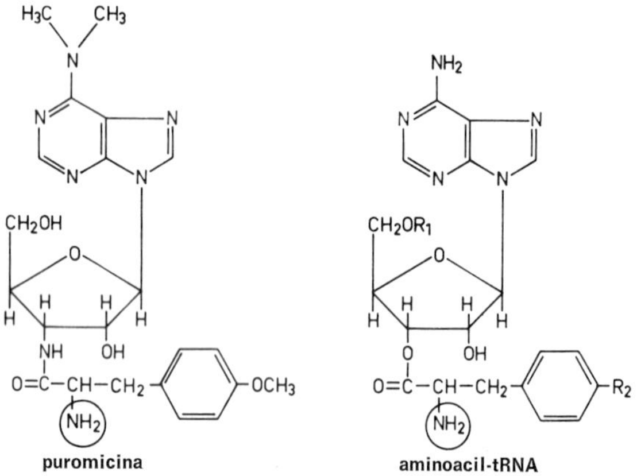

FIG. 17. La puromicina como análogo estructural natural del tRNA para la fenilalanina y la tirosina. Sobre el grupo amino señalado con un círculo, tiene lugar la construcción de la cadena polipeptídica en crecimiento. R_1 = = cadena de polinucleótidos del tRNA. Sólo está representado el extremo adenosín del tRNA con el resto aminoacil colgado a éste. R_2 = H : fenilalanina, R = OH : tirosina.

f. Demostración de la existencia de mRNA en las plantas superiores

Un punto central en el concepto de la transcripción y la traducción es la existencia de mRNA. Vamos a ocuparnos de dos demostraciones de la existencia de mRNA, en plantas superiores, con lo que nuestros conocimientos de los antimetabolitos se beneficiarán.

mRNA EN EL CACAHUETE

Primeramente nos ocuparemos de una demostración de la existencia del mRNA, con lo cual podemos aprender una nueva técnica. Se trata de la demostración de la existencia de mRNA en los cotiledones del cacahuete *(Arachis hypogaea)*. En estos cotiledones, durante la germinación, ocurre un aumento considerable en la actividad de los numerosos enzimas que son necesarios para la movilización de las sustancias de reserva. Era presumible que este incremento de la actividad se debiera, por lo menos en gran parte, a una nueva síntesis de enzimas. Esta nueva síntesis es imposible sin mRNA.

La técnica que aquí tenemos que utilizar es la *hibridación de ácidos nucleicos.* Cuando se calienta lentamente una doble hélice de DNA, se llega a una cierta temperatura, a un fuerte aumento en la extinción de 260 mμ (fig. 18). Se habla entonces de un *efecto hipercrómico.* Se basa en que al aumentar la temperatura, los dos filamentos de la doble hélice se separan. A esta separación se le llama también «fusión» del DNA. Los dos filamentos por separado presentan una extinción mayor que la correspondiente a la doble hélice.

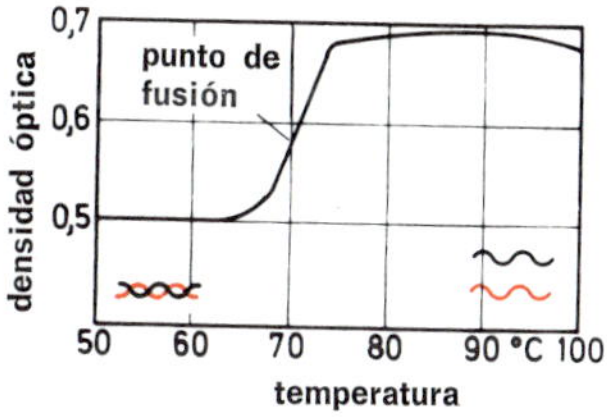

FIG. 18. Diagrama de fusión del DNA del guisante (modificado según BONNER y VARNER 1965).

Después de la fusión, se pueden enfriar lentamente las soluciones de DNA. Entonces se vuelven a unir los filamentos de DNA en dobles hélices. Esta unión se denomina renaturalización y está ligada a un descenso de la extinción a 260 mμ, o sea a un efecto hipocrómico. La renaturalización tiene lugar después del apareamiento de bases.

Demos ahora un breve desarrollo de la técnica. Habíamos primeramente fundido *un* preparado de DNA dado, y luego lo habíamos renaturalizado mediante enfriamiento lento. Pero también se pueden fundir *dos* preparados con DNA de origen distinto, mezclarlos y llevar a cabo la renaturalización. Como era de esperar, la renaturalización tiene lugar bajo el principio del apareamiento de bases. Si los dos preparados de DNA poseen secuencias de bases complementarias, entonces se aparean entre ellos a lo largo de estas secuencias de bases. Los segmentos de

DNA que no encuentran pareja complementaria, permanecen sin aparear. Este apareamiento de DNA de diferente origen se denomina hibridación del DNA. La dimensión de la hibridación es una medida del parentesco de los organismos, de los cuales proceden los preparados de DNA. Cuando más emparentados estén los correspondientes organismos, más secuencias de bases análogas tendrán y más alto será consecuentemente también el tanto por ciento de formación de híbridos. En la sistemática química, la hibridación del DNA es utilizada para hacer tests del grado de parentesco de especies con base molecular.

Tratemos aún una variante más, que finalmente hace entrar en juego al mRNA. Un filamento aislado de DNA puede ser hibridado no sólo con otro filamento de DNA, sino también con el filamento de RNA. Se forman entonces *híbridos de DNA y RNA.* Es obvio que pueda llevarse a cabo una hibridación semejante entre el DNA y el RNA. El RNA es codificado por el DNA, por lo que muestra secuencias de bases complementarias al DNA. La demostración de la existencia de mRNA en los cotiledones del cacahuete entre otras, se estableció con hibridaciones DNA-RNA.

El método generalmente es éste: primeramente se añaden a las plantas investigadas bases sillares del RNA marcadas radiactivamente, por ejemplo ^{3}H-uridina. Se forman entonces RNA radiactivos de todos los tipos. En el caso de que tengan que ser separados unos de otros, puede utilizarse una columna llena de metil-albumín-trípoli. En la columna se pone la mezcla de ácidos nucleicos extraídos de la planta correspondiente. Esta columna puede contener todos los ácidos nucleicos presentes en la planta, o sea el DNA, mRNA, rRNA y tRNA. Una vez la mezcla de ácidos nucleicos está en la columna, se lava con una solución de NaCl de molaridad creciente. Los ácidos nucleicos absorbidos en el metil-albumín-trípoli serán arrastrados con distinta facilidad por el NaCl. Unos serán ya diluidos por NaCl de baja molaridad y abandonarán la columna muy rápidamente; los otros sólo serán diluidos por altas molaridades de NaCl y consecuentemente fluirán más tarde de la columna. Debajo de la columna, los ácidos nucleicos son recogidos en fracciones. En las fracciones por separado se determinan las cantidades de ácidos nucleicos, a través de medidas de la extinción a 260 mμ (máximo de extinción para las purinas y pirimidinas) y en su caso de la radiactividad.

La mayoría de las veces, el tRNA y el rRNA quedan separados en dos fracciones. Por lo general la cantidad de mRNA es tan pequeña que sólo puede detectarse por su radiactividad y no por su extinción (fig. 19). Las fracciones de RNA se hibridan ahora con filamentos sencillos de DNA. El resto de RNA no hi-

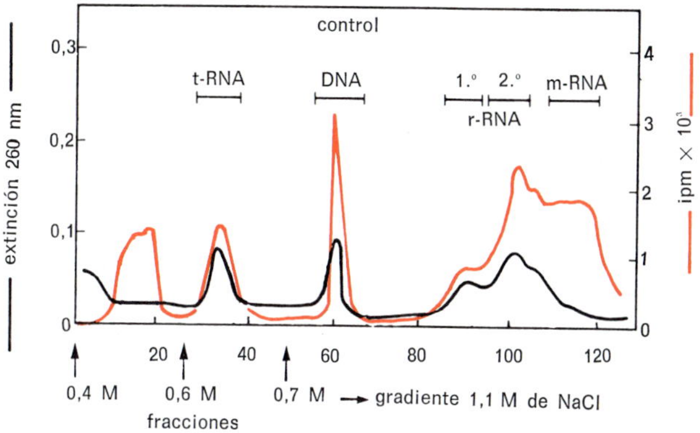

FIG. 19. Esquema de un fraccionamiento de los ácidos nucleicos en la columna de metil-albumín-trípoli. Los ácidos nucleicos son marcados radiactivamente. El mRNA que disminuye considerablemente, se manifiesta sólo mediante la radiactividad y no mediante su extinción.

bridado se separa mediante un tratamiento con el enzima RNasa que escinde el RNA. Los híbridos de RNA y DNA no son atacados por la RNasa (ribonucleasa). Acordémonos de que el RNA había sido marcado radiactivamente. La radiactividad en los híbridos de DNA y RNA representa así una medida de la hibridación: cuanto más radiactividad pueda medirse proveniente del RNA marcado, más alto será el tanto por ciento de hibridación entre DNA y RNA.

Al separar los ácidos nucleicos extraídos de los cotiledones de cacahuete del modo que antes habíamos descrito, a través de la columna se obtienen las fracciones de la tabla 2. Éstas fueron luego hibridadas con DNA del cacahuete.

TABLA 2. Hibridación entre las fracciones de RNA y DNA de cotiledones de cacahuete.

Fracción de RNA	Híbrido de DNA y RNA %
1.ª Fracción tRNA	3,9
2.ª Fracción tRNA	2,4
rRNA ligero	3,5
rRNA pesado	1,7
mRNA probable	*11,4*
Después de purificación a través de reiterada cromatografía.	*15,4*

Para entender el resultado del experimento, debemos aún hacer hincapié en lo siguiente: cada RNA de la célula es codificado por el DNA. Para la formación del tRNA y también para la del relativamente homogéneo rRNA, sólo son necesarios unos pocos segmentos de DNA. Por el contrario, para la codificación del mRNA, al ser éste el intermediario entre los numerosos genes y los sucesos que se dan en el citoplasma, son necesarios numerosos segmentos de DNA. Aplicado esto a nuestra hibridación, significa que el tRNA y el rRNA en un preparado de DNA dado, encontrarán sólo unas pocas parejas complementarias, y por el contrario el mRNA encontrará muchas. Así pues, cuando encontremos un RNA que se hibride especialmente bien con el DNA, este RNA debe ser, muy probablemente, un mRNA.
En la práctica, en los experimentos de hibridación con el cacahuete, se encontró un RNA que se hibridaba fácilmente con el DNA (tabla 2). En la solución de la columna, este RNA se encontraba en la misma posición en el gradiente de NaCl que el mRNA de las bacterias. No cabe pues ninguna duda de que por lo que respecta al RNA del cacahuete se trata de un mRNA.

mRNA DE LARGA VIDA EN LAS PLANTAS SUPERIORES

La movilización de las sustancias de reserva en los cotiledones del cacahuete nos conduce a un nuevo problema. En un período de tiempo determinado, que puede ser de algunos días, son necesarios enzimas que tengan siempre las mismas funciones, para movilizar determinadas sustancias de reserva. Se sabe de las bacterias que su mRNA es de corta vida. Una molécula de RNA dada puede, ya después de algunos minutos de vida, ser construida de nuevo. Como más tarde veremos, este corto tiempo de vida del mRNA de las bacterias, les permite a éstas adaptarse rápidamente a cambios en las condiciones externas. Una rápida adaptación semejante, como por ejemplo la formación de esporas en circunstancias adversas, es imprescindible para la vida de las bacterias. En las plantas superiores, durante un período de tiempo comparativamente largo, existen siempre las mismas exigencias en el sistema de vida, como por ejemplo, la exigencia de preparar enzimas para la movilización de sustancias de reserva. En semejantes casos, sería más económico disponer de un mRNA de larga vida. Este mRNA de larga vida podría servir para siempre de matriz para la síntesis de los enzimas necesarios. Sería pues innecesario, mantener en funcionamiento la maquinaria de la transcripción y producir nuevo mRNA.
Ha sido repetidamente comprobado que en organismos superiores, tanto plantas como animales, en la práctica puede encon-

trarse mRNA de larga vida. Una de las demostraciones fue realizada en brotes de algodón *(Gossypium hirsutum)*. Se trataba los brotes con actinomicina C_1, que como sabemos interrumpe la total transcripción. Sin embargo, los brotes formaban proteínas frescas, y esto aún 16 horas después del comienzo del tratamiento con actinomicina. La síntesis de proteínas requiere sin embargo la existencia de mRNA. Se puede comprobar que después de 16 horas del paro de nueva síntesis de mRNA en los brotes, éste aún subsiste. Se podría demostrar con la utilización de una ultracentrifugadora, que después de 16 horas de influencia de la actinomicina en los brotes, aún subsisten polirribosomas (fig. 20), que son asociaciones de varios ribosomas y mRNA. Dejemos algo claro: también en plantas superiores se puede demostrar la existencia de mRNA y así apoyar el concepto de la genética molecular. Este mRNA es en parte de vida corta, pero en parte también de vida larga.

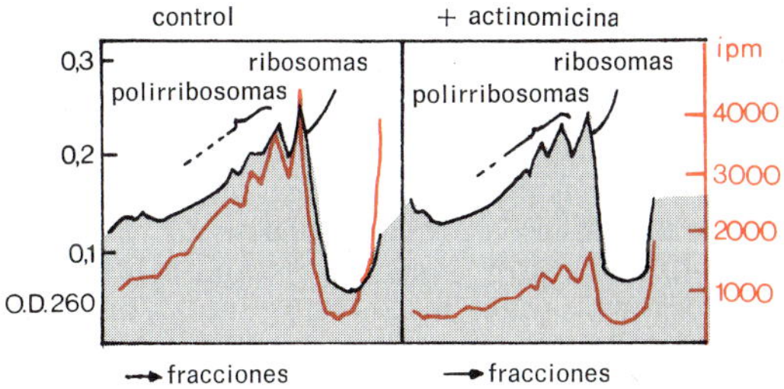

FIG. 20. Demostración de la existencia de mRNA de larga vida en embriones de algodón. Los brotes fueron incubados durante 12 h. en P^{32} (control) o en P^{32} más actinomicina C_1. Entonces se aislaron los ribosomas y polirribosomas y se separaron en un gradiente de densidad de sacarosa. El punto más alto en la curva obtenida representa los ribosomas monómeros, hacia la izquierda están las asociaciones de ribosomas de oligo hasta polirribosomas. El perfil ribosomas-polirribosomas no cambiaba respecto al control después de un tratamiento con actinomicina a pesar de que la síntesis de RNA era inhibida drásticamente (curva roja) (modificado según DURE y WATERS 1965).

g. Transcripción y traducción en sistemas libres de células

La última demostración de que una reacción química ocurre como se ha citado, tendría que ser aportada con experimentos en *sistemas libres de células*. Un sistema de éstos no contiene ninguna célula intacta, pero en algunos casos contiene aún determinados orgánulos, por ejemplo cloroplastos y ribosomas. Además están presentes todos los enzimas y cofactores necesarios.

En comparación con la célula viva, los sistemas libres de células, que aún contienen orgánulos, son muy sencillos y permiten aclarar algunas cuestiones.

Vamos a citar experimentos en los cuales la transcripción se llevó a cabo en núcleos celulares aislados. Éstos se obtienen del tejido generalmente mediante procesos mecánicos burdos por lo que se dañan muy fácilmente, con lo que la actividad transcriptora del preparado se ve disminuida. De esto se puede deducir que la pared celular debe ser separada cuidadosamente con la ayuda de los correspondientes enzimas (sobre todo celulasas, pág. 87, y pectinasas, pág. 89), obteniéndose entonces protoplastos que si se tratan cuidadosamente con el detergente tritón X-100 se destruye su citoplasma juntamente con los orgánulos, mientras que los núcleos permanecen estables. Estos núcleos pueden añadirse a sistemas libres de células para la transcripción, que contienen todos las bases sillares del RNA y los cofactores necesarios para ésta. Entre las bases sillares del RNA se encuentran también UTP (uridín-trifosfato) marcado radiactivamente. La matriz de DNA y la RNA-polimerasa se encuentran en los núcleos celulares. La nueva síntesis de RNA transcurre cuantitativamente en relación con la colocación del UTP marcado.

Una variante de esta técnica nos lleva aún más allá. Núcleos celulares aislados de protoplastos de petunia fueron incubados con DNA de la bacteria *E. coli.* Acto seguido fueron aportados, como antes decíamos, todos los factores necesarios para la transcripción, así por ejemplo también lo fue el UTP marcado radiactivamente. La pregunta era si la RNA-polimerasa de petunia existente en el núcleo celular utilizaría el DNA bacteriano o no. Para descubrir esto, se aisló todo el RNA de las muestras, que como se esperaba estaba marcado radiactivamente y se podía hibridar con filamentos sencillos de DNA de petunia, lo que no era nada asombroso. Un determinado tanto por ciento del RNA se apareaba también con filamentos sencillos de DNA de *E. coli.* Núcleos celulares de control, que fueron incubados con de DNA de *E. coli,* no produjeron RNA que pudiera hibridarse con DNA de *E. coli* (fig. 21). No hay duda pues de que la RNA-polimerasa propia de las plantas podía utilizar el DNA bacteriano para la transcripción.

El DNA vegetal aislado también se dejaba transcribir. La mayoría de las veces, en estos experimentos, en vez de la inadecuada RNA-polimerasa vegetal, se utiliza el enzima correspondiente de *E. coli.* Lo que es válido para la transcripción lo es también para la traducción: el RNA vegetal puede también ser utilizado para la traducción de un tubo de ensayo. Los ribosomas necesarios para ello son tomados otra vez de *E. coli,*

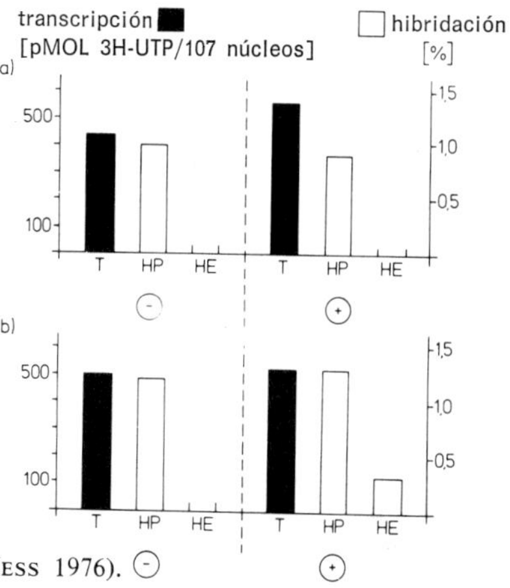

FIG. 21. Transcripción de DNA de *E. coli* a través de núcleos celulares aislados de petunias. — = ningún DNA de *E. coli* en el comienzo (control). + = DNA de *E. coli* en el comienzo, exceso de DNA de *E. coli* tras 2 horas. Incubación a través de lavados de los núcleos separados (a) o intactos (b). Después 30 minutos de transcripción (T) con 3H-UTP. El 3H-RNA así formado fue hibridado con DNA de petunias (HP), y de *E. coli* (HE). Una transcripción de DNA de *E. coli* sólo es comparable en la muestra que no había sido lavada (b, +). Este resultado habla en favor de una transcripción de DNA de *E. coli* en la superficie del núcleo celular de las petunias o bien en el medio circundante (según BLASCHEK y HESS 1976).

porque la preparación con la suficiente cantidad de RNA vegetal activo podría traer complicaciones.

Factores de la transcripción, en parte provenientes de bacterias y en parte de plantas superiores pueden combinarse en un sistema capaz de ser funcional. Con la traducción ocurre también un fenómeno análogo. Experimentos de este tipo son demostraciones irrefutables de que el concepto de genética molecular determinado en microorganismos también es válido para plantas superiores.

h. Un gen-un polipéptido

En los años cuarenta BEADLE y TATUM enunciaron, basada en sus investigaciones en mutantes del ascomicete *Neurospora crassa,* la *hipótesis de un gen-un enzima.* Según esta hipótesis, un gen induce la síntesis de un enzima determinado. A través de este enzima, interviene el correspondiente gen en la formación de caracteres.

Hemos de precisar un poco más esta afirmación. Como habíamos visto en los párrafos anteriores, un gen induce la síntesis de un polipéptido. Este polipéptido puede ser una proteína enzimática. En muchos casos la proteína enzimática funcional se forma primeramente por la unión de algunos polipéptidos, de igual o distinta clase. Finalmente no debería olvidarse tampoco, que los polipéptidos no son sólo componentes de las proteínas enzimáticas sino también de las proteínas estructurales. Por eso ponemos en vez del enunciado un gen-un enzima, la fórmula de un gen-un polipéptido: cada gen participa en la formación de caracteres a través de la inducción de un polipéptido específico del gen.

ESTRUCTURA DE LAS PROTEÍNAS

Antes de exponer un ejemplo de la relación un gen-un polipéptido, debemos tratar de la estructura de las proteínas, donde hay toda una jerarquía de principios estructurales que se denominan estructura primaria, secundaria, terciaria y cuaternaria (fig. 22). Como *estructura primaria* se entiende la alineación de los distintos aminoácidos en la cadena polipeptídica. Esta secuencia de aminoácidos, como ya habíamos dicho se asienta en la transcripción y traducción. Los enlaces, a través de los cuales queda fijada la estructura, son los enlaces peptídicos entre los distintos restos de aminoácidos.
Cada cadena polipeptídica en particular tiene una conformación natural bajo las exigencias de una estructura espacial determinada. Esta conformación se mantiene, principalmente, a través de enlaces de hidrógeno entre el O y el N de los enlaces peptídicos. Una estructura espacial de este tipo de una cadena polipeptídica, que se mantiene por enlaces entre los grupos de pépti-

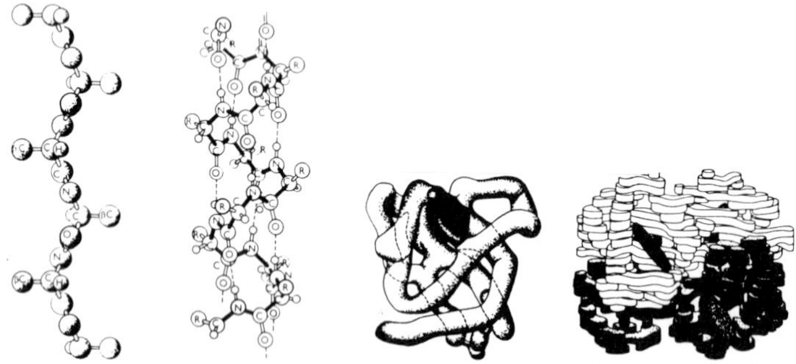

FIG. 22. Estructura primaria, secundaria, terciaria y cuaternaria de las proteínas. En la estructura secundaria, los pequeños círculos representan átomos de hidrógeno, R = cadena lateral de los aminoácidos. En la estructura terciaria, los discos oscuros representan los grupos hemino. En la estructura cuaternaria, las dos cadenas α de las hemoglobinas están en blanco, las dos cadenas β en negro. Los grupos hemino están representados por discos oscuros. Uno de ellos se deja ver fácilmente sobre el fondo blanco de las cadenas α (modificado según SUND de WIELAND y PFLEIDERER 1969).

dos, se llama *secundaria*. Una estructura secundaria conocida es la α-hélice analizada por PAULING. Hasta aquí hemos hablado sólo de las relaciones entre los enlaces peptídicos dentro de una cadena polipeptídica dada, pero también pueden ponerse en contacto entre sí las cadenas laterales de una cadena polipeptídica semejante. Los enlaces son principalmente también puentes de hidrógeno, además de enlaces hidrofóbicos y puentes disulfuro que se dan entre dos grupos SH (fig. 23). Una estructura espacial construida mediante enlaces de este tipo entre cadenas laterales de un polipéptido se denomina *terciaria*. Es una estructura secundaria replegada sobre sí misma, esto es, una estructura secundaria, quizás la α-hélice, puede replegarse sobre sí misma dando una conformación terciaria determinada.

Demos ahora un paso adelante: no nos limitemos más a las estructuras primaria, secundaria y terciaria de una sola cadena

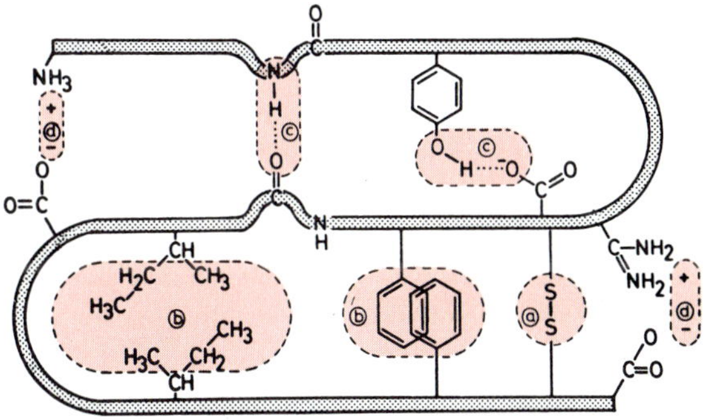

FIG. 23. Tipos de enlaces en la formación de la estructura secundaria y estructura terciaria de las proteínas. a = puente disulfuro, b = enlaces hidrofóbicos, c = puentes de hidrógeno, d = enlaces electrostáticos. Los enlaces electrostáticos pueden adjudicarse a menudo a los enlaces de hidrógeno (según LYNEN 1969).

polipeptídica, hagamos entrar dos o más cadenas polipeptídicas en juego. Al igual que hacen dentro de cadenas polipeptídicas dadas, las cadenas laterales pueden también unir más de un polipéptido distinto. Los tipos de enlaces son los mismos que en el caso de la estructura terciaria: enlaces de hidrógeno, enlaces hidrofóbicos y puentes disulfuro. Los enlaces peptídicos que eran posibles entre determinadas cadenas laterales, son desechados por definición. Una estructura que se consigue a través de una asociación de varias cadenas de polipéptidos con enlaces entre sus cadenas laterales —no sólo mediante enlaces peptídicos— se denomina *cuaternaria*.

ISOENZIMAS

Con los conocimientos adquiridos sobre la estructura primaria, secundaria, terciaria y cuaternaria de las proteínas, nos encontramos otra vez ante la cuestión de la relación un gen-un polipéptido. No queremos detenernos en la enumeración de las relaciones un gen-un enzima (para ello existen también en plantas superiores numerosas y claras demostraciones), sino que queremos comprobar si de hecho un gen induce primero un polipéptido, que luego puede, juntamente con otros polipéptidos del mismo tipo o ligeramente distintos, formar una estructura cuaternaria. Para ello vamos a tratar de los *isoenzimas*. Los isoenzimas son enzimas que tienen la misma función pero con estructura más o menos diferente. La existencia de isoenzimas, isozimas o también múltiples formas de enzimas, se conoce desde hace tiempo. Primeramente, la electroforesis de zona sobre medios de soporte adecuados, dio lugar a un método de separación, con cuya ayuda pudo descubrirse que los isoenzimas están difundidos universalmente.

En el maíz existe una esterasa, cuyo máximo de acción corresponde a un pH de 7,5. Se la denomina esterasa pH 7,5. El enzima muestra una estructura cuaternaria de 2 cadenas polipeptídicas, producidas por los diferentes alelos del locus E. Nos limitaremos sólo a 2 de estos alelos, el E^F_1 y el E^S_1.

Plantas homozigóticas E^F_1 E^F_1, producen en la electroforesis de zona una sola banda de rápido desplazamiento (fig. 24). Cada componente en esta banda del enzima consta de dos polipéptidos iguales, posiblemente dos polipéptidos F. Las plantas homozigóticas que contienen el otro alelo (plantas E^S_1 E^S_1), se reconocen por una banda de lento desplazamiento. Cada molécula en esta zona enzimática consta de 2 polipéptidos S.

Veamos ahora un heterozigoto, que contiene ambos alelos (E^F_1 E^S_1). En este heterozigoto están combinadas dos clases distintas de polipéptidos, polipéptidos F y polipéptidos S. Para estos poli-

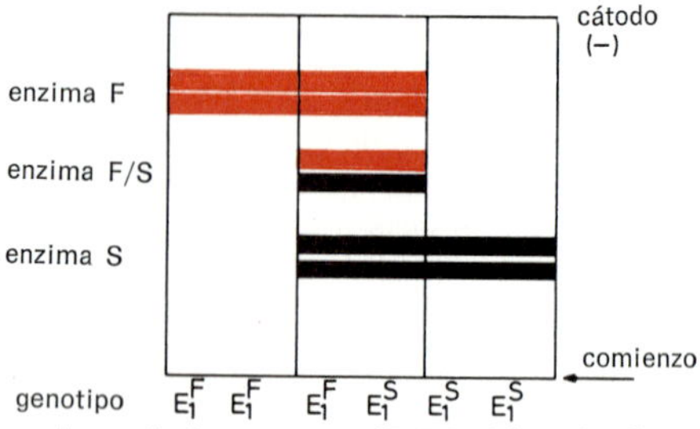

FIG. 24. Isoenzimas de la esterasa pH 7,5 del maíz. Separación por electroforesis de zona. El enzima F/S es un «enzima híbrido».

péptidos existen tres posibilidades de combinación para entrar a formar parte de la enterasa funcional constituida por dos cadenas pelipeptídicas: FF, FS y SS.

Por tanto, en una separación por electroforesis de zona, tendrían que encontrarse tres bandas distintas con actividad esterásica, de las cuales dos deberían coincidir en su velocidad de desplazamiento con las zonas correspondientes de ambos homozigotos. Éste es efectivamente el caso. La tercera zona muestra una movilidad intermedia. Esto es consecuencia de que esta zona está constituida por enzimas que muestran una estructura cuaternaria de ambos polipéptidos F y S. De la distinta movilidad de estos dos polipéptidos resulta entonces la velocidad de desplazamiento intermedia observada.

Las investigaciones con la esterasa pH 7,5 del maíz dieron lugar a pruebas de que también en plantas superiores existe la relación un gen-un enzima. Las cadenas polipeptídicas producidas por los genes pueden entrar conjuntamente en estructuras cuaternarias.

Añadamos algo más sobre la función de los isoenzimas. Ha quedado claro que los distintos isoenzimas pueden adaptarse a los estados fisiológicos de los diferentes tejidos. Por ejemplo en infecciones, pueden formarse nuevos isoenzimas de la peroxidasa, que parecen tener funciones de defensa. Quizás es más importante otro aspecto: los isoenzimas pueden ser factores de una *regulación fina en sistemas de biosíntesis ramificados* (fig. 25).

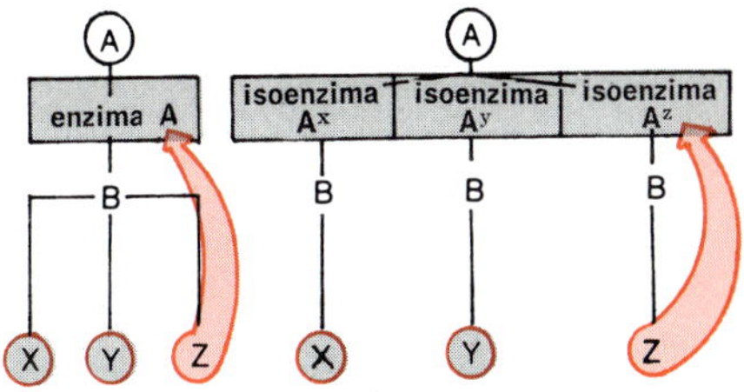

FIG. 25. Regulación fina a través de isoenzimas por mecanismos de retroacoplamiento.

En estos sistemas ramificados, distintas vías de síntesis llevan a la producción de un producto primario común, a través de un determinado enzima (en el ejemplo, el enzima A). Ahora bien, puede ser que exista más sustancia Z de la suficiente para el organismo. Como más tarde veremos, los mecanismos de retroacoplamiento se encargan de que no se produzca más producto primario común. Esto puede llevarse a cabo a través de una inhibición de la síntesis enzimática o también a través de una inhibición de la actividad enzimática. En nuestro ejemplo, por una inhibición semejante, también quedaría bloqueada la producción ulterior de las sustancias X e Y, ya que también aquí está el enzima A al principio de la cadena de síntesis correspondiente.

La solución a este dilema es: no sólo existe un enzima, sino *tres isoenzimas A,* que producen todas las sustancias, pero los isoenzimas y también la sustancia B están al principio de cada ramificación del sistema de síntesis. En una inhibición a través del mencionado retroacoplamiento siempre está implicado sólo el isoenzima que está al principio de la correspondiente ramificación. Por ejemplo, cuando se practica una retroinhibición de Z, es afectado sólo el isoenzima A^Z. Los otros dos isoenzimas A^X y A^Y no son perjudicados. Las sustancias X e Y pueden pues ser producidas como antes. Daremos más ejemplos de esta necesaria y frecuente regulación fina a través de isoenzimas en el tratamiento del metabolismo del fenilpropano y de la síntesis de aminoácidos.

FOTOSÍNTESIS

En los capítulos anteriores hemos tratado de la manera en que los genes producen enzimas y proteínas estructurales. Los enzimas son los catalizadores más importantes de la célula viva. Si ahora pasamos a los procesos que en los organismos vivos están regidos por enzimas, debemos situar la fotosíntesis al principio de todos ellos, ya que en última instancia, de ella depende toda la vida sobre la Tierra. En la fotosíntesis, la energía luminosa es transformada en energía química. Con la ayuda de la energía química así obtenida, el CO_2 contenido en la atmósfera y en el agua es fijado orgánicamente. La transformación de una sustancia extraña en una sustancia integrante de un cuerpo se denomina asimilación. Por esta razón a veces se habla de asimilación del CO_2, y puesto que este compuesto no sólo puede ser asimilado por la vía de la fotosíntesis, es decir, no sólo por esta vía puede ser fijado en moléculas aceptoras orgánicas, y ya que para este proceso el factor decisivo es la utilización de la energía luminosa, hoy en día se ha impuesto como más exacta la denominación de *fotosíntesis.*

La fotosíntesis no es sólo un proceso importante desde el punto de vista cualitativo. Cada año participan en ella aproximadamente de 200 a 500 billones de toneladas de carbono. Con ello la fotosíntesis se convierte en un proceso también cuantitativamente importante. El ciclo del carbono, que empieza por la fijación del CO_2 durante la fotosíntesis, es cuantitativamente el proceso químico más importante de la Tierra y, en general, el segundo en importancia. Cuantitativamente sólo es superado por el ciclo del agua.

1. División de la fotosíntesis en procesos primarios y secundarios

En la fotosíntesis, el CO_2 del aire con la ayuda de H_2O y mediante la utilización de la energía luminosa es transformado en hidratos de carbono. Éstos son compuestos que además de carbono contienen hidrógeno y oxígeno en la misma proporción en que ambos elementos están contenidos en el agua. Por consiguiente, el carbohidrato más sencillo tendrá la fórmula CH_2O. Establezcamos una primera ecuación en la cual el carbohidrato se forma de la siguiente manera:

$$CO_2 + H_2O \rightarrow (CH_2O) + O_2$$

De hecho existe un compuesto que en su fórmula concuerda con el carbohidrato más sencillo. Se trata del formaldehído. Anteriormente se creía que el formaldehído era el primer carbohidrato formado en la fotosíntesis, pero más tarde se comprobó que esta suposición era errónea.
No obstante, estudiemos un poco más nuestro carbohidrato más sencillo y pensemos cuál de las dos sustancias de partida, CO_2 y H_2O, le ceden sus átomos. El carbono procede sin duda del CO_2 y el hidrógeno del H_2O. La pregunta es ahora si el oxígeno del carbohidrato procede del CO_2 o del H_2O. Esta cuestión es equivalente a la pregunta de cuál es el compuesto de partida en la ecuación bruta que da oxígeno libre. Este problema se estudió experimentalmente incluyendo en el sistema agua pesada, H_2O^{18}. Con ello se obtuvo O_2^{18} comprobándose así que el O_2 libre procede del agua. Por el contrario, el carbohidrato formado no contenía oxígeno pesado. Así pues, su oxígeno provenía del CO_2:

$$CO_2 + H_2O^{18} \rightarrow (CH_2O) + O_2^{18}$$

En esta ecuación se libera O_2^{18}, por lo que estamos obligados a revisarla. En vez de un H_2O o también un H_2O^{18}, hemos de poner $2H_2O$. Entonces obtenemos la siguiente ecuación:

$$CO_2 + H_2O^{18} + H_2O^{18} \rightarrow (CH_2O) + O_2^{18} + H_2O$$

Debemos aún considerar que la fotosíntesis origina productos que aunque no son primarios, son decisivos respecto a su aplicación posterior como las hexosas, carbohidratos de seis átomos de carbono. Formemos nuestra ecuación bruta en cuestión:

$$6CO_2 + 12H_2O \xrightarrow{675\ \text{Kcal}} C_6H_{12}O_6 + 6H_2O + 6O_2$$

De esta ecuación bruta podemos extraer dos importantes conclusiones:

1. En el transcurso de la fotosíntesis, el agua ha de disociarse. Todos los procesos en relación con la disociación del agua

(fotólisis), se designan como *procesos primarios de la fotosíntesis.* A ellos no sólo pertenece la fotólisis sino también el *transporte electrónico no cíclico (= de cadena abierta)* y el *transporte electrónico cíclico.*

2. El CO_2 ha de ser reducido a carbohidrato con ayuda del hidrógeno procedente de la fotólisis. Esta reducción sólo tiene lugar después de la unión del CO_2 a un aceptor orgánico. La unión y la reducción del CO_2 se designan como *procesos secundarios de la fotosíntesis.*

2. Procesos primarios de la fotosíntesis

a. Cadenas de transporte electrónico

En el estudio de los procesos fotosintéticos primarios, al igual que sucede con la cadena respiratoria, hemos de hablar previa y brevemente de las cadenas de transporte electrónico (fig. 26). Al principio de una cadena semejante hay un donador de electrones, una sustancia con un alto «potencial electrónico». El electrón cedido por el donador pasa al aceptor de electrones, sustancia con un potencial electrónico más bajo y más alta «electroafinidad» que el donador. Este primer aceptor puede luego

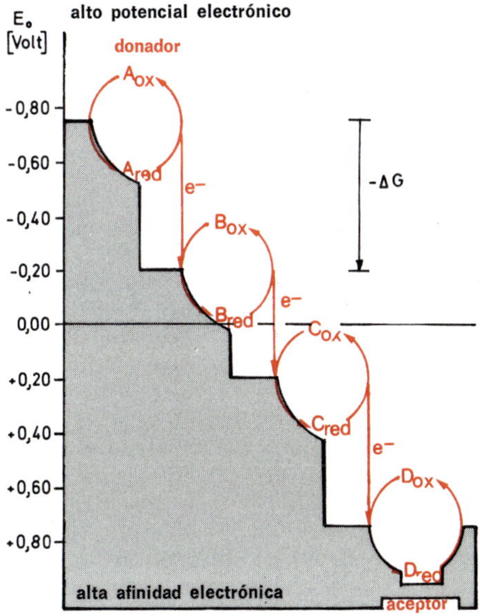

FIG. 26. Esquema de una cadena de transporte electrónico.

ceder el electrón a un segundo aceptor, actuando entonces el primero como donador. Esta transferencia de electrones puede repetirse.

El potencial electrónico y la afinidad electrónica condicionan el potencial eléctrico de un sistema. Sustituyámolos por los conceptos de potencial redox negativo y potencial redox positivo. Una sustancia con un alto potencial electrónico tiene un alto potencial redox negativo, y una sustancia con una alta afinidad electrónica tiene un alto potencial redox positivo. Nuestra cadena de transporte electrónico es también un sistema redox, constituido por sucesivos y múltiples eslabones hacia un potencial redox cada vez más alto.

A lo largo de esta cadena es transferido el electrón y hay, por así decirlo, un descenso escalonado, donde en cada uno de los escalones se da un incremento del potencial positivo. Al caer de escalón en escalón, el electrón es transferido a niveles de energía sucesivamente menores. Podría decirse que el electrón, al pasar al siguiente sistema redox pierde parte de su energía inicial. Esta energía liberada puede ser utilizada en la formación de enlaces ricos en energía como los del ATP.

Un electrón puede también recorrer el camino inverso ascendiendo a lo largo de la cadena. Para esto ha de ser utilizada una fuente de energía, como por ejemplo el ATP.

b. Sistemas redox en los procesos primarios de la fotosíntesis

Clorofilas

Sólo una pequeña parte de la radiación electromagnética solar que recibe la superficie de la tierra, corresponde a la luz visible y de ésta sólo son utilizadas en la fotosíntesis muy determinadas zonas del espectro. Puede servir de orientación establecer un espectro de acción o también un espectro de absorción de la luz en la fotosíntesis. Con este fin, se hace incidir sobre una planta verde luz de igual intensidad pero de diferente longitud de onda y se busca el efecto de esta luz sobre la cantidad de fotosíntesis.

Así se comprueba que el espectro de acción para la zona de la luz roja y azul es el más eficaz. En otras palabras, esto significa que la zona media del espectro —y esto representa sobre todo las longitudes de onda de la luz verde— no puede ser utilizada en la fotosíntesis. La coloración de las plantas fotosintéticas nos muestra que la luz verde es reflejada. El espectro de acción de la fotosíntesis nos indica también que los pigmentos verdes que por lo tanto reflejan la luz verde, pero que absorben otras longitudes de onda como de la luz roja o azul, podrían ser importantes para la fotosíntesis. Estos pigmentos verdes son las clorofilas. En la práctica se demuestra, por ejemplo, que la clorofila a tiene un espectro de absorción que coincide casi exactamente con el espectro de acción de la luz en la fotosíntesis (fig. 27). Esta concordancia entre el espectro de absorción de las clorofilas y el espectro de acción de la luz, hace suponer que las clorofilas podrían ser los pigmentos fotosintéticamente activos. Esta suposición podría ser confirmada.

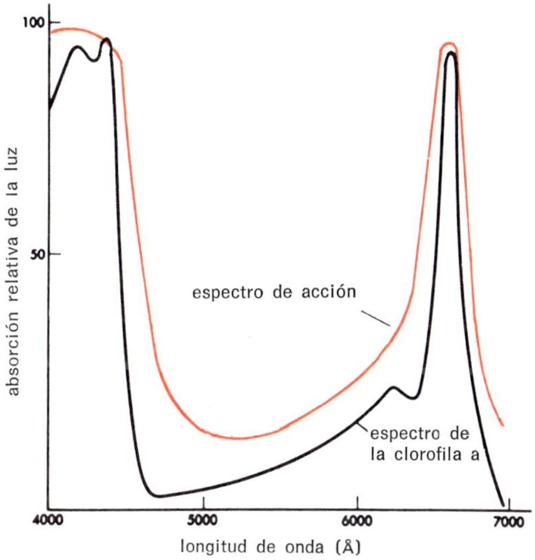

FIG. 27. Espectro de absorción de la clorofila a y espectro de acción de la luz en la fotosíntesis (según LEHNINGER 1969).

Se conoce un gran número de diferentes clorofilas, que se denominan clorofila a, b, c y así sucesivamente. La estructura básica de todas estas clorofilas es un sistema porfirínico que está formado por 4 anillos pirrólicos, unidos entre sí mediante grupos metilo, formando una estructura en anillo. De este sistema en anillo surge una secuencia de dobles enlaces conjugados, de los cuales depende la coloración de las moléculas. En el centro del anillo porfirínico, se encuentran metales polivalentes que son en la vitamina B_{12} cobalto, en la hemoglobina hierro bivalente y en las clorofilas magnesio. El magnesio bivalente Mg^{++} está unido a los átomos de nitrógeno de los cuatro anillos pirrólicos, mediante dos valencias principales y dos secundarias. Este esqueleto porfirínico está unido según los casos a diferentes sustituyentes. Para la clorofila, es característico que esté unido un alcohol de veinte átomos de carbono, el fitol, formando un éster en el anillo pirrólico IV. El fitol tiene su biogénesis en un terpenoide y condiciona la liposolubilidad de la clorofila. Gracias a los restantes sustituyentes se diferencian entre sí las distintas clorofilas. Queremos aún señalar que la muy común clorofila b presenta una función aldehído en el anillo pirrólico II, donde la clorofila a tiene un grupo metilo (fig. 28).

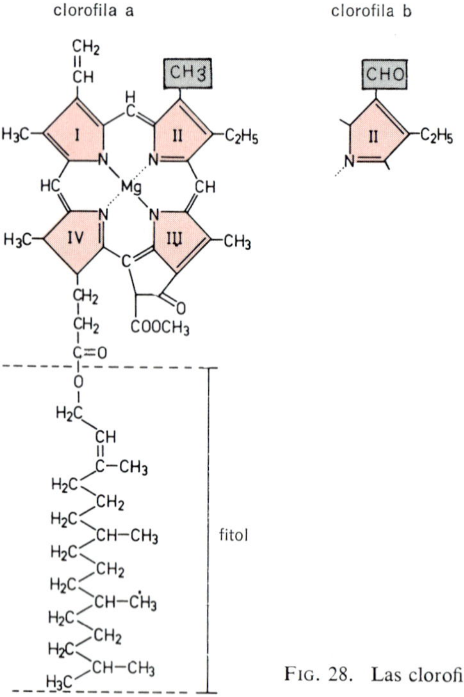

FIG. 28. Las clorofilas a y b.

Mediante la absorción de cuantos de luz de la zona del espectro del azul y el rojo, la molécula de clorofila puede ser conducida a un estado de excitación: un electrón rico en energía es lanzado fuera de la molécula de clorofila, quedando ésta ionizada. El electrón cedido puede ser tomado por diferentes aceptores (fig. 29).

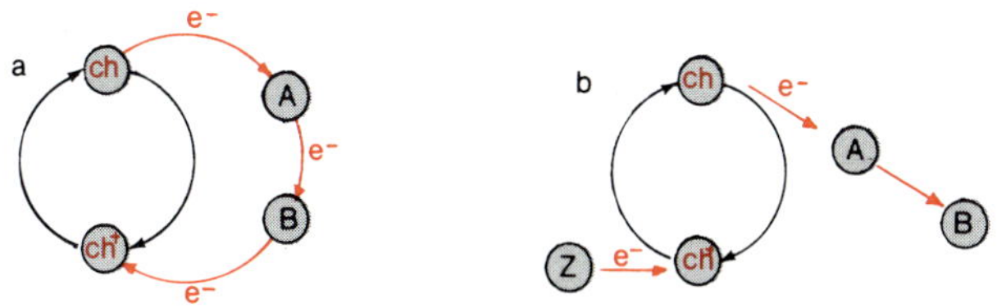

FIG. 29. Ionización de las clorofilas. El electrón cedido puede ser transferido nuevamente a la clorofila, a través de varios sistemas redox (a). Un ciclo semejante ocurre en el transporte electrónico cíclico de la fotosíntesis. Un transporte electrónico no cíclico o de cadena abierta, tiene lugar cuando el electrón cedido, que es aceptado por otros sistemas redox no vuelve a ser transferido a la clorofila y la molécula ionizada cubre su déficit electrónico gracias a otros donadores completamente distintos (b).

CITOCROMOS

Los citocromos están estructuralmente muy relacionados con las clorofilas. Tienen el mismo esqueleto fundamental porfirínico, pero en el centro presentan hierro en vez de Mg^{++} (fig. 30). Un gran número de importantes sustancias biológicas como las peroxidasas, catalasas y el pigmento sanguíneo rojo hemino, presentan la misma estructura (hierro + porfirina). A todas estas sustancias y también a los citocromos se las denomina en conjunto heminas celulares.
En la célula viva, el sistema porfirínico con hierro está asociado a proteínas, por lo que las heminas celulares se consideran proteidos. Se conoce un gran número de distintos citocromos, que pueden subdividirse en los grupos a, b y c. Para la fotosíntesis son importantes los citocromos del tipo b ($b_3 = b_{559}$ y $b_6 = b_{563}$) y el citocromo f. El citocromo f corresponde al citocromo c de las mitocondrias (pág. 100). Todos los citocromos son sistemas redox, ya que la valencia del hierro central puede oscilar del estado de valencia 2 al estado de valencia 3 ($Fe^{++} \rightleftharpoons Fe^{+++}$). Por la cesión de un electrón pasa de valencia 2 a valencia 3, a la inversa de lo que ocurre con la captura de un electrón.

PLASTOQUINONA 45

Otro importante sistema redox en el transporte electrónico de la fotosíntesis es la plastoquinona. Su estructura química muestra una gran semejanza con la de las vitaminas de la serie K (fig. 30). Como éstas, está caracterizada por tener un núcleo benzoquinoico. En el caso de las plastoquinonas, en este núcleo existen dos radicales metílicos y una cadena lateral de 5 unidades de carbono. Esta cadena lateral tiene carácter terpenoide.

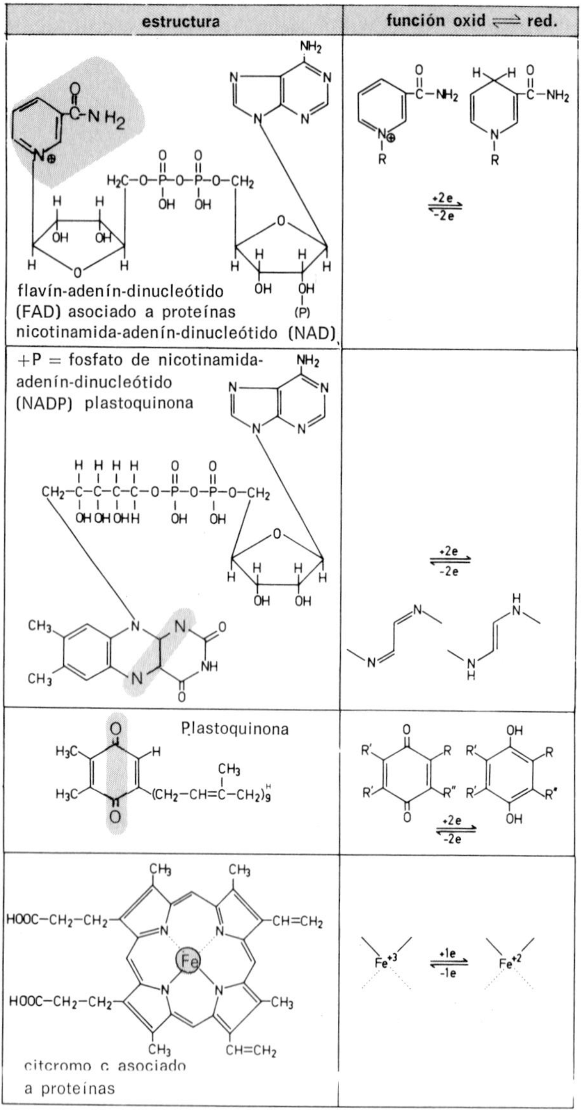

FIG. 30. Sistemas redox que toman parte en el transporte electrónico de los procesos primarios de la fotosíntesis. (Modificado según GOLDSBY 1968).

Debido a que la plastoquinona más importante en la fotosíntesis presenta una cadena lateral de 45 átomos de carbono se le llama plastoquinona 45.
Como sistema redox, la plastoquinona funciona recibiendo 2 hidrógenos y transfiriéndolos a su hidroquinona. Este paso es reversible. Esto puede formularse de otro modo, poniendo $2H^+ + 2e^-$ en vez de $2H (2H = 2H^+ + 2e^-)$. Así pues, una molécula de plastoquinona puede captar dos electrones y una molécula de hidroquinona puede ceder dos electrones. Al transporte de estos electrones está acoplado un cambio de lugar de dos iones H^+. Se habla pues de transferencia de dos electrones.
En las clorofilas, los citocromos y otros sistemas redox aún no tratados, sólo había transferencia de un electrón por molécula.

Flavoproteínas

En este tipo de flavoproteínas, existen grupos prostéticos de coloración amarilla (de aquí su nombre), *flavín-adenín-dinucleótido* (FAD) y el menos frecuente *flavín-mononucleótido* (FMN) asociados a proteínas (fig. 30). La nomenclatura no es del todo exacta, ya que en el colorante 6,7-dimetil-isoaloxacina no están unidos como en la ribosa nucleotídica, sino que lo están al alcohol del azúcar ribitol. En el FAD y también en el FMN los componentes del 6,7-dimetil-isoaloxacina forman parte del sistema redox, pudiendo experimentar una reducción reversible por la captura de dos H. También aquí nos volvemos a encontrar con la transferencia de dos electrones, y podemos poner en el caso de la plastoquinona 45, también $2e^- + 2H^+$ en lugar de 2H. La $NADP^+$ ferredoxina reductasa de las plantas superiores rige al FAD.

NAD^+ y $NADP^+$ (piridín-nucleótidos)

El *nicotinamida-adenín-dinucleótido* (NAD^+) y el *nicotinamida-adenín-dinucleótido-fosfato* ($NADP^+$) tienen estructura de dinucleótidos (fig. 30). Ambas sustancias se diferencian entre sí por un resto fosfato que en el $NADP^+$ está unido al hidroxilo 21 de una ribosa. El sistema redox propiamente dicho es la nicotinamida, que puede experimentar reducción reversible por la transferencia de dos electrones.
Las flavoproteínas están frecuentemente unidas al NAD^+ o al $NADP^+$. En la fotosíntesis es cedido FAD 2 H reducido ($= 2e^- + 2H^+$) al $NADP^+$ que pasa a la forma reducida $NADPH + H^+$.

Ferredoxina

La ferredoxina es una proteína que contiene dos átomos de hierro. El carácter redox de la ferredoxina se basa en el paso del estado Fe^{+++} al estado Fe^{++} y viceversa.

Plastocianina

La plastocianina es una proteína que contiene dos átomos de cobre. Su carácter redox se basa en el paso reversible del estado Cu^{++} y al estado C^{+}.
FRS = Sustancia reductora de la ferredoxina. Es una proteína con un sistema redox aún no identificado.
Manganeso: Aparentemente en forma de Mn-proteína.

c. Sistemas pigmentarios I y II de la fotosíntesis

Hemos visto que la clorofila es el pigmento más importante en el proceso de la fotosíntesis, pero ahora hemos de decir que esta afirmación es válida principalmente para la clorofila a. La clorofila b y una serie de pigmentos cloroplásticos más, sobre todos los carotenoides, tienen sólo funciones secundarias. Por ello se les denomina *pigmentos accesorios.*
Todos estos pigmentos se han reunido en dos sistemas pigmentarios. Estos sistemas pigmentarios son responsables de las llamadas reacciones lumínicas 1 y 2 de la fotosíntesis. El sistema pigmentario I viene después de la primera reacción lumínica, y el sistema pigmentario II, detrás de la segunda.

Efecto Emerson

La primera prueba de que en la fotosíntesis existen dos sistemas pigmentarios y también dos reacciones lumínicas, la aportó EMERSON mediante unos estudios con algas, que también pueden llevarse a cabo con plantas superiores. Haciendo incidir sobre las algas luz de por ejemplo una longitud de onda superior a 680 mμ, se obtiene una determinada cantidad de fotosíntesis. Asimismo se obtiene por radiación con luz de longitud de onda inferior a 680 mμ un determinado efecto sobre la fotosíntesis. Ambos valores pueden ser sumados en un factor común. Sin embargo, ambas longitudes de onda no se administran por separado, sino que se hacen incidir juntas sobre las algas, se obtiene un resultado que sobrepasa la suma de ambos valores. Esto nos prueba que en la fotosíntesis cooperan dos sistemas pigmentarios. Solamente gracias a este sinergismo se comprende que el incremento hallado en el valor de la fotosíntesis sea superior a la suma de los valores individuales (fig. 31.)

Los dos sistemas pigmentarios de la fotosíntesis

Ambos sistemas pigmentarios tienen sus muchas moléculas de clorofila formando una unidad o complejo junto con pigmentos accesorios. Del sistema pigmentario I se sabe con certeza y del sistema II con alguna probabilidad, que de las muchas moléculas de clorofila, sólo una puede ser excitada por la incidencia de un cuanto de luz.

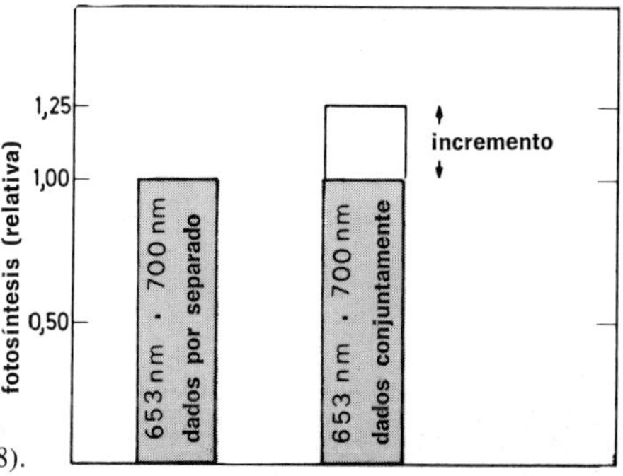

FIG. 31. Efecto de Emerson (modificado según GOLDSBY 1968).

Sistema pigmentario I (fotosistema I). En el sistema pigmentario I, sólo una de sus muchas moléculas de clorofila puede ser excitada, lo que significa que sólo puede ceder un electrón rico en energía. Esto se pudo demostrar gracias a pruebas realizadas con descargas luminosas intensas y débiles. Se dejó por ejemplo incidir un rayo intenso, que prácticamente podía haber excitado a todas las moléculas de clorofila del conjunto pigmentario. El efecto de la fotosíntesis, medido por la liberación de O_2, fue mucho menor de lo que supondría una excitación de todas las moléculas de clorofila existentes. Los cálculos indicaban que de las aproximadamente quinientas moléculas de clorofila, sólo había una que era excitada por un cuanto de luz. Complemento para este descubrimiento fueron unos estudios realizados con rayos de luz de poca intensidad. La liberación de O_2 era casi tan alta con los rayos de baja intensidad que con los rayos de alta intensidad. Ya habíamos dejado claro que de las aproximadamente quinientas moléculas de clorofila sólo una era activa. Tras la incidencia de un rayo débil, es decir, de un pequeño número de cuantos de luz, la probabilidad de que estos cuantos encontraran a la molécula de clorofila activa era francamente pequeña. Sin embargo, la liberación de O_2, como antes habíamos mencionado, era tan alta como cuando incidía un rayo de luz intenso. Esta discrepancia sólo podía ser salvada por la existencia de una transferencia del cuanto de luz incidente hasta la clorofila activa.

Pasemos a explicar el modelo denominado *trapping center* (figura 32), que desempeña esta función. Podemos imaginarnos que en un sistema pigmentario, las moléculas unidas —los pigmentos accesorios y la clorofila a— forman una especie de trampa en la cual son reunidos los cuantos de luz incidentes (trapping center = trampa colectora). Los cuantos de luz atrapados son entonces transferidos de molécula a molécula, con la ayuda de la mayoría de moléculas de clorofila a, hasta que finalmente llega un fotón a la clorofila activa. Esta clorofila activa resulta entonces excitada y cede un electrón rico en energía. En el sistema pigmentario I esta clorofila activa es la clorofila a_1. Se la designa P_{700} debido a que su máximo de absorción luminosa se sitúa a 700 mμ. Se trata de una molécula de clorofila a, que probablemente gracias a su unión con proteínas, alcanza unas propiedades especiales. No existe pues ninguna clase de clorofila con estructura química distinta, sino otra clorofila a con distintos enlaces.

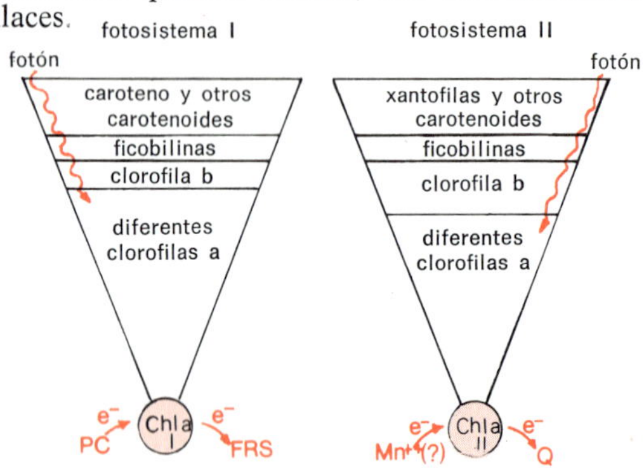

FIG. 32. Modelo de «trapping center» para los fotosistemas I y II. Los fotones incidentes son captados por las «moléculas antena» y transferidos molécula a molécula hasta el centro reactivo con las clorofilas a activas (clorofila a_1 en el fotosistema I, clorofila a_2 en el fotosistema II). Las «moléculas antena» son pigmentos accesorios: carotenoides (en el fotosistema I sobre todo caroteno y en el fotosistema II sobre todo xantofilia), ficobilinas, clorofila b (en el fotosistema II más que en el fotosistema I) y varios tipos de clorofila a. Las ficobilinas pueden faltar; la transferencia tiene lugar, entonces, de los carotenoides directamente a la clorofila b. La clorofila b tampoco es irreemplazable, como lo demuestran mutantes fotosintéticamente activos que no poseen clorofila b. (en analogía con GOVINDJEE y GOVINDJEE 1974).

Sistema pigmentario II (fotosistema II). Del fotosistema II se sabe mucho menos que del fotosistema I. Así pues, la clorofila activa aún no ha sido claramente identificada. Se cree que el principio del trapping center actúa también en el sistema pigmentario II. La clorofila activa se denomina clorofila a_2 y tiene un máximo de absorción para 680 mμ, de aquí el nombre que también recibe de P_{680}. Se trata también en este caso de una clorofila a, que debe sus propiedades especiales a su unión con proteínas.
Consideramos fundamental que en ambos sistemas pigmentarios, tan importantes para la fotosíntesis, la clorofila sea el donador de electrones. En cambio, la clorofila b es un pigmento accesorio que no desempeña ningún papel insustituible en la fotosíntesis, puesto que se conocen grupos sistemáticos enteros de algas y cianófitos, y distintos mutantes de plantas superiores que realizan completa y normalmente la fotosíntesis, sin poseer clorofila b.

d. Procesos primarios de la fotosíntesis

Hemos hablado ya de los sistemas redox de los procesos primarios de la fotosíntesis y hemos visto que en ellos existen dos complejos pigmentarios en los cuales los diferentes estados de la clorofila a son los componentes activos. Nos queda aún por aclarar la acción común de estos sistemas en la fotólisis del agua, en el transporte electrónico no cíclico y en el transporte electrónico cíclico.
Con este fin, establecemos un diagrama energético, en el cual ordenamos correctamente los componentes del mismo con arreglo a su potencial redox (fig. 33). Esto parece más fácil de lo que en realidad es. Muchos científicos conocidos, como ARNON, DE WIT, DUYSENS, GAFFRON, KESSLER, KOK, PIRSON, TREBST y SAN PIETRO han realizado estudios que representan aportaciones para la resolución del problema, pero aún quedan muchas preguntas sin responder.

PRIMERA REACCIÓN LUMINOSA

Empecemos con la primera reacción luminosa. Por cada cuanto de luz absorbido, una molécula de clorofila a_1 resulta excitada. Su potencial redox se ve con ello tan disminuido (de +0,46 a −0,44 V) y su potencial electrónico pues tan elevado que induce a reducirse al FRS a través de la cesión de un electrón. Del sistema redox FRS pasa el electrón a través de la ferredoxina y flavoproteína hasta el último aceptor $NADP^+$. Para reducir la flavo-

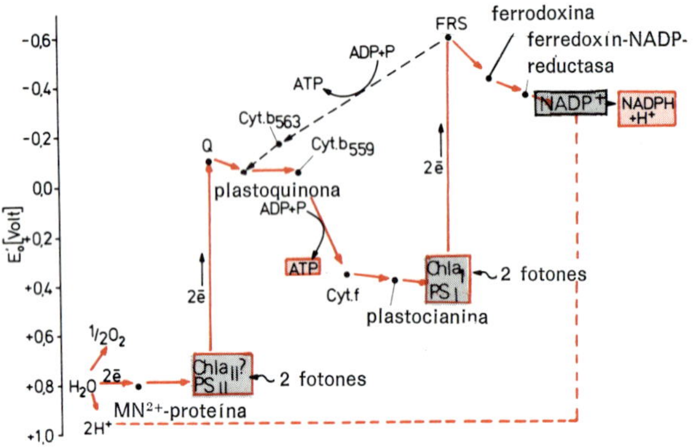

FIG. 33. Transporte electrónico en los procesos primarios de la fotosíntesis; en rojo = transporte electrónico no cíclico, en negro = transporte electrónico cíclico, PS = fotosíntesis (modificado según TREBST 1972).

proteína y el $NADP^+$, son necesarios dos electrones y dos protones ($2H^+$) (acordémonos del concepto de la transferencia de 2 electrones). En vez de recibir dos electrones, no supone ninguna dificultad dejar incidir simplemente dos cuantos de luz, excitándose dos moléculas de clorofila a_1. Sin embargo, los dos iones H^+ procedían de la fotólisis del agua. Sobre esto volveremos a tratar más adelante. Mantengamos pues provisionalmente que hemos llegado a un extremo de la cadena de transporte electrónico y que en este extremo hay $NADPH + H^+$.

SEGUNDA REACCIÓN LUMINOSA

Como ya hemos dicho sobre este tema existen aún vaguedades. Podemos tomar el siguiente concepto: cada cuanto de luz excita una clorofila a_2. Partamos de dos moléculas de clorofila a_2, porque hay transferencia de 2 electrones en la cadena y dos moléculas de clorofila a_2 dan, después de la correspondiente excitación, dos electrones. Dónde pasan entonces estos electrones, está un poco en controversia. Posiblemente, los electrones son cedidos primero a un sistema redox Q no identificado y luego al cit. b_{559}. El siguiente paso en la cadena será entonces la plastoquinona. Según otra interpretación, el curso sería completamente contrario: primero la plastoquinona y luego el cit. b_{559}. En lo concerniente a los siguientes sistemas redox no hay duda: los electrones pasan a través del cit. f y la plastoquinona a la clorofila a_1.

Con ello tenemos la conexión con la primera reacción lumino-

sa, ya que en ella, cada dos moléculas de clorofila a_1 habían cedido dos electrones. En cualquier caso vuelven a cederse dos electrones.
En el paso intermedio entre la plastoquinona y el cit. f, la caída de energía libre es utilizada para convertir ADP en ATP. Con ello la energía física es transformada en energía química, que puede ser utilizada por la planta. Se habla entonces de *fotofosforilación*.

FOTÓLISIS

Nos falta aún tratar de la fotólisis propiamente dicha. También hay aquí preguntas esenciales sin respuesta. Una interpretación muy discutida es que la clorofila a_2, oxidada a través de la cesión de electrones, cubre su déficit electrónico sustrayendo electrones de un hipotético sistema redox Y, que quizás sea una proteína con Mn^{++} (compárese con la fig. 33). Pensemos otra vez que en la cadena de transportes hay transferencia de dos electrones. Tenemos pues que contar con dos moléculas ionizadas de clorofila a_2 que toman dos electrones del sistema Y, que a su vez los obtiene de la fotólisis del agua.
La fotólisis puede resumirse en la siguiente ecuación:

$$2H_2O \rightarrow 2H^+ + 2OH^-$$
$$2OH^- \rightarrow 2(OH) + 2e^-$$
$$2(OH) \rightarrow 1H_2O + \tfrac{1}{2}O_2$$

Suma: $$2H_2O \rightarrow 2H^+ + 2e^- + 1H_2O + \tfrac{1}{2}O_2 \quad \text{o}$$
$$1H_2O \rightarrow 2H^+ + 2e^- + \tfrac{1}{2}O_2$$

Con la fotólisis del agua hemos llegado al otro extremo de la cadena de transporte electrónico y podemos resumir: los electrones cedidos en la fotólisis del agua son llevados a través de la cadena de transporte electrónico hasta el $NADP^+$. Con la ayuda de dos electrones y dos iones H^+ que en cualquier caso provienen de la fotólisis, el $NADP^+$ es reducido a $NADPH + H^+$. El transporte es mantenido por dos motores: la excitación de la clorofila a_1 y a_2 en la primera y segunda reacción luminosa. En el transporte descendente de los electrones entre la clorofila a_2 y a_1, se forma ATP.
Los electrones pasan así de un extremo de la cadena al otro, del donador de electrones, que es el agua, hasta el último receptor de electrones, que es el $NADP^+$. Se habla pues de un *transporte electrónico no cíclico*. Aparte de los oxígenos provenientes de la fotólisis del agua, los productos son $NADPH + H^+$ y ATP.

Pero aún existe otra posibilidad: un electrón cedido puede, tras el paso de un sistema redox a otro, volver al donador de electrones de partida. Un *transporte electrónico cíclico* semejante, puede empalmar con la segunda reacción luminosa de la fotosíntesis. La clorofila a_1 excitada por cuantos de luz no da electrones a la ferredoxina a través del sistema redox FRS, sino que los cede a la clorofila a_1 a través de la plastoquinona. También en este transporte electrónico cíclico se forma ATP. Ni la segunda reacción luminosa ni la fotólisis están conectadas. No se forma NADPH + H^+ ni mucho menos oxígeno; el producto del transporte electrónico cíclico es exclusivamente el ATP todavía se discute sobre qué importancia tiene este transporte para las plantas superiores.

e. Requerimiento cuántico de la fotosíntesis

Se trata de la cuestión de qué número de cuantos de luz son necesarios para la formación de una molécula de O_2. Tomando nuestro esquema del transporte electrónico no cíclico, son necesarios cuatro cuantos de luz —dos para cada electrón— para el transporte de dos electrones a través de la cadena del sistema redox y para la liberación de $\frac{1}{2}O_2$, que tiene lugar durante este proceso. Para la liberación de una molécula de O_2 necesitamos pues 8 cuantos de luz. La mayoría de los datos experimentales obtenidos sobre el requerimiento de cuantos de luz, concuerdan con nuestros cálculos.

3. Procesos secundarios de la fotosíntesis

De los productos del transporte electrónico no cíclico, O_2, ATP y NADPH + H^+, ya no nos interesa el O_2 liberado. Por el contrario, el ATP y el NADPH + H^+ son las sustancias que unen los procesos primarios con los secundarios, ya que están presentes en los procesos primarios y pueden luego ser aprovechados en los procesos secundarios para la fijación y reducción del CO_2.

a. El aceptor de CO_2

¿A qué sustancia se une el CO_2? ¿Cuál es la sustancia aceptora de CO_2? Como generalmente ocurre en la aclaración de los procesos secundarios, fue también CALVIN el que respondió a esta pregunta. Con la ayuda de la cromatografía bidimensional de papel, se estudiaron extractos de cultivos de la clorofícea

Scenedesmus, que había realizado fotosíntesis durante largo tiempo. Estos cultivos contenían, entre otras sustancias, el derivado de una pentosa, la ribulosa-1,5-difosfato, y el ácido, 3-fosfoglicérico. Cuando se retiraba de las algas el CO_2 necesario para la fotosíntesis, aumentaba inmediatamente el contenido en ribulosa-1,5-difosfato, y descendía el de ácido 3-fosfoglicérico (fig. 34). De esto puede deducirse que la ribulosa-1,5-difosfato es el aceptor de CO_2. Cuando no hay más CO_2 disponible, ya no se utiliza más ribulosa-1,5-difosfato, que entonces se acumula. De lo dicho anteriormente podría suponerse que el producto de la ribulosa-1,5-difosfato y el CO_2 se transforma en reacciones sucesivas en ácido fosfoglicérico. Estas primeras hipótesis se confirmaron en posteriores experimentos. Así por ejemplo, se encontró que la ribulosa-1,5-difosfato provoca la unión del CO_2 y la formación de ácido fosfoglicérico.

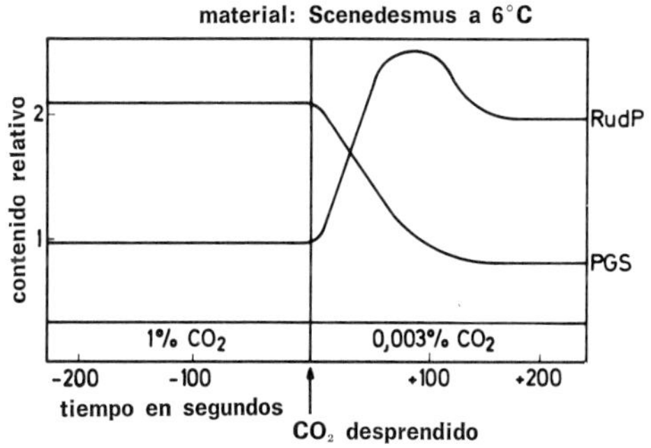

FIG. 34. Experimento para descubrir el aceptor de CO_2. Al desprenderse el CO_2, la concentración de ribulosa-1,5-difosfato (RudP) aumenta y la de ácido 3-fosfoglicérico (PGS) desciende. (Modificado según BARON 1967).

b. Conexión con los procesos primarios

En los procesos primarios de la fotosíntesis se forma ATP y NADPH + H^+ (y además se libera O_2, lo que no interesa en este contexto). ¿En qué reacciones químicas o en qué reacciones de los procesos secundarios son aprovechadas estas dos sustancias? Esta cuestión puede resolverse experimentalmente, ya que la reacción correspondiente debería depender indirectamente de la luz. Indirectamente, ya que la luz directa excita a la clorofila en las reacciones luminosas primera y segunda ya citadas.

Cuando se dejan a oscuras plantas que han estado expuestas a la luz durante un tiempo determinado, desciende el contenido de la mayoría de las sustancias que aquí interesan, siendo una excepción el ácido 3-fosfoglicérico, que aumenta mucho (figura 35). La utilización del ácido 3-fosfoglicérico depende pues de la luz. Este ácido participa en una reacción dependiente de la luz, pero, ¿en qué producto se transforma? Aquí, al igual que en todas estas investigaciones, contribuyó mucho la autorradiografía. CALVIN aportó $C^{14}O_2$ a suspensiones de algas *(Chlorella*

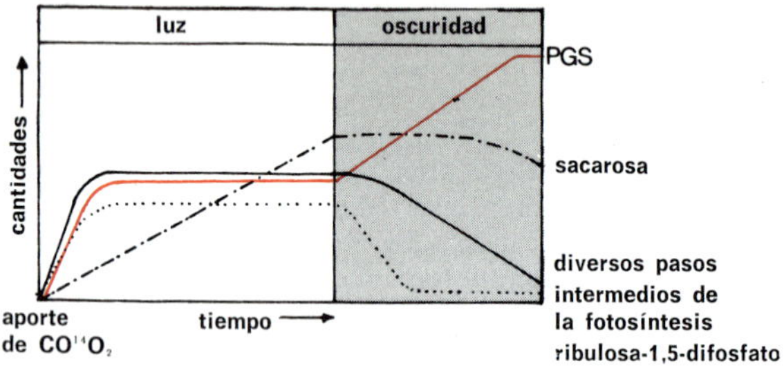

FIG. 35. Experimento para descubrir la reacción indirectamente dependiente de la luz, en los procesos secundarios de la fotosíntesis. Por oscurecimiento aumenta el contenido en ácido 3-fosfoglicérico (PGS) en contraposición con los otros componentes. (Modificado según BARON 1967).

o *Scenedesmus).* Tras de intervalos muy cortos de pocos segundos de duración y de períodos de tiempo cada vez más largos, se mataban y extraían las algas, por ejemplo con etanol caliente al 80 %. Los extractos eran separados por medio de la cromatografía bidimensional de papel y sometidos a autorradiografía. Con ello se vio que después de un período de fotosíntesis muy corto, además del ácido 3-fosfoglicérico, también el 3-fosfogliceraldehído estaba marcado radiactivamente (fig. 36). Sucesivas

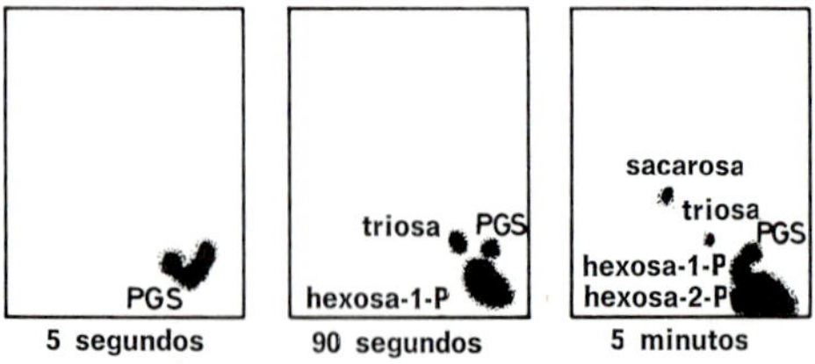

FIG. 36. Experimentos para descubrir la ruta del carbono en los procesos secundarios de la fotosíntesis. Se aportó $C^{14}O_2$ a suspensiones de algas. Luego las algas fueron matadas a intervalos de tiempo dados y sus extractos fueron separados por cromatografía bidimensional. PGS = ácido 3-fosfoglicérico; triosa = 3-fosfogliceraldehído + fosfato de dihidroxiacetona. Las manchas negras en el cromatograma muestran que en los correspondientes lugares, es decir, en las correspondientes sustancias, existe C^{14} (modificado según BARON 1967.)

investigaciones confirmaron que el 3-fosfogliceraldehído es el producto final de la reacción dependiente de la luz.

Podemos pues asegurar que en los procesos secundarios de la fotosíntesis, el ácido 3-fosfoglicérico es transformado en 3-fosfogliceraldehído, para lo que son utilizados el ATP y NADPH + + H^+ formados en los procesos primarios. La reacción es con ello indirectamente dependiente de la luz y en ella se lleva a cabo la conexión entre los procesos primarios y secundarios de la fotosíntesis.

c. Ciclo de Calvin

Hemos aprendido ya los primeros pasos de este ciclo al tratar de la fijación y reducción del CO_2. También los pasos siguientes fueron descubiertos por el grupo de trabajo de CALVIN con la técnica usada para el 3-fosfogliceraldehído que anteriormente citamos. Consideremos toda la secuencia en conjunto y ciñámonos otra vez a los primeros pasos (fig. 37).

El CO_2 presente en forma de HCO_3^- es fijado en el aceptor ribulosa-1,5-difosfato, con ayuda del enzima carboxidismutasa, resultando un producto intermedio con 6 átomos de C, hasta ahora desconocido. Esta sustancia es inestable y se disgrega en dos moléculas de ácido 3-fosfoglicérico, que se reducen a 3-fosfogliceraldehído con la ayuda del ATP y NADPH + H^+ formados en los procesos primarios. El 3-fosfogliceraldehído está en equilibrio con sus dos isómeros de fosfato de dihidroxiacetona. Este estado de equilibrio es catalizado por el enzima triosa-fosfato-isomerasa. El conjunto de ambas sustancias se denomina fosfato de triosa.

En el fosfato de triosa se llega a una dicotomía: por una parte dos moléculas de fosfato de triosa (una molécula de 3-fosfogliceraldehído y una de fosfato de dixidroxiacetona) pueden pasar a unirse formando una molécula de fructosa 1,6-difosfato. El mecanismo de reacción es la llamada aldocondensación por lo que el enzima implicado tiene el nombre de aldolasa. Una fosfatasa puede luego escindir un resto fosfato de la fructosa-1,6-difosfato, formándose la fructosa-6-fosfato, que puede ser transformada en los siguientes azúcares. Por este camino, el CO_2 del aire es captado para la síntesis de carbohidratos. Por otra parte los fosfatos de triosa participan también en la regeneración del aceptor de CO_2, la ribulosa-1,5-difosfato. A modo de balance se presenta la siguiente situación: en una complicada secuencia de transformaciones, que no vamos a seguir en detalle, son introducidas 3 moléculas de fosfato de triosa y una molécula de fructosa-6-

fosfato, o sea en total 15 átomos de C, resultando 3 moléculas de ribulosa-5-fosfato, es decir, otra vez 15 átomos de C. Con la ayuda del ATP, la ribulosa-5-fosfato es transformada en ribulosa-1,5-difosfato, con lo que se regenera el aceptor de CO_2.
Una parte de las reacciones antes citadas, pueden transcurrir en sentido inverso y en relación con una oxidación de la glucosa-6-fosfato a ácido 6-fosfoglucónico. Esta inversión es importante en cuanto que las pentosas son incorporadas en forma de fosfatos. Se habla por esta razón de un *ciclo de los fosfatos de pentosa* (página 77). Volvamos a las investigaciones de CALVIN. Partiendo de la ribulosa-1,5-difosfato y volviendo a ella, encontramos un ciclo en el cual se suministran: a) hidratos de carbono, por ejemplo fructosa-6-fosfato, y b) el aceptor de CO_2, ribulosa-1,5-difosfato. Este mecanismo cíclico se denomina *ciclo de Calvin.*

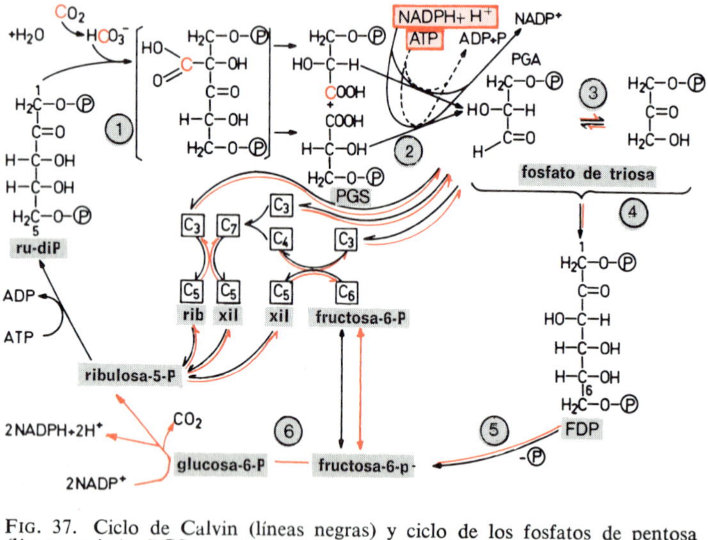

FIG. 37. Ciclo de Calvin (líneas negras) y ciclo de los fosfatos de pentosa (líneas rojas). PGS = ácido 3-fosfoglicérico, PGA = 3-fosfogliceraldehído, rib = ribosa-5-fosfato, xil = xilulosa-5-fosfato, ru-diP = ribulosa-1,5-difosfato, C_{14} = eritrosa-4-fosfato, FDP = fructosa-1,6-difosfato. En los círculos, algunos de los enzimas implicados: 1 = carboxidismutasa (= ribulosa-1,5-difosfato-carboxilasa), 2 = triosa-deshidrogenasa, 3 = fosfato de triosa-isomerasa, 4 = aldolasa, 5 = fosfatasa, 6 = fosfoglucoisomerasa. Los detalles de la transformación de glucosa-6-P en ribulosa-5-P están en la figura 52. Se ha comprobado que el ciclo de los fosfatos de pentosa sólo es en algunos tramos, una verdadera inversión del ciclo de Calvin. A menudo los mecanismos y los enzimas son de otro tipo.

d. El cloroplasto: lugar de la fotosíntesis

Los lugares de la fotosíntesis en las plantas superiores son los cloroplastos, que son por lo general orgánulos lenticulares con un diámetro más largo de 5-10 mμ. Describamos primero el tipo de cloroplastos más común y más tarde trataremos de una variante (pág. 63). El microscopio de gran aumento permite conocer la estructura interna de nuestro cloroplasto tipo: en una masa fundamental, el *estroma,* están incluidos los *grana* discoidales, que son elementos que aparecen de color verde intenso, debido a su alto contenido en clorofila. El microscopio electrónico permitió una mayor diferenciación (fig. 38). La totalidad del cloroplasto está atravesado por un sistema de membranas muy juntas, que según una propuesta de MENKE se denominan tilacoides («saquitos»). Los grana se forman colocándose las tilacoides unos encima de otros a modo de columnas, por lo que

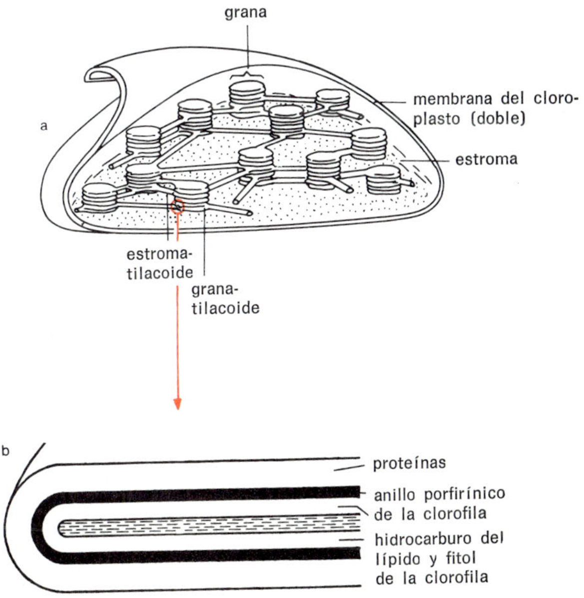

FIG. 38. Ultraestructura de un cloroplasto (esquema). a = estructura espacial de una sección transversal del cloroplasto, b = esquema de la estructura de la lamela de un grana (a = según HALL y RAO 1972, b = según KREUTZ 1966).

los tilacoides que forman parte de los grana se denominan *granatilocoides.* Los tilacoides agrupados en estas columnas atraviesan también la zona exterior al grana, que se llama, como ya dijimos, estroma o *matriz,* por lo que se denominarán *estromatilacoides.* La clorofila se encuentra en ambos tipos de tilacoides, aunque en más altas concentraciones en los granatilacoides. El límite exterior de los cloroplastos viene dado por un sistema de dobles membranas.

Hasta este punto concuerdan en lo esencial las opiniones de los distintos científicos, que investigan la estructura de los cloroplastos con la ayuda del microscopio electrónico. Las opiniones se dividen bastante en lo referente a la ultraestructura de los tilacoides. Reproduzcamos aquí una interpretación dada por KREUTZ (fig. 38), según la cual, las membranas constan de una capa externa proteínica y una capa interna lipídica. La clorofila se halla en la zona fronteriza entre la capa proteínica y los lípidos, estando su anillo porfirínico orientado hacia las proteínas, y sus cadenas de fitol hacia los lípidos.

Los procesos primarios de la fotosíntesis transcurren en la zona de los tilacoides. En los grana se encuentran los fotosistemas I y II y en los estromatilacoides sólo el fotosistema I. El transporte electrónico no cíclico e incluso la fotólisis, pueden pues tener lugar sólo en los grana, mientras que en los estromatilacoides puede darse únicamente el transporte electrónico cíclico, que puede transcurrir sin la participación del fotosistema II.

Los procesos secundarios de la fotosíntesis tienen lugar en el estroma, donde también hay DNA, lo que supone una cierta autonomía genética para los cloroplastos (compárese con la página 310).

Antes habíamos citado la doble membrana fronteriza, que ha sido considerada como un argumento más de interpretación para los que sostienen la hipótesis de los endosimbiontes, ya que la membrana externa podría corresponder a la membrana superficial primitiva de la célula aceptora del simbionte, y la membrana interna a la superficie externa del simbionte (fig. 39). Determinadas diferencias en la estructura y función de ambas membranas concuerdan con esta hipótesis. Dejemos esta cuestión de la evolución y volvamos definitivamente a lo que nos interesa. A pesar del carácter hipotético de todas las afirmaciones sobre la correspondencia entre la ultraestructura y la función de los cloroplastos, existen dos principios centrales:

1. Aumento de la superficie. Es necesaria en todas las estructuras metabólicamente activas, y en este caso se consigue con los tilacoides, a través de la ordenación del sistema de membranas.

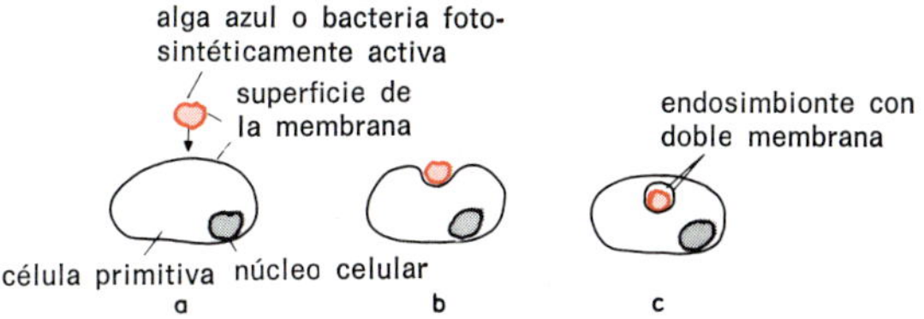

FIG. 39. Explicación de las causas de la doble superficie membranosa en los cloroplastos (y análogamente en las mitocondrias). Un alga azul o una bacteria fotosintética se acerca a una célula primitiva pero nucleada (a), es captada por invaginación (b) y luego a lo largo de la evolución, el endosimbionte es transformado finalmente en un cloroplasto que posee dos membranas limitantes (c). En la correspondiente evolución de las mitocondrias, no fueron captadas de igual modo bacterias fotosintéticas.

2. Compartimentación. Una compartimentación, es decir, una separación de los lugares de reacción, hace posible que diferentes procesos de la más alta actividad transcurran en vecindad, sin entorpecimiento por intercambios laterales. Una compartimentación de este tipo se da con la localización de los procesos primarios en los tilacoides y los procesos secundarios en la matriz.

e. Variante 1 en la incorporación de CO_2: ruta C_4 de los ácidos dicarboxílicos

Volvamos una vez más a los procesos secundarios de la fotosíntesis, después de habernos orientado un poco sobre la ultraestructura del cloroplasto tipo. Pronto podremos utilizar nuestros conocimientos sobre la estructura del cloroplasto y tendremos que modificarlos un poco.

Hasta ahora hemos señalado la ribulosa-1,5-difosfato como el primer aceptor orgánico de CO_2: el CO_2 era incorporado a los cloroplastos como HCO_3^- y allí era fijado a la ribulosa-1,5-difosfato que era pues el aceptor primario de CO_2. Ahora bien, el fosfoenolpiruvato (PEP) puede servir también de aceptor primario de CO_2. A través de la fijación de CO_2 en el PEP y de cambios definitivos, se originan moléculas que transportan el CO_2 al engranaje del ciclo de Calvin, donde el CO_2 es cedido de un modo completamente normal a la ribulosa-1,5-difosfato, y luego como ya es sabido, transformado en carbohidratos. No se trata de variantes en la síntesis de carbohidratos, sino únicamente de variantes en la incorporación del CO_2 necesario para ella.

Una primera variante de este tipo fue conocida a través de los concluyentes trabajos de HATCH y SLACK (1966). Se la denominó por ello *ruta de Hatch y Slack,* o en relación con los correspondientes productos intermedios, *ruta C_4 de los ácidos dicarboxílicos* de la fijación primaria de CO_2. Primeramente se había puesto de manifiesto esta ruta C_4 de los ácidos dicarboxílicos en gramíneas como el maíz y la caña de azúcar. Hoy en día se sabe que está muy extendida en plantas superiores, tanto en monocotiledóneas como en dicotiledóneas, y que de ningún modo supone una rara excepción.

BIOQUÍMICA DE LA RUTA C_4 DE LOS ÁCIDOS DICARBOXÍLICOS (fig. 40)
Como ya hemos dicho, el aceptor primario de CO_2 es aquí el fosfoenolpiruvato (PEP). Con la ayuda de la fosfoenolpiruvato-carboxilasa es convertido en oxalacetato, que puede pasar a espartato por una vía secundaria. En la vía principal se obtiene malato a través de una reducción catalizada por una malato-deshidrogenasa dependiente del NADPH. El enzima del malato lo descompone con formación de CO_2, piruvato y NADPH + H^+, fijándose el CO_2 por medio de la carboxidismutasa a la ribulosa-1,5-difosfato. Con ello se obtiene el acoplamiento con las reacciones del ciclo de Calvin que ya conocemos; el CO_2 primeramente fijado en el PEP, es transferido al último aceptor, la ribulosa-1,5-difosfato, que como ya habíamos dicho queda reducido (fig. 37) y además el NADPH + H^+ suministrado por el enzima del malato, puede establecer los equivalentes de reducción necesarios. El piruvato es regenerado otra vez a PEP con consumo de ATP, con lo que el aceptor primario de CO_2 queda de nuevo disponible.

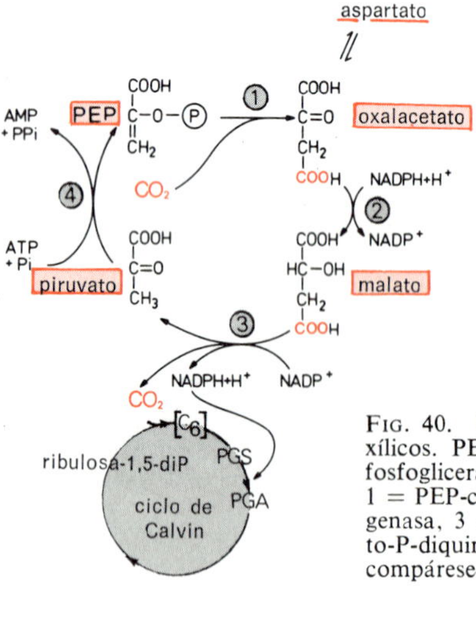

FIG. 40. La ruta C_4 de los ácidos dicarboxílicos. PEP = fosfoenolpiruvato, PGS = 3-fosfoglicerato, PGA = 3-fosfogliceraldehído. 1 = PEP-carboxilasa, 2 = malato-deshidrogenasa, 3 = enzima del malato, 4 = piruvato-P-diquinasa. Para la compartimentación compárese con la figura 42.

Intermediarios de esta vía de fijación del CO_2 son el oxalacetato, el aspartato, el malato y todos los ácidos y sales de ácidos con cuatro átomos de C y como mínimo con dos funciones carboxilo. Con ello se hace comprensible la designación más utilizada actualmente, la de la ruta C_4 de los ácidos dicarboxílicos. Aquellas plantas en las cuales existe esta vía de fijación primaria de CO_2 se denominan *plantas C_4* y aquellas en las cuales la ribulosa-1,5-difosfato funciona como primer aceptor de CO_2 orgánico, plantas *C_3*.

El síndrome C_4

Hemos hablado antes de los procesos bioquímicos, sin considerar en primer lugar las estructuras a las cuales están ligadas. Esto se hizo así para dejar claro que sólo es verdaderamente nuevo el otro tipo de fijación primaria del CO_2, por lo menos cuando se prescinde de las estructuras portadoras. Apresurémonos a reparar esta negligencia, ya que la ruta C_4 de los ácidos dicarboxílicos nos da un ejemplo modelo de una concordancia entre estructura y función bioquímica llena de sentido ecológico y económico.

Las reacciones químicas ya descritas, están acopladas a un gran número de fenómenos que en conjunto también se denominan *síndrome C_4*. Destaquemos algunos puntos:

Las plantas C_4, en la sección transversal de una hoja muestran la estructura llamada de *tipo corona* (fig. 41). Esto quiere decir que a diferencia de la estructura anatómica normal de una hoja, alrededor del haz vascular existe una corona interna de células de la vaina con gran contenido en clorofila. Por fuera hay luego una segunda corona de células mesofílicas con menor contenido en clorofila. Considerando la estructura real tridimensional, estas coronas aparecen como conductos. Esta disposición de las células asimiladoras ya fue descrita por HABERLANDT (1904) que la llamó de «tipo corona». Este científico también supuso que una particularidad en la anatomía de los tejidos asimiladores implica una particularidad en los sucesos bioquímicos.

En las dos capas de células anteriormente citadas, existe también un *dimorfismo de los cloroplastos* (fig. 42). Los cloroplastos de las células de la vaina son relativamente grandes y no presentan columnas de granatilacoides. Como habíamos tratado antes en la discusión sobre la ultraestructura del cloroplasto tipo, el fotosistema II está ligado a los grana. A los cloroplastos de las células de la vaina les falta el fotosistema II y con ello también la posibilidad del transporte electrónico no cíclico. Además en ellos se acumula almidón. Esto es sorprendente en tanto que la formación de carbohidratos supone la producción de ATP y

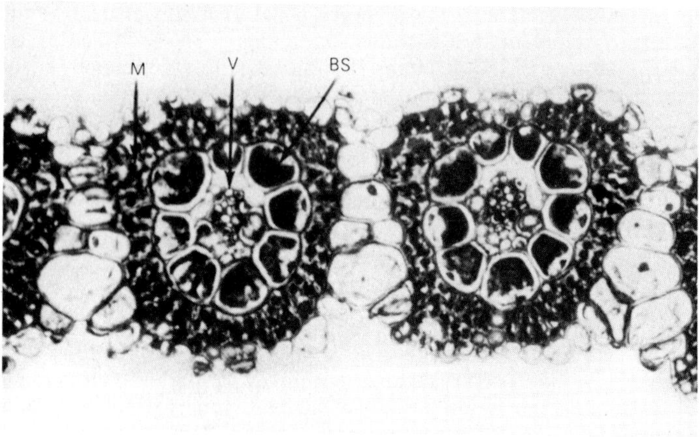

FIG. 41. Estructura en corona de la hoja. Sección transversal de hoja de *Buchloe dactyloides (Gramineae)* V = haz vascular, BS = células de la vaina del haz, M = células del mesófilo (de LAETSCH 1974).

NADPH + H^+, que normalmente son suministrados precisamente a través del transporte electrónico no cíclico. Contentémonos por el momento con esta afirmación y echemos un vistazo a los cloroplastos de las células del mesófilo: están estructurados normalmente, llevando pues columnas de tilacoides en forma de grana. La mayoría de las veces no se encuentra almidón en ellos. También es importante que en el síndrome C_4, las plantas C_4 muestren una alta *fotosíntesis neta* o *fotosíntesis aparente*. Los carbohidratos producidos a través de la fotosíntesis son en su mayor parte disgregados de nuevo a través de procesos oxida-

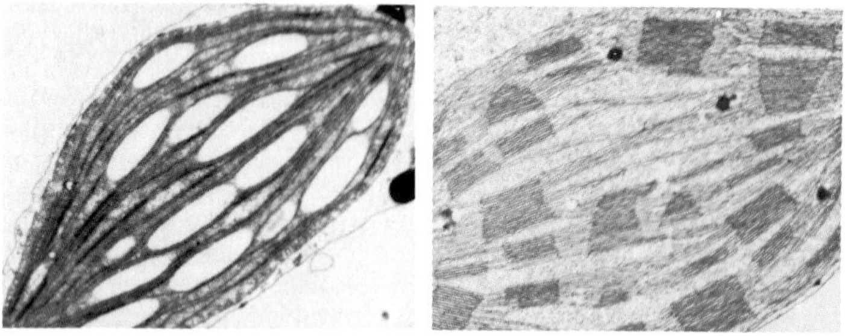

FIG. 42. Cloroplasto normal (derecha) y cloroplasto de células de la vaina del haz (izquierda) del maíz (de CHOLLET y PAOLILLO 1972).

tivos biológicos con desprendimiento de CO_2. Esto es válido especialmente para las partes verdes de la planta expuestas a la luz en las cuales existe una vía especial de degradación, la fotorrespiración. Volveremos más tarde a tratar sobre el tema (página 104). Como fotosíntesis neta se entiende aquella parte de CO_2 fijado en la fotosíntesis que no es otra vez liberado a través de procesos oxidativos. Como ya habíamos dicho esta cantidad es especialmente alta en las plantas C_4. La fotorrespiración que en las plantas C_3 puede desplazar fuertemente el equilibrio en dirección a la parte negativa, no repercute prácticamente en ellas.

Compartimentación espacial de la fotosíntesis en la plantas C_4

Los tres puntos del síndrome C_4 anteriormente citados (tipo corona, dimorfismo de los cloroplastos y alta fotosíntesis aparente), se entienden cuando tratamos de la compartimentación de los procesos fotosintéticos en las plantas C_4 (fig. 43). En ello se basó la interpretación más verosímil de hace algún tiempo. En

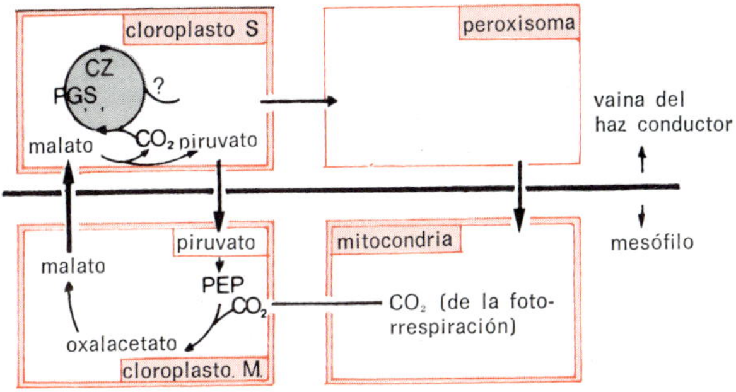

Fig. 43. Compartimentación de la ruta C_4 de los ácidos dicarboxílicos. CZ = ciclo de Calvin, PGS = 3-fosfoglicerato, PEP = fosfoenolpiruvato, S = de la vaina, M = del mesófilo. Con respecto a la participación de peroxisomas y mitocondrias en la fotorrespiración, compárese con la fig. 74.

el transcurso de la fotorrespiración se desprende CO_2 a través de la degradación de carbohidratos (pág. 104). Este CO_2 es fijado al PEP en los cloroplastos del mesófilo, con lo que se explica la alta fotosíntesis aparente: el CO_2 formado en la fotorrespiración es atrapado aquí. El oxalacetato primeramente formado es transformado en malato en los cloroplastos del mesófilo. El malato pasa a la vaina, en cuyos cloroplastos es escindido por el enzima del malato. El CO_2 originado con ello es transferido a la ribulosa-1,5-difosfato. El NADPH + H^+ igualmente desprendido, puede ser incorporado al ciclo de Calvin, en la reducción del ácido 3-fosfoglicérico a 3-fosfogliceraldehído. Con ello se hace comprensible que los grana y en última instancia el transporte electrónico no cíclico que suministra NADPH + H^+ puedan faltar en las células de la vaina. El suministro de ATP es menos crítico. Podría ser suministrado por ejemplo a través del transporte electrónico cíclico que no depende del fotosistema II. Así se entiende el dimorfismo de los cloroplastos y también por qué los células de la vaina pueden conducir almidón en sus cloroplastos, ya que el almidón se crea a partir de moléculas de glucosa obtenidas a través del ciclo de Calvin.

El piruvato que ha ido a parar a los cloroplastos de las células de la vaina por medio de la escisión del malato, vuelve a las células del mesófilo y allí puede otra vez ser fosforilado a PEP, el aceptor primario de CO_2. La compartimentación antes descrita permite a las plantas C_4 realizar la fotosíntesis también con los estomas cerrados, ya que al poder utilizar el CO_2 derivado de la fotorrespiración, no necesitan la entrada de CO_2 a través de ellos. Los estomas cerrados implican también una reducción de la pérdida de agua a través de la transpiración estomática (pág. 324). No es de extrañar que a las plantas C_4 pertenezcan muchas especies que han de luchar contra dificultades con respecto a su abastecimiento de agua. Nombremos únicamente la verdolaga *(Portulaca grandiflora)* que se sabe puede sobrevivir en lugares secos y arenosos.

Las plantas C_4 superan a las plantas C_3 en un doble sentido: económico a través de su alta fotosíntesis neta y también ecológico a través de la posibilidad de fotosíntesis efectiva con los estomas cerrados en lugares pobres en agua.

f. Variante 2 en la incorporación de CO_2: el ciclo diurno de los ácidos en las plantas suculentas

Hemos dicho ya que las plantas C_4 pueden desplazar a las plantas C_3 en los lugares pobres en agua. No puede por menos que pensarse en un grupo de plantas que disponen de los más diversos mecanismos morfológico-anatómicos para la reducción de las pérdidas de agua, las plantas suculentas, ya que en ellas el problema antes planteado se presenta en mayor medida acaso que en determinadas gramíneas que son plantas C_4. Tan deseable como es la reducción de las pérdidas de agua, es indeseable que a través del cierre de los estomas, se reduzca también la incorporación del CO_2 necesario para la fotosíntesis. Algunas plantas suculentas, como la verdolaga antes citada son plantas

C_4. La mayoría de las plantas suculentas presentan como adaptación a esta situación un método distinto de incorporación de CO_2, que se conoció bajo la designación de *ciclo diurno de los ácidos.*

Ya en 1804 DE SAUSSURE descubrió que en las chumberas tenía lugar una «acidificación» por la noche y durante el día una «desacidificación» del material vegetal. Descubrimientos análogos fueron realizados en muchas más plantas suculentas, como en los géneros *Bryophyllum, Crassula, Kalanchoe, Kleinia* y *Sedum.* En todas ellas por la mañana el pH del jugo celular era el más bajo y por la noche el más alto. Los análisis demostraron que aunque pueden existir otros ácidos en cantidades mayores, las variaciones en el contenido de ácidos esencialmente dependían de las variaciones en el contenido de malato (fig. 44). Este cambio periódico del contenido de ácidos se denomina ciclo diurno de los ácidos.

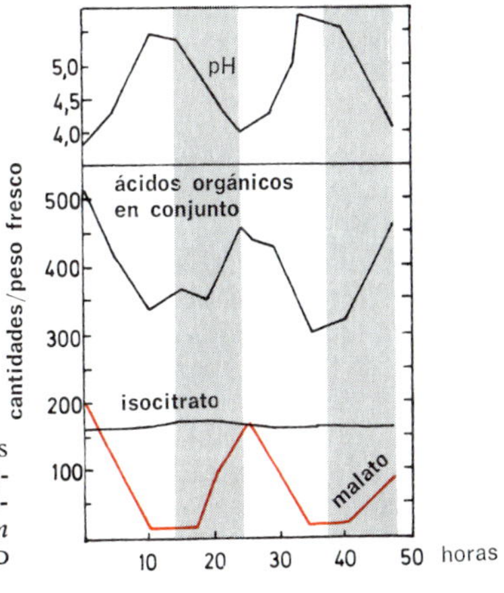

FIG. 44. Oscilaciones diurnas en el valor del pH y en el contenido en diversos ácidos orgánicos en *Bryophyllum calycinum* (modificado según STEWARD 1966).

La fijación de CO_2 en las plantas suculentas muestra desde el punto de vista formal, una amplia concordancia con la ruta C_4 de los ácidos dicarboxílicos (fig. 45), pero los enzimas del ciclo diurno de los ácidos no están localizados en los plástidos, sino en el citoplasma. También el CO_2 es llevado al aceptor primario PEP con la ayuda de una PEP-carboxilasa. Esta fijación de CO_2 puede en este caso también tener lugar fundamentalmente en presencia de la luz. Si durante la exposición a la luz queda eliminada por la demanda competitiva de la fotosíntesis que ahora toma el CO_2 para sí, por lo que la fijación de CO_2 sólo es

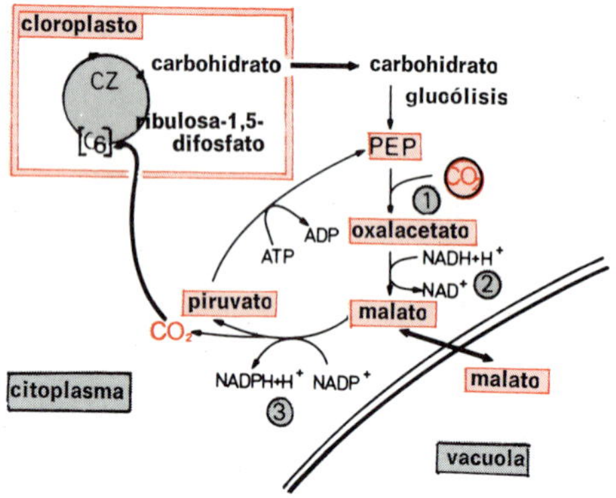

FIG. 45. Fijación del CO_2 en el ciclo diurno de los ácidos en las plantas suculentas. CZ = ciclo de Calvin, PEP = fosfoenolpiruvato, 1 = PEP-carboxilasa, 2 = malato-deshidrogenasa, 3 = enzima del malato. El PEP procederá de los carbohidratos producidos a través del ciclo de Calvin. Según otra interpretación derivará del ácido 3-fosfoglicérico, que igualmente será producido por el ciclo de Calvin.

importante desde el punto de vista cuantitativo en la oscuridad. No es pues del todo correcto hablar de una «fijación en la oscuridad» de CO_2.

El oxalacetato formado a través de la actividad de la PEP-carboxilasa, es transformado en malato por medio de la malato-deshidrogenasa que actúa con NADH + H^+. El malato es almacenado en su mayor parte en las vacuolas. Así tiene lugar la *acidificación durante la noche.* Como ocurre en las plantas C_4, también en este caso el oxalacetato puede ser la sustancia de partida para la formación de aspartato. Sin embargo, esta vía es menos importante que la formación de malato.

La *desacidificación durante el día* es iniciada cuando el malato de las vacuolas es transportado otra vez al citoplasma. El mecanismo de este proceso es desconocido, pero sin embargo demuestra que las sustancias almacenadas en las vacuolas a veces toman parte en el metabolismo. Como ocurre en las plantas C_4, el malato es luego descarboxilado oxidativamente con la ayuda de su enzima correspondiente. El CO_2 desprendido en este proceso, llega a los cloroplastos y allí es fijado a la ribulosa-1,5-difosfato y se incorporan entonces a las ya conocidas reacciones del ciclo de Calvin.

Un punto queda aún por aclarar: habíamos dicho más arriba que la fijación de CO_2, que tiene lugar durante el transcurso de la fotosíntesis, toma el CO_2 para ésta. No obstante, el equilibrio en la carboxilación del PEP está desplazado del todo hacia el oxalacetato, por lo que la reacción es prácticamente irreversible. Además hay que tener en cuenta que la PEP-carboxilasa muestra una mayor afinidad por el CO_2 que la carboxidismutasa. En realidad la fijación de CO_2 durante el transcurso de la fotosíntesis, debería desaparecer ante la competencia. La solución del problema está en parte en que la actividad de por lo menos la PEP-carboxilasa de las plantas suculentas es inhibida por el malato. Un enriquecimiento en malato conduce pues a una inhibición de la fijación de CO_2 en la oscuridad, que puede pasar ahora a la fotosíntesis, es decir, a la fijación dependiente de la luz.

Veamos de nuevo todo esto en el contexto de una *adaptación de las plantas suculentas.* Durante la noche predomina la respiración. El CO_2 formado en ella no es cedido a la atmósfera, sino que se acumula en forma de malato tras una fijación no dependiente de la luz. De día tiene lugar la fotosíntesis. Al mismo tiempo, aumentan las temperaturas exteriores y se llega a pérdidas de agua cada vez más fuertes, por la transpiración a través de los estomas. La transpiración es reducida por cierre total o parcial de estos estomas, con lo que la entrada de CO_2 del exterior se ve también interrumpida. Sin embargo, la planta extrae su almacenador de CO_2, el malato, que es degradado con formación de CO_2, que luego puede ser utilizado en una fijación fotosintética de CO_2, que también puede tener lugar con los estomas cerrados.

g. Comparación entre la ruta C_4 de los ácidos dicarboxílicos y el ciclo diurno de los ácidos: compartimentación espacial y temporal

Hemos encontrado tantas semejanzas entre el proceso bioquímico de la ruta C_4 de los ácidos dicarboxílicos y el ciclo diurno de los ácidos, que podría preguntarse con razón cuáles son en realidad las diferencias. Ya habíamos indicado algunas diferencias, como que en las plantas C_4 la fijación primaria de CO_2 tiene lugar en los cloroplastos del mesófilo, mientras que en las plantas suculentas con ciclo de los ácidos tiene lugar en el citoplasma. Todavía más importante es lo siguiente (fig. 46): en las plantas C_4 la fijación primaria de CO_2 se realiza en los cloroplastos de las *células del mesófilo* y por el contrario la transferencia a la ribulosa-1,5-difosfato y el ciclo de Calvin se llevan a cabo en los cloroplastos de las *células de la vaina.* Existe pues una compartimentación *espacial.* En las plantas suculentas, por el contrario, la fijación primaria de CO_2 tiene lugar *durante la noche,* y la transferencia a la ribulosa-1,5-difosfato contrariamente ocurre *de día.* Ambas pueden realizarse en una misma célula. Aquí no existe pues una compartimentación espacial, sino una compartimentación *temporal.*

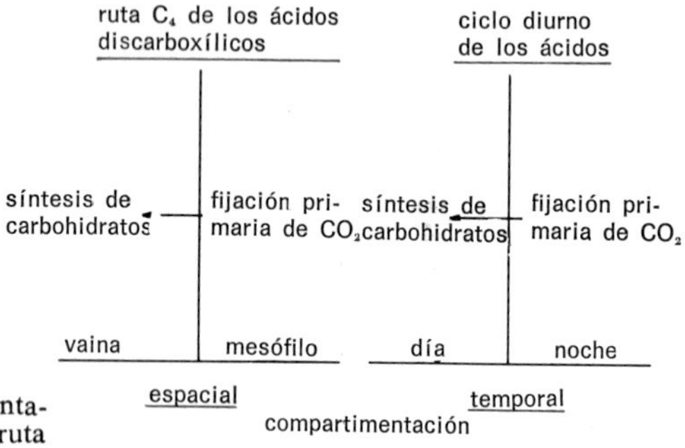

FIG. 46. Compartimentación espacial en la ruta C_4 de los ácidos dicarboxílicos y compartimentación temporal en el ciclo diurno de los ácidos (modificado según LAETSH 1974).

CARBOHIDRATOS

A los carbohidratos pertenecen los primeros productos que son incorporados a través del ciclo de Calvin y que pueden transformarse en sucesivos carbohidratos y algunos incluso en carbohidratos compuestos. Todo el grupo es de capital importancia para la planta (y también para el animal), ya que los carbohidratos sirven:

1. a la ganancia de energía y forman
2. el material de partida para la síntesis de todas las otras sustancias orgánicas vegetales y animales.

Estos carbohidratos son sustancias que por cada átomo de carbono contienen la misma proporción de hidrógeno y oxígeno que la que muestran en el agua. Por cada átomo de C hay pues dos de H y uno de O. Los carbohidratos más importantes se conocen con el nombre de «azúcares» y llevan bien una función aldehído, o una función cetona. Según el caso se obtienen aldosas, como por ejemplo la glucosa, o bien cetosas como por ejemplo la fructosa. Los azúcares pueden además ser sencillos o compuestos. Los azúcares sencillos se denominan monosacáridos. Los compuestos constan de azúcares sencillos, unidos entre sí por enlaces glucosídicos. Sobre estos enlaces ya trataremos más adelante. Según el número de azúcares que estén unidos entre sí por el enlace glucosídico, se distingue entre disacáridos, oligosacáridos y polisacáridos.

1. Monosacáridos

Los monosacáridos se pueden dividir según el número de sus átomos de C, en triosas (3C), tetrosas (4C), pentosas (5C) y hexosas (6C). Los azúcares con un número aún mayor de átomos de C, como las heptosas con 7 átomos de C, son raros, pero importantes como productos intermedios en el metabolismo. Las fórmulas de algunos monosacáridos están representadas en la figura 47. Con algunas de ellas nos familiarizaremos cuando esquematicemos algunas variaciones a las que pueden estar sujetos los monosacáridos en el metabolismo de la planta.

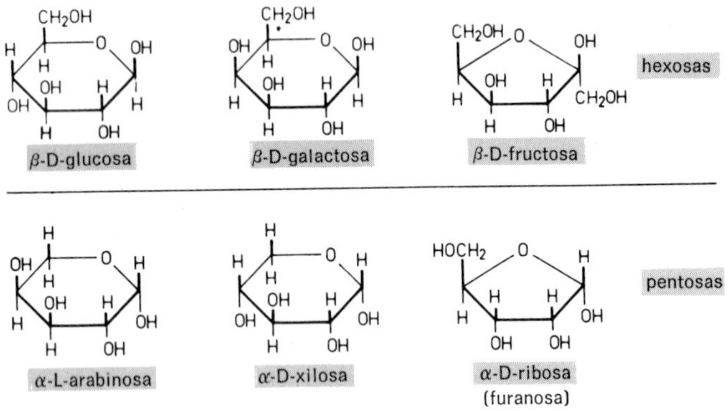

FIG. 47. Algunos monosacáridos (hexosas y pentosas).

a. Fosforilación (quinasas)

Los azúcares toman parte frecuentemente en el metabolismo en forma fosforilada. Esto ya lo habíamos visto antes, en el ejemplo del ciclo de Calvin. La fosforilación se lleva a cabo con la ayuda de ATP. Los enzimas que transfieren el resto fosfato del ATP al azúcar, se denominan quinasas. Los enlaces azúcar-fosfato son relativamente ricos en energía, con lo que el azúcar es activado para sucesivas reacciones metabólicas. Un ejemplo de quinasa es la hexoquinasa, que cataliza la conversión de glucosa en glucosa-6-fosfato. El equilibrio en esta reacción se desplaza hacia el lado de la glucosa-6-fosfato (fig. 48.)

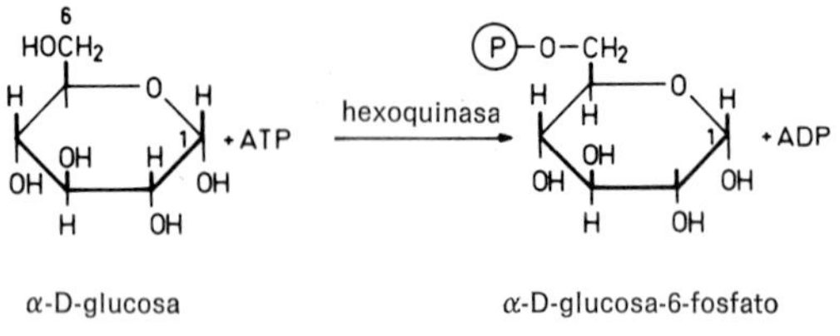

FIG. 48. Función de la hexoquinasa.

b. Desplazamiento intramolecular de fosfato (mutasas)

Las mutasas desplazan, como resultado final, restos fosfato dentro de la molécula de azúcar. En detalle se trata de varias reacciones, en las cuales toman parte las mutasas fosforiladas. Por ejemplo, la fosfoglucomutasa transforma la glucosa-6-fosfato en glucosa-1-fosfato a través de un desplazamiento de fosfato.

c. Nucleótido-azúcar (UDPG)

Una forma activa importante de la glucosa en las plantas superiores es la uridín-difosfato-glucosa (UDPG), a la que frecuentemente se denomina erróneamente como «glucosa activa». La UDPG se obtiene de glucosa-1-fosfato y uridín-trifosfato, con desprendimiento de pirofosfato (fig. 49).
Sin duda la UDPG es uno de los nucleótidos-azúcar más importantes. Sin embargo, se conoce un gran número de nucleótidos-azúcar, por ejemplo, el ADP, GDP, CDP y TDP, que son utilizados en determinadas reacciones.

d. Inversión de un grupo OH (epimerasas)

Se habla de epimerización cuando en un compuesto carbonado, se varía la ordenación estérica en un átomo de C, a través de

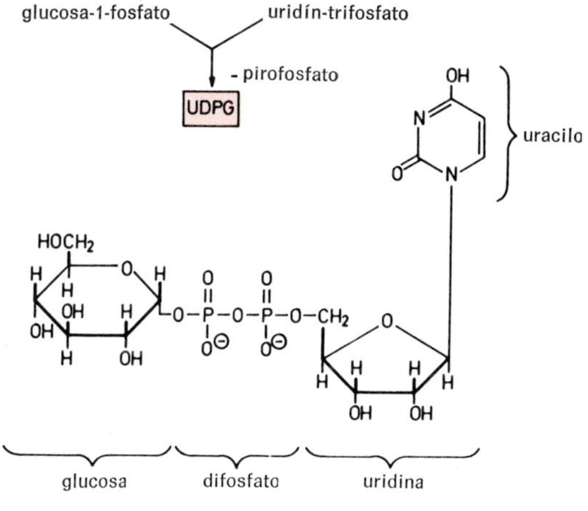

FIG. 49. Formación y estructura del UDPG.

una inversión de un grupo hidroxilo. Sin alterar la estructura del compuesto. A los enzimas que actúan en este proceso se les denomina consecuentemente epimerasas (fig. 50).
Un ejemplo es la 4-epimerasa, que convierte el UDPG en UDP-galactosa, a través de una inversión del grupo hidroxilo en el átomo de C_4. En reacciones posteriores, esta galactosa puede ser cambiada por la glucosa-1-fosfato.

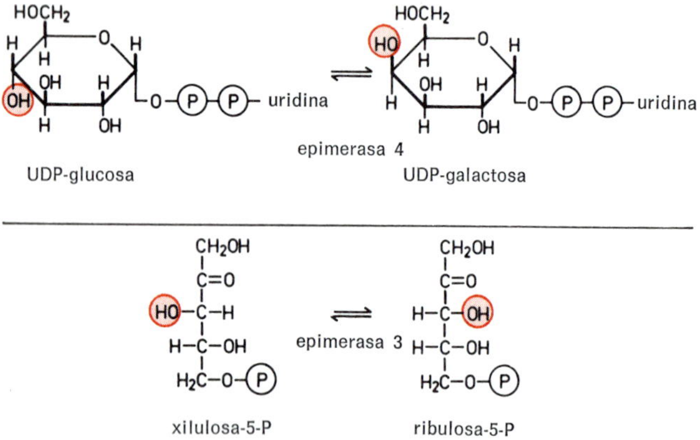

FIG. 50. Función de las epimerasas.

Otro ejemplo es la ribulosa-3-epimerasa, que rige el equilibrio entre el 5-fosfato de la ribulosa y la xilulosa, a través de una inversión del grupo hidroxilo en el átomo de C_3.

e. Control del equilibrio entre aldosas y cetosas (isomerasas)

También en la isomerización, la estructura del compuesto carbonado queda inalterada. Ya hemos visto que los monosacáridos pueden presentarse como aldosas y cetosas. Las isomerasas dirigen la transición entre ambas, siendo la fosfogluco-isomerasa un primer ejemplo. El enzima cataliza el estado de equilibrio entre la glucosa-6-fosfato y la fructosa-6-fosfato.
Un segundo ejemplo es la fosforriba-isomerasa, que transforma reversiblemente la ribosa-5-fosfato en ribulosa-5-fosfato. Se ha demostrado que tanto las epimerasas como las isomerasas prefieren como sustrato los azúcares fosforilados.

f. Reducción oxidativa del átomo de C (conversión hexosa-pentosa)

ELIMINACIÓN DEL C_6 (fig. 51)

Oxidando un azúcar en su grupo HO-C^6H_2, se obtienen ácidos urónicos. Partiendo de la glucosa se forma pues ácido glucurónico.

FIG. 51. Reducción oxidativa del átomo de C: formación de la UDP-xilosa, ácido UDP-glucurónico y ácido UDP-galacturónico.

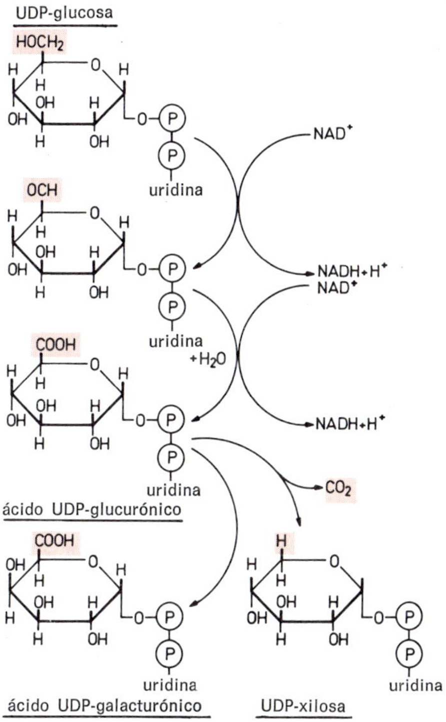

Los ácidos urónicos pueden ser descarboxilados, siendo un ejemplo de ello la formación de UDP-xilosa. El UDPG es transformado en ácido UDP-glucurónico con la ayuda de NAD^+. A través de una descarboxilación se forma UDP-xilosa, con lo que también una hexosa ha pasado a pentosa. La UDP-xilosa puede ser utilizada para la síntesis de grandes polímeros de derivados de pentosas, los xilanos.

También ha de citarse otra posibilidad más de utilización de los ácidos UDP-glucurónicos: una epimerasa 4 puede transformar el enlace en el ácido UDP-glucurónico a través de una inversión del grupo OH en el átomo de C_4. Los ácidos galacturónicos son importantes como principios básicos de las sustancias pectinosas, que parecen formarse por el camino descrito, sobre todo en plantas superiores.

ELIMINACIÓN DE C_1 (fig. 52)

Cuando los azúcares no son oxidados en su grupo $HO\text{-}C^6H_2$, sino en su función aldehído, se obtiene primero lactona, que puede pasar a ácido «on» mediante hidrólisis. La glucosa-6-fosfato es primeramente deshidrogenada dando glucono-lactona-6-fosfato. El anillo de lactona es luego hidrolizado con formación de ácido glucónico-6-fosfato. A través de una nueva deshidrogenación se forma un estadio intermedio aún hipotético, que produce por descarboxilación ribulosa-5-fosfato. También en este caso puede eliminarse definitivamente CO_2 en la oxidación, lo que quiere decir que también aquí tiene lugar una conversión de hexosas a pentosas.

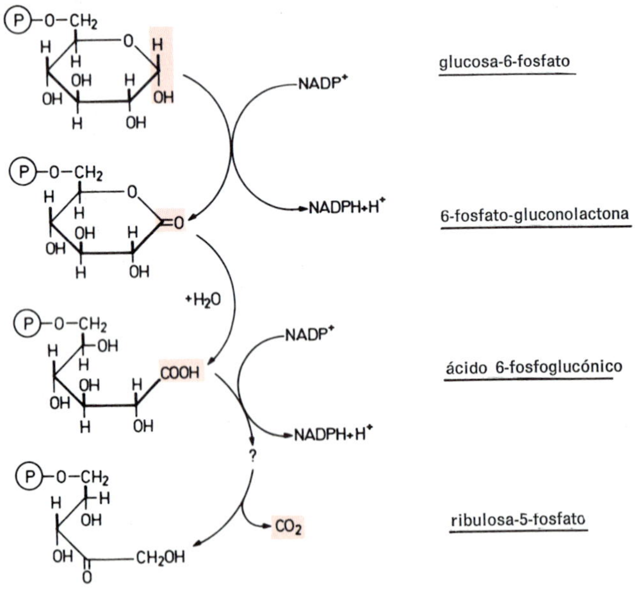

FIG. 52. Reducción oxidativa de 1 átomo de C: formación de ribulosa-5-fosfato = comienzo del ciclo de los fosfatos de pentosa.

Esta transformación se lleva a cabo con formación de NADP + + H^+, que puede ser utilizado por la célula con fines sintetizadores. No obstante, la conversión de glucosa-6-fosfato en ribulosa-5-fosfato es interesante para nosotros —no sólo por este motivo, sino sobre todo porque constituye el principio del ciclo del fosfato de pentosa.

g. **Ciclo de los fosfatos de pentosa** (fig. 37)

Se trata de una vía de aprovechamiento de la glucosa, a partir de la cual pueden formarse fosfatos de pentosa.
Su mecanismo no exige un gran esfuerzo de memoria si nos permitimos dejar de lado algunos detalles importantes únicamente para los bioquímicos. En el comienzo, está la ya comentada transformación de glucosa-6-fosfato en ribulosa-5-fosfato. A partir de la ribulosa-5-fosfato el proceso sigue sendas conocidas: simplemente transcurre siguiendo un trozo del ciclo de Calvin en sentido inverso. Primeramente obtenemos sucesivos fosfatos de pentosa a partir de ribulosa-5-fosfato, ribosa-5-fosfato y xilulosa-5-fosfato. El nombre es pues apropiado. Los fosfatos de pentosa pueden finalmente ser transformados en fosfato de triosa y fructosa-6-fosfato. Todavía tenemos que cerrar el círculo. Esto sucede cuando la ya conocida 6-fosfogluco isomerasa ha transformado la fructosa-6-fosfato en glucosa-6-fosfato.
El ciclo de los fosfatos de pentosa es sólo una vía secundaria, en la que también se puede degradar la glucosa. En plantas superiores su significado se basa principalmente en la preparación de NADPH + H^+, ya que en la planta verde fotosintética la formación de pentosas a partir de glucosa-6-fosfato, parece menos decisiva, al disponer de suficientes fosfatos de triosa, que se originan de los procesos secundarios de la fotosíntesis. A partir de ellos pueden formarse fosfatos de pentosa a través de los siguientes pasos del ciclo de Calvin.

2. Oligosacáridos y polisacáridos

a. Glucósidos

Los oligo y polisacáridos pertenecen al grupo de los glucósidos. Se trata de un grupo constituido por compuestos químicos muy diversos que tienen en común que sus moléculas son compuestas y contienen por lo menos una unidad de azúcar. Algunos constan exclusivamente de estas unidades. Cada azúcar está unido a un componente no azúcar, a un aglicón o a otro azúcar a través de un enlace glucosídico. ¿Cómo son este tipo de enlaces?

Hemiacetal

Volvamos un poco hacia atrás y orientémonos primero sobre el concepto de hemiacetal. Este compuesto se forma por unión de un componente alcohólico a una función carbonilo C = 0 (figura 53).

Hemiacetal interno

El componente alcohólico no sólo puede ser tomado de una molécula extraña, sino también de la misma molécula utilizada para la formación de un hemiacetal. En este caso se habla de hemiacetal interno. Los azúcares pueden formar este tipo de compuestos, tomando entonces forma de anillo (fig. 53).

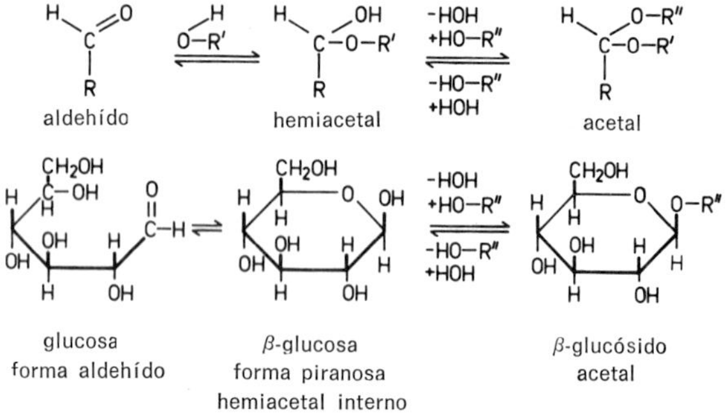

Fig. 53. Hemiacetal, hemiacetal interno y acetal.

Acetal completo

Un hemiacetal, así como un hemiacetal interno, puede reaccionar con otra molécula de alcohol. Queremos recalcar la palabra reaccionar, pues no se trata ya de una simple unión, sino de un enlace con desprendimiento de agua. El producto es un acetal o acetal completo. Cuando en la formación del acetal completo, participa un azúcar, resulta un glucósido. El enlace entre el componente alcohólico y el azúcar se denomina glucosídico (fig. 53).

Tipos de glucósidos

A los glucósidos pertenecen, como ya habíamos dicho, sustancias químicamente muy distintas. Si se gusta de catalogar, se puede diferenciar por lo menos dos grandes grupos, los O-glucósidos y los N-glucósidos.

O-glucósidos. El componente alcohólico reacciona con el azúcar a través del grupo HO. Como componentes alcohólicos pueden actuar, aparte de los alcoholes verdaderos, ácidos orgánicos, fenoles y azúcares. Precisamente, fenoles de los tipos más distintos aportan muy frecuentemente el aglicón a las plantas. Sin embargo, cuando un azúcar queda unido por un enlace glucosídico obtenemos de oligo hasta polisacáridos.

N-glucósidos. El componente alcohólico reacciona con el azúcar a través de un grupo NH. Este tipo de enlaces N-glucosídicos, se dan en los nucleósidos y a través de ellos en los nucleótidos y polinucleótidos.

GLUCOSIDASAS

Los enlaces glucosídicos pueden ser escindidos hidrolíticamente por medio de enzimas con desprendimiento de azúcares. Estos enzimas se denominan glucosidasas. Se dividen en varios grupos. Así, las β-glucosidasas atacan enlaces β-glucosídicos. También puede tener lugar la reacción inversa, la síntesis de glucósidos a partir de azúcares puede transcurrir con ayuda de las glucosidasas, pero por regla general hay otros sistemas enzimáticos más importantes para esta reacción, que actúan con azúcares-nucleótido o azúcares-fosfato.

b. Oligosacáridos

DISACÁRIDOS

Los disacáridos están muy extendidos en el reino vegetal, tanto en forma libre como si acompañan a un aglicón. Representemos las fórmulas de algunas de ellos (fig. 54). La maltosa, celobiosa y gentobiosa constan todas ellas de dos moléculas de glucosa, pero en los enlaces glucosídicos participan, según los casos, diferentes átomos de C (enlace 1-4 ó 1-6), o tienen hidroxilos en posiciones estéricas distintas (posición α- o β- del hidroxilo en el átomo de C).
Con mucho el disacárido más importante en las plantas superiores es la sacarosa, que está formada a partir de glucosa y fructosa. En el enlace glucosídico, participan los hidroxilos de ambos azúcares, que se hallan en el átomo de C 1 en la glucosa y en el átomo de C 2 en la fructosa. La consecuencia de esta

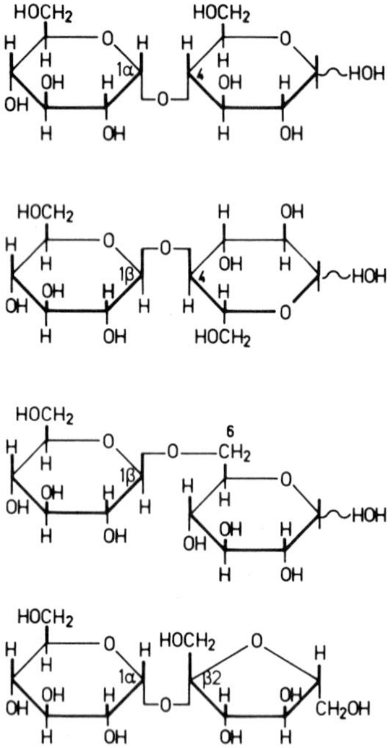

maltosa

celobiosa

gentobiosa

sacarosa

FIG. 54. Algunos disacáridos.

determinación de los dos hidroxilos glucosídicos, es que la sacarosa, contrariamente a otros disacáridos antes nombrados, en los cuales siempre el hidroxilo glucosídico de uno de los dos azúcares está libre, se cuenta entre los azúcares «no reducidos».

La síntesis de la sacarosa puede tener lugar a partir de: a) UDPG y fructosa, y b) de UDPG y fructosa-6-fosfato. En el segundo caso se forma sacarosa-fosfato, que es escindido en sacarosa y fosfato por una fosfatasa. Los enzimas que participan en la síntesis podemos denominarlos según el producto, como sacarosa-sintetasa (1) y sacarosa-fosfato-sintetasa (2).

a) UDPG + fructosa $\xrightarrow{1}$ UDP + sacarosa

b) UDPG + fructosa-6-fosfato $\xrightarrow{2}$ UDP + sacarosa-P

↓ fosfatasa

sacarosa + fosfato

La sacarosa puede ser escindida hidrolíticamente por una glucosidasa, que se llama sacarosa o invertasa. Esta última se denomina así por su capacidad de inversión del plano de polarización de la luz. La sacarosa es dextrógira (+), pero tras la hidrólisis la fructosa fuertemente levógira (−) predomina sobre la glucosa débilmente dextrógira, de manera que en conjunto resulta una mezcla levógira. Químicamente analizada, la invertasa es una β-fructofuranosidasa, ya que la fructosa participa en forma de β-fructofuranosa en el enlace glucosídico dentro de la sacarosa, y el enzima escinde el enlace por el lado de la fructosa.

Oligosacáridos: familia de la rafinosa

A la familia de la rafinosa pertenecen el trisacárido rafinosa, el tetrasacárido estaquiosa y el pentasacárido verbascosa. En relación a la sacarosa, se trata de las formas de transporte más importantes de azúcares en las plantas superiores, pero también tienen significado como sustancias de almacenamiento.
Cuando miramos las fórmulas de los oligosacáridos nombrados, vemos que una molécula de sacarosa está unida a una (rafinosa), a 2 (estaquiosa) o a 3 (verbascosa) moléculas de galactosa.

rafinosa: sacarosa 6-1 galactosa
stachilosa: sacarosa 6-1 galactosa 6-1 galactosa
verbascosa: sacarosa 6-1 galactosa 6-1 galactosa 6-1 galactosa

Ya hemos visto cómo se forma la sacarosa. Creíamos probable que en la biosíntesis de nuestros tres oligosacáridos interviniese un determinado UDP-galactosa como donador de galactosa. Como KANDLER, TANNER y sus colaboradores pudieron descubrir, éste no es el caso. La biosíntesis transcurre dando un rodeo: la UDP-galactosa se une con el azúcar-alcohol mioinositol, formándose galactinol, con desprendimiento de UDP. El glucósido galactinol funciona entonces como donador de galactosa:

1. UDP-galactosa + mioinositol → mioinositol 1-1 galactosa (galactinol) + UDP
2. galactinol + sacarosa → mioinositol + rafinosa
3. galactinol + rafinosa → mioinositol + estaquiosa
4. galactinol + estaquiosa → mioinositol + verbascosa.

c. Polisacáridos

Empecemos con compuestos cuya biosíntesis requiere, como en los oligosacáridos antes citados, sacarosa como molécula de iniciación. Luego llegaremos a conocer otros polisacáridos, cuya biosíntesis no parte de la sacarosa, pero entre ellas encontraremos principios conocidos, así como el paso de un azúcar de un nucleótido-azúcar, a una determinada molécula de iniciación.

Fructosanas

Las fructosanas constan predominante pero no exclusivamente de fructosa. Su formación se lleva a cabo según un principio similar al que habíamos estudiado en el ejemplo de la rafinosa, en la que una unidad de galactosa estaba unida a una molécula iniciadora de sacarosa. Observemos la estructura de la fructosana: de una molécula de sacarosa, y más concretamente de su componente fructosa, cuelga un gran número de unidades de fructosa. Ya veremos más adelante que la sacarosa sirve de molécula iniciadora en la biosíntesis. Las unidades de fructosa pueden, según los casos, estar unidas entre ellas por diferentes enlaces, por lo que se distingue entre el tipo inulina y el tipo fleína.
Tipo inulina (fig. 55): los enlaces en el tipo inulina van del C 1 al C 2. En el caso de que existan cadenas laterales, están unidas a la cadena principal a través de un enlace 6-2. Como prototipo tenemos la inulina.
Tipo fleína (fig. 55): las unidades de fructosa están acopladas a través de enlaces 6-2. Las cadenas laterales están unidas a la cadena principal a través de enlaces 1-2.

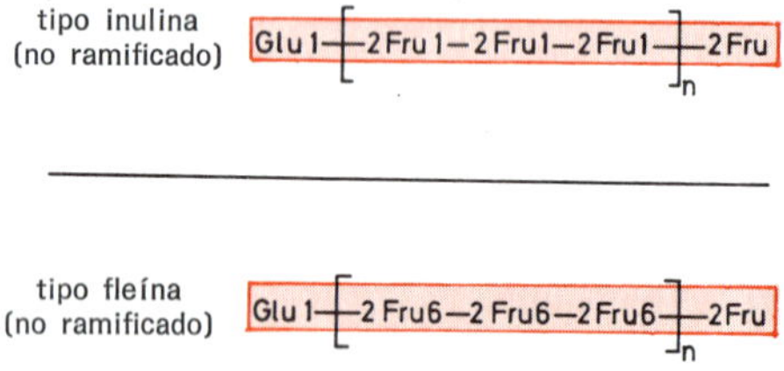

FIG. 55. Fructosana: tipo inulina (aquí pertenece también la propia inulina) y tipo fleína. Sólo se han representado cadenas no ramificadas.

El compuesto más importante es la inulina, que supone un material de reserva, sobre todo en las compuestas. Consta de una cadena de 32 a 34 unidades de fructosa, que están unidas entre sí a través de enlaces β-glucosídicos 1-2. La fructosa está en forma de fructofuranosa y en un extremo de la molécula hay una unidad de sacarosa.
La biosíntesis de la inulina se lleva a cabo de manera que en la molécula de sacarosa se van enganchando una unidad de fructosa tras otra. El donador de fructosa debería ser un nucleótido-azúcar, posiblemente la UDP-fructosa, para que concordase

con el hecho de que en los tubérculos de dalias que contienen inulina, se demuestra la existencia de UDP-fructosa. Nuestra esquemática deducción de la estructura de la polifructosa (sacarosa más varias unidades de fructosa) corresponde pues al transcurso de la biosíntesis.

ALMIDÓN

El almidón es el carbohidrato de reserva más importante de las plantas. Según el tipo de estructura se distinguen dos componentes del almidón, la amilosa y la amilopectina. La α-glucosa es el principio básico de ambos componentes.

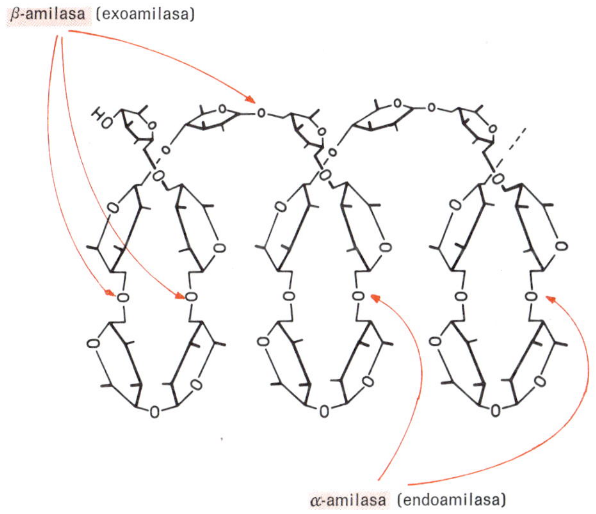

FIG. 56. Estructura de la amilosa y puntos de ataque de las amilasas α y β (modificado según KARLSON 1970).

Amilosa (fig. 56) consta de muchas unidades de α-glucosa, acopladas en fila por enlaces glucosídicos 1-4. El número de unidades de glucosa es diferente según los casos y puede oscilar entre alrededor de 200 hasta alrededor de 1000. Las cadenas de amilasa están unidas en forma de espiral. En los giros de esta hélice puede depositarse I_2 y los compuestos resultantes muestran una coloración negro azulada. Esta reacción iodo-almidón es útil para la demostración de la presencia de almidón.

Amilopectina (fig. 57) presenta también cadenas de unidades de α-glucosa unidas entre sí por enlaces glucosídicos 1-4, pero contrariamente a la amilasa, la amilopectina está ramificada. Las cadenas laterales están unidas a través de enlaces αglucosídicos 1-6. La amilopectina, a la cual faltan las largas y enrolladas cadenas de glucosa da con iodo sólo una coloración rosada.

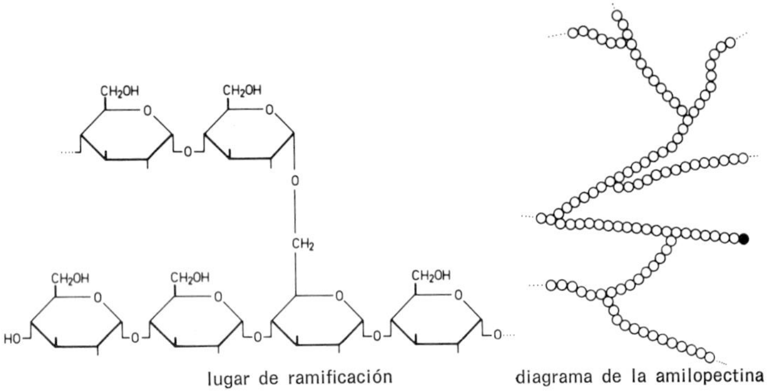

FIG. 57. Estructura de la amilopectina (según KARLSON 1970).

¿Cómo se forma almidón? Esto es, ¿cómo se forman amilosa y amilopectina en la planta? Podemos ya pronosticar que se requerirán dos tipos de enzimas: los que pueden establecer enlaces α-glucosídicos 1-4 y 1-6. En la práctica se ha podido encontrar sistema enzimáticos análogos.

ADPG-almidón-transglucoxilasa: El enzima establece enlaces α-glucosídicos 1-4 y como donador de glucosa se necesita ADPG. La glucosa es transferida a una molécula de iniciación. El aceptor de glucosa más pequeño puede ser la maltosa. El mecanismo es en principio el mismo que en la biosíntesis de los carbohidratos compuestos ya estudiados: a una molécula de iniciación son transferidas las sucesivas unidades de azúcares.

$$\text{APDG} + \underset{\text{aceptor}}{\text{G1-4G}} \xrightarrow{\text{almidón-transglucoxilasa}} \text{G1-4G1-4G} + \text{ADP}$$

Enzima P: Se trata de una fosforilasa del almidón, por lo menos en un tubo de ensayo era también capaz de establecer enlaces 1-4. También aquí se requieren moléculas iniciadoras que deben constar por lo menos de tres unidades de glucosa. Si el enzima P juega un papel en la síntesis de almidón en las plantas, está aún en discusión. Posiblemente es capaz sólo de acoplar unidades de glucosa en la amilopectina en crecimiento, y no en la amilasa.

G1-fosfato + G1-4G1-4G enzima P fosfato + G1-4G1-4G1-4G
aceptor ⟶

Enzima Q: Este enzima establece enlaces 1-6 como se presentan en la amilopectina. Puede unir unas cadenas de glucosa a otras por enlaces 1-6. De este modo surgen las ramificaciones 1-6 de los sistemas de la amilopectina.

G1-4G1-4G-enzima + G1-4G1-4G1-4G-

⟶ G1-4G1-4G1
|
6
G1-4G1-4G1-4G1-4G- +enzima

Como ya habíamos dicho, el almidón es el carbohidrato más importante de las plantas. Las sustancias de reserva deben ser movilizadas según el caso. Para ello es necesario disgregarlas primero en unidades más pequeñas, que luego pueden ser transportadas al lugar de utilización. La degradación del almidón se lleva a cabo con ayuda de fosforilasas e hidrolasas.

A las *fosforilasas* pertenecen el ya nombrado enzima P, que escinde los enlaces α-glucosídicos 1-4, con almacenamiento de fosfato. El producto de la escisión es la glucosa-1-fosfato, que puede ser muy fácilmente utilizada en el metabolismo.

Pasemos ahora a las *hidrolasas,* enzimas que pueden escindir enlaces con almacenamiento de agua y bajo determinadas condiciones también establecer enlaces. Para degradar el almidón hasta glucosa, son necesarias numerosas hidrolasas de este tipo. Pertenecen al subgrupo de las glucosidasas. La *α-amilasa* escinde enlaces α-glucosídicos 1-4. Estos enlaces deben estar separados por 6 ó 7 unidades de glucosa del final de la cadena. El lugar de ataque del enzima está pues en el interior de la molécula de almidón y la α-amilasa es, de acuerdo con esto, una endoamilasa (figura 56). Los enlaces 1-6 no son escindidos, pero no suponen ningún obstáculo, pues simplemente son «pasados por alto» por la α-amilasa.

La β-*amilasa* escinde también enlaces α-glucosídicos 1-4, pero contrariamente a la α-amilasa, la β-amilasa ataca los extremos de la cadena, de donde escinde maltosa (fig. 57). La amilasa se designa por ello también como exoamilasa. Los enlaces 1-6 no son deshechos, pero tampoco son pasados por alto. Cuando se trata amilopectina con β-amilasa, permanece el ramificado núcleo. Es-

tos productos de hidrólisis incompleta se llaman dextrinas de límite.
Isoamilasa: Nos faltan aún enzimas que sean capaces de escindir enlaces α-glucosídicos 1-6. Este grupo de enzimas son las isoamilasas. Han sido encontradas reiteradamente en plantas superiores.
Maltasa: Hasta ahora hemos estudiado enzimas que pueden escindir enlaces α-glucosídicos 1-4 y 1-6. Los productos más pequeños resultantes de estas escisiones son isomaltosas (un disacárido con 2 unidades de glucosa con enlaces α-glucosídicos 1-6, que corresponde a los lugares de ramificación en la amilopectina) y maltosas. Predomina con mucho la maltosa que puede ser disgregada en dos moléculas de glucosa, por escisión de sus enlaces α-glucosídicos 1-4. El enzima que aquí actúa se denomina, de acuerdo con su sustrato, maltasa.

Celulosa

La celulosa está formada por unidades de α-glucosa, que están unidas entre sí por enlaces 1-4. El número de estas moléculas dispuestas en fila, varía, pero deberían ser de 3000 a 10 000 unidades de glucosa en una macromolécula. Contrariamente a la hélice de la amilosa, las moléculas de celulosa están en línea recta. Varias cadenas de celulosa paralelamente dispuestas, forman en algunos segmentos a lo largo de ellas zonas cristalinas, que se denominan micelas o también fibrillas elementales (figura 58). Dentro y alrededor de la micela, existen cadenas de celulosa menos ordenadas que forman la llamada zona paracristalina. En la formación de una micela pueden participar hasta 100 cadenas de celulosa. El diámetro de la micela es de alrededor de 5 mμ. Varias micelas y por consiguiente sus fibrillas elementales, pueden entrar juntas a formar parte de microfibrillas, cuyo diámetro puede ascender hasta 30 mμ. En la periferia de estas microfibrillas puede disponerse material no celulósico, por medio de uniones transversales. Las microfibrillas en la pared celular están incluidas en una masa fundamental, una matriz, en la cual se encuentran también polímeros de carbohidratos de carácter no celulósico, como por ejemplo el xilano, compuesto predominantemente de xilosa, los mananos, constituidos sobre todo por manosa, grupos mal definidos de carbohidratos, que se agrupan bajo el concepto de hemicelulosas y sustancias pectinosas. También estas sustancias pueden encadenarse más o menos en asociaciones cristalinas. Finalmente, en la pared celular se encuentran también proteínas, como actualmente se ha comprobado.
Se han realizado recientes investigaciones sobre la biosíntesis de celulosa en *Azotobacter xylinum.* Esta bacteria posee una membrana celulósica. Sistemas libres de células de *Azotobacter* nece-

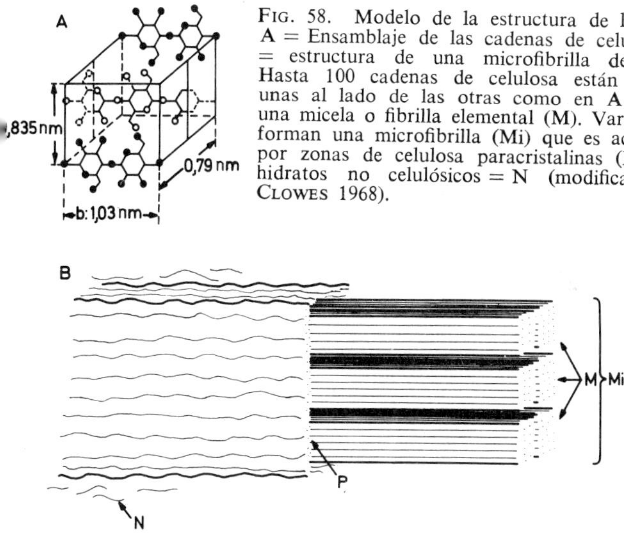

FIG. 58. Modelo de la estructura de la celulosa. A = Ensamblaje de las cadenas de celulosa. B = = estructura de una microfibrilla de celulosa. Hasta 100 cadenas de celulosa están dispuestas unas al lado de las otras como en A y forman una micela o fibrilla elemental (M). Varias micelas forman una microfibrilla (Mi) que es acompañada por zonas de celulosa paracristalinas (P). Carbohidratos no celulósicos = N (modificado según CLOWES 1968).

sitan UDPG como donador de glucosa para la síntesis de celulosa.

Sin embargo, esto no significa que las plantas superiores formen su celulosa por el mismo camino. Ciertamente, primero se había aceptado que también en plantas superiores el UDPG era el donador de glucosa, pero investigaciones posteriores apuntan como posible que en plantas superiores el donador de glucosa sea el GDPG. Las reacciones de transferencia del GDPG a determinadas moléculas aceptoras, fueron estudiadas en sistemas libres de células.

La celulosa es una sustancia muy resistente, pero sin embargo ha de ser degradada rápidamente, pues si no en poco tiempo una capa de celulosa cubriría todo el suelo terrestre. Esta degradación la realizan diversos microorganismos. Con la ayuda de *celulasas* descomponen las cadenas de celulosa a celobiosa, que puede ser también descompuesta en los elementos fundamentales de β-glucosa, con ayuda de los enzimas correspondientes, las *celobiasas*. En plantas superiores, las celulasas son poco frecuentes. Se presentan sobre todo en los brotes donde tienen la función de facilitar el desgarre de la cáscara de la semilla por degradación de la celulosa. Particularmente interesantes son las celulasas (y también las pectinasas) en las flores de *Ipomoea tricolor*. Las flores duran sólo un día, pero se forman en tan alto número y en una sucesión tan rápida, que excepcionalmente las plantas habrán de ahorrar sus carbohidratos: ya en las flores abiertas empiezan las celulasas y pectinasas la degradación de la pared celular. Los carbohidratos así movilizados, son transportados fuera de las flores marchitas para ser utilizadas en la construcción de las paredes celulares de las flores siguientes.

SUSTANCIAS PECTINOSAS

Las sustancias pectinosas son macromoléculas, que esencialmente constan de unidades de ácido galacturónico unidas por enlaces α-glucosídicos 1-4. El número de estas unidades puede alcanzar algunos centenares.

En particular ha de diferenciarse entre ácidos pectínicos, pectinas y protopectinas (fig. 59). Los *ácidos pectínicos* constan de cadenas de ácido galacturónico, se trata pues de ácidos poligalacturónicos. En las *pectinas* los grupos carboxílicos de las unidades de ácido galacturónico están en parte metilados, siendo pues estas sustancias ésteres metílicos parciales de los ácidos pectínicos. Finalmente las *protopectinas* son sustancias pectínicas insolubles, de composición variable. Posiblemente los grupos carboxílicos aún libres de la pectina se unen entre sí a través de iones metálicos bivalentes, como por ejemplo Ca^{++} y Mg^{++}, y también a través de ácidos fosfóricos. Las protopectinas se encuentran muy frecuentemente en las láminas medias.

La síntesis de las sustancias pectínicas parte del ácido glucurónico. El ácido UDP-glucurónico es primero transformado por medio de una epimerasa 4, en un ácido UDP-galacturónico, que sirve luego como donador de ácido galacturónico, en la síntesis de sustancias pectínicas. Los grupos metilo que se encuentran en las pectinas no son incluidos en el armazón fundamental de ácido poligalacturónico hasta que éste no está totalmente terminado. El donador de grupos metilo, como ocurre frecuentemente

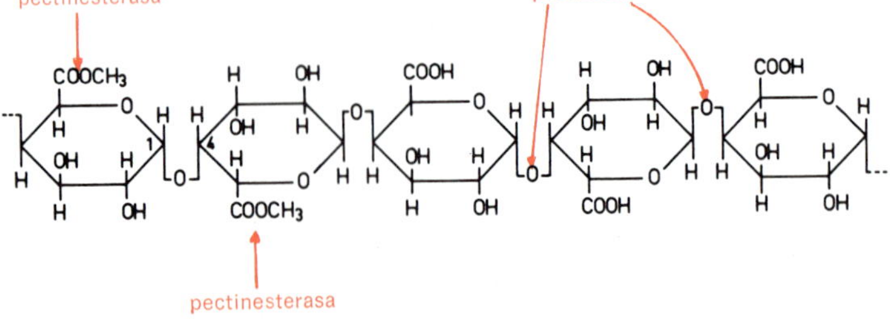

FIG. 59. Esquema de una cadena pectínica con puntos de ataque de las pectinesterasas y pectinasas.

en el terreno bioquímico, es la S-adenosil-metionina (compárese con la fig. 121).
También es necesario conocer algunos datos sobre la degradación de las sustancias pectínicas. Las *pectinesterasas* escinden los grupos metilo y las *pectinasas* los enlaces α-glucosídicos 1-4 entre las unidades de ácido galacturónico. Ambos tipos de enzimas se encuentran frecuentemente en microorganismos, especialmente en bacterias y hongos fitopatógenos, sirviendo para atacar las sustancias de la membrana de las células vegetales para luego penetrar en ellas. En plantas superiores se encontraron de nuevo enzimas degradadores de pectina en los brotes, donde debían también ayudar a la dehiscencia de la cáscara de la semilla. Esto ya se había demostrado con las pectinasas de las flores de *Ipomoea.*

OXIDACIÓN BIOLÓGICA

Hemos incluido repetidamente en las reacciones el almacenador de energía más importante de la célula, el ATP, sin explicar en particular de dónde procede. Una fuente de origen de ATP se ha nombrado ya: en los procesos primarios de la fotosíntesis se forma ATP. Esta formación de ATP en relación con las reacciones lumínicas de la fotosíntesis se denomina fotofosforilación (compárese con la pág. 52). El organismo viviente dispone según el caso de otras posibilidades de obtención de ATP, que ciertamenta están en conexión con la oxidación biológica.
Ocupémonos de este tipo de oxidación haciendo primero un resumen, ya que los principios de la oxidación biológica son los mismos en todos los organismos, aun cuando en detalle existan diferencias entre plantas y animales, como quizás ocurre en la llamada cadena respiratoria. La oxidación biológica transcurre en cuatro etapas, desde que introducimos en el proceso un carbohidrato, como por ejemplo la siempre presente glucosa (figura 60).

1. *Glucólisis:* degradación de la glucosa hasta piruvato (piruvato = sal del ácido pirúvico).

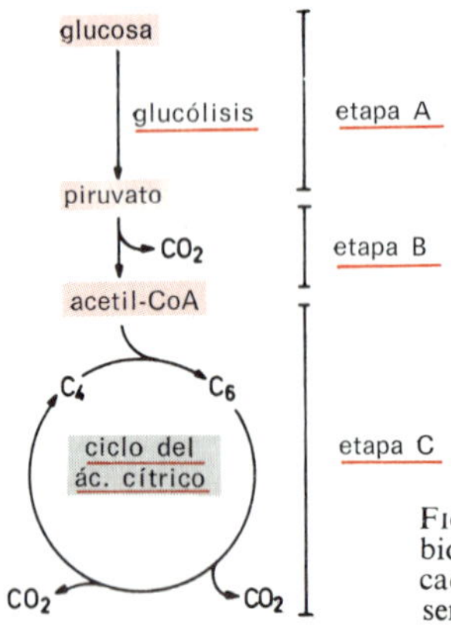

FIG. 60. Etapas de la oxidación biológica (la oxidación final en la cadena respiratoria no se ha representado).

2. *Descarboxilación oxidativa del piruvato:* etapa comparativamente corta, que permite formar un producto de 2 átomos de C a partir de una sustancia de 3 átomos de C, con desprendimiento de CO_2.
3. *Ciclo del ácido cítrico:* degradación de las sustancias de 2 átomos de C producidas en B hasta CO_2. Este proceso recibe el nombre de ciclo de Krebs debido a que fue interpretado por este científico junto con otros. También se denomina ciclo de los ácidos tricarboxílicos debido a la participación de ácidos con tres funciones carboxilo.
4. *Oxidación final en la cadena respiratoria:* el hidrógeno que ha sido sustraído de los sustratos que participan en las etapas A hasta C, finalmente se une con el oxígeno, formándose agua. Para ello tiene lugar un transporte de hidrógeno a través de una cadena de sistemas redox, a través pues, de una cadena de transporte electrónico. La energía desalojada en este transporte, es utilizada para la formación de ATP.

1. Glucólisis

Los primeros pasos de la glucólisis, no suponen ninguna dificultad, por lo menos desde el punto de vista de las fórmulas, ya que éstas nos son familiares desde que estudiamos las conversiones de los monosacáridos y ciclo de Calvin. No obstante, no hay que dejarse engañar por ello: la glucólisis de ningún modo es una inversión del ciclo de Calvin. En primer lugar, los enzimas implicados son sólo en parte los mismos que en el ciclo de Calvin y además el lugar del suceso es otro: el ciclo de Calvin transcurre en los cloroplastos, mientras que la glucólisis tiene lugar en el citoplasma.
Introduzcamos pues glucosa en la glucólisis (fig. 61). Mediante reacciones que ya conocemos, es pues, transformada en glucosa-6-fosfato y luego, a través de la isomerización, en fructosa-6-fosfato. La fosfofructoquinasa añade otra unidad de fosfato, de manera que se forma fructosa-1,6-difosfato. La ya conocida aldolasa transforma la fructosa-1,6-difosfato en el también conocido fosfato de triosa, que consta de 3-fosfogliceraldehído y fosfato de dihidroxiacetona. El equilibrio en estas reacciones en la reacción de la aldolasa, está desplazado del todo hacia el lado de la hexosa, y en el fosfato de triosa hacia el lado del fosfato de dihidroxiacetona. Sin embargo, el equilibrio se desplaza en dirección de la degradación glucolítica (fig. 62), por eliminación de 3 fosfogliceraldehído del sistema. Esta eliminación la lleva a cabo la triosa-fosfato-deshidrogenasa, que es un enzima HS, esto es, un enzima con un grupo HS funcional importante y que se coloca

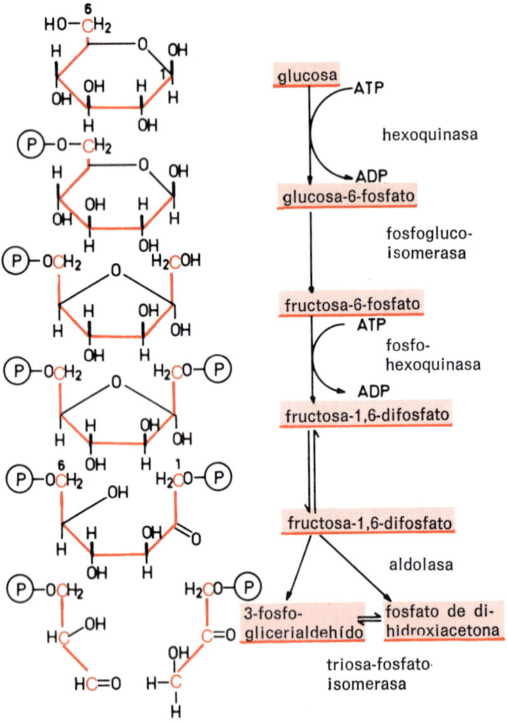

FIG. 61. Glucólisis I: de la glucosa al fosfato de triosa.

en la función carboxilo del 3-fosfogliceraldehído. El NAD+ toma 2H del producto resultante, estableciéndose un enlace tioéster rico en energía. En este enlace tioéster el enzima es cambiado por fosfato. Con la ayuda de la triosa-fosfato-deshidrogenasa, se ha formado ácido glicérico-1,3-difosfato, teniendo el fosfato en el C1 un enlace rico en energía. Un punto importante en el curso del ciclo es que en la próxima reacción este fosfato rico en energía será desdoblado con formación de ATP. El segundo producto de esta reacción es el ácido 3-fosfoglicérico.

Con ayuda de la fosfogliceromutasa, el ácido 3-fosfoglicérico es transformado en ácido 2-fosfoglicérico. Con eliminación de agua (el enzima que aquí actúa recibe el nombre de enolasa) se forma 2-fosfoenolpiruvato con un enlace fosfato rico en energía, que en el siguiente paso es utilizada en la formación de ATP, con

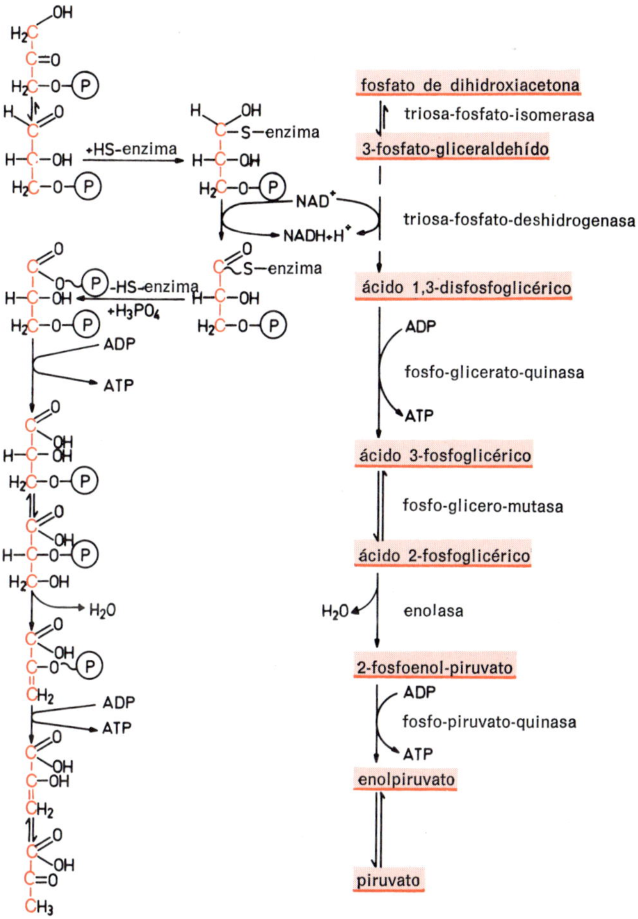

FIG. 62. Glucólisis II: del fosfato de triosa al piruvato.

ayuda de la piruvato-quinasa. Del 2-fosfoenolpiruvato se obtiene la forma enólica del piruvato, que está en equilibrio con su forma cetónica.

Con ello finalizaría la glucólisis. Lo que es en general válido para la oxidación biológica, es exacto también para su proceso parcial de la glucólisis: se llega al abastecimiento de determinados eslabones intermedios, que pueden ser utilizados para síntesis, y se produce energía. Orientémonos únicamente sobre este segundo punto:

Se consumen 2 ATPs para la fosforilación de la glucosa: −2 ATPs

Se producen 2 ATPs, relativos a la glucosa introducida a través de la piruvato-quinasa, con lo que se origina el fosfato del ATP situado al principio: +2 ATPs

Con ello, el balance de ATP se equilibraría, pero ahora se producen otra vez 2 ATPs relativos a una molécula de glucosa, en el paso de ácido 1,3-difosfoglicérico a ácido 3-fosfoglicérico: +2 ATPs

Ya que la formación de ATP está acoplada directamente al sustrato, se habla de una *cadena de fosforilación a nivel de sustrato.* La fosforilación a nivel de sustrato da pues 2 ATPs por molécula de glucosa introducida.

Veamos aún algo más: la triosa-fosfato-deshidrogenasa da dos $NADH + H^+$ por molécula de glucosa. El destino de este NAD^+ reducido es distinto según los casos. Puede ser introducido en la cadena respiratoria y allí iniciar la posterior formación de ATP. El $NADH + H^+$ ganado en la glucólisis puede ser también consumido en procesos fermentativos.

FERMENTACIONES

Intercalamos aquí como complemento la discusión de dos de estas fermentaciones: la fermentación alcohólica y la fermentación del ácido láctico (fig. 63).

Fermentación alcohólica: el piruvato producido en la glucólisis

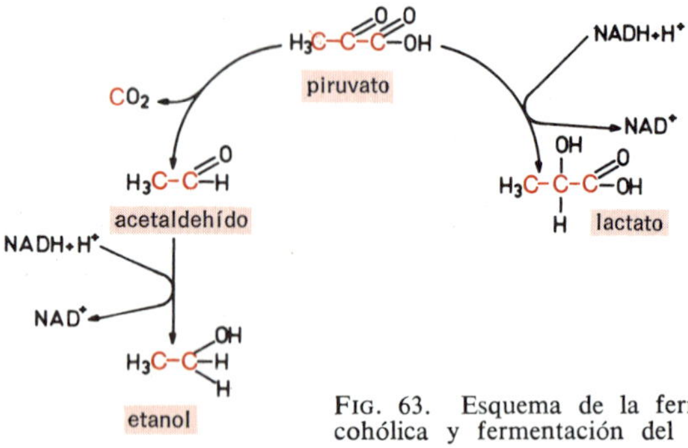

FIG. 63. Esquema de la fermentación alcohólica y fermentación del ácido láctico.

es descarboxilado a acetaldehído y luego, con la ayuda del antes mencionado NADH + H^+, reducido a etanol.
Fermentación del ácido láctico: el piruvato derivado de la glucólisis es reducido inmediatamente a lactato, con la ayuda del citado NADH + H^+.
En ambos tipos de fermentación se consume pues NADH + H^+. Con esto disminuye la posible ganancia posterior de energía, a la que se podría haber llegado a través del aporte del coenzima reducido a la cadena respiratoria. En ambas fermentaciones, la ganancia de energía se consigue únicamente de las moléculas de ATP originadas en la cadena de fosforilación a nivel de sustrato.

2. Descarboxilación oxidativa del piruvato, formación de ácido acético activado

La segunda etapa de la oxidación biológica puede esquematizarse como sigue (fig. 64):

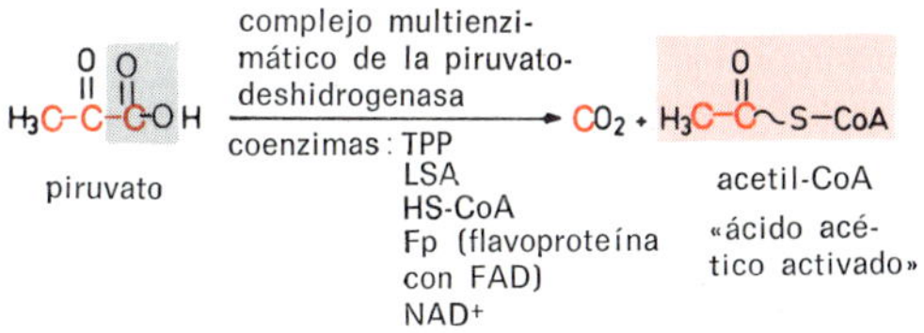

FIG. 64. Resumen esquemático de la formación del ácido acético activado.

Nos encontramos aquí por primera vez, con un complejo multienzimático, la piruvato-deshidrogenasa. Se trata de una asociación de varios enzimas, que por lo general catalizan una sucesión de reacciones encadenadas. Podemos saber de qué reacciones se trata, cuando nos ocupamos de la función de los coenzimas subordinados a los apoenzimas correspondientes (figs. 65, 66).

TPP: pirofosfato de tiamina. En el TPP tiene lugar la descarboxilación del piruvato a acetaldehído. Al acetaldehído unido al TPP se le denomina también «acetaldehído activo». El TPP debido a su función, lleva también el nombre de cocarboxilasa.

LSA: lipoamida. En la LSA, el acetaldehído es deshidrogenado a grupo acetilo. El acetaldehído del TPP es atrapado bajo escisión reductiva del puente disulfuro del LSA. Es unido con un enlace rico en energía. El TPP queda libre.

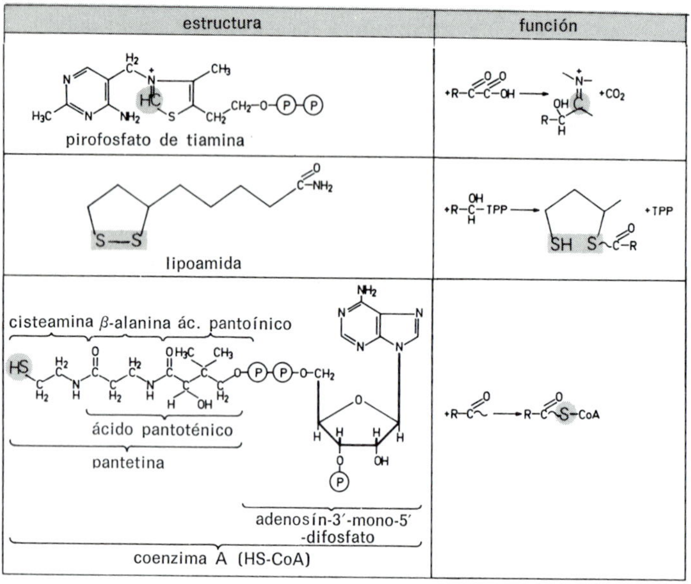

FIG. 65. Coenzimas que participan en la formación del ácido acético activado. (Compárese la función de la flavoproteína y el NAD^+, con la figura 66).

SH-CoA: Coenzima A. El SH-CoA coge el resto acetilo con su grupo sulfhidrilo (SH). El resto acetilo unido al CoA por medio de un enlace tioéster rico en energía, se designa como

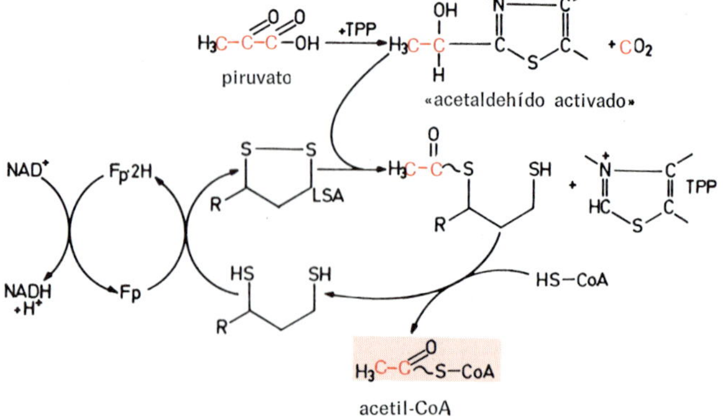

FIG. 66. Formación del ácido acético activado.

acetil-CoA o ácido acético activado. Ésta es una sustancia principal en el metabolismo, a la que volveremos repetidamente. Una gran parte de nuestros conocimientos sobre este punto central del metabolismo, se lo debemos a LYNEN.

Hemos de comentar aún la regeneración del LSA. En la formación del ácido acético activado se libera LSA que lleva dos grupos HS y que a través de la eliminación de 2H, vuelve a formar el estado oxidado del LSA con su anillo disulfúrico. El hidrógeno es captado primeramente por una flavoproteína, que luego, como ya nos es conocido, lo traspasa al NAD^+. El $NADH + H^+$ resultante puede entrar luego en la cadena respiratoria, o sea, ser utilizado en la formación de ATP.
Hemos comentado con detalle la descarboxilación del piruvato. Como justificación se ha dicho que la tiamina es idéntica a la vitamina B_1. El pirofosfato de tiamina nos puede servir pues de ejemplo sobre las funciones que pueden desempeñar las vitaminas: pueden ser coenzimas o componentes de coenzimas. Yendo más lejos, nos encontramos también con descarboxilaciones en otros lugares que siguen los mismos principios, así, sin ir más lejos en la fermentación alcohólica e igualmente en la descarboxilación del α-cetoglutarato en el ciclo del ácido cítrico.

3. Ciclo del ácido cítrico

Nuestro propósito es degradar la glucosa hasta CO_2 y H_2O y con ello ganar ATP. Habíamos llegado ya a una sustancia de 2 átomos de C, el ácido acético activado, por lo que debemos aún separar estos últimos átomos de C en forma de CO_2, lo que ocurre en el ciclo del ácido cítrico (fig. 67).
El ácido acético activado es unido a una sustancia de 4 átomos de C, el oxalacetato, por medio de un enzima condensante (condensing enzime) a través de una especie de aldocondensación. Se forma citrato, que es puesto en equilibrio con el cis-aconitato e isocitrato por la aconitasa.
Las isocitrato-deshidrogenasas captan hidrógeno de los grupos hidroxilos secundarios del isocitrato y lo unen al NAD^+ o $NADP^+$. El $NADH + H^+$ es luego introducido en la cadena respiratoria y puede ser utilizado para llevar a cabo síntesis. El producto de la deshidrogenación es el oxalsuccinato, una sustancia lábil, que igualmente es descarboxilado a α-cetoglutarato por la isocitrato-deshidrogenasa. Con ello el primero de ambos átomos de C introducidos en el ciclo como ácido acético activado es liberado como CO_2, de forma equilibrada.
En el α-cetoglutarato, al igual que en la transformación de piru-

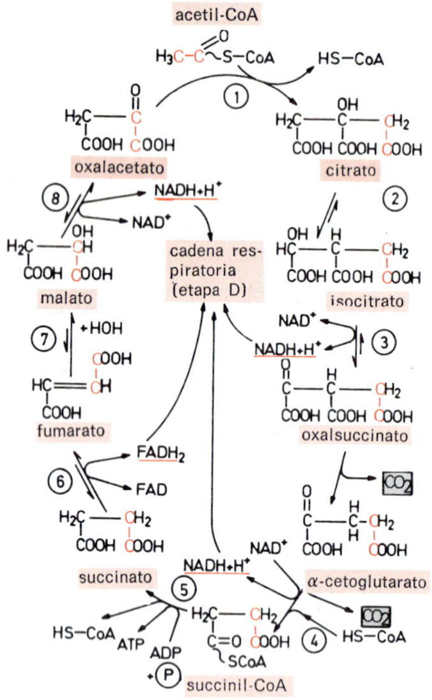

FIG. 67. Ciclo del ácido cítrico. Los enzimas implicados están señalados con círculos:
1 = enzima condensante (condensing enzyme),
2 = aconitasa
3 = isocitrato-deshidrogenasa,
4 = α-cetoglutarato-deshidrogenasa,
5 = succinil-CoA-sintetasa,
6 = succinato-deshidrogenasa,
7 = fumarato-hidratasa,
8 = malato-deshidrogenasa.

vato a ácido acético activado, hay un complejo multienzimático que se denomina α-cetoglutarato-deshidrogenasa. Su mecanismo de acción corresponde al de la descarboxilación oxidativa del piruvato: los coenzimas son TPP, LSA, FAD y NAD^+, así como HS-CoA. Los productos son: CO_2 (con ello el segundo átomo de C introducido es eliminado equilibradamente), NADH + H^+ y un compuesto formado por CoA y ácido succínico, el succinil-CoA.

La succinil-CoA-sintetasa (cuando oímos el nombre, nos acordamos de que los enzimas catalizan la dirección de los estados de equilibrio) descompone el succinil-CoA en succinato y HSCoA. La energía del enlace tioéster es utilizada en la formación de ATP. Esto es válido por lo menos para una succinil-CoA-sintetasa de la espinaca. En organismos animales, se forma GTP en este lugar, que luego cede su tercer resto fosfato al ADP y así permite también formar ATP, aunque dando un rodeo.

Una flavoproteína con el grupo activo FAD, la succinato-deshi-

drogenasa, deshidrogena el succinato a fumarato. La succinato-deshidrogenasa es especialmente interesante, en cuanto que es un componente de la cadena respiratoria, como pronto veremos. Hagamos un inciso, observemos que esta sustancia es inhibida por el malonato que se parece estructuralmente al succinato (figura 68). Se trata pues de un ejemplo de inhibición competitiva (pág. 231).
Acto seguido la naturaleza recurre a una estratagema, que siempre se repite: en un doble enlace primero se incorpora agua y luego del producto de la incorporación se elimina hidrógeno. En el caso que nos ocupa la fumarato-hidratasa produce malato, a través de incorporación de agua en el doble enlace del fumarato, que es deshidrogenado a oxalacetato por la malato-deshidrogenasa. El NAD^+ es el aceptor de hidrógeno.

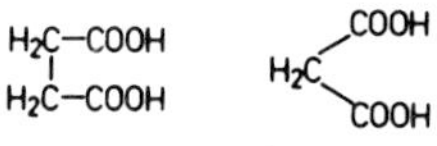

FIG. 68. Succinato y malonato. succinato malonato

Con la formación del oxalacetato se cierra el ciclo. Hagamos un resumen: en el ciclo del ácido cítrico, los dos átomos de C introducidos en forma de ácido acético activado, son eliminados equilibradamente en forma de CO_2. Por cada molécula de ácido acético activado, se forma un ATP. Además los coenzimas captan hidrógeno: 3 NADH + H^+ y 1 $FAD.H_2$ son producidos por molécula introducida de acetato activado.

4. Cadena respiratoria

Nos interesa conocer el destino de los coenzimas hidrogenados y más exactamente el del hidrógeno con el que están unidos los coenzimas. Este hidrógeno es incorporado a una cadena de sistemas redox. Este tipo de cadenas de transporte electrónico no son nuevas para nosotros, puesto que ya las conocemos desde que estudiamos los procesos primarios de la fotosíntesis. Al igual que ocurre allí en algunos pasos del transporte, hemos de considerar aquí que 2 H son igual a 2 H^+ + 2 e^-. La cadena de transporte electrónico en la que es introducido el hidrógeno por el coenzima hidrogenado derivado del ciclo del ácido cítrico, se denomina cadena respiratoria. En ella el hidrógeno, o sea, los electrones, son transferidos desde sistemas redox de alto potencial electrónico a sistema redox de bajo potencial electrónico. La energía desprendida con ello, es utilizada para la formación de

ATP. Al final de la cadena se encuentra la oxidación del hidrógeno a agua.

¿Cuáles son los componentes de la cadena respiratoria? Primero hay que señalar que la cadena respiratoria de animales, bacterias y muchas plantas inferiores, es diferente a la de las plantas superiores. Algunos detalles aún no han sido aclarados. De todos modos sabemos que los siguientes sistemas redox pertenecen a la cadena respiratoria de las plantas superiores:

NAD^+

flavoproteínas, en parte con hierro no unido hemínicamente

ubiquinona (fig. 117)

2 ó 3 citocromos b (complejo citocromo b, típico de plantas superiores)

2 citocromos c

2 citocromos a (= complejo citocromo-oxidasa)

La figura 69 muestra la sucesión de los sistemas redox en la cadena respiratoria. Se trata sólo de un esquema provisional. En las reacciones dadas se suministra $NADH + H^+$, el hidrógeno, y por ello los electrones derivados de él, son transportados de izquierda a derecha. En el extremo derecho de la cadena está el

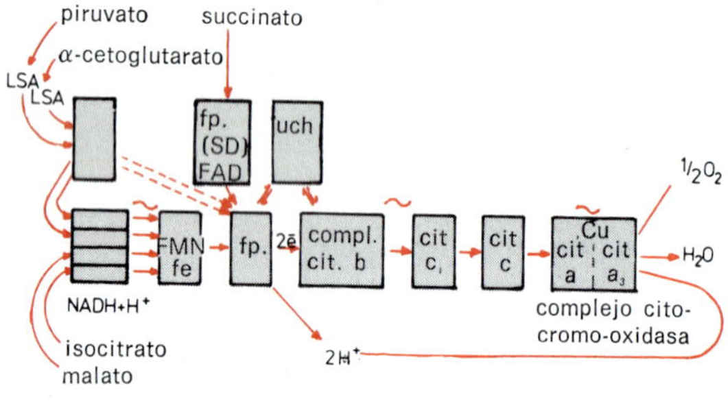

FIG. 69. Cadena respiratoria de las plantas superiores. A través de la deshidrogenación de distintos sustratos, la mayoría de las veces se obtiene finalmente $NADH^+ + H^+$, tan escaso como en la deshidrogenación de la flavoproteína reducida del succinato. Las flavoproteínas reducidas formadas en la descarboxilación del piruvato y el ácido α-cetoglutárico a través de la oxidación de lipoamidas reducidas (se trata de la misma flavoproteína que rige el FAD) ceden su hidrógeno generalmente al NAD^+ y sólo excepcionalmente toman contacto directo con otra flavoproteína que se encuentre más adelante en la cadena respiratoria. La succinato-deshidrogenasa (SD) asimismo regidora de FAD, por el contrario, cede su hidrógeno siempre a esta flavoproteína. Sólo están representados los sistemas localizados en las mitocondrias— con excepción del sistema de las β-oxidación de los ácidos grasos que, también se encuentra en las mitocondrias—. La posición de la ubiquinona (uch) es incierta. Podría también estar en comunicación con la vía principal del complejo del citrocomo b.
fp = flavoproteína, cit = citocromo, LSA = lipoamida (compárese con la fig. 66), ∽ = posible formación de ATP.

complejo citocromo-oxidasa, compuesto por citocromo a, por Cu, que media el paso de los electrones entre los dos citocromos a y por citocromo a_3, la verdadera citocromo-oxidasa.
Esta sustancia toma contacto directo con el oxígeno y se designa, al igual que otros enzimas más (peroxidasas, catalasas y fenolasas), como oxidasa «directa».
El nombre citocromo-oxidasa viene de que el complejo toma electrones del citocromo c gobernado por ella, oxidándolo. Los electrones derivan del hidrógeno introducido al principio ($2\ H = 2\ H^+ + 2\ e^-$), con cuya ayuda la citocromo-oxidasa reduce el oxígeno a O^{--}, que luego se une con los 2 H^+ derivado de la escisión de 2 H, formándose H_2O. En el ciclo del ácido cítrico, también se suministra flavoproteína reducida que cede sus electrones al complejo citocromo b. Entonces son transportados hacia la derecha, como ya habíamos dicho.

TABLA 3. Rendimiento de ATP en las distintas etapas de la oxidación biológica respecto a la degradación de una molécula de glucosa.

Etapa	en la oxidación final	
A. Glucólisis		
3-fosfogliceraldehído → ácido 1,3-difosfoglicérico	$2\ NADH + H^+ \rightarrow 6\ ATP$	
ácido 1,3-difosfoglicérico → ácido 3-fosfoglicérico	2 ATP	fosforilación a nivel de sustrato
B. Formación del ácido acético activado	$2\ NADH + H^+ \rightarrow 6\ ATP$	
C. Ciclo del ácido cítrico		
isocitrato → α-cetoglutarato	$2\ NADH + H^+ \rightarrow 6\ ATP$	
α-cetoglutarato → succinil-CoA	$2\ NADH + H^+ \rightarrow 6\ ATP$	
succinil-CoA → succinato	2 ATP	fosforilación a nivel de sustrato
succinato → fumarato	$2\ FAD\text{-}H_2 \rightarrow 4\ ATP$	
malato → oxalacetato	$2\ NADH + H^+ \rightarrow 6\ ATP$	
	Suma 38 ATP	

Por cada NADH + H^+ aportado, se forman 3 ATPs en la cadena respiratoria y por cada flavoproteína hidrogenada 2 ATPs. Esto es comprensible, ya que la flavoproteína hidrogenada es más tarde introducida en la cadena respiratoria como NADH + H^+. En las plantas superiores aún no está del todo claro, en qué punto de la cadena respiratoria tiene lugar la formación de ATP.
La formación de ATP en la cadena respiratoria se denomina *fosforilación de la cadena respiratoria.* Conocemos ya otras dos vías distintas de formación de ATP: la fotofosforilación y la cadena de fosforilación a nivel de sustrato.
Con la oxidación final en la cadena respiratoria finaliza la oxidación biológica. Habíamos comentado que en ella se gana energía que es utilizada en otros estadios intermedios para síntesis. Hagamos finalmente un balance global de la oxidación biológica respecto a la formación de ATP. Para ello tomaremos la glucosa como material de partida, pero teniendo en cuenta que naturalmente otras sustancias pueden ser también introducidas en el mismo lugar de la ruta de degradación. En la tabla 3 se da otra vez el rendimiento de ATP en cada etapa de la degradación por separado. Según esta tabla, a una molécula de glucosa le corresponden en total 38 moléculas de ATP (fig. 70).

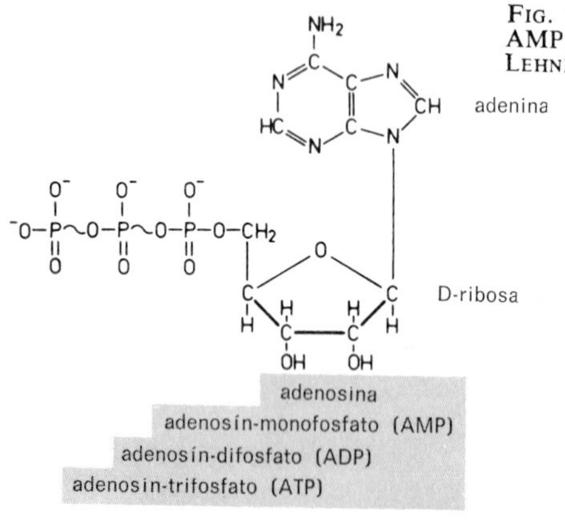

FIG. 70. Las estructuras del AMP, ADP, y ATP (según LEHNINGER 1969).

Con ello quedaría clara la cuestión de la ganancia energética en la oxidación biológica. Queda aún una segunda cuestión, la de los materiales de partida para la síntesis, que toman parte durante el curso de la oxidación biológica. Contestaremos esta cuestión poco a poco, a medida que tratemos en los siguientes capítulos del metabolismo de determinadas sustancias.

5. Las mitocondrias como centrales de energía

Los enzimas de la glucólisis, como ya habíamos dicho, están localizados en el citoplasma. Por el contrario, los enzimas y cofactores para la formación del ácido acético activado, el ciclo del ácido cítrico, la cadena respiratoria, e incluso el sistema de la fosforilación oxidativa se encuentran en las mitocondrias. También los enzimas de la β-oxidación de los ácidos grasos (pág. 117) están localizados en ellas. Asimismo pueden existir componentes aislados en el citoplasma, estando sin embargo los sistemas completos restringidos a las mitocondrias.
La forma de las mitocondrias puede ser distinta según la célula y la especie. A menudo son de forma «elipsoide» alargada de 1 μ de diámetro. También el número oscila y puede ser de 10 hasta 200 000. Mientras que existen en células aerobias, faltan en células anaerobias. Dos membranas forman la superficie interna y externa de las mitocondrias, y ambas tienen según las apariencias la misma sección transversal discutida en la membrana elemental: capa proteínica-capa lipídica-capa proteínica (fig. 94). La lisa membrana externa cubre la superficie de las mitocondrias; la interna está fuertemente plegada y puede formar por ejemplo salientes a modo de cámara en el interior de la mitocondria, las *crestas mitocondriales*. Ambos sistemas de membranas se diferencian considerablemente entre sí en su ultraestructura y función. La membrana interna rodea la matriz, la sustancia fundamental del orgánulo (fig. 71).
Al igual que en los cloroplastos, se propuso una hipótesis de endosimbiontes para las mitocondrias basada en la existencia de una doble membrana (pág. 30): según esto, las bacterias fueron primitivos organismos unicelulares nucleados que en el transcurso de la evolución se tornaron en las actuales mitocondrias.

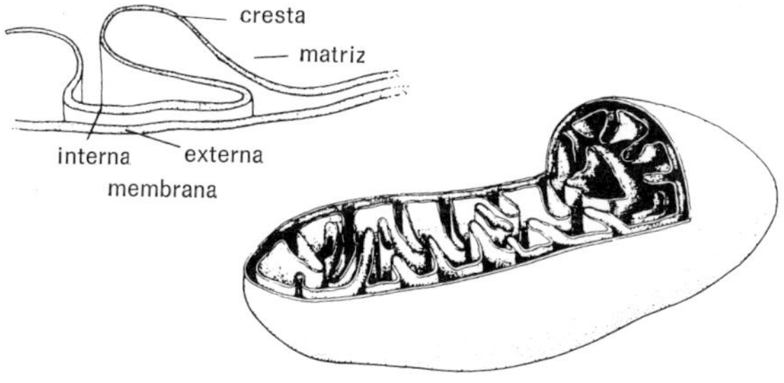

FIG. 71. Estructura de una mitocondria (según LEHNINGER 1969).

Para la localización de los sistemas antes citados, existen distintas hipótesis. Cuando aún se discuten los detalles está muy claro que los componentes de la cadena respiratoria están estrechamente ligados espacialmente con los de la fosforilación oxidativa y que ambos sistemas están localizados en o sobre la membrana mitocondrial. Por el contrario en la matriz se encuentran los componentes de la descarboxilación del piruvato a acetil-CoA, del ciclo del ácido cítrico y de la β-oxidación de los ácidos grasos (pág. 117).
Al igual que los cloroplastos, las mitocondrias tienen estos dos principios estructurales:

1. Aumento de las superficies, a través de invaginación de la membrana interna.
2. Compartimentación, a través de la localización de determinados sistemas en las membranas y en la matriz.

6. Fotorrespiración (ruta del glicolato)

Por la *exposición a la luz,* la oxidación en las mitocondrias arriba mencionada se ve frenada en las plantas verdes y por ello se fuerza otra vía de degradación oxidativa, que se denomina *fotorrespiración* o *respiración a la luz.* La posterior designación de *ruta del glicolato* hace referencia a un producto intermediario muy importante. El significado de la fotorrespiración se conoció del todo, por primera vez, en los últimos años. En las plantas C_3, más del 50 % del CO_2 fijado directamente en la fotosíntesis, es desprendido otra vez en la respiración a la luz. Se trata pues de un proceso, que al menos cuantitativamente, participa de un modo definitivo en el metabolismo de los carbohidratos.
La fotorrespiración se lleva a cabo mediante una cooperación de diversos orgánulos: participan en ella cloroplastos, peroxisomas y mitocondrias. En las plantas C_4 hay que diferenciar además entre los cloroplastos de la vaina de los haces conductores y los del mesófilo.

a. Microcuerpos

Antes se citaron orgánulos, que aún necesitan presentación: son los peroxisomas, que pertenecen a los *microcuerpos.* Se trata de orgánulos redondos de 0,5-1,0 μ de diámetro, que contrariamente a las mitocondrias sólo están rodeados de una membrana sencilla. Su interior no muestra ninguna ultraestructura comparable a las de las mitocondrias, sino que consta de una matriz granulosa, en la cual pueden estar incluidos cristales. Todos los microcuerpos han demostrado tener el equipo enzimático necesario para la formación y consumo del peróxido de hidrógeno. La catalasa, un enzima que puede separar el H_2O_2 en H_2O y $\frac{1}{2}O_2$, sirve de «enzima director» para todos los microcuerpos. Prescindiendo de estos enzimas comunes el equipo enzimático de los microcuerpos puede ser muy diverso. Por tanto, puede distinguirse en las plantas entre *peroxisomas* y *glioxisomas*. Los peroxisomas vegetales tienen un papel principal en la fotorrespiración; los glioxisomas son los orgánulos del ciclo del glioxilato (pág. 119).

b. Fotorrespiración en plantas C_3

Primeramente trataremos del curso de la fotorrespiración y de la ruta del glicolato en las plantas C_3 (fig. 72). En los cloroplastos, por exposición a la luz, se eliminan fosfatos de azúcar

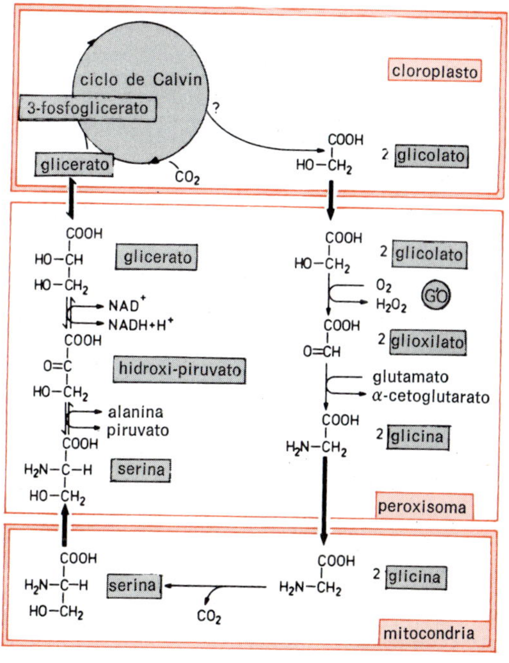

FIG. 72. Ruta del glicolato (fotorrespiración) en plantas C_3.

—aún no se sabe cuáles— del ciclo de Calvin, y son transferidos al glicolato. El glicolato pasa a un peroxisoma vecino y allí es oxidado a glioxilato por la glicolato-oxidasa. El peróxido de hidrógeno resultante es apartado por la catalasa de los peroxisomas. El glioxilato es aminado a glicina, siendo el glutamato el donador de grupos amino (pág. 168). La glicina alcanza luego el tercer tipo de orgánulo que participa en el proceso, una mitocondria, donde dos de sus moléculas son unidas formándose serina, con desprendimiento de CO_2.
Aún ha de completarse el círculo: la serina puede volver otra vez al peroxisoma y allí ceder su grupo amino al piruvato. Del piruvato se forma entonces alanina y de la serina hidroxipiruvato que finalmente es reducido a glicerato. El glicerato puede luego ir a parar otra vez a un cloroplasto y allí, después de una fosforilación, ser introducido en el ciclo de Calvin.
El retorno cíclico a los cloroplastos no es obligatorio. Demos aún un corto esquema de la fotorrespiración en plantas C_3, que finaliza en las mitocondrias. Los dos productos finales son serina y CO_2. Debido al desprendimiento de CO_2 se hace claro que con una fotorrespiración intensa, la fotosíntesis neta debe disminuir fuertemente (fig. 73).

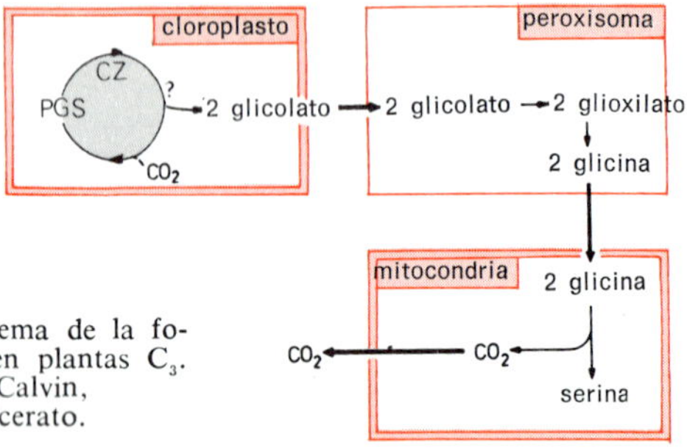

FIG. 73. Esquema de la fotorrespiración en plantas C_3. CZ = ciclo de Calvin, PGS = fosfoglicerato.

c. Fotorrespiración en plantas C_4

Trataremos únicamente de llenar una laguna, que hemos dejado en la discusión del ciclo C_4 de los ácidos dicarboxílicos, pues habíamos estudiado la fotorrespiración como productora de CO_2, pero no nos habíamos adentrado en sus mecanismos (pág. 65). En las plantas C_4 el ciclo de Calvin transcurre en los cloroplastos de las células de la vaina. Allí se descompone el glicolato, pasa al peroxisoma vecino y es transformado en glicina (figura 74).

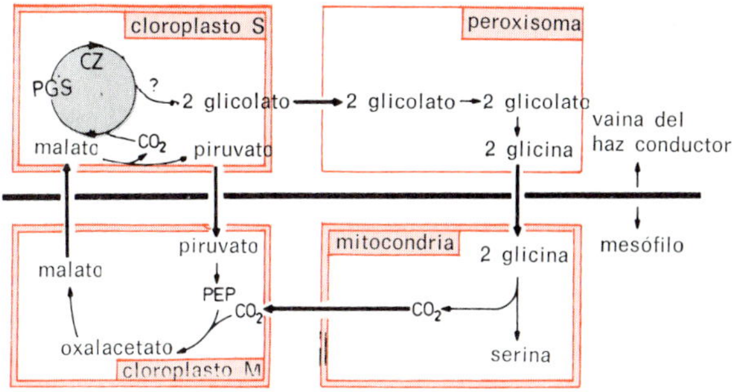

FIG. 74. Esquema de la fotorrespiración en plantas C_4 con fijación definitiva del CO_2 formado en la ruta C_4 de los ácidos dicarboxílicos.
CZ = ciclo de Calvin, PGS = 3-fosfoglicerato, PEP = fosfoenolpiruvato.

La glicina deja las células de la vaina y penetra en las del mesófilo, en cuyas mitocondrias tiene lugar la formación de serina y con ello el desprendimiento de CO_2. Contrariamente a la situación en las plantas C_3 el CO_2 formado —como ya habíamos visto en la ruta C_4 de los ácidos dicarboxílicos— en los cloroplastos de las células de la vaina, es captado por el PEP y transformado en malato a través de oxalacetato. El malato vuelve luego a los cloroplastos de las células de la vaina y cede «su» CO_2 a la ribulosa-1,5-difosfato.

A través de esta compensación de la fotorrespiración, como también habíamos dicho antes, se hace comprensible la alta fotosíntesis neta de las plantas C_4, pero con ello no se aclara de ningún modo, para qué es útil verdaderamente la fotorrespiración. Esta cuestión se impone, ya que difícilmente se puede imaginar que un proceso tan importante cuantitativamente, sea solamente un incómodo fenómeno marginal, mejor dominado por unas plantas que por otras. La ruta del glicolato es la fuente de origen principal los aminoácidos, glicinas y serina en las hojas de las plantas superiores. Hay que añadir como complemento que en la inversión de las reacciones citadas, el glicerato puede al parecer ser transformado en serina (fig. 72).

El curso de las reacciones bioquímicas permite reconocer que la designación de «respiración» es aquí acertada, por lo menos desde el punto de vista de las fórmulas: se capta O_2 y se cede CO_2, lo que no se contradice con el principio de que este CO_2 en las plantas C_4, puede volver a ser fijado. Sin embargo, cuando nos acordamos de los procesos de la oxidación biológica que transcurren en las mitocondrias, debemos además preguntarnos dónde en esta «respiración», podría realmente ganarse energía en forma de ATP. Como lugares de ganancia de energía entran en cuestión los peroxisomas y las mitocondrias. La verdadera oxidación —pensemos en el consumo de O_2— tiene lugar en los peroxisomas, que sin embargo no disponen de ninguna cadena respiratoria por lo que no pueden realizar la fosforilación de cadena respiratoria. No obstante, se admite que en los peroxisomas los procesos de oxidación pueden estar acoplados a la formación de coenzimas reducidos, o sea a equivalentes de reducción. Con ello habría un rendimiento energético. Por lo que atañe a las mitocondrias, hay indicios de que en el transcurso de la formación de serina, podría obtenerse ATP. Con todo ello no debe olvidarse que la cuestión del rendimiento energético en la fotorrespiración, no está de ningún modo aclarado.

GRASAS

Un primer grupo de sustancias que derivan de eslabones intermedios de la oxidación biológica, son las grasas.
Según su constitución química son ésteres grasos del alcohol trivalente glicerina, con ácidos grasos (fig. 75). Pueden estar esterificados los tres grupos hidroxilo de la glicerina. Los triglicéridos resultantes se denominan grasas neutras. Sin embargo, también es posible que uno o dos grupos hidroxilo no estén esterificados con ácidos grasos, pudiendo quedar libres o llevar otros componentes, como por ejemplo la galactosa. Nos ocuparemos únicamente de las grasas neutras. Cuando hablemos de «grasas», deberá entenderse «grasas neutras». Las grasas están estructuradas según la regla de la máxima posibilidad de heterogeneidad, lo que quiere decir que los tres grupos hidroxilo de la glicerina por regla general están esterificados con tres ácidos grasos diferentes. Con ello llegamos a la cuestión de la constitución química de los ácidos grasos.

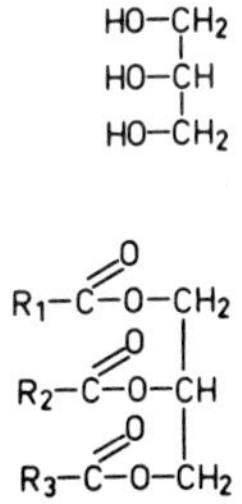

glicerina

triglicérido

FIG. 75. Estructura de una grasa neutra.

1. Constitución química de los ácidos grasos

Los ácidos grasos que intervienen en la formación de las grasas, son moléculas encadenadas, que tienen un número par de átomos de C. Esto deja ya suponer que los ácidos grasos han sido sintetizados a partir de unidades de 2 átomos de C, una suposición que existe con razón. La figura 76 nos orienta sobre algunos de los ácidos grasos más importantes. En las grasas vegetales predominan entre los ácidos grasos saturados el ácido palmítico y el ácido esteárico y entre los no saturados, los ácidos oleico, linoleico y linolénico.

ácido palmítico

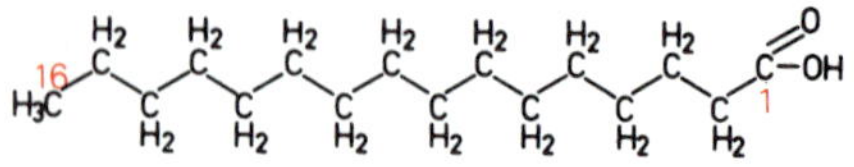

ácido esteárico

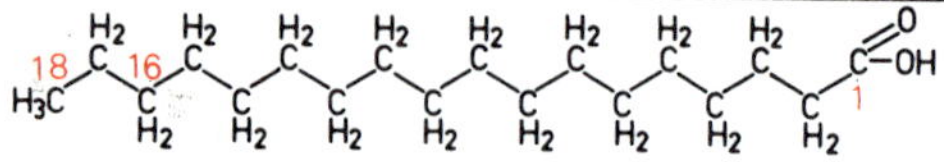

ácido oleico

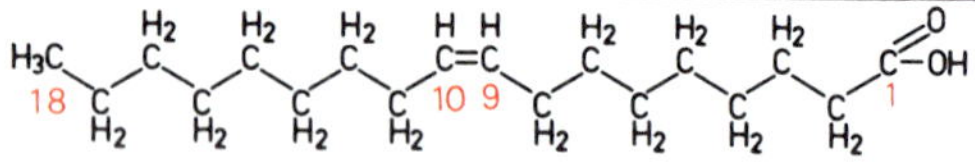

ácido linoleico

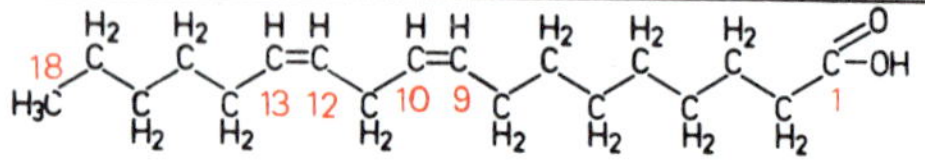

ácido linolénico

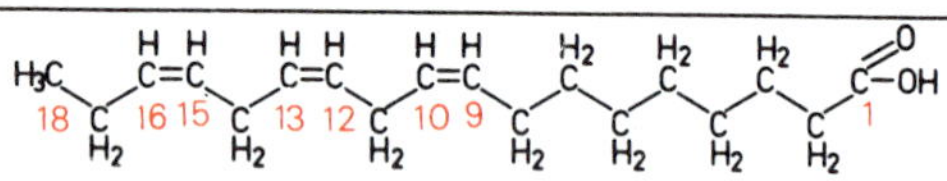

FIG. 76. Estructura de los ácidos grasos más importantes.

Hagamos una observación sobre estos ácidos grasos no saturados. Puede deducirse fácilmente la constitución de los tres ácidos nombrados, si se recuerdan tres hechos:

1. Los dobles enlaces no son conjugados, sino que entre ellos existe siempre un grupo —CH_2—.
2. El primer doble enlace está entre los átomos de carbono 9 y 10, donde el átomo de C con el grupo carboxilo se designa con el n.º 1. El ácido oleico lleva su primer y único doble enlace entre los átomos de C 9 y 10, el ácido linoleico tiene además un segundo doble enlace entre los carbonos 12 y 13 y, finalmente, el ácido linolénico tiene aún un tercer doble enlace entre los carbonos 15 y 16.

2. Biosíntesis de los ácidos grasos

Las sustancias de partida son el acetil-CoA y el malonil-CoA. A una molécula de iniciación, el acetil-CoA, se añade una unidad de malonil-CoA detrás de otra, con descarboxilación. El malonato lleva tres átomos de C y en su descarboxilación se forma una sustancia de 2 átomos de C, por lo que en la biosíntesis de los ácidos grasos se van uniendo una tras otra unidades de 2 átomos de C, como ya habíamos visto al tratar de la estructura de los ácidos grasos. En nuestra discusión queremos tratar en primer lugar de la síntesis de ácidos grasos en el citoplasma. Sin embargo, se ha mencionado que también en los cloroplastos se pueden formar ácidos grasos. En esta síntesis de ácidos grasos en los cloroplastos se encuentran muchos más interrogantes que en la del citoplasma. Tenemos que distinguir entre los siguientes procesos parciales:

a. Formación del malonil-CoA (fig. 77)

Puede llevarse a cabo por dos caminos; en primer lugar, por fijación de CO_2 en el acetil-CoA. El coenzima aquí activo es una biotina cargada de CO_2, el «CO_2 activo». En las partes aéreas de las plantas parece que se sigue predominantemente este camino. Por el contrario, en las raíces se realiza reiteradamente otra posibilidad: una peroxidasa oxida oxalacetato dando CO_2 y malonato. El malonato es transformado luego en su éster-CoA, o sea, en malonil-CoA.

Formación del malonil-CoA

a) Acetil-CoA $CH_3{-}CO{-}SCoA \xrightleftharpoons[\text{acetil-CoA-carboxilasa}]{CO_2\text{-biotina}} HOOC{-}CH_2{-}CO{-}SCoA$ malonil-CoA

$\uparrow + HS - CoA$

b) Oxalacetato $HOOC{-}CO{-}CH_2{-}COOH \xrightarrow[\text{peroxidasa}]{1/2\,O_2,\ Mn^{++}} CO_2 + HOOC{-}CH_2{-}COOH$ malonato

FIG. 77. Formación del malonil-CoA.

b. Síntesis de ácidos grasos saturados

En la biosíntesis de los ácidos grasos, hemos distinguido primeramente entre ácidos grasos *saturados* y *no saturados*. Entre los primeros debemos aún subdividir en: *síntesis de novo,* a través de la cual se sintetizan ácidos grasos de hasta aproximadamente 18 átomos de C de longitud, a partir de las sustancias fundamentales antes citadas y en alargamiento de la cadena. Por *alargamiento de la cadena,* se entiende que en un ácido graso ya formado, por ejemplo de 18 átomos de C, son unidos aún más elementos de 2 átomos de C hasta formar ácidos grasos muy largos. Hemos de mencionar de modo especial que este alargamiento de la cadena se diferencia de la síntesis *de novo* en su mecanismo y también en su localización dentro de la célula.

SÍNTESIS DE NOVO (fig. 78)

Consta de la reacción de iniciación, el alargamiento de la cadena y la reacción terminal.

Reacción de iniciación. En la reacción de iniciación el acetil-CoA cede su grupo acetilo a uno de los grupos SH de un complejo multienzimático. Allí están situados todos los enzimas necesarios para la síntesis de los ácidos grasos, por lo que se habla también de un ácido graso-sintetasa.

Alargamiento de la cadena. El alargamiento de la cadena comienza con una malonil-transacilasa. Un grupo malonilo derivado del malonil-CoA es transferido a un segundo grupo SH del complejo multienzimático. En el siguiente paso, la condensación, el acetil-CoA se une con el malonato, con lo que el grupo carboxilo libre de malonato queda descarboxilado. El equilibrio en esta reacción de condensación está desplazado comple-

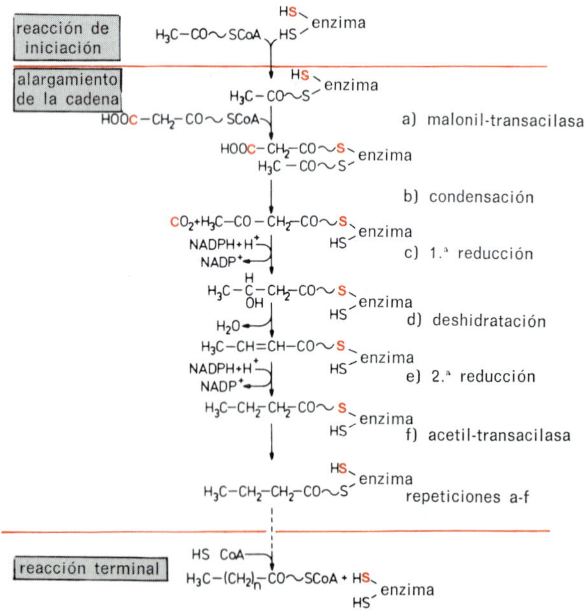

FIG. 78. La síntesis de novo de los ácidos grasos mediante el complejo multienzimático. Los grupos —SH en el extremo de las proteínas portadoras de acilos están dibujados en rojo, al igual que en la fig. 79.

tamente hacia el lado de la prolongación de la cadena. Con esta reacción se ha formado una cadena de cuatro átomos de C. Mediante una primera reducción, una deshidratación y una segunda reducción, la asociación de estos cuatro átomos de C, es transformada en un resto de ácido graso saturado. Si la cadena ha de alargarse aún más —los ácidos grasos más importantes son los de 16 ó 18 átomos de C— interviene primero una acil-transacilasa: el resto de ácido graso es transferido al mismo grupo-SH que en la reacción de iniciación había tomado el resto acetilo. Acto seguido vuelve a haber una malonil-transacilasa, una condensación, etc.

Reacción terminal. Cuando se alcanza la longitud de cadena definitiva, en el lugar de la acil-transacilasa tiene lugar una reacción terminal. El grupo acilo no es transferido al otro grupo SH del complejo multienzimático, sino al grupo SH del coenzima A. El compuesto formado por los ácidos grasos y el coenzima A puede ser utilizado en la síntesis de grasas. Sobre este tema trataremos seguidamente.
Sin embargo, hablemos un poco más del *complejo multienzimático de la síntesis de ácidos grasos.* Este complejo pudo ser fotografiado con el microscopio electrónico, con lo que, como se esperaba, se hicieron visibles varias subunidades. En la descomposición de este complejo, se ha encontrado tanto en bacterias como en levaduras, plantas superiores y animales, un componente proteínico que no posee carácter enzimático. Esta proteína muestra una cadena lateral de panteteína, que está ligada, a través de un grupo fosfato, a una serina de la proteína. En la síntesis de ácidos grasos es muy probable que al grupo SH de la panteteína esté unido el resto acilo y que sea mandado por este «brazo» de enzima en enzima. La proteína con su brazo panteteínico, que posiblemente se encuentra en el centro del complejo enzimático, se designa como proteína portadora de acilo (figura 79).
Si comparamos esta estructura con la fórmula del coenzima A (figura 65), en ella encontramos igualmente una cadena lateral proteínica, que está unida con un resto de la molécula, a través de un fosfato. La semejanza de las zonas funcionales activas en la proteína transportadora de acilo y en el coenzima A, hace comprensible que tengan lugar con facilidad reacciones de transferencia de uno a otro, como ocurre en la síntesis *de novo* de los ácidos grasos.

ALARGAMIENTO DE LA CADENA

En las plantas se encuentran muchos ácidos grasos con más de 18 átomos de C. A menudo son de 22 a 24, pudiendo alcanzar

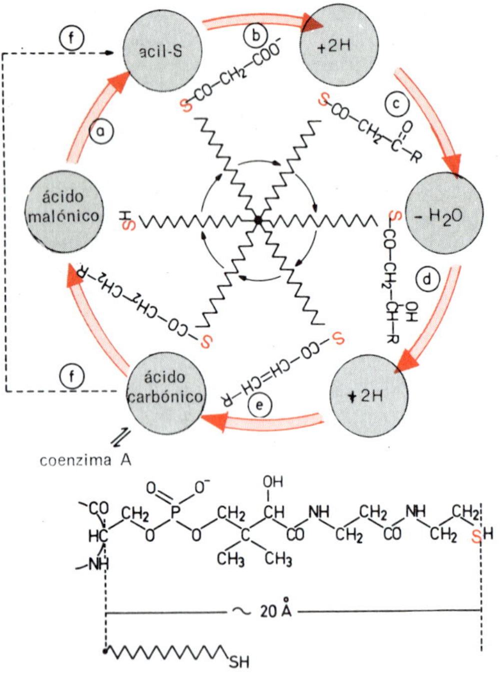

FIG. 79. Modelo de la ácido-sintetasa. En el centro del complejo multienzimático, se halla la proteína transportadora de acilo, con su brazo panteínico, que debajo está representado con detalle. El brazo rota en la dirección de la flecha, de enzima en enzima. En estos enzimas tienen lugar las reacciones parciales de alargamiento de la cadena, que se han señalado con las mismas letras que en la fig. 78. (modificado según LYNEN 1969).

también el número de 30. Este tipo de ácidos grasos tan largos se presenta por ejemplo en las ceras vegetales, estando la mayoría de las veces esterificados con alcoholes monovalentes también largos.

En los complejos enzimáticos sólo pueden formarse ácidos grasos de longitud de hasta 18 átomos de C. Únicamente unos pocos descubrimientos apoyan la teoría de que la ácido graso-sintetasa también puede formar ácidos grasos con un número mayor de átomos de C. El alargamiento de la cadena necesario es llevado a cabo por regla general por sistemas aún peor analizados. Se trata del llamado sistema de «microsomas» ligado a estructuras del citoplasma, y de un sistema de mitocondrias. El *sistema de microsomas* lleva a cabo el alargamiento de las cadenas a través de la unión de malonil-CoA, que resulta descarboxilado. El donador de hidrógeno necesario para las reducciones, es principalmente el NADPH + H^+. Los detalles corresponden a los de la síntesis *de novo,* salvo en que no parece participar ninguna ácido graso-sintetasa, con una proteína transportadora de acilo. El *sistema mitocondrial* utiliza acetil-CoA para el alargamiento de la cadena. El donador de hidrógeno para las reducciones necesarias, es sobre todo el NADH + H^+.

c. Síntesis de ácidos grasos insaturados

Hasta aquí hemos tratado sólo sobre ácidos grasos saturados. Ahora trataremos de los insaturados, que son de especial importancia, en cuanto que también son *esenciales* para el hombre. La cuestión es cómo tienen éxito los dobles enlaces responsables del carácter «no saturado». Sobre ello existen dos posibilidades:

1. Que la cadena de átomos de carbono del ácido graso en cuestión, sea primero finalizada y luego deshidrogenado localmente.
2. Que la cadena de átomos de carbono del ácido graso en cuestión sea construida al principio sólo en parte, que luego sea deshidrogenado localmente y después que llegue a alargarse hasta el número de átomos de C definitivo.

Ambas posibilidades se dan en plantas superiores (fig. 80). Pasemos ahora a los ácidos grasos insaturados más importantes. Primero se forma ácido esteárico, que por sucesivas deshidrogena-

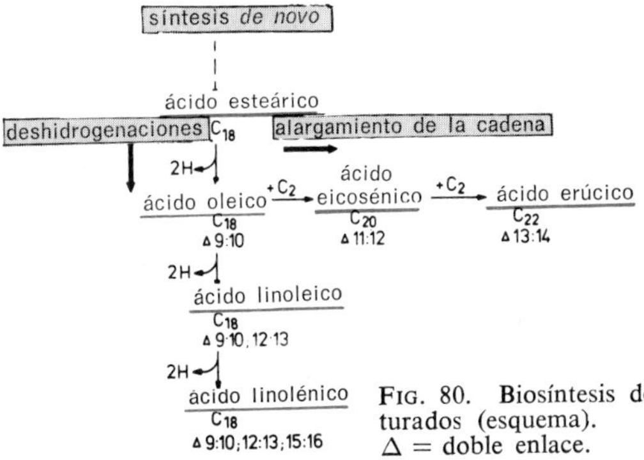

FIG. 80. Biosíntesis de ácidos grasos insaturados (esquema).
Δ = doble enlace.

ciones es transformado en ácido oleico, linoleico y linolénico. La biosíntesis de estos tres ácidos insaturados se da según la posibilidad 1, en la que aquí como hemos dicho al principio, sólo consideramos el citoplasma. En los cloroplastos la situación es algo distinta. La biosíntesis del ácido erúcico, presente en el aceite de quemar, es un ejemplo de la realización de la posibilidad 2, ya que en este caso se forma primero ácido esteárico, luego es deshidrogenado a ácido oleico y después alcanza la longitud de cadena definitiva de 22 átomos de C, a través de la adición de dos unidades de 2 átomos de C. Ya que estas nuevas unidades se unen siempre al extremo carboxilo de la cadena en crecimiento, se encuentra finalmente el doble enlace del ácido erúcico entre los átomos de C 13 y 14.

3. Biosíntesis de las grasas neutras

¿Cómo se pasa de los ácidos grasos a las grasas? Esto es bien sencillo (fig. 81): el fosfato de dihidroxiacetona es hidrogenado con ayuda de NADH + H^+ a fosfato de glicerina, a cuyos grupos hidroxilo libres, son transferidos los restos acilo de los compuestos ácidos grasos-CoA. Se forman ácidos fosfatídicos, de los cuales se separa el resto fosfato por medio de las fosfatasas. Luego, el tercer grupo hidroxilo libre, puede también ser ocupado por un resto de ácido graso. Se ha formado entonces la grasa neutra. Establezcamos sus eslabones intermedios que participan en la oxidación biológica: el componente ácido graso de las grasas deriva del acetil-CoA y del malonil-CoA, el componente glicérico deriva del fosfato de dihidroxiacetona.

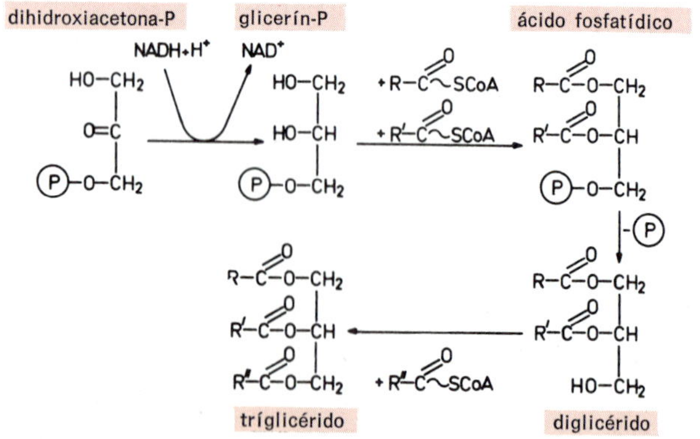

FIG. 81. Biosíntesis de las grasas neutras.

4. Degradación de las grasas

Las grasas de las plantas superiores son predominantemente sustancias de reserva, que por ejemplo pueden ser almacenadas en las semillas. Sus productos de degradación pueden participar otra vez a la oxidación biológica y así ser utilizados en la ganancia de ATP. Sin embargo, pueden también ser usados para síntesis, así, a través del ciclo del ácido glioxílico para la síntesis de glucosa. La degradación de las grasas comienza en la descomposición de las grasas neutras en glicerina y ácidos grasos. Este proceso se llevado a cabo por las lipasas, enzimas hidrolíticos activos del grupo de las esterasas (fig. 82). Evidentemente la glicerina resultante puede ser transformada en fosfato de triosa y de allí, bien ser degradado glicolíticamente o ser utilizado en la síntesis de hexosas. Los ácidos grasos desprendidos pueden luego estar sujetos a β-oxidación o a α-oxidación. Ambas vías de degradación reciben sus nombres de que se introducen funciones oxígeno, bien en el átomo de Cβ o en el átomo de Cα.

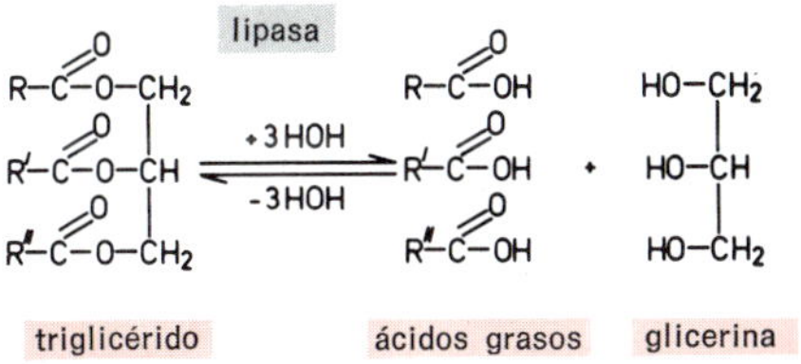

FIG. 82. Hidrólisis de las grasas neutras mediante una lipasa.

a. β-oxidación (fig. 83)

La vía de degradación generalmente más importante es la β-oxidación. En primer lugar los ácidos grasos resultantes de la hidrólisis de las grasas, son transformados en su éster-CoA, con consumo de ATP, con lo que son «activados». Para ello son deshidrogenados entre el átomo de Cα y el átomo de Cβ. El aceptor de hidrógeno es el FAD. El doble enlace primeramente formado es deshidrogenado de nuevo mediante incorporación de agua. Esta vez el acepto de hidrógeno es el NAD^+. El átomo de Cβ lleva pues una función carbonilo. En la escisión «tioclástica», el acetil-CoA es separado del resto de ácido graso que es al mismo tiempo transformado en su tioéster-CoA, con lo que se liberan 2 átomos de C en forma de acetil-CoA. El resto de ácido graso puede seguir varias veces el mismo ciclo de degradación. Si al principio se introduce un ácido graso con un número par de

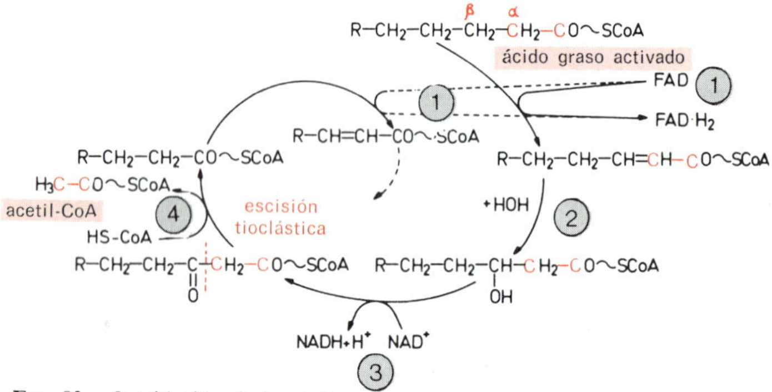

FIG. 83. β-oxidación de los ácidos grasos.

átomos de C tal como predomina en las grasas, la degradación prosigue hasta la última molécula de acetil-CoA, que puede luego ser degradado por el ciclo del ácido cítrico, aunque puede ser también utilizado para síntesis.

Todavía no hemos tratado el tema del balance energético de la β-oxidación. Por cada fragmento de 2 átomos de C, como podemos deducir de la sucesión de reacciones, se forman 1 $FADH_2$ y 1 $NADH + H^+$. Un $FADH_2$ produce en la cadena respiratoria 2 ATPs y 1 $NADH + H^+$, 3 ATPs. A cada unidad de 2 átomos de C le corresponden pues 5 ATPs.

Tras una observación muy superficial, la β-oxidación parece ser una inversión de la biosíntesis. Éste no es el caso, ya que en primer lugar el malonil-CoA no juega ningún papel; en segundo lugar, la escisión tioclástica no es una inversión de la síntesis y finalmente los aceptores de hidrógeno son otros coenzimas que los donadores de hidrógeno de la síntesis, donde el $NADPH + H^+$ proporcionaba el hidrógeno.

b. α-oxidación (fig. 84)

En las plantas superiores, existe aún otra posibilidad para la degradación de los ácidos grasos, que se denomina α-oxidación y que no se encuentra en animales.

El material de partida lo constituyen ácidos grasos de cadena larga de 13 hasta 18 átomos de C. Los ácidos grasos más cortos no son degradados. La α-oxidación transcurre en dos pasos. En el primero, el ácido graso es transformado mediante descarboxilación en un aldehído con un átomo de C menos, con ayuda de

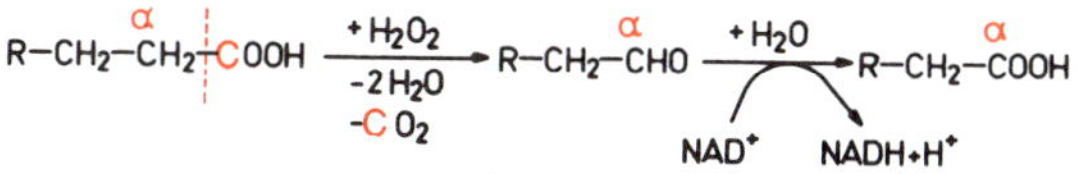

FIG. 84. α-oxidación de los ácidos grasos.

una peroxidasa de ácido graso. En el segundo el hidrato de este aldehído es deshidrogenado. El coenzima de la deshidrogenasa aquí activa, es el NAD^+.

El significado de la α-oxidación es muy discutido. La ganancia de energía es menor que en la β-oxidación. A la degradación de un átomo de C le corresponde 1 NADH + H^+ y con ello —a través de la cadena respiratoria— también 3 moléculas de ATP. Sin embargo no se forma ningún acetil-CoA, que pueda luego ser utilizado para la ganancia de posteriores ATPs, a través del ciclo del ácido cítrico. Posiblemente la α-oxidación es útil para la producción de ácidos con un número impar de átomos de C, como por ejemplo, cuando se degrada un ácido graso de 18 átomos de C a través de α-oxidación, primero a un ácido graso de 13 átomos de C que luego se somete a la β-oxidación, obteniéndose por último el ácido propiónico, producto de 3 átomos de C (figura 85).

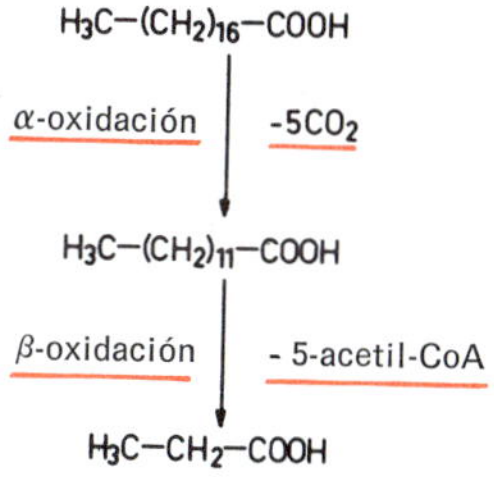

FIG. 85. Posible vía de formación de ácido propiónico.

5. Ciclo del ácido glioxílico

Las semillas son generalmente ricas en grasas. En la germinación, estas sustancias de reserva son parcialmente utilizadas como fuente de energía, por ejemplo, a través de las antes citadas reacciones de degradación. Sin embargo, las grasas pueden ser también transformadas en carbohidratos. En primer lugar estos compuestos son escindidos en glicerina y ácidos grasos mediante lipasas. Ya se había mencionado que la glicerina puede pasar a través del fosfato de triosa, a carbohidratos, pero también los ácidos grasos pueden transformarse en estas sustancias. Por ello, el ciclo del ácido glioxílico es de gran significación.

Desde el punto de vista de las fórmulas, el ciclo del ácido glioxílico es una variante del ciclo del ácido cítrico (fig. 86). El acetil-CoA resultante de la β-oxidación de los ácidos grasos, se une con el oxalacetato formándose citrato, que pasa a isocitrato. A diferencia que en el ciclo del ácido cítrico, se llega a una escisión del isocitrato en glioxilato y succinato. El primer enzima clave activo del ciclo del glioxilato es la isocitrato-liasa. El glioxilato es unido, por medio del segundo enzima clave, la malato-sintetasa, con el acetil-CoA igualmente derivado de la β-oxidación de los ácidos grasos, formándose malato. El malato pasa luego, como ya vimos en el ciclo del ácido cítrico, a oxalacetato que puede unirse a un nuevo acetil-CoA con lo que sigue alimentándose el ciclo. No obstante, aún no hemos llegado a los carbohidratos. Volvamos pues al succinato, que se forma a partir del isocitrato separándose glioxilato. Mientras que todas las reacciones mencionadas hasta ahora, tienen lugar en unos orgánulos especiales que aún no hemos estudiado: los glioxisomas, el succinato debe salir de ellos para su siguiente «elaboración». Fuera de los glioxisomas, es transformado en oxalacetato a través de fumarato y malato, por medio de reacciones del ciclo del ácido

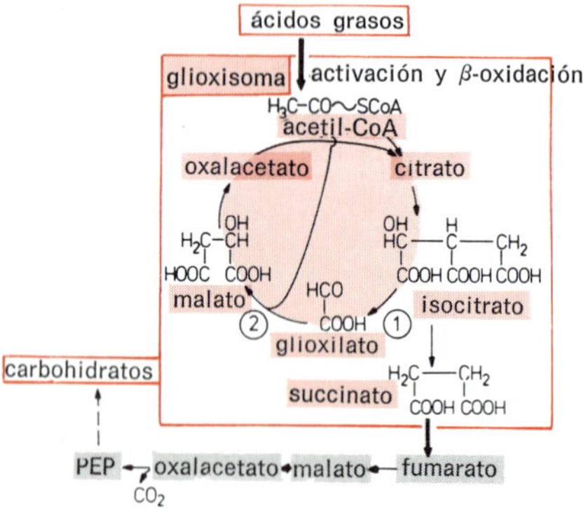

FIG. 86. Ciclo del ácido glioxílico (en rojo) y transformación en carbohidratos del succinato formado en él (esquema). PEP = fosfoenolpiruvato. Los círculos representan los enzimas clave del ciclo del ácido glioxílico: 1 = isocitrato-liasa, 2 = malato-sintetasa. La compartimentación está indicada: a través del ciclo del ácido glioxílico se forma succinato junto con otros compuestos en los glioxisomas, que luego pasan a las vecinas mitocondrias y allí pueden ser transformados en oxalacetato que ya conocemos del ciclo del citrato. En el citoplasma, el oxalacetato puede ser entonces utilizado en la gluconeogénesis.

cítrico que ya conocemos. A partir del oxalacetato, mediante descarboxilación y fosforilación, se forma fosfoenolpiruvato, que entonces puede ser transformado en hexosas.
Hemos dicho ya que el ciclo del ácido glioxílico desde el punto de vista de las fórmulas, es una variante del ciclo del ácido cítrico. Esta afirmación es reforzada especialmente por el hecho de que el ciclo del ácido glioxílico no transcurre en las mitocondrias como el ciclo del ácido cítrico, sino como antes decíamos en unos orgánulos especiales, los *glioxisomas.* Estos glioxisomas, de los cuales se ocupó especialmente BEEVERS, son uno de los dos grandes grupos de microcuerpos vegetales (pág. 104). Bastante a menudo realizan su función en el endosperma de semillas almacenadoras de grasa. A este respecto está bien estudiado el endosperma de *Ricinus.* Por lo demás, los glioxisomas contienen no sólo enzimas del ciclo del glioxilato —los dos enzimas clave isocitrato-liasa y la malato-sintetasa, al igual que los enzimas que nos son familiares del ciclo del ácido cítrico— sino también los de la activación de los ácidos grasos y de la β-oxidación. Son pues, gracias a ciertas ayudas, en las cuales no queremos entrar, independientes de las mitocondrias. Volvamos a recalcar aquí el fenómeno de la compartimentación —ahora incluso entre procesos tan estrechamente emparentados como el ciclo del ácido cítrico y el ciclo del ácido glioxílico—.

Posición de las grasas en el metabolismo global (fig. 87). Recapitulemos finalmente, qué posición ocupan las grasas, según su biosíntesis, en el metabolismo global: su componente glicérico se forma del fosfato de dihidroxiacetona, sus ácidos grasos se forman del acetato y del malonato. Las grasas, en relación con su biosíntesis, se ponen en comunicación con determinados pro-

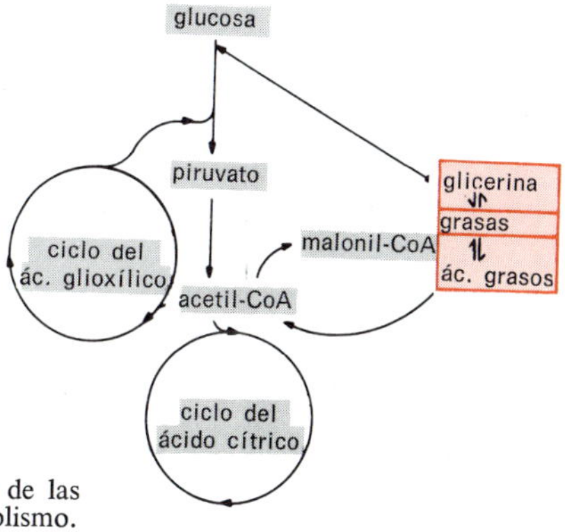

FIG. 87. Situación de las grasas en el metabolismo.

ductos intermedios de la oxidación biológica. También con su degradación —cuando se mira desde el punto de vista de la α-oxidación de los ácidos grasos— se abastecen eslabones intermedios de la oxidación biológica.

TERPENOIDES

En la biosíntesis de los ácidos grasos, el acetil-CoA forma el material de partida. En la vía acetato-malonato, es utilizado para la síntesis de ácidos grasos. Con los terpenoides llegamos a conocer un segundo gran grupo de sustancias naturales, cuya biosíntesis parte del acetil-CoA. El abastecimiento de terpenoides se lleva a cabo a través de la ruta acetato-mevalonato.

1. Constitución química

Los terpenoides, como muestra una mirada a la estructura de su fórmula, están compuestos claramente de sillares de 5 átomos de C. Este conocimiento fue sintetizado por Ruzicka en la «regla de los isoprenos». En primer lugar se aceptó que el isopreno conocido de los laboratorios de química orgánica, era el sillar natural de 5 átomos de C. Actualmente, se sabe que no es el propio isopreno el que juega un papel en la biosíntesis de los terpenoides, sino el llamado isopreno activo, el isopentenil-pirofosfato (IPP). Del isopreno y correspondientemente del isopreno activo, viene el nombre posterior de isoprenoides para el grupo de los terpenoides.
Los terpenoides se dividen en subgrupos según el número de unidades de 5 átomos de C (fig. 88). Los hemiterpenos llevan sólo 5 unidades de 5 átomos de C. Prescindiendo de sustancias fuertemente desplazadas, cuyo carácter terpenoide apenas se nota, los hemiterpenos existen principalmente como componentes de los llamados terpenos mezcla. Se habla de terpenos mezcla cuando una sustancia está formada por un componente terpenoide y otro no terpenoide. Los hemiterpenos se encuentran, por ejemplo, como cadenas laterales de determinadas quinonas. En los últimos años se pudo demostrar la presencia del propio isopreno en algunas plantas, como en las hojas del chopo negro *(Populus nigra).*
Los monoterpenos constan de dos unidades de 5 átomos de C. Pueden tener forma de anillo abierto o cerrado. Los monoter-

Unidades de 5 átomos de C	Grupos	Algunos ejemplos, fórmulas en parte en el texto
1 × 5-C	hemiterpenos	«resto prenilo» en quinonas y cumarinas, isopreno
2 × 5-C	monoterpenos	abiertos: citral, geraniol, linalol monocíclicos: limoneno, mentol, timol, mentona, carbona, cineol, felandreno bicíclicos: alcanfor, α- y β-pineno
3 × 5-C	sesquiterpenos	abierto: farnesol cíclicos: β-cadineno, ácido abscísico
4 × 5-C	diterpenos	abierto: fitol ciclicos: ácidos resinosos, gibberelina'
6 × 5-C = 2 15-C	triterpenos	abierto: escualeno cíclicos: alcoholes triterpenoides, ácidos triterpénicos, esteroides, gosipol, cucurbitacina
8 × 5-C = 2 × 20-C	tetraterpenos	carotenoides (carotenos, xantofilas)
n × 5-C	politerpenos	caucho, gutapercha, balata

FIG. 88. Resumen de los grupos de terpenoides (modificado según HESS 1968).

penos anulares se dividen a su vez en sistemas monocíclicos y bicíclicos.

Las mismas variaciones de posibilidades que en los monoterpenos (forma anular abierta o cerrada, uno o varios sistemas de anillo), se encuentran también en los sesquiterpenos, diterpenos, etcétera. Sólo que los politerpenos son, sin excepción, largas cadenas abiertas de unidades de 5 átomos de C alineadas una detrás de otra. Cuando pensamos que los terpenoides pueden sufrir variaciones adicionales, que pueden estar oxidados o reducidos, que los átomos de C pueden estar incluidos o distantes, se llega a un número nunca visto de terpenoides diferentes. Sólo pueden representarse unos cuantos con su fórmula, en la discusión de los distintos grupos de terpenoides.

2. Sustancias vegetales secundarias

Los terpenoides, los fenoles y los alcaloides forman los tres grupos más importantes de las sustancias vegetales «secundarias». Ésta es una designación desafortunada, por la razón de que se identifica demasiado fácilmente «secundario» con de «segunda categoría» o «accesorio». Ciertamente, en la práctica no se sabe en qué concepto pueden ser útiles para las plantas productoras, muchas de las sustancias aquí citadas. En un número de ellas parece tratarse verdaderamente de «productos de desecho» del metabolismo, los cuales a través de transferencia a la vacuola o depósito en la pared, son retirados de la circulación, sin que la planta obtenga ningún provecho demostrable, aparte del aligeramiento de sus vías de síntesis. Esto no quiere sin duda significar, que en el futuro no dejará al descubierto un rendimiento de este tipo. Así, en los últimos años se ha confirmado que un número de sustancias, que parecían estar eliminadas del metabolismo, pueden ser formadas muy bien por las plantas. Esto puede aplicarse a determinados terpenoides, fenoles y alcaloides. Teniendo en cuenta las posibilidades bioquímicas de la planta sería extraño que esta degradación no fuera utilizada, por ejemplo, para la ganancia de ATP.

Sin embargo, muchas sustancias vegetales secundarias son incluso necesarias para la vida. A este grupo pertenecen también las fitohormonas (los derivados del indol, gibberelinas, fitoquininas y abscisinas), las bases purínicas y pirimidínicas de los ácidos nucleicos, la porfirina —pensemos en la clorofila y las heminas celulares—, el sistema fitocromo, coenzimas de distintos tipos y la sustancia estructural, la lignina, sólo para nombrar unos cuantos ejemplos. Y tampoco para los propios hombres estas sustancias son «secundarias». La farmacia y la técnica utilizan básicamente el reservorio de las sustancias vegetales «secundarias». No podemos tomar pues las sustancias vegetales secundarias en general como accesorias, ni para las plantas ni tampoco para los hombres. Pero entonces, ¿cómo interpretamos «secundarias»? Sin duda lo mejor sería que este concepto desapareciera de la literatura. Sin embargo, no podemos contar con ello, aunque en inglés ya se utiliza mucho la expresión «nature products». Intentemos una definición: las sustancias vegetales secundarias son sustancias que en su biosíntesis derivan del metabolismo de los carbohidratos, las grasas y los aminoácidos. Son «secundarias» en su biosíntesis, pero no en importancia. Esta definición está actualizada, pues permite hablar de la superabundancia de sustancias secundarias, separadamente de los carbohidratos, grasas y aminoácidos, incluidas las proteínas.

3. Aceites etéricos

Los aceites etéricos no deberían ser confundidos con los «aceites grasos». Éstos son grasas fluidas. Por el contrario, los aceites etéricos, que deben su nombre a su alta volatilidad, pertenecen a los terpenoides, particularmente a los mono- y sesquiterpenos, o a los fenoles. Además de eso se añaden aún diversas sustancias acompañantes.
La síntesis de los aceites etéricos frecuentemente tiene lugar en glándulas epiteliales especiales o glándulas celulares. Es conocido que los aceites etéricos de los pelos glandulares de la superficie de la hoja, pueden ser formados y cedidos. En algunos especímenes, como hierbabuena *(Mentha piperita),* el proceso de secreción podría seguirse ópticamente no sólo lumínicamente, sino electrónicamente. Primero, en el citoplasma se forman pequeñas «vacuolas de aceite», cuyo contenido es excretado en el espacio contra la pared celular por una parte y la cutícula por otra, a través de la pared celular al parecer en parte rebajada. El acúmulo de aceites etéricos bajo la cutícula también es bien visible con un microscopio óptico. La superficie de la cutícula primero se engrosa, bien por la distensión o por crecimiento, de manera que puede acumular aún más aceites etéricos. Sin embargo, finalmente la cutícula se rompe y los aceites etéricos quedan libres. El proceso de secreción para una glándula pilosa, aquí esquematizado, puede ser variado de muchas formas según el tipo del sistema glandular.
Acabamos de hablar de la secreción y debemos aún aclarar suplementariamente qué es lo que se entiende por ello. En las plantas se diferencia entre secreciones y excreciones, que actualmente la mayoría de las veces se definen así: las *secreciones* son sustancias, a través de las cuales las células que las segregan realizan un intercambio con el medio que las rodea cercano o lejano; las *excreciones* son sustancias, en cuya secreción no se conoce por lo menos un intercambio directo de este tipo con el medio. Los aceites etéricos, que son producidos por formaciones glandulares especializadas en este sentido, los osmóforos, que están presentes en las flores y que sirven de reclamo a insectos polinizadores, serían por ejemplo secreciones. También los aceites etéricos de las hojas de hierbabuena son secreciones, pues por ejemplo, los ánsares y muchos insectos son inducidos por ellos a aproximarse a esta planta, y no ha de olvidarse que nosotros en ocasiones bebemos infusiones de hierbabuena. Se da pues un intercambio con el medio. Los aceites etéricos que son segregados sin una función clara, serían excreciones. Como ocurre siempre en estas bonitas definiciones en el terreno biológico, existen tam-

bién superposiciones y excepciones. Ya nos parece dudoso, si la mencionada diferencia entre secreciones y excreciones puede ser mantenida con fundamento, ya que en algunas investigaciones puede encontrarse en cada caso un intercambio con el medio cercano o lejano.

La función de los aceites etéricos es diferente según los casos. Estos aceites pueden inhibir la germinación de las semillas y el crecimiento de las plantas y así ser armas de lucha contra la competencia indeseable. Determinados aceites etéricos inhiben en el laboratorio el crecimiento de bacterias y hongos. Tal vez este efecto inhibitorio también tenga lugar en la naturaleza. En todo caso es seguro que gracias a ello las plantas correspondientes son interesantes terapéuticamente como plantas medicinales. Pensemos por ejemplo en la hierbabuena, la manzanilla, el eucaliptus. Los aceites etéricos protegen también sus productos de ser pasto de mamíferos, aves, insectos y caracoles y, por el contrario, atraen a los insectos, lo que sin duda es una función muy importante en la polinización. Sin embargo, en otros casos aún se desconoce qué beneficios pueden obtener las plantas correspondientes de la producción de aceites etéricos.

4. Biosíntesis general

Hablemos ahora de la biosíntesis de los terpenoides, cuya investigación está relacionada sobre todo con los nombres de BLOCH, LYNEN, CORNFORTH y POPJAK. Para ello queremos primero tratar de las vías generales, por las cuales llegamos a los subgrupos en particular (fig. 89). Acto seguido estudiaremos con más detalle la biosíntesis de algunos de estos subgrupos.

La biosíntesis empieza con el acetil-CoA, que se une con una segunda unidad de acetil-CoA formando aceto-acetil-CoA. Participa entonces una tercera unidad de acetil-CoA, siendo luego el producto resultante de 6 átomos de C hidrogenado, formándose ácido mevalónico, con la ayuda de NADPH + H^+ y bajo desprendimiento del coenzima A. El ácido mevalónico, que fue descubierto como factor de crecimiento de microorganismos, es un estado intermedio importante. A partir de él se forma, bajo descarboxilación, escisión de agua y utilización de ATP, el isopreno activo isopentilpirofosfato.

El isopentenil-pirofosfato (IPP) está en equilibrio con su isómero dimetil-alil-pirofosfato. Este compuesto es la mecha sin la cual la síntesis de terpenoides no puede llevarse a cabo, pues sólo con el dimetil-alil-pirofosfato se puede unir el IPP bajo escisión de pirofosfato, formando un monoterpeno abierto, el geranil-piro-

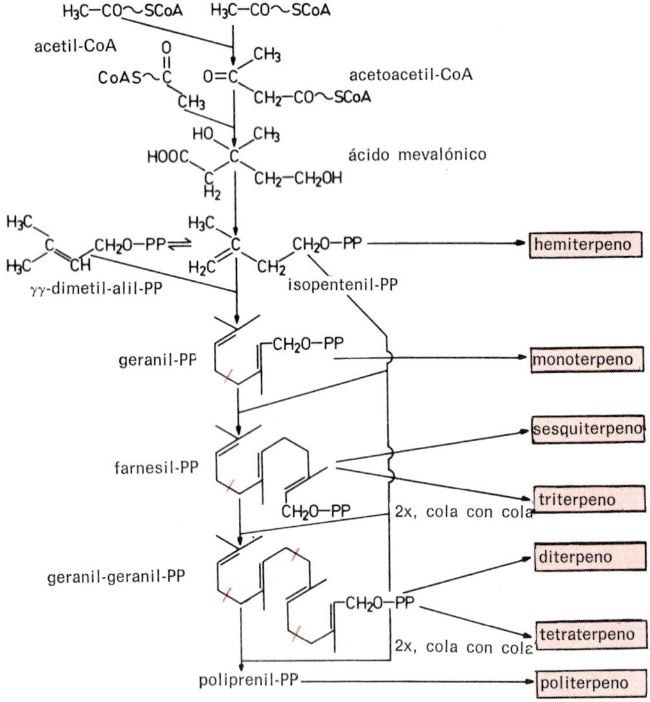

FIG. 89. Esquema de la biosíntesis de terpenoides. Sólo se han dado los estados intermedios más importantes. / = límites entre los sillares C_5 (según HESS 1968).

fosfato. Del geranil-pirofosfato se llega a los siguientes monoterpenos abiertos y cíclicos.

Uniendo ahora una unidad de IPP más al geranil-pirofosfato, se obtiene farnesil-pirofosfato, un sesquiterpeno. La adición tiene lugar de cabeza a cola: el IPP coloca su «cabeza», el grupo CH_2, en el extremo pirofosfato que es la «cola», del geranil-pirofosfato. El farnesil-pirofosfato resultante se puede transformar en los siguientes sesquiterpenos. Sin embargo, hay un hecho más importante: dos moléculas de farnesil-pirofosfato pueden ser unidas «cola con cola» (compárese más abajo) formando un triterpeno abierto. De aquí derivan luego otra vez los triterpenos cíclicos, entre los cuales se cuenta los esteroides necesarios para la vida de todos los organismos.

Sigamos con la adición cabeza-cola. A través de una adición ca-

beza-cola, con una molécula de IPP más, del farnesil-pirofosfato se forma geranil-geranil-pirofosfato, un diterpeno. Y aquí se repite el suceso en un plano superior: el geranil-geranil-pirofosfato puede ser transformado en los diterpenos siguientes, pero también pueden unirse dos moléculas de geranil-geranil-pirofosfato «cola con cola» formando un producto de 40 átomos de C. Obtenemos entonces tetraterpenos, es decir, carotenoides.
Posteriores adiciones cabeza-cola de IPP conducen finalmente a los cauchos politerpénicos, gutapercha y balata.

5. Biosíntesis especial

a. Monoterpenos

Pasemos a estudiar las fórmulas estructurales de algunos monoterpenos (fig. 90). Sobre todo cuando varios monoterpenos, cuya estructura les permite relacionarse, se presentan en una misma planta, se pueden obtener demostraciones de las posibles vías de biosíntesis.
Primeramente se estableció, mediante estudios con isótopos, que los productos primarios marcados pueden ser incorporados al geranil-pirofosfato y luego a los monoterpenos cíclicos. Con ello se comprobó que la glucosa C^{14} se transforma en un elevado tan-

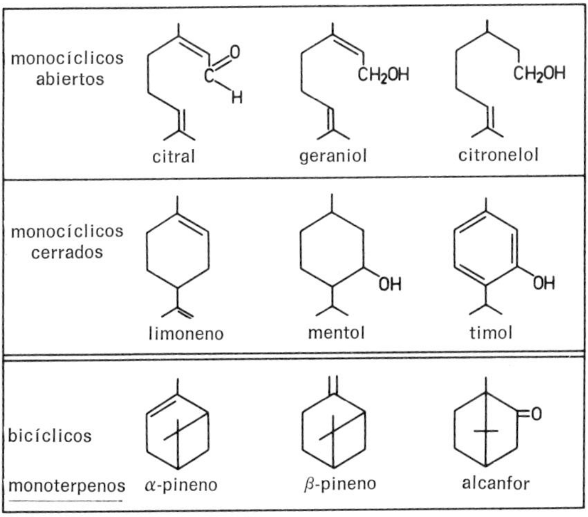

FIG. 90. Algunos monoterpenos.

to por ciento en monoterpenos y por el contrario el mevalonato C^{14} sólo lo hace en pequeñas cantidades. Esto al principio es completamente inesperado, pero se hace comprensible por una compartimentación de las células glandulares: las células glandulares captan sólo muy difícilmente el mevalonato, pero pueden incorporar fácilmente otros productos primarios como por ejemplo la glucosa y acto seguido transformarlos en mevalonato y monoterpenos, con la ayuda de sistemas enzimáticos propios de las glándulas.
Una vez se han formado los monoterpenos cíclicos, pueden ser transformados en otros monoterpenos cíclicos, a través de cambios insignificantes. Tomemos como ejemplo la ya mencionada hierbabuena. El geranil-pirofosfato es transformado en piperitenona, a través de eslabones intermedios desconocidos y luego, a través de tres pasos de hidrogenación, se convierte en pulegona, mentona y mentol (fig. 91). Las hidrogenaciones de la pulegona, a través de la mentona hasta llegar al mentol, pueden llevarse a cabo también en sistemas libres de células. En la hierbabuena existen aún otros monoterpenos que se pueden poner en conexión biogenética con los ya nombrados.

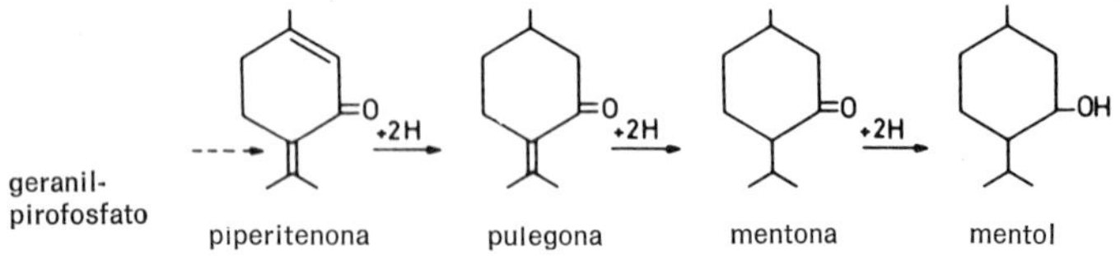

FIG. 91. Biosíntesis de algunos monoterpenos de la hierbabuena.

b. Sesquiterpenos

Los sesquiterpenos abiertos son relativamente raros. El farnesol, que pertenece a ellos, es un componente importante de las sustancias olorosas del lirio del valle y de la flor de tilo. Debería formarse a partir de farnesil-pirofosfato a través de escisión de pirofosfato. Tampoco estudiaremos a fondo los sesquiterpenos cíclicos. Sólo sea dicho que entre ellos se cuenta la fitohormona, ácido abscísico (pág. 253).

c. Triterpenos

De importancia decisiva es el paso del farnesil-pirofosfato a triterpenos a través de una unión cola con cola (fig. 92). Bajo «cola»

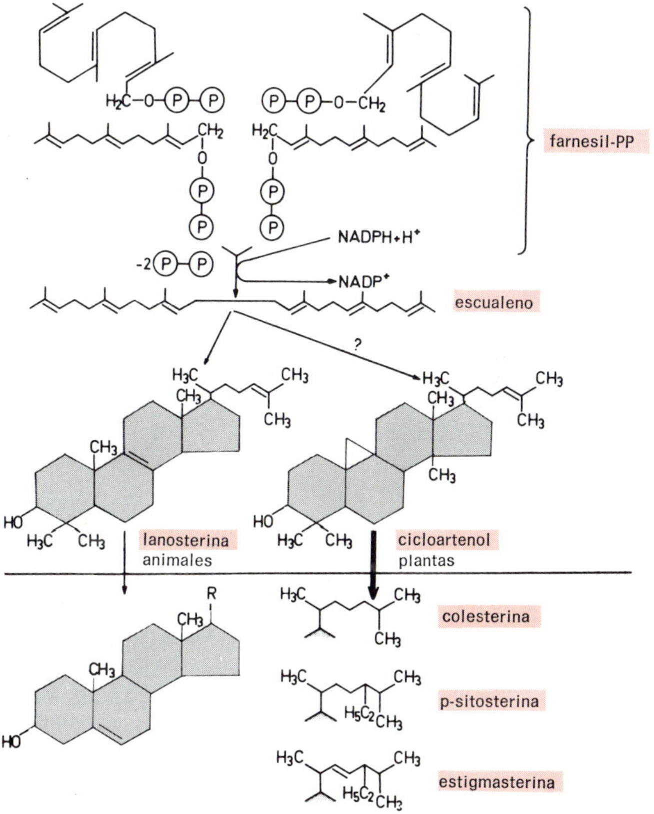

FIG. 92. Biosíntesis de triterpenos, en particular de la esterina.

se entiende el extremo pirofosfato. De hecho, más exactamente, reaccionan, no dos moléculas de farnesil-pirofosfato entre sí, sino una molécula de farnesil-pirofosfato con una molécula de nerolidil-pirofosfato, un isómero del farnesil-pirofosfato. La unión tiene lugar bajo reducción y se forma un producto simétrico de 30 átomos de C, el escualeno. Este compuesto está ampliamente extendido en el reino vegetal y animal, si bien en pequeñas concentraciones estacionarias. Esto corresponde a la suposición de que el escualeno es la sustancia de partida para la biosíntesis de los triterpenos cíclicos, sobre todo de los esteroides.

A los esteroides pertenecen los siguientes grupos de sustancias:

1. Esterinas
2. ácidos galénicos
3. hormonas esteroides (por ejemplo, hormonas sexuales y hormonas de la cápsula suprarrenal)
4. las vitaminas del grupo D
5. esteroideaponina
6. glucósidos cardíacos
7. alcaloides esteroideos

Todas estas sustancias presentan la estructura del esterano o ciclopentanoperhidrofenantreno, que luego sufre distintas modificaciones, según el grupo (fig. 93).

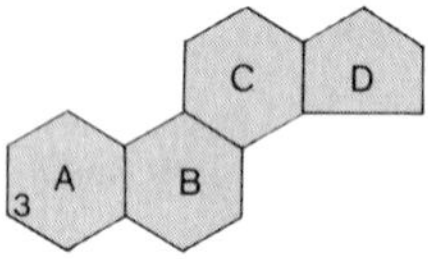

FIG. 93. Esterano = ciclopentanoperhidrofenantreno.

Las hormonas esteroides y ácidos galénicos se presentan con funciones claramente perfiladas sólo en organismos animales. Ciertamente se han encontrado estas hormonas esteroides tanto en animales como en plantas, entre las cuales se cuenta la ecdisona de los insectos. La ecdisona pudo ser aislada del farneno por investigadores japoneses. Sin embargo, en todos estos casos, la función de las hormonas esteroides es desconocida en las plantas. Ciertamente se conocen determinados efectos de las hormonas esteroides sobre el crecimiento y el desarrollo. En la reina Margarita *Callistephus sinensis* y en la lenteja de agua *Lemna minor* puede por ejemplo provocarse la floración con estradiol, pero permanece aún abierto a la investigación, a pesar de posteriores descubrimientos en esta dirección si las hormonas esteroides en condiciones normales actúan también como hormonas de la floración.
De los 5 grupos de esteroides restantes, queremos tratar las *esterinas,* los *glucósidos cardíacos* y los *alcaloides esteroides.* Las esterinas son ejemplos de esteroides estructurales, mientras que los glucósidos cardíacos y los alcaloides esteroides lo son de esteroides farmacológicos.

ESTERINAS

Las esterinas llevan en el átomo de C 3 un grupo hidroxilo. En inglés se designan consecuentemente como «sterole». Entre las esterinas animales, las zoosterinas, la colesterina es la sustancia principal. Este compuesto se presenta también en las plantas. Las esterinas más importantes en plantas superiores son sin embargo la β-citosterina y la estigmasterina (fig. 92) se diferencian por un doble enlace en la cadena lateral que presenta la estigmasterina. El esqueleto carbonado de ambas sustancias consta de 29 átomos, de los cuales 2 corresponden a una ramificación en el átomo de C 24. En la colesterina, con sus 27 átomos de C, falta esta ramificación.

En organismos animales la biosíntesis de la colesterina transcurre a través de un eslabón intermedio, la lanosterina (fig. 92). Por el contrario, las fitoesterinas, por lo menos en plantas superiores, se forman a través de cicloartenol, muy parecido a la lanosterina.

La ramificación de 2 átomos de C de la β-citosterina y de la estigmasterina no deriva del depósito de acetato como podría pensarse, antes bien se añade primero un átomo de C y luego el segundo átomo de C. El suministrador de sustancias de 1 átomo de C es el aminoácido metionina. Como es usual, interviene en forma de S-adenosil-metionina.

Membrana elemental. La estructura de la célula y sus orgánulos se apoya ampliamente en la existencia de un sistema de membranas. Pensemos en el plasmolema, los tonoplastos, la membrana nuclear, el sistema de membranas de los plástidos y mitocondrias, los microcuerpos, los dictiosomas y el retículo endoplasmático. Se acepta que estas estructuras membranosas se basan en un principio de construcción común, es decir, la llamada membrana elemental. Existen varios modelos de la estructura molecular de la membrana elemental, de los cuales uno está representado en la fig. 94: dos capas de proteínas encierran a dos capas de lípidos. Los lípidos están orientados con su extremo polar hacia la proteína y con su extremo lipofílico hacia la otra capa de lípidos.

En los animales, los lípidos en este tipo de membranas elementales son casi exclusivamente colesterina y fosfolípidos. En las plantas se trata de fitoesterina, fosfolípidos (por ejemplo lecitina), glucolípidos (sobre todo galactolípidos) y sulfolípidos. La colesterina falta o se halla en pequeñas proporciones.

Glucósidos cardíacos

En el año 1785 el médico inglés Withering utilizó el digital *(Digitalis purpurea)* por primera vez en Europa como medio curativo en las enfermedades del corazón. Desde entonces el género *Digitalis* fue una ayuda indispensable para los médicos.

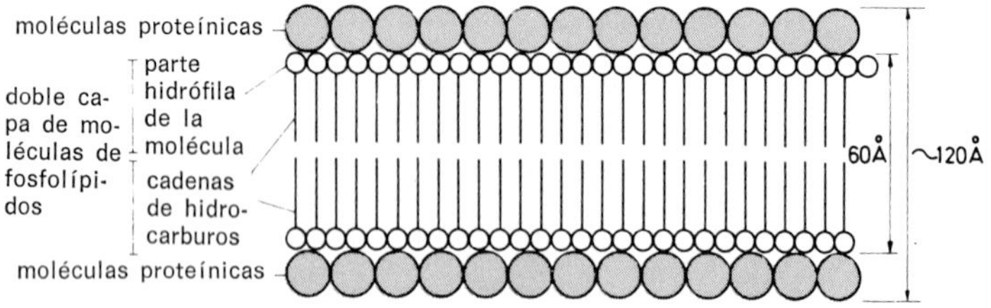

FIG. 94. Modelo de la estructura de la membrana elemental (según LEHNINGER 1969).

Las sustancias activas contenidas en esta planta se denominan según su terreno de aplicación, glucósidos cardíacos. Se trata de aglucones, que están unidos con un número variable de azúcares, en parte raros. No queremos ocuparnos más de los azúcares, sino que volvemos a los aglucones.

Los aglucones de los distintos glucósidos cardíacos son bien cardenolidas con 23 átomos de C o bien bufadienolidas con 24 átomos de C (fig. 95). La diferencia química entre ambas está en la estructura del anillo de lactona en el C 17. En las *cardenolidas,* se trata de un anillo de 5 átomos de C y en las bufadienolidas de un anillo de 6 átomos de C. Los aglucones de los glucósidos digitálicos pertenecen a las cardenolidas. Como ejemplo puede servir la digitoxigenina. Las cardenolidas se presentan también en muchos más géneros, como *Strophanthus, Nerium* y *Convallaria.*

Como el nombre indica, las *bufadienolidas* se encuentran en secreciones de sapos *(Bufo),* pero tampoco faltan en las plantas. A ellas pertenece la eleborigenina de los rizomas del eleboro negro *(Helleborus niger).* La biosíntesis de cardenolidas y bufadienolidas es sólo parcialmente conocida. A través de eslabones intermedios desconocidos, se forma un esteroide de 21 átomos de C, la pregnenolona (fig. 95). La pregnenolona marcada con C^{14} en hojas de *Digitalis lanata* es transformada en digitoxigenina y otras cardenolidas, y en hojas de *Helleborus atrorubens* en eleborigenina. En el caso de las cardenolidas han de ser añadidos 2 átomos de C. Éstos derivan del malonil-CoA. En la formación de bufadienolidas han de ser añadidos 3 átomos de C. Su procedencia aún se desconoce.

ALCALOIDES ESTEROIDEOS

Los alcaloides esteroideos son un grupo de sustancias vegetales secundarias, cuya estructura es por lo general similar a la de los

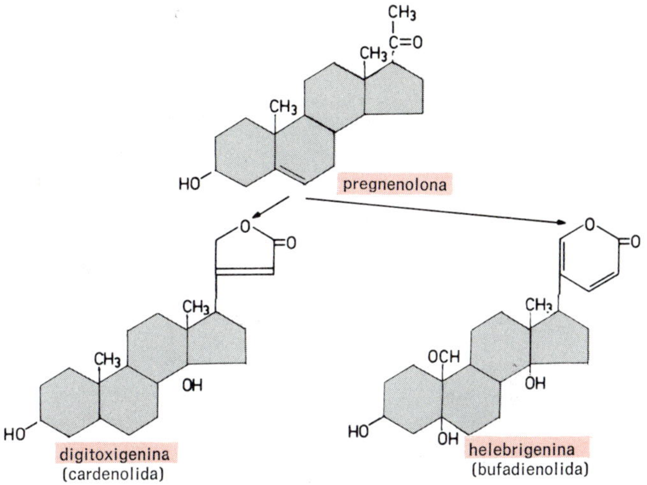

FIG. 95. Glucósidos cardíacos y su primer estadio, la pregnenolona.

alcaloides (pág. 173) pero que según su biosíntesis, pertenecen a los terpenoides. Se conocen dos grupos de alcaloides esteroideos, los de 27 y los de 21 átomos de C. Aquí nos ocuparemos única y brevemente de los alcaloides esteroideos de 27 átomos de C. Se dividen en dos subgrupos: los alcaloides solanum y los alcaloides veratrum. El primer subgrupo se halla principalmente en la familia *Solanaceae,* en el género *Solanum,* y el segundo subgrupo sobre todo en la familia *Liliaceae,* en el género *Veratrum.* Un alcaloide solanum es la demisidina (fig. 96). Se presenta como glucósido demisina en la patata silvestre *Solanum demissum* y a ella es debida la resistencia al escarabajo de la patata. Por cruzamiento de los genes para la demisina en patatas de cultivo pueden hacerse también estas plantas resistentes al ataque del escarabajo de la patata.
La biosíntesis de los alcaloides esteroideos transcurre por las

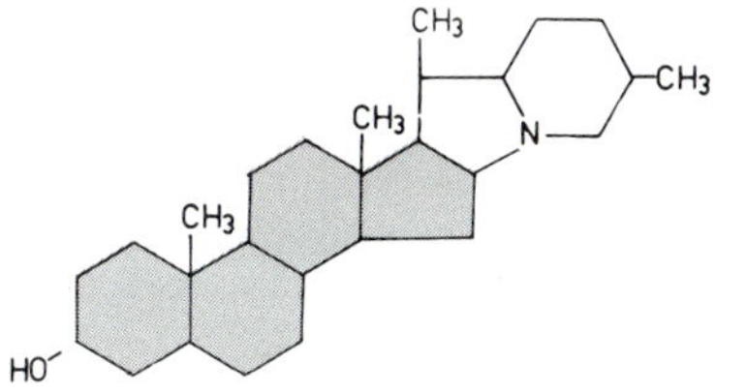

FIG. 96. Demisidina.

usuales vías de síntesis de triterpenos, o sea a través del farnesil-pirofosfato, escualeno y cicloartenol. El nitrógeno proviene posiblemente del amoníaco y correspondientemente de sustancias amoniacales.

d. Diterpenos

De los diterpenos citemos sólo el fitol y las gibberelinas. El fitol es un componente de los terpenoides mezcla, esto es de la clorofila. Un grupo carboxilo en su sistema pirrólico está esterificado con el alcohol fitol (fig. 28).

Las *gibberelinas* son un grupo de fitohormonas que tienen todas ellas el esqueleto del gibano (fig. 97). Cada componente en particular se designa como gibberelina A_1, A_2, A_3 y así sucesivamente. En hongos y plantas superiores están descubriéndose aún nuevas gibberelinas. En los experimentos se utiliza a menudo gibberelina A_3 = ácido gibberélico, cuya presencia en plantas superiores ha sido ampliamente demostrada.

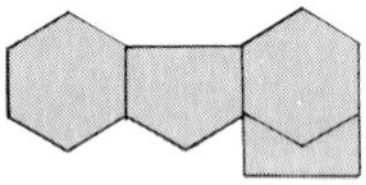

FIG. 97. Gibano

A primera vista no se ve que las gibberelinas sean diterpenos. Sin embargo, pruebas con isótopos *in vivo* y en sistemas libres de células, no dejan ninguna duda al respecto.

Los sistemas libres de células son principalmente de extractos de *Fusarium moniliforme* (compárese con la pág. 242), pero también de endosperma fluido de pepino silvestre *(Echinocystis macrocarpa)*. WEST pudo descubrir la siguiente vía de biosíntesis: geranil-geranil-pirofosfato → copalil-pirofosfato → caureno → caurenol-ácido caurénico → ácido hidroxicaurénico → gibberelina A_{12} → aldehído, sólo para nombrar algunos eslabones intermedios. En parte también se ha podido demostrar su existencia en plantas superiores. Con el aldehído de la gibberelina A_{12} hay una complicada red, en la cual pueden formarse las diferentes gibberelinas, en parte por transformaciones recíprocas. En plantas superiores sólo se conocen pocos detalles. Sin embargo, según la especie de la planta, evidentemente se forman sólo algunas de las muchas gibberelinas posibles.

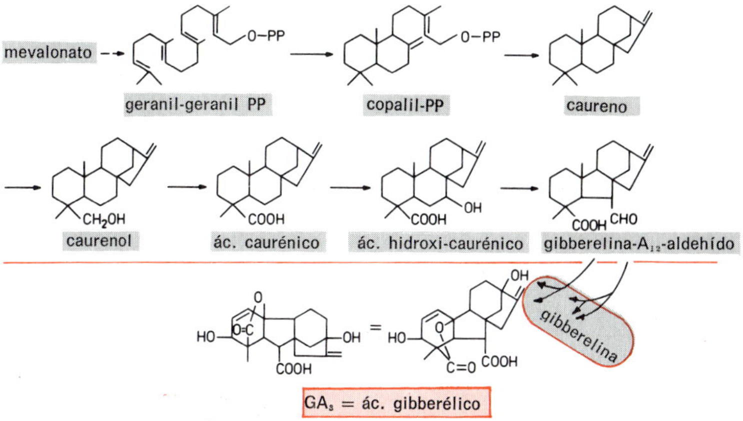

FIG. 98. Biosíntesis de la gibberelina. Sólo se han nombrado los eslabones intermedios más importantes. De la gibberelina-A_{12}-aldehído derivan las restantes gibberelinas conocidas, así como los ácidos gibberélicos. PP = pirofosfato (según WEST 1973).

e. Tetraterpenos: Carotenoides

CONSTITUCIÓN QUÍMICA

Los carotenoides se dividen en los dos grandes grupos de carotenos y xantofilas. A ellas se puede agregar un tercer grupo, incomparablemente menor, el de los ácidos carotenoides. Los ácidos carotenoides son con toda probabilidad productos de degradación de los tetraterpenos.

Los *carotenos* (fig. 99) son hidrocarburos con 40 átomos de C. Se forman por adición cola con cola de dos unidades de 5 átomos de C cada una. Los distintos carotenos están deshidrogenados en distinto grado. A partir de un número mínimo de dobles enlaces conjugados, son de coloración amarilla o naranja. En la biosíntesis de carotenos, el ζ-caroteno es la primera sustancia coloreada (compárese con la fig. 101).

Las *xantofilas* (fig. 99) son productos de oxidación de los carotenos. Derivan de los correspondientes carotenos a través de incorporación de oxígeno.

En los carotenos, al igual que en las xantofilas, existen sustancias abiertas y cíclicas. Las moléculas pueden presentar uno o dos sistemas de anillo. En los carotenos existen dos tipos de anillos: el α-ionona y el β-ionona, que se diferencian en la posición de su único doble enlace (fig. 99). Los carotenos con un anillo β-ionona como mínimo, son provitaminas A, que en organismos animales y humanos, pueden ser escindidas por la mitad. Las mitades escindidas con anillo β-ionona pueden luego ser convertidas en vitamina A. El β-caroteno con sus dos anillos β-ionona produce pues por molécula, dos moléculas de vitamina A, mientras que el α-caroteno con su único anillo β-ionona sólo da una molécula de vitamina A.

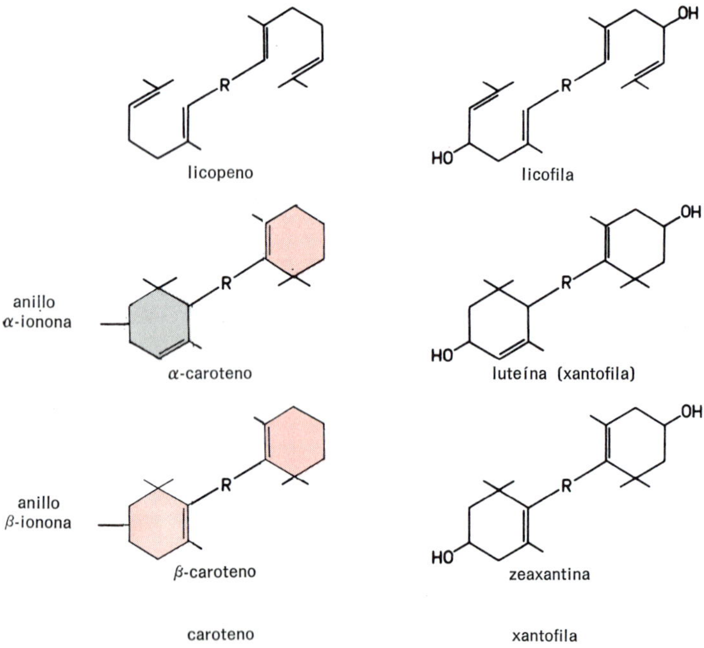

FIG. 99. Caroteno y xantofila.

De los *ácidos carotenoides* nombremos sólo la crocetina. Se encuentran en forma glucosídica, como pigmento amarillo en los estigmas del azafrán *Crocus sativus* y en las flores de *Nemesia strumosa*. La crocetina es un ácido dicarbonado con 20 átomos de C (fig. 100). Se forma a través de una degradación oxidativa simétrica de carotenos o xantofilas, por ambos extremos de la molécula.

FIG. 100. Crocetina y Crocina. La crocina es el pigmento amarillo de los estigmas del azafrán. R = H: crocetina, R = gentobiosa: crocina.

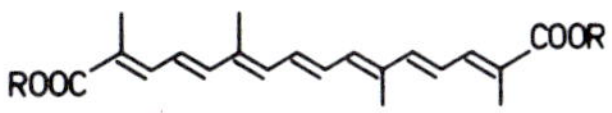

BIOSÍNTESIS

La biosíntesis de los carotenoides se puede dividir en varias etapas:

1. *Formación del esqueleto de 40 átomos de C* (fig. 101). Se forma a través de adición cola con cola de dos unidades de geranil-geranil-pirofosfato. En principio se trata de un proceso que corresponde a la formación del escualeno, a través de adición cola con cola de dos moléculas de farnesil-pirofosfato. Hemos de resaltar una diferencia: que en el caso del escualeno, la adición se llevaba a cabo bajo reducción y en la síntesis de carotenoides esta reducción no se realiza. El producto resultante de 40 átomos de C lleva en la mitad de su molécula un doble enlace. Este primer cuerpo de 40 átomos de C es el fitoeno, como muchas veces se ha demostrado.

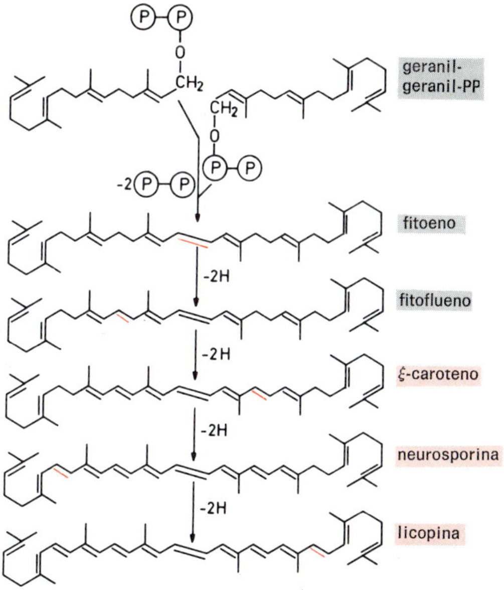

FIG. 101. Formación del esqueleto de 40 átomos de C del carotenoide y su deshidratación.

2. *Deshidrogenación* (fig. 101). En la sustancia clave, el fitoeno, ocurren una serie de deshidrogenaciones, que a través de fitoflueno, ζ-caroteno y neurosporina permiten finalmente formar licopina. Como ya habíamos citados, el ζ-caroteno es el primer caroteno coloreado en esta serie. La licopina presenta, en ambos extremos de la cadena, una secuencia continua de dobles enlaces conjugados. Su nombre proviene de su presencia en determinadas razas de tomate *(Lycopersicon esculentum)*.
3. *Ciclación* (fig. 102). La licopina y todos los carotenos implicados en su biosíntesis, son abiertos. Actualmente aún no está del todo claro si la ciclación de los extremos de la cadena tiene lugar en la licopina o en su derivado la neurosporina. Aquí trataremos sólo de una de ambas posibilidades: inicio de la ciclación en la licopina.
4. *Oxidaciones*. Hasta aquí, en el transcurso de la biosíntesis, sólo hemos obtenido carotenos. Por incorporación de oxígeno se forman las xantofilas. Con toda probabilidad estas oxidaciones tienen lugar inmediatamente después de la ciclación.

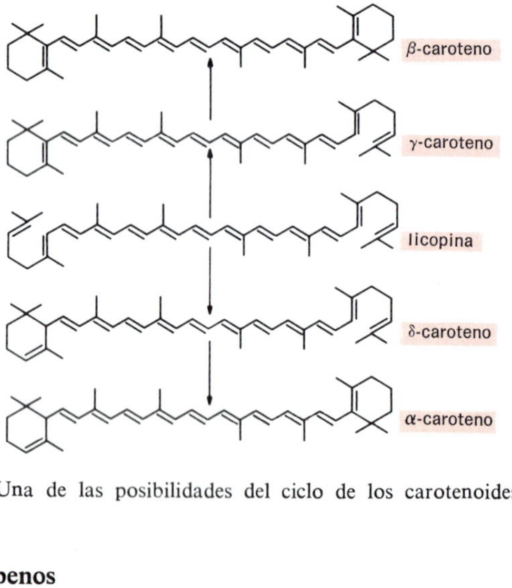

FIG. 102. Una de las posibilidades del ciclo de los carotenoides.

f. Politerpenos

De los politerpenos caucho, gutapercha y balata hablemos del producto técnicamente más importante, el caucho. De las plantas superiores, alrededor de unas 2000 especies forman caucho, pero sólo unas pocas de ellas, sobre todo de las familias *Apocynaceae,*

Asclepiadaceae, Compositae, Euphorbiaceae y *Moraceae,* en cantidades en que una ganancia sea técnicamente ventajosa. La tabla 4 cita algunas de las especies más importantes. El productor de caucho principal es el árbol del caucho, *Hevea brasiliensis.*

TABLA 4. Algunas de las plantas productoras de caucho más importantes (según PAECH 1950)

Especie	Familia	originaria de	Forma de crecimiento
Castilloa elastica	Moraceae	América Central	árbol
Ficus elastica	Moraceae	Asia, África	árbol
Hevea brasiliensis	*Euphorbiaceae*	*Sudamérica*	*árbol*
Manihot alaziovii	Euphorbiaceae	Sudamérica	árbol
Parthenium argentatum	Compositae	México, Texas	arbusto
Taraxacum koksaghyz	Compositae	Asia Central	planta herbácea

El caucho, aparte de algunas excepciones, se forma en conductos latíferos articulados o no articulados. El contenido protoplasmático de dichos conductos latíferos, pasa mediante una avanzada diferenciación, a látex, una mezcla de mitocondrias, ribosomas y proteínas. Los núcleos celulares la mayoría de las veces están situados en un revestimiento plasmático de la pared. A ellos se suman diferentes sustancias, como por ejemplo, alcaloides y también politerpenos como el caucho. No todo el látex lleva caucho y en caso de que lo lleve, está suspendido en forma de gota. En los productores de caucho, en el látex existe un surtido completo de enzimas, que son necesarios para la transformación del acetato en caucho.

El caucho consta de 500 hasta 5000 unidades de 5 átomos de C. Los dobles enlaces de las unidades de 5 átomos de C están en forma *cis.* En la gutapercha, que usualmente consta de cadenas más cortas, por el contrario se encuentra la forma *trans* (figura 103).

El látex, que como ya habíamos dicho contiene todos los enzimas precisos, representa un sistema libre de células favorable para experimentos sobre la biosíntesis del caucho. Estos experimentos y otros fueron llevados a cabo por el equipo de trabajo de LYNEN. Con ello se vio que en el látex tiene lugar una síntesis completa de caucho, cuando primeramente se libera el látex

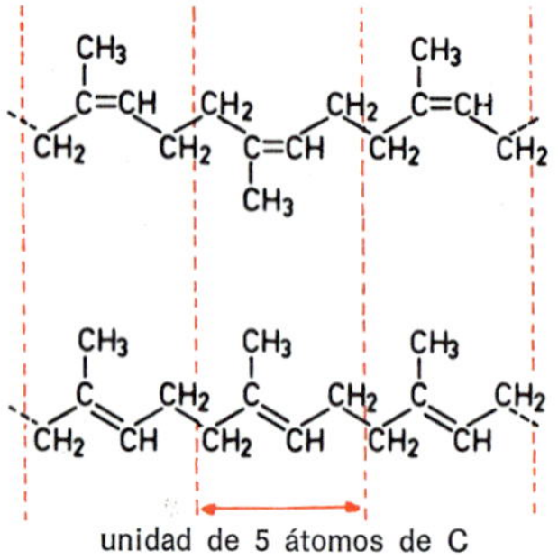

FIG. 103. Caucho y gutapercha.

del caucho ya existente y segundo se introduce dimetil-alil-pirofosfato como iniciador. Si en el látex existen aún partículas de caucho, no se llega a una nueva síntesis, sino sólo a una prolongación de las cadenas existentes, por incorporación de IPP.

Situación de los terpenoides en el metabolismo global. Situemos finalmente los terpenoides en el *esquema global del metabolismo* (fig. 104). Se forman a partir de acetil-CoA, a través de mevalonato e IPP. No existen datos seguros sobre su degradación en plantas superiores. De los microorganismos se sabe que pueden degradar el geraniol a acetato, acetil-CoA y a una sustancia de cinco átomos de C (dimetil-acril-CoA), todas ellas sustancias que pueden ser oxidadas completamente a CO_2 y H_2O, con mucha facilidad.

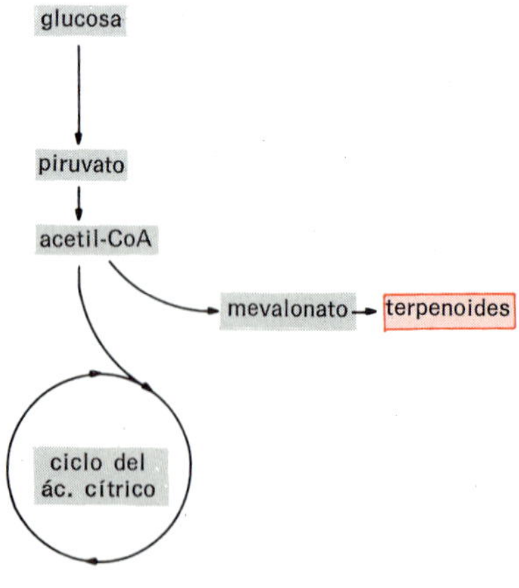

FIG. 104. Situación de los terpenoides en el metabolismo.

FENOLES

1. Constitución química

Los fenoles son sustancias que en un anillo aromático llevan un grupo hidroxilo o un derivado funcional de éste. Por su cantidad y condición, los fenoles son un grupo de sustancias vegetales «secundarias» extremadamente importante. La figura 105 ofrece un resumen sobre algunos grupos de fenoles. En los apartados de la biosíntesis, se encuentran fórmulas estructurales detalladas. Los *fenoles sencillos* están formados por un anillo aromático, que lleva uno o más grupos hidroxilo. Aparte de ellos, el anillo puede llevar más sustituyentes, sobre todo grupos metilo.
Ácidos fenolcarbonados; son fenoles sencillos, que llevan un grupo carboxilo como sustituyente.
Derivados del fenilpropano; tienen el esqueleto de C del fenilpropano, es decir, un sistema aromático, al cual está unida una cadena lateral de 3 átomos de C. A este grupo pertenecen los ácidos cinámicos, aldehídos cinámicos, alcoholes cinámicos y cumarinas, pero también un largo polímero, la lignina.

esqueleto carbon.	grupos	algunos ejemplos
	fenoles sencillos	hidroquinona arbutina
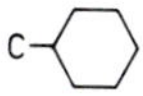	ácidos fenolcarbónicos	ác. p-hidroxi-benzoico ác. protocatéquico ác. gálico
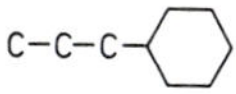	fenilpropanos	ác. cinámico alcohol cinámico cumarina lignina
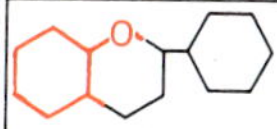	derivados del flavano	flavanona flavona flavonoles antocianidina

FIG. 105. Algunos grupos de fenoles.

Los derivados del flavano son característicos por su esqueleto de flavano. Constan de un anillo aromático A, un anillo aromático B y un heterociclo intermedio que contiene oxígeno. Según el estado de oxidación de este heterociclo se diferencian varios grupos de derivados del flavano o flavanoides, por ejemplo la flavanona, flavonoles, antocianidinas y 3,4-diol-flavano.
Todas estas sustancias están presentes como glucósidos o ésteres de azúcares, que son cedidos a las vacuolas.

2. Biosíntesis general

Los sistemas aromáticos en plantas superiores se forman por tres rutas:

1. Ruta del ácido shikímico. Se trata de la vía de síntesis más importante.
2. Ruta del acetato-malonato. En él se produce el anillo aromático A del flavano. Esta vía de síntesis es importante en microorganismos.
3. Ruta del acetato-mevalonato. Esta ruta ya fue comentada al principio. Se trata de la formación de terpenos cíclicos, que pueden ser deshidrogenados a sistemas aromáticos. El timol es un terpeno de este tipo de carácter aromático. Esta ruta es menos importante para las plantas superiores.

De las tres rutas de síntesis citadas, hemos de ocuparnos aún de la 1 y la 2.

a. **Ruta del ácido shikímico** (fig. 106)

La vía del ácido shikímico fue descubierta por Davis en experimentos con mutantes auxótrofos de bacterias. No sólo se realiza en microorganismos, sino también en plantas superiores. La existencia de la mayoría de los enzimas de esta ruta del ácido shikímico pudo ser también demostrada en plantas superiores, en sistemas libres de células. La ruta de síntesis debe su nombre a un eslabón intermedio, el ácido shikímico. Su significación se basa no sólo en la producción de fenoles, sino también en la síntesis de los aminoácidos aromáticos, fenilalanina, tirosina y triptófano.
La ruta del ácido shikímico empieza con el fosfoenolpiruvato, que deriva de la glucólisis, y con D-eritrosa-4-fosfato, que va al ciclo de los fosfatos de pentosa. Ambos se unen en un eslabón intermedio de 7 átomos de C, el cual es ciclado a ácido 5-deshi-

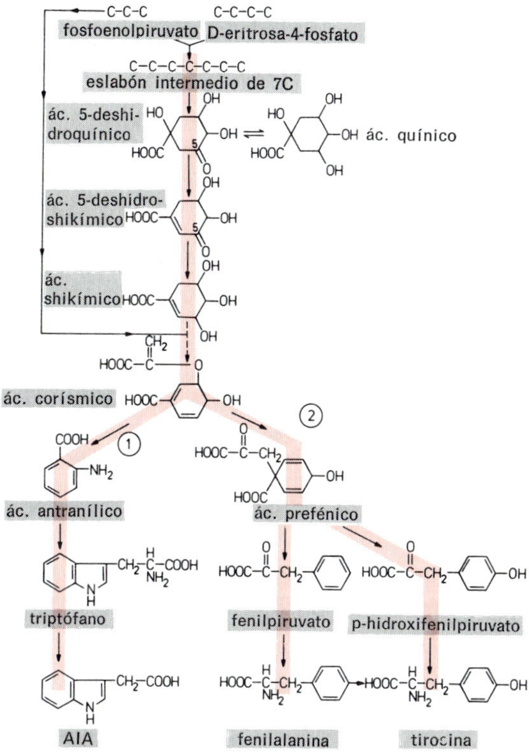

FIG. 106. Ruta del ácido shikímico. En los círculos: 1 = antranilato-sintetasa, 2 = corismato-mutasa.

droquínico que está en equilibrio con el ácido quínico. La ruta de síntesis conduce hasta el ácido 5-fosfoshikímico a través de ácido 5-deshidroshikímico y ácido shikímico. A esta sustancia resultante se incorpora ahora una unidad más de fosfoenolpiruvato. El producto conduce en varios pasos a ácido corísmico.

Con el ácido corísmico se alcanza un punto central de la ruta del ácido shikímico, pues como indica el nombre griego (chorizo = separar), después de esta sustancia, la ruta de síntesis se bifurca en dos ramas. Una de ellas conduce a través de ácido antranílico a triptófano y de éste a la fitohormona ácido 3-indolacético. Las etapas de esta ruta se conocen bien en microorganismos, mientras que en plantas superiores aún están en discusión.

La segunda rama conduce del ácido corísmico en primer lugar a ácido prefénico. Aquí existe otra bifurcación: a través de fenilpiruvato se obtiene fenilalanina, y tirosina a través de p-hidroxifenilpiruvato. Ambos aminoácidos aromáticos están relacionados, ya que la fenilalanina puede ser oxidada a tirosina. De todos modos este paso no parece ser muy importante en plantas superiores. La fenilalanina por desaminación produce ácido cinámico, y la tirosina ácido p-cumárico, un derivado del ácido cinámico.

Recapitulemos: En la ruta del ácido shikímico se producen:

1. Los aminoácidos aromáticos, triptófano, fenilalanina y tirosina.
2. Ácidos cinámicos, que se forman a partir de fenilalanina y tirosina. A los ácidos cinámicos pueden luego agregarse los restantes fenilpropanos, como aún hemos de ver.
3. Ácidos fenolcarbonados. Pueden también derivar por ejemplo del ácido shikímico, del 5-deshidroshikímico o del químico, lo que aún está por comprobar. Esta posibilidad de formación de ácidos fenolcarbonados parece ser menos importante para las plantas superiores (compárese con la pág. 155).

b. **Ruta del acetato-malonato** (fig. 107)

La síntesis de fenoles a través de la ruta del acetato-malonato, tiene paralelismos con la síntesis de ácidos grasos. Como allí sucede con el acetil-CoA, aquí es un acil-CoA, diferente según los

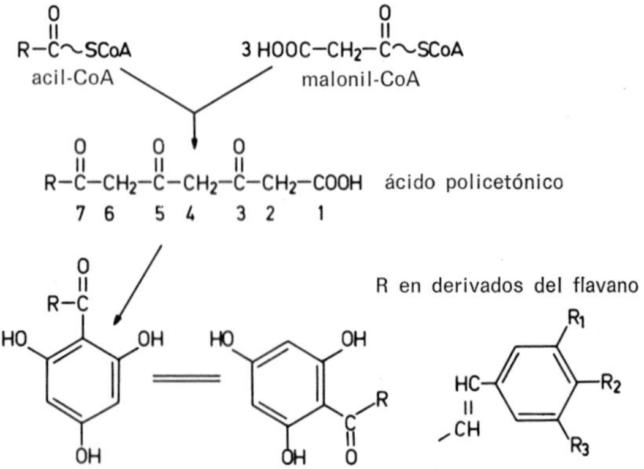

FIG. 107. Ruta del acetato-malonato, acilación 1-6 C.

casos, el que sirve como iniciador. A éste se añaden tres unidades de malonil-CoA, bajo descarboxilación. Recordemos el caso de los ácidos grasos, en que también se unía malonil-CoA bajo descarboxilación hasta alcanzarse la longitud de cadena definitiva. En el presente caso, se forma un ácido policetónico que puede ciclarse de distintas maneras. Aquí nos interesa únicamente la llamada *acilación 1-6 C,* por la cual los fenoles entran en contacto con el hidroxilo de la floroglucina. Se diferencian en el tipo de su resto R, pudiendo luego sufrir posteriores modificaciones.

c. Eslabones primarios y eslabones intermedios

Interrumpamos a este nivel el tema de la biosíntesis de fenoles, para tratar un poco sobre las dificultades que se presentan en experimentos *in vivo* mediante isótopos. Precisamente DAVIS demostró con eficacia que en la interpretación de los experimentos con trazadores, se ha de ser extremadamente cauteloso. En este tipo de experimentos se introduce en el organismo un probable eslabón intermedio en forma radiactiva y se comprueba si es utilizado en la síntesis de la sustancia natural en cuestión. Si así ocurre, no se puede estar aún de ningún modo seguro de haber descubierto una etapa de biosíntesis bajo condiciones naturales, ya que precisamente los microorganismos y las plantas disponen de facultades bioquímicas, que les permiten introducir sustancias extrañas en la ruta de biosíntesis mediante transformaciones análogas. En la siguiente propuesta de DAVIS se distingue entre eslabones primarios, eslabones intermedios naturales y eslabones intermedios obligados.

Un *eslabón primario (precursor)* es toda sustancia, que en el organismo estudiado pueda ser transformada en la sustancia natural en cuestión. Puede estar en la ruta de síntesis verdadera, pero puede también estar fuera de la ruta de síntesis y ser introducida en ella después de una transformación.

Un *eslabón intermedio natural (natural intermediate)* es un eslabón primario que existe en el organismo estudiado en cantidades comprobadas.

Un *eslabón intermedio obligado (obligate intermediate)* finalmente, es el único eslabón intermedio posible en una ruta de biosíntesis.

Es relativamente sencillo comprobar si una sustancia hace o no de eslabón primario. Con la ayuda de experimentos con trazadores y experimentos en sistemas libres de células, puede asegurarse también la mayoría de las veces, si esta sustancia es un eslabón intermedio natural. Más difícil es demostrar que una sustancia sea eslabón intermedio obligado, pues siempre ha de contarse con que el organismo dispone aún de una posibilidad desconocida, pero más importante, para la síntesis de la sustancia natural estudiada. Precisamente con sustancias vegetales «secundarias» nunca se está al abrigo de sorpresas.

Los distintos eslabones de la ruta del ácido shikímico anteriormente comentada, son ejemplos de eslabones intermedios obligados, pues dicha ruta es seguramente una vía central para la síntesis de aminoácidos aromáticos. Constataciones con ayuda de mutantes de bacterias no dejan ninguna duda al respecto, pues cuando la ruta de biosíntesis después de una determinada sustancia es bloqueada a consecuencia de una mutación, y luego tampoco se forman más aminoácidos aromáticos, la sustancia en cuestión debe ser un eslabón intermedio obligado en la ruta principal de estos aminoácidos.

3. Biosíntesis especial

a. Ácidos cinámicos

Este nombre proviene del mismo ácido cinámico. Su sistema de anillo admite sustituciones, con lo que se obtiene un gran número de derivados, que se designan como «ácidos cinámicos». Aquí se dan las fórmulas de los más importantes de ellos (figura 108).

Encontraremos su esqueleto fundamental en una serie de otros

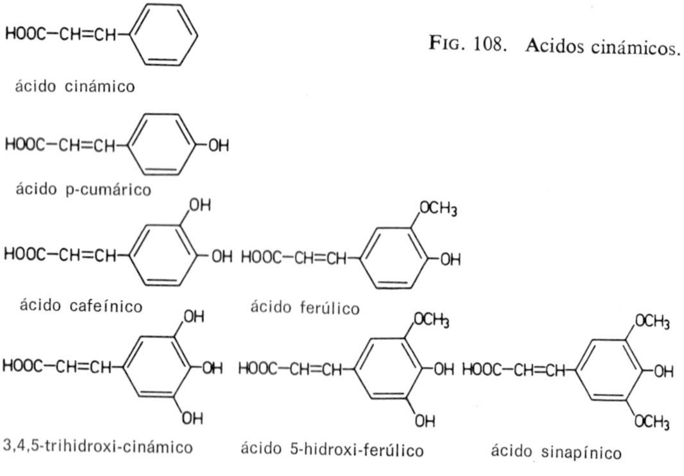

FIG. 108. Acidos cinámicos.

fenoles, ya que los ácidos cinámicos son sustancias de partida para la síntesis de estos cuerpos fenólicos.
Tratemos primero de la biosíntesis de los ácidos cinámicos (figura 109). Como ya se había mencionado, la fenilalanina y la tirosina son las sustancias primarias. La fenilalanina pasa a ácido cinámico a través de desaminación oxidativa, y la tirosina a ácido p-cumárico. Ya que en esta reacción se desprende amoníaco en forma de iones amonio, el enzima correspondiente se denomina amonio-liasa. La tirosina-amonio-liasa parece ser especialmente importante en las gramíneas, pero no falta tampoco en las restantes plantas. El más importante de ambos enzimas es sin embargo la fenilalanina-amonio-liasa (PAL). Volveremos a encontrar este enzima clave de la síntesis del fenilpropano.

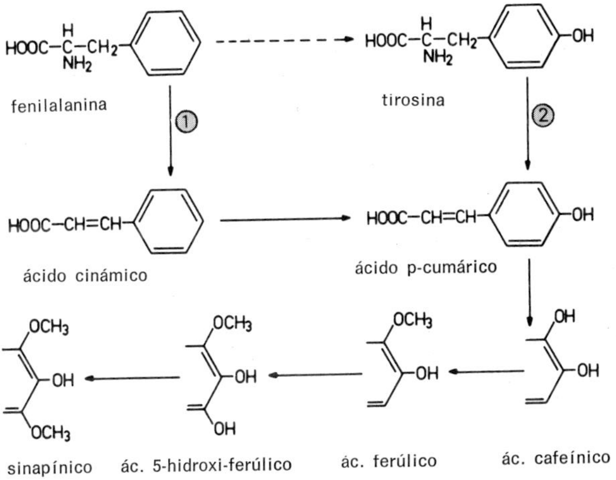

FIG. 109. Biosíntesis de los ácidos cinámicos. 1 = fenilalanina-amonio-liasa, 2 = tirosina-amonio-liasa.

El ácido cinámico puede ser hidroxilado a ácido p-cumárico. A través de pasos de sustitución sencillos, que pueden todos transcurrir en un sistema libre de células, se llega a los otros miembros de la familia de los ácidos cinámicos.
Los ácidos cinámicos están libres en las plantas sólo en pequeñas proporciones. La mayoría de las veces están unidos a azúcares, bien como glucósido o como ésteres. También se presentan como dépsidos. Estos dépsidos son ésteres de fenoles que llevan grupos carboxilo, con otros fenoles portadores de grupos

carboxilo o con sustancias emparentadas. El ácido cafeínico se encuentra muy a menudo en forma de ácido clorogénico, un dépsido entre el ácido cafeínico y el ácido quínico.

b. Cumarinas

Cuando se oxida una cadena lateral de ácido cinámico en posición o y luego se cierra un anillo lactónico bajo escisión de agua, se obtiene cumarina (fig. 110). Así se puede esquematizar mentalmente el paso de ácido cinámico a cumarina. Ciertamente la biosíntesis transcurre de un modo un poco más complicado. Al igual que el ácido cinámico es la sustancia que da su nombre a la familia del ácido cinámico, la cumarina da su nombre a la familia de la cumarina. Estas cumarinas llevan en su sistema de anillo aromático los mismos radicales de sustitución que ya hemos visto en los ácidos cinámicos.

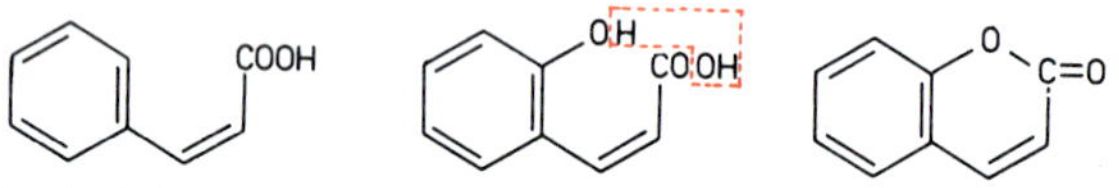

FIG. 110. Esquema para memorizar la estructura de la cumarina. 1 = ácido *cis*-cinámico, 2 = ácido o-hidroxi-*cis*-cinámico, 3 = cumarina.

Las cumarinas son altamente activas desde el punto de vista fisiológico. Así, inhiben el crecimiento de microorganismos. Algunas cumarinas, como la propia cumarina y la escopoletina, son sustancias inhibidoras de la germinación de las semillas y del alargamiento celular. A nivel bioquímico, algunas cumarinas activan las AIA-oxidasas. Se trata de enzimas que degradan oxidativamente la fitohormona ácido 3-indolacético. Quizás algunas de las acciones fisiológicas de estas cumarinas se basen en un descenso condicionado del nivel de AIA. Por el contrario, se sabe de otras cumarinas que inhiben la actividad de la AIA-oxidasa.
Estudiaremos la biosíntesis de las cumarinas en el ejemplo de la propia cumarina (fig. 111). Empieza la síntesis con el ácido cinámico. Debemos añadir aquí un suplemento: el doble enlace en la cadena lateral del ácido cinámico da ocasión a una estereoisomería. Los ácidos cinámicos naturales existentes son en su mayoría formas *trans*. Sin embargo, se encuentra también la configuración *cis*. El equilibrio entre la forma *trans* y la forma *cis*, puede, también dentro de la planta, ser desplazado hacia *cis*, mediante luz UV.
El ácido cinámico *trans* es pues el material de partida para la

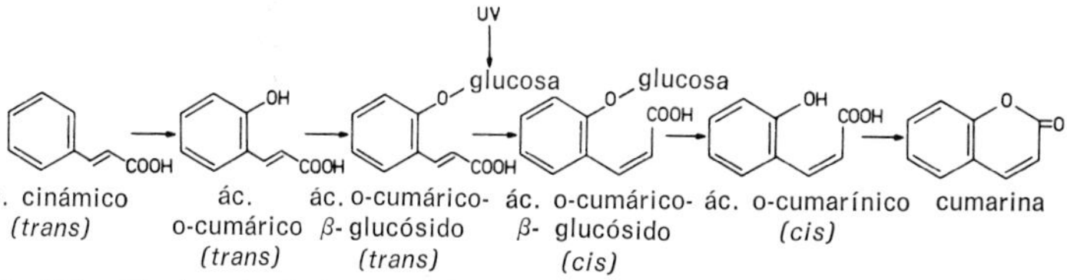

FIG. 111. Biosíntesis de la cumarina.

biosíntesis de cumarina. Es transformado a través de la incorporación de un hidroxilo en la posición o de la cadena lateral en ácido o-oxi-*trans*-cinámico, que también se denomina ácido o-cumárico. Éste es glucosidado. El ácido o-cumárico-β-glucósido resultante es aún un compuesto *trans*. A través de luz UV, es decir, por medio de un proceso no enzimático, el ácido o-cumárico-β-glucósido es transformado en los tejidos en el compuesto *cis* correspondiente. Este compuesto se designa como «cumarina combinada», pues en las plantas cumarínicas conocidas, como el meliloto blanco *(Melilotus albus)*, la aspérula olorosa *(Galium odoratum)* y *Hierochloe odorata*, normalmente no se encuentra cumarina, sino ácido o-cumárico-β-glucósido.
Cuando se producen heridas o condiciones de sequedad, el ácido o-cumárico-β-glucósido se une a la β-glucosidasa, separada especialmente de él, pudiendo entonces formarse cumarina, ya que la β-glucosidasa hidroliza la «cumarina combinada» a ácido o-cumárico, que luego pasa espontáneamente a su lactona, que es precisamente la propia cumarina.
Todas las demás cumarinas, según los actuales descubrimientos, en principio también se forman a partir de los correspondientes ácidos cinámicos sustituidos, como sucedía con la cumarina. El ácido p-cumárico produce umbeliferona, el ácido cafeínico esculetina y el ácido ferúlico escopoletina (fig. 112). Sólo necesitamos

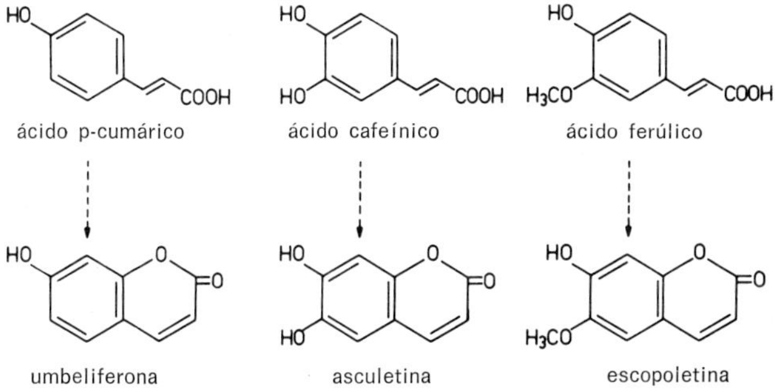

FIG. 112. Fórmulas y características esenciales de la biosíntesis de algunas cumarinas más.

pues representar en nuestra serie de fórmulas, los correspondientes sustituyentes del anillo. El proceso de biosíntesis nos da la explicación de por qué en los ácidos cinámicos y las cumarinas más importantes, se encuentran los mismos radicales de sustitución.

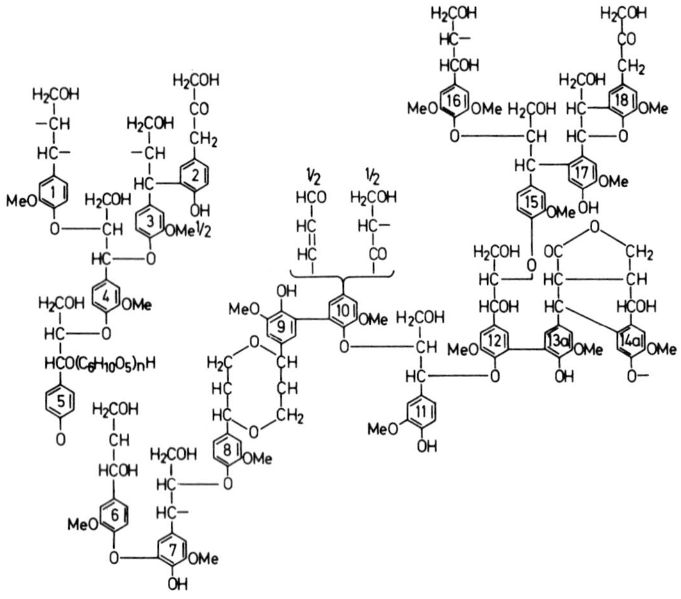

FIG. 113. Esquema de la lignina del abeto. Esta red ha de imaginarse tridimensional (según FREUDENBERG y NEISH, 1968).

c. Lignina

Después de la celulosa, la lignina es desde el punto de vista cuantitativo, la sustancia orgánica más importante. Esto no procede de una aproximación: la lignina, un tejido leñoso, es la sustancia armazón de las plantas y por eso está extendida universalmente, de los musgos en adelante. Al principio la lignina permitió el paso de la vida acuática a la vida terrestre. En las plantas vasculares se encuentra generalmente en el xilema, cuyos elementos específicos presentan paredes celulares incrustadas de lignina.

La explicación de la constitución y biosíntesis de la lignina fue propuesta por FREUDENBERG, NEISH y BROWN y otros. Se trata de un largo polímero, en el cual las unidades de fenilpropano están enlazadas en una red tridimensional (fig. 113). En estos fenilpropanos se puede advertir el radical de sustitución del ácido p-cumárico, del ácido ferúlico y del ácido sinapínico. En la lignina no intervienen los ácidos, sino los correspondientes alcoholes. Son los alcoholes p-cumarol, coniferol y el sinapinol (figura 114).

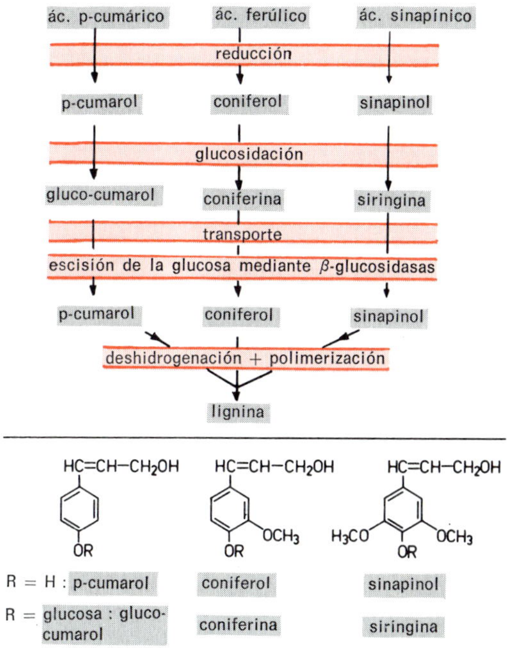

FIG. 114. Esquema de la biosíntesis de la lignina.

Los contenidos en estos tres componentes pueden ser diferentes, según la edad y la especie de la planta. No existe pues una sola, sino muchas ligninas. La lignina de coníferas contiene mayormente coniferol, además un poco de p-cumarol y sinapinol. La figura 113 da de nuevo un esquema de la lignina de abeto. En la lignina de las angiospermas, por ejemplo de la haya, se encuentran los alcoholes coniferol y sinapinol aproximadamente en la misma proporción, mientras que sólo hay rastros de p-cumarol. La lignina de las monocotiledóneas, sobre todo de las gramíneas, contiene los tres sillares, siendo el alto contenido en restos de p-cumarol especialmente notable. Quizás exista aquí una conexión con la actividad de la tirosina-amonio-liasa, que está muy extendida en las gramíneas, y que desamina la tirosina a ácido p-cumárico. El ácido p-cumárico pasa luego a p-cumarol, como vamos a ver. La biosíntesis de la lignina (fig. 114) parte del ácido cinámico. El ácido p-cumárico, ácido ferúlico y ácido sinapínico son transformados en los correspondientes alcoholes, p-cumarol, coniferol y sinapinol. La reducción tiene lugar en el éster-CoA del correspondiente ácido cinámico. Los alcoholes, por su parte, son glucosidados. Demos los nombres de los glucósidos en la misma sucesión: alcohol gluco-cumarol, coniferina y siringina. Éstos constituyen la forma de transporte de los alcoholes.

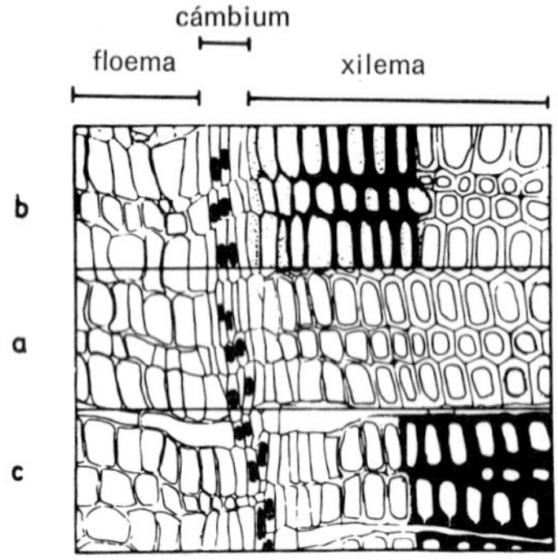

FIG. 115. Corte transversal de tronco de abeto en el límite entre el floema y el xilema. a = incoloro, b = coloración sobre la β-glucosidasa, c = coloración sobre la lignina. En las capas de las células en que empieza la lignificación se pone de manifiesto, la actividad de la β-glucosidasa. En alrededor de unas 9 capas dentro del cámbium se extingue la formación de lignina y la actividad de la β-glucosidasa. (Según FREUDENBERG y NEISH, 1968).

La síntesis de lignina en el xilema empieza en unas pocas capas celulares en el interior del cámbium. Al llegar los glucósidos, primero se escinde la glucosa. La existencia de α-glucosidasa activa, en las zonas correspondientes, es demostrable mediante reacciones de coloración (fig. 115). Los alcoholes desprendidos son deshidrogenados enzimáticamente a radicales orgánicos, que luego se unen formando polímeros. Los enzimas deshidrogenantes son quizás fenoloxidasas o peroxidasas. Todo el proceso se denomina también «deshidropolimerización». En alrededor de 10 capas de células dentro del cámbium, se acaba la formación de lignina en las coníferas. Las gruesas paredes celulares se incrustan entonces una y otra vez de lignina, como se puede demostrar con las correspondientes reacciones de decoloración.

d. Ácidos fenolcarbonados y fenoles sencillos

En las transformaciones hasta ahora mencionadas, el esqueleto carbonado de los ácidos cinámicos que sirven de material de partida, se ha conservado. Los dos siguientes grupos de fenoles derivan de los ácidos cinámicos, a través de degradación parcial o completa de su cadena lateral.
En los ácidos fenolcarbonados volvemos a encontrar el modelo de sustitución de los ácidos cinámicos, sobre lo cual podemos argumentar una estrecha relación biogenética entre los dos grupos de sustancias (fig. 116). Los ácidos fenolcarbonados, como el ácido protocatéquico y el ácido gálico están ampliamente extendidos. Un grupo de taninos, los galotaninos, constan de mu-

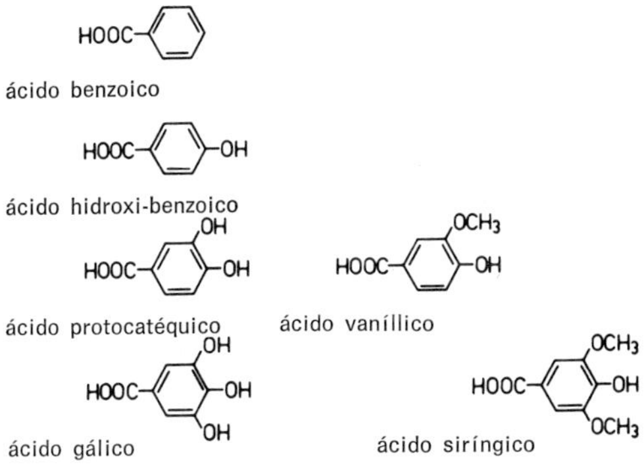

FIG. 116. Ácidos fenolcarbonados.

chas unidades de ácido gálico polimerizadas. Los fenoles sencillos son mucho más raros en plantas superiores de lo que antes se suponía. Los más importantes deberían ser la hidroquinona y su glucósido arbutina (fig. 117). Ambos se presentan también como éter metílico. Depósitos conocidos de estas sustancias son las hojas de ericáceas y perales. La coloración oscura del peral en otoño es consecuencia de una oxidación de la hidroquinona a la quinona correspondiente.
Las biosíntesis de los ácidos fenolcarbonados y los fenoles sencillos están en estrecha relación y por ello han de tratarse conjuntamente (fig. 117). Los ácidos fenolcarbonados pueden derivar de distintos puntos de la ruta del ácido shikímico (pág. 146). También pueden producirse estos ácidos por la ruta del acetato-malonato, por lo menos en microorganismos. Sin embargo, para las plantas superiores, la formación a partir de los ácidos cinámicos debería ser más importante. Como ejemplo escogemos

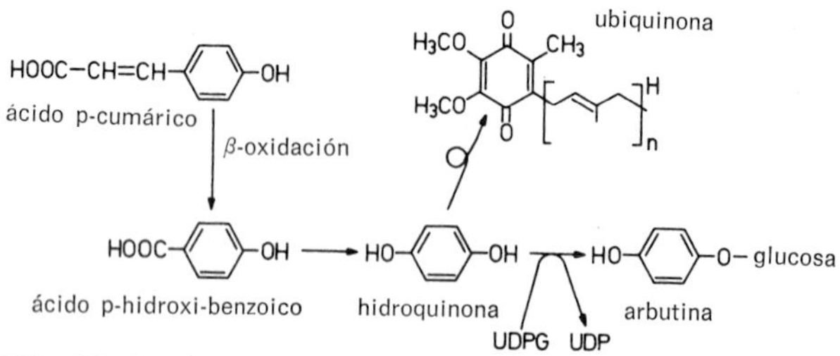

FIG. 117. Biosíntesis de los ácidos fenolcarbonados y fenoles sencillos.

la transformación del ácido p-cumárico en ácido p-hidroxibenzoico y posteriormente en hidroquinona, que fue descubierta por ZENK. El ácido p-cumárico, sufre primero una β-oxidación, que nos recuerda a la β-oxidación de los ácidos grasos y que quizás coincide también en su mecanismo. Se forma en todo caso un ácido aromático, cuya cadena lateral es 2 átomos de C más corta. Este compuesto es precisamente un ácido fenolcarbonado, en el ejemplo el ácido p-hidroxibenzoico. Análogamente, de ácido cafeínico se obtienen mediante β-oxidación, ácido protocatéquico, y de ácido ferúlico, ácido vanilínico.

Sigamos ahora con los fenoles sencillos: el ácido p-hidroxibenzoico es descarboxilado a hidroquinona y puede luego ser glucosidado a arbutina, con la ayuda de UDPG. En la formación del éter metílico de la hidroquinona y la arbutina, la «metionina activa» S-adenosil-metionina actúa como donador de grupos metilo.

Cercanamente emparentados con la hidroquinona están las quinonas. Como quinonas vegetales especialmente importantes conocemos la plastoquinona y la ubiquinona —más detalladamente las ubiquinonas, pues existen varias de ellas con distintas y largas cadenas laterales terpenoides. Las ubiquinonas pueden también agregarse a este grupo según su biosíntesis, ya que, como antes habíamos citado, se forman a través de ácido p-hidroxibenzoico y su hidroquinona. Sin embargo, la plastoquinona es producida por otra ruta de síntesis, que transcurre de la tirosina a través de p-hidroxifenilpiruvato.

e. Derivados del flavano

CONSTITUCIÓN QUÍMICA

Los derivados del flavano o flavonoides representan el grupo mayor de cuerpos fenólicos. Su nombre proviene de la coloración amarilla (lat. flavus = amarillo) de algunas sustancias pertenecientes a este grupo. Los derivados del flavano pueden dividirse según el estado de oxidación del heterociclo central, en una serie de subgrupos, de los cuales sólo podemos citar los más importantes (fig. 118). A cada subgrupo pertenecen una multitud de sustancias que se diferencian entre sí en determinados sustituyentes del esqueleto fundamental, sobre todo en los sustituyentes de su anillo B.

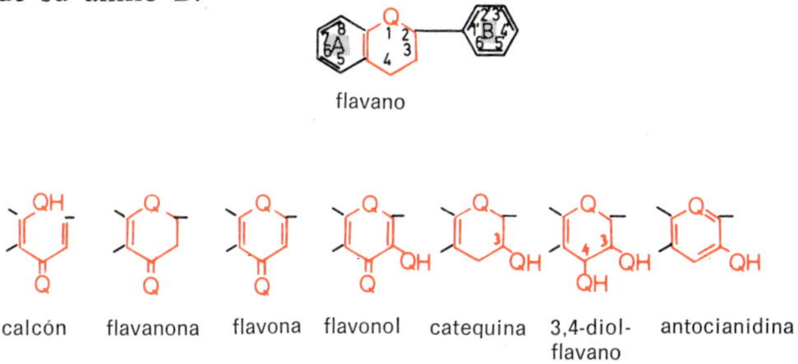

FIG. 118. Esquema de algunos derivados del flavano. Arriba, la estructura base del flavano, abajo el heterociclo central de algunos grupos de derivados del flavano.

La mayoría de los derivados del flavano se presentan en las plantas en forma glucosídica. Los azúcares se insertan en los hidroxilos del anillo A y del heterociclo, especialmente en el hidroxilo del átomo de C 3. Los *calcones* no son derivados del flavano, pues carecen del heterociclo central o característico. Sin embargo, pasan espontáneamente a los verdaderos derivados del flavano, las flavanonas, sobre todo en medio ácido. Tienen un papel principal en la biosíntesis de los derivados del flavano. Los glucósidos del calcón se presentan en grandes cantidades en las flores de algunas compuestas y leguminosas, que debido a ello adquieren coloración amarilla. Un ejemplo es la buteína (figura 119) que está presente en flores de distintas compuestas.
Las *flavonas* en su heterociclo central poseen un doble enlace más que las flavanonas. La «harina» blanca de los brotes y hojas de algunas primuláceas, como la *Primula farinosa* está formada en parte por el compuesto fundamental flavona. Mucho más extendidos están sin embargo, algunos derivados de la flavona como la apigenina y la luteolina (fig. 119).
Cuando el anillo central de las flavonas incorpora un grupo hidroxilo en la posición 3, se obtienen *flavonoles.* La biosíntesis toma sin duda otro camino (fig. 122). Los glucósidos del flavonol pueden dar a las flores una coloración desde blanquecina hasta amarilla clara. Pero no sólo existen en las flores, sino que se

encuentran en todas las partes de las plantas investigadas. Esta ubicuidad habla en favor de una función principal de los flavonoles, sobre la cual hasta ahora, sin duda alguna, se pueden establecer pocas hipótesis fundamentadas. Así, se acepta que los flavonoles podrían ser en parte sustancias inhibidoras y en parte activadas de la AIA-oxidasa (pág. 239).

Ejemplos de flavonoles aglucones que se presentan a menudo, son el alcanfor y la quercetina. La miricetina es menos frecuente (fig. 119).

Los 3-flavonoles y el 3,4-diol-flavanol son precursores del segundo gran grupo de taninos, pues se polimerizan dando los llamados taninos condensados. El primer grupo de taninos ya lo habíamos estudiado en los galotaninos.

Los 3-flavanoles son más conocidos como *catequinas* (fig. 119). Están ampliamente extendidas en el reino vegetal. Esto es válido también para los 3,4-diol-flavanos que se cuentan entre los llamados leucoantocianos. Los 3,4-diol-flavanos pueden ser fácilmente transformados en antocianos, a través de cocción con ácido clorhídrico alcohólico. En la biosíntesis de antocianos, sin embargo, esta transformación no juega ningún papel.

Con ello hemos llegado a los *antocianos*. Se trata de derivados del flavano, cuyo heterociclo, en medio ácido, muestra una estructura de oxonium. Los antocianos son conocidos pigmentos florales rojos y azules, que por lo general están disueltos en el protoplasma de las células de la epidermis. También se encuentran en las partes vegetativas de la planta y condicionan a menudo la gran potencia de un acanto.

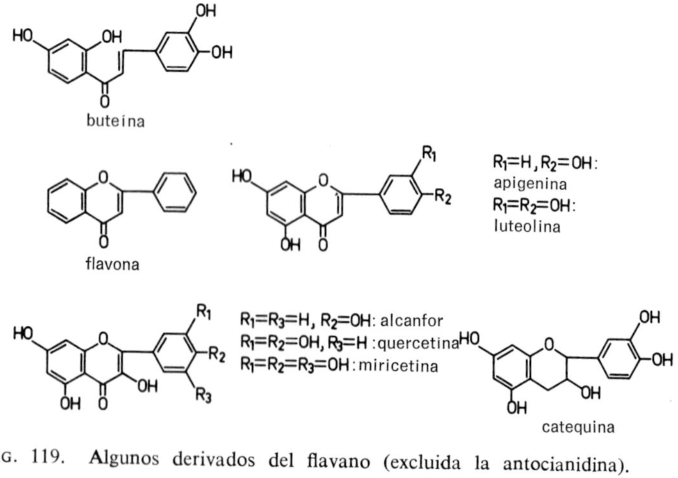

FIG. 119. Algunos derivados del flavano (excluida la antocianidina).

Hasta ahora hemos hablado de antocianos, que son glucósidos. Los antocianos exentos de azúcares, o sea antocianos aglucones se llaman *antocianidinas:* antociano = antocianidina + azúcar. Con pocas y no del todo comprobadas excepciones, las antocianidinas están en las plantas en forma de glucósidos. Como anteriormente habíamos citado, el hidroxilo en el átomo de C 3 es glucosidado con preferencia.
Tratemos un poco más de las antocianinas. Las más importantes de ellas están representadas en la figura 120. La diferencia entre las distintas antocianidinas reside en el radical de sustitución del anillo B. Sólo en raros casos que aquí no vamos a tratar, hay antocianidinas que se diferencian entre sí por determinadas sustituciones en los otros dos sistemas de anillo. Las antocianidinas aisladas son de diferentes matices de rojo y azul. Ya volveremos a tratar sobre ello.

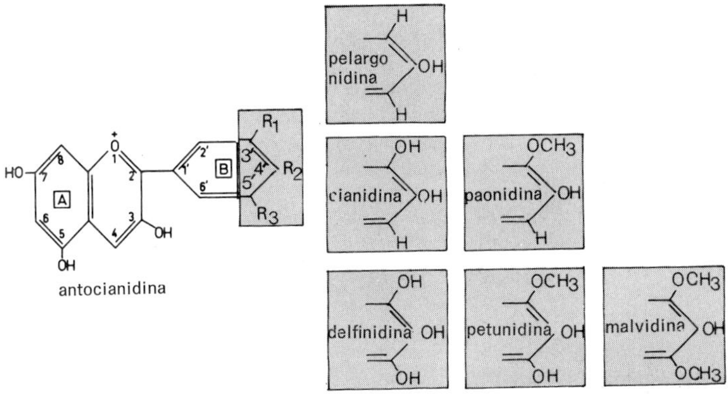

FIG. 120. Las antocianidinas más importantes. **A** la izquierda la estructura fundamental, a la derecha el anillo **B**, en el cual se diferencian las distintas antocianidinas.

Pero primero volvamos a las fórmulas de la estructura de las distintas antocianidinas. Nos llama la atención que aquí entren los mismos radicales de sustitución en el anillo B, que ya habíamos encontrado en los ácidos cinámicos, cumarinas y ácidos fenolcarbonados. Mirando hacia atrás, nos damos cuenta de que esta afirmación es válida para todo el grupo de derivados del flavano, aunque el paralelismo no siempre es tan visible como aquí para la serie completa de antocianidinas. Nuestra pregunta naturalmente ha de ser: ¿juegan los ácidos cinámicos quizás también un papel en la biosíntesis de derivados del flavano, de estructura completamente distinta?

BIOSÍNTESIS DE ANTOCIANIDINAS Y OTROS DERIVADOS DEL FLAVANO

Análisis de los sillares. Por lo general la explicación de una ruta de biosíntesis empieza con un análisis de los principios básicos. La estructura de la sustancia cuya biosíntesis se quiere investigar, permite ya conocer los primeros indicios de los eventuales precursores. Estos probables precursores se introducen en el organismo en forma radiactiva. Después de un determinado período de incubación, el producto final se aísla y se analiza la radiactividad. Si esta prueba resulta positiva, entonces se descompone la sustancia en fragmentos mediante métodos apropiados. Finalmente se comprueba la radiactividad de cada fragmento. De este modo se puede deducir, si una determinada sustancia puede servir de precursor, esto es de sillar, para la síntesis de la sustancia estudiada.
El análisis de principios básicos de las antocianidinas mostró (fig. 121): el anillo A está formado por tres unidades de acetato. El anillo B y los átomos de C 2, 3 y 4 del heterociclo provienen

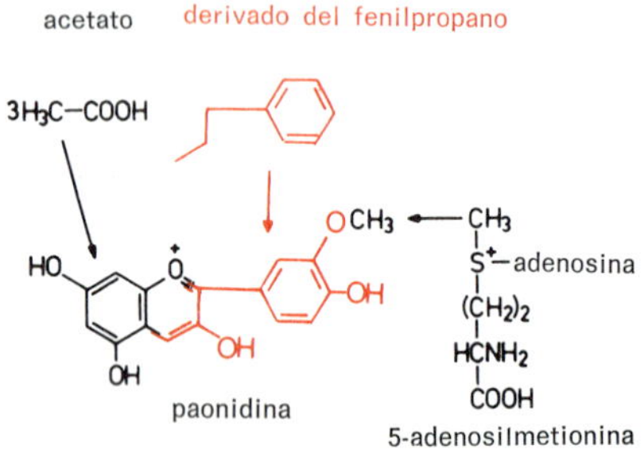

FIG. 121. Análisis de los sillares de una antocianidina, la peonidina.

de fenilpropanos, por ejemplo del esqueleto carbonado de la fenilalanina y de ácidos cinámicos. Si los hidroxilos del anillo B son eterizados con grupos metílicos, su átomo de C es tomado por la metionina activa la S-adenosilmetionina. Con ello finaliza el análisis de sillares.
Sin embargo, con ello empiezan también las dificultades, pues ahora se plantea la cuestión de los eslabones intermedios.

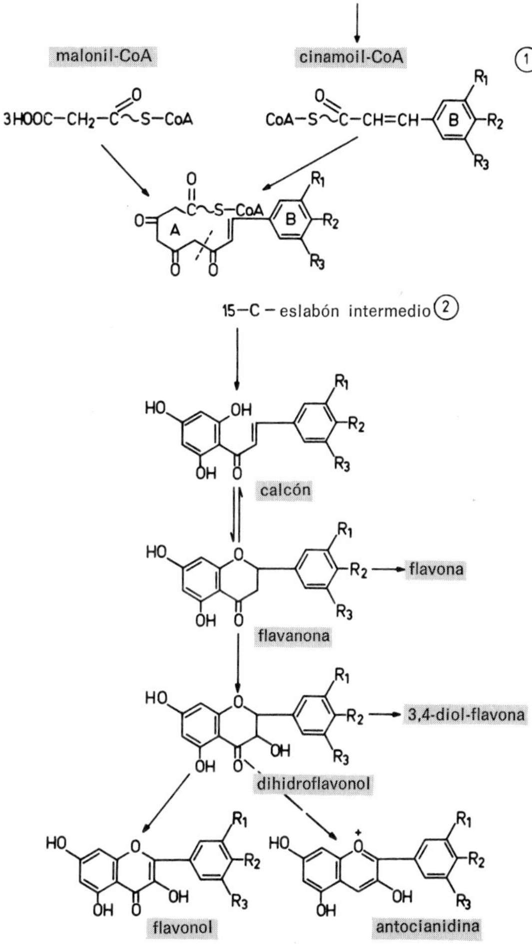

FIG. 122. Biosíntesis de los derivados del flavano más importantes. En círculos: 1 = cinamoil-CoA-ligasas, 2 = calcón-sintetasas.

BIOSÍNTESIS DE ANTOCIANIDINAS

Se pueden distinguir tres problemas:

1. *Formación del esqueleto de 15 átomos de C* (fig. 122). En la formación del esqueleto de 15 átomos de C intervienen el malonil-CoA y el éster-CoA de los ácidos cinámicos. El mecanismo

sigue los principios de la ruta del acetato-malonato: los ácidos cinámicos son transformados primero en sus ésteres-CoA, con la ayuda de cinamoil-CoA-ligasas. Existen varias de estas ligasas que son específicas para ácidos cinámicos muy determinados. El primero de estos enzimas, descubierto por HAHLBROCK en cultivos celulares de perejil, la p-cumaroil-CoA-ligasa, une el resto p-cumaroil activado con el coenzima A, con ayuda de ATP. El ácido cinámico-CoA sirve de iniciador, al cual son incorporadas tres unidades de malonil-CoA, con la ayuda de calcón-sintetasas y bajo descarboxilación. Resulta un eslabón intermedio de 15 átomos de C, que dispone de un anillo aromático, el que luego será el anillo B. Se trata del sistema aromático del ácido cinámico iniciador. Igualmente el anillo A también es cerrado por la calcón-sintetasa: se ha formado un calcón.
2. *Modificaciones en el heterociclo* (fig. 122). Experimentos con isótopos, sobre todo de GRISEBACH, no han dejado ninguna duda de que estos calcones son las sustancias de partida para todos los derivados del flavano. Los calcones pasan a flavanonas y la posterior sucesión de reacciones hasta las antocianidinas, está formada sólo por las correspondientes modificaciones en el sistema de anillo central. Intuimos que la cuestión de la biosíntesis de antocianos es similar a la de la biosíntesis de todos los derivados del flavano, pues estos últimos son bien precursores de la síntesis de antocianos o bien derivan de ellos.
3. *Momento de la sustitución del anillo B* (fig. 123). Aquí se discuten dos posibilidades. Una posibilidad es que en el inicio de la síntesis de antocianos, sean incorporados ácidos cinámicos sustituidos. Los sustituyentes de los ácidos cinámicos pasarían luego a ser sustituyentes del anillo B. Ya hemos aclarado repetidamente que los ácidos cinámicos con sus sustituyentes pueden ser utilizados para síntesis: en la síntesis de cumarina, lignina, ácidos fenolcarbonados y fenoles sencillos. Conoceremos más ejemplos en la biosíntesis de alcaloides. Con la realización de esta posibilidad el paralelismo existente entre el modelo de sustitución de los ácidos cinámicos y el de las antocianinas, se haría comprensible sin más.

La segunda posibilidad sería que los sustituyentes del anillo B fuesen incorporados relativamente tarde en el transcurso de la biosíntesis, quizás a nivel de dihidroflavonol.
El problema aún no está aclarado. Los hallazgos bioquímicos hablan en parte a favor de una posibilidad y en parte a favor de la otra. Quizás se realicen ambas posibilidades, según la planta. Ciertamente, los datos de la presencia de diferentes derivados del flavano en una planta y los hallazgos genéticos, no pueden estar de acuerdo con la segunda posibilidad.

Gen (H): hidroxilo en posición 3′

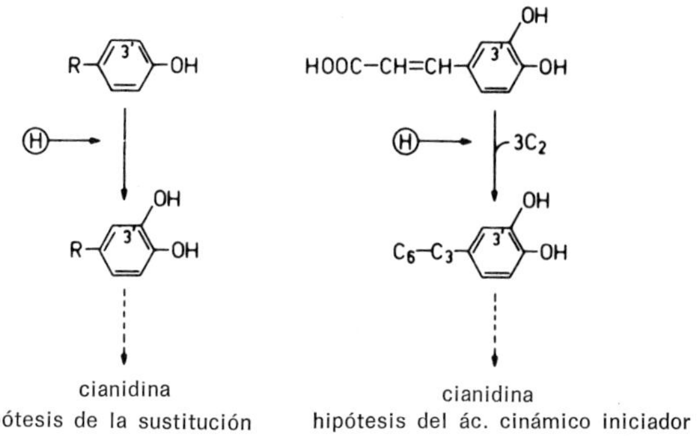

FIG. 123. Dos hipótesis sobre el punto de sustitución del anillo B de las antocianidinas. Según la hipótesis de la sustitución, los sustituyentes, bajo dirección génica, son añadidos al sistema de anillo de los ácidos cinámicos o de precursores de 15 átomos de C de las antocianidinas. Según la hipótesis del ácido cinámico iniciador, los genes actúan de distinto modo con un mismo efecto final: dirigen el inicio de la síntesis de antocianinas con ácidos cinámicos ya sustituidos muy determinados. Según la hipótesis de la sustitución, el gen H incorporará un grupo hidroxilo en el sistema de anillo aromático, y según la hipótesis del ácido cinámico iniciador, el ácido cafeínico activado se unirá con tres unidades activadas de acetato (malonil-CoA) dando un cuerpo de 15 átomos de C, que luego pasará a cianidina.

Resumamos: los derivados del flavano son por su biosíntesis sustancias híbridas, pues su anillo A procede del acetato y su anillo B y los átomos de C 2, 3 y 4 del heterociclo proceden de los fenilpropanos. La síntesis del esqueleto de 15 átomos de C tiene lugar según los principios de la del acetato-malonato, a partir de malonil-CoA y compuestos de ácido cinámico-CoA.

f. Coloración de las flores

Con los carotenoides, y los derivados del flavano, conocemos los pigmentos florales más importantes. Los carotenoides dan coloraciones desde amarillas hasta rojas, los derivados del flavano blanquecinas, amarillas, rojas y azules. Los colores del flavano, rojos y azules están condicionados por los antocianos.

Hasta ahora habíamos dividido los pigmentos según su estructura química. También se puede diferenciar por criterios citológicos, y según una propuesta de SEYBOLD distinguir entre quimocromos, plasmocromos y membranocromos. Los *pigmentos quimocromos* están disueltos en el líquido celular de las vacuolas. A ellos pertenecen los derivados del flavano glucosidados, es

decir, especialmente los glucósidos de las flavonas, flavonoles y antocianidinas, pero también los ácidos carotenoides glucosidados, como los derivados de la crocetina, anteriormente citados. Los *pigmentos plasmocromos* se encuentran en los plástidos. Los plasmocromos son pues clorofilas, carotenos y xantofilas. Finalmente, los *pigmentos membranocromos* impregnan las paredes celulares. Recuerdan a los distintos cuerpos fenólicos que colorean la médula. También pertenecen a este grupo los pigmentos rojos en las paredes celulares de los hongos esfagnáceos.
El éxito de la coloración determinada de una flor se ve condicionado por varios factores. Nombraremos los más importantes:

1. *Tipo de los pigmentos.* En las flores se presentan reiteradamente representantes de varios grupos de pigmentos a la vez. Así, en razas de violetas *(Viola tricolor)* los antocianos quimocromos de la epidermis, descansan sobre los carotenoides plasmocromos de la subepidermis. Cuando la coloración de una flor se origina sólo por un grupo de pigmentos, por lo general intervienen varios representantes de este grupo. Así, la mayoría de las veces, se encuentran varias antocianidinas en la flor, en diferentes estados de glucosidación y a veces, además de esto, modificadas por incorporación de ácidos cinámicos. Sin embargo, las distintas antocianidinas aparecen en estado libre, distintamente coloreadas. Cuanto mayor es el número de hidroxilos más intenso es el color. La pelargonidina es de color salmón, la cianidina roja y la delfinidina azul. Una metilación de los grupos hidroxilo desplaza la tonalidad del color hacia el rojo. La paonidina es roja, la petunidina azul rojiza, la malvidina roja rosada. Esto es válido, como ya se ha dicho, para antocianidinas aisladas. En las flores tiene un papel importante sobre todo la diferencia en la extinción entre la pelargonidina por una parte y las otras antocianidinas por otra.
2. *Cantidad de los pigmentos.* Puede ser importante en algunas razas de violetas *(Viola tricolor),* pudiendo por ejemplo alcanzar el 30% del peso seco, condicionando entonces la intensificación de color correspondiente.
3. *Valor del pH.* Los antocianos son rojos en medio ácido y azules en medio alcalino. Esta afirmación es válida por lo menos en condiciones de laboratorio. En la naturaleza el valor del pH no tiene el papel decisivo que antes se suponía. Sobre ello demos sólo un ejemplo: la flor del azulejo es, como ya se sabe, azul, a pesar de que su jugo celular reaccione a menudo como un ácido. Puede alcanzar un valor de pH de 4,9.
4. *Formación de complejos con iones metálicos polivalentes.* Como Bayer y Hayashi demostraron, para la coloración, es mucho más importante la formación de complejos con iones metá-

licos como Fe^{+++} y Al^{+++}, que el valor del pH. Las antocianidinas con dos hidroxilos vecinos en el anillo B —o sea la cianidina, delfinidina y petunidina— forman con la ayuda de estos hidroxilos, complejos metálicos azules. Estos quelatos, que aún pueden unirse a portadores de carbohidratos, son responsables de la coloración azul del azulejo, en pH ligeramente ácido.
5. *Copigmentos.* También otras sustancias en parte incoloras pueden desplazar la coloración de los antocianos. A estas sustancias se las designa como copigmentos y a ellas pertenecen por ejemplo los flavonoles y catequinas. El efecto del copigmento se relaciona generalmente con una intensificación del color. Las causas están aún en discusión.

Situación de los fenoles en el metabolismo global. Con los fenoles hemos estudiado el segundo gran grupo de sustancias vegetales secundarias, después de los terpenoides. Los fenoles se forman, si citamos las posibilidades según importancia creciente en plantas superiores, en la *ruta del acetato-mevalonato,* en la *ruta del acetato-malonato* y sobre todo en la *ruta del ácido shikímico* (fig. 124). Una posición central en el metabolismo de los fenoles, la ocupan los ácidos cinámicos, que participan en la biosíntesis de todos los otros fenoles importantes.

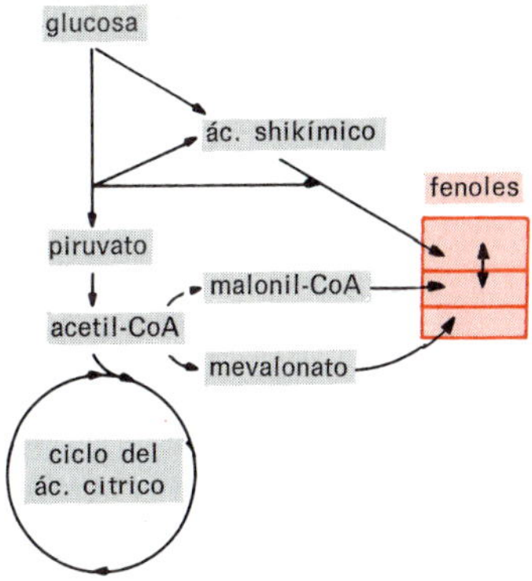

FIG. 124. Situación de los fenoles en el metabolismo.

AMINOÁCIDOS

Cuando hablábamos de la traducción, habíamos tomado los aminoácidos como estudiados. Debemos ahora aportar aún algunos datos de su biosíntesis.
Lo que les da el nombre es un grupo amino, que está presente en todos los aminoácidos comunes, en posición α en un grupo carboxilo. Primeramente nos ocuparemos del origen de este N reducido y luego trataremos de su transferencia al esqueleto carbonado, esto es, de la formación de aminoácidos.

1. Reducción del nitrógeno

Un 78 % del volumen del aire está formado por nitrógeno en forma de N_2. Este nitrógeno atmosférico no puede ser directamente utilizado por las plantas superiores. Sólo determinados microorganismos pueden fijarlo y reducirlo hasta el nivel de NH_3 = amoníaco. En parte se trata de microorganismos de vida libre, en parte de simbiontes de plantas superiores. A éstos pertenecen las algas azules, hongos y bacterias. Entre las bacterias simbiontes, el género *Rhizobiom,* que se encuentra en los nódulos de las raíces de las leguminosas, es el más conocido. La planta superior puede adquirir compuestos nitrogenados a través de los simbiontes antes citados. Su fuente de nitrógeno más importante es sin embargo el nitrato del suelo. También este nitrato es suministrado en gran parte por las bacterias. El NH_3 desprendido en la degradación de la materia orgánica es oxidado a través de bacterias formadoras de nitrito, hasta el nivel de NO_2^- y luego a través de bacterias formadoras de nitrato hasta el nivel de NO_3^-, o sea nitrato. A pesar de que las plantas superiores también pueden tomar NH_3 en forma de compuestos amoniacales, es sin embargo el nitrato el que sirve predominantemente como material de partida para la síntesis de aminoácidos y los siguientes compuestos que contienen N.
Para ello el nitrato ha de ser reducido. Esta reducción tiene lugar en varios pasos que constituyen transferencias de 2 electrones. El primer paso es la transformación de nitrato a nitrito.

Siguen dos reducciones más, que llevan a eslabones intermedios aún desconocidos. En una última reducción se forma finalmente amoníaco (fig. 125).
De estas cuatro reducciones, la mejor estudiada es la primera, la transformación de nitrato a nitrito. El enzima que rige esta reacción es la nitrato-reductasa. Se trata de una flavoproteína con FAD como coenzima que además presenta molibdeno y hierro. Toma sus electrones principalmente del NADH + H^+, pero también puede utilizar NADPH + H^+. Se acepta que el NADPH y el NADH ceden sus electrones primero al FAD, que luego los transfiere al molibdeno y por último al nitrato. Las siguientes reducciones hasta NH_3 están en comparación mal estudiadas.

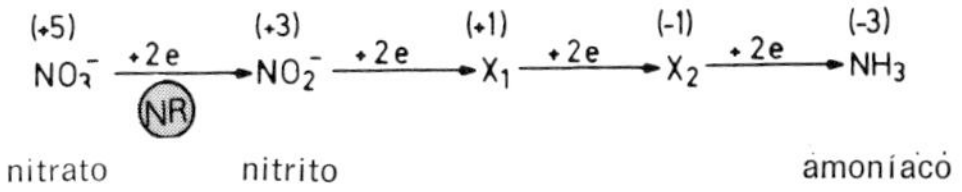

FIG. 125. Reducción del nitrato. NR = nitrato-reductasa.

ASIMILACIÓN DE AZUFRE

C, O, H, N, S, P son los elementos que predominan en la materia orgánica, desde el punto de vista cuantitativo. Después de ocuparnos de la asimilación del N a través de plantas superiores, podemos añadir fácilmente algunos datos sobre el mismo tema en relación con el S.
Al igual que ocurre con el N, la fuente de azufre en las plantas superiores es una forma en estado oxidado, esto es, el sulfato. Al igual que el nitrato, en el caso del azufre, el sulfato ha de ser reducido. Finalmente, el azufre está en forma doblemente negativa $S^=$. El primer paso en esta asimilación del S es la fijación del sulfato. Ésta tiene lugar de modo que el sulfato reacciona con ATP con escisión del pirofosfato. Se forma un compuesto adenosín-fosfato-sulfato, a cuya ribosa otra molécula de ATP cede aún un resto fosfato. Lo que ahora obtenemos es el fosfo-adenosín-fosfosulfato (PAPS) o simplemente «sulfato activo» (figura 126). Con ello el azufre es fijado y activado y es reducido hasta nivel de $S^=$ en unión con el «sulfato activo». También estas reducciones deberían ser transferencias de 2 electrones. Su mecanismo aún no está claro.
Los grupos SH o grupos sulfhidrilo son muy importantes biológicamente. El aminoácido cisteína, por ejemplo, lleva un grupo SH. Las proteínas y también las proteínas enzimáticas llevan grupos SH. Estos grupos pueden ser funcionalmente importantes para los enzimas. Se habla entonces de enzimas SH. Recuérdese por ejemplo la ácido graso-sintetasa.

FIG. 126. El sulfato activo.

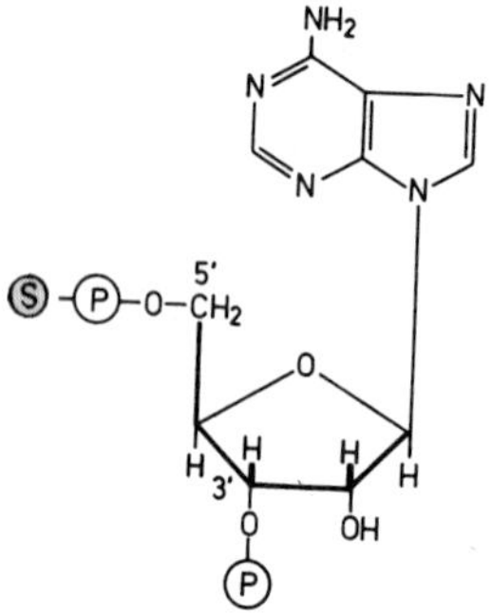

2. Aminación reductiva

Volvamos al nitrógeno, que había sido reducido hasta el nivel de NH_3. Quedan aún por transformar este N amoniacal en N amino. Esto sucede en la ruta de la aminación reductiva (fig. 127): el ácido α-cetoglutárico que ya conocemos del ciclo del ácido cítrico, toma el N al mismo tiempo que se da una reducción y desprendimiento de agua. Se forma ácido glutámico. El enzima catalizador es la glutámico-deshidrogenasa, cuya existencia se ha demostrado en muchas plantas. El donador de hidrógeno es el NADH + H^+.

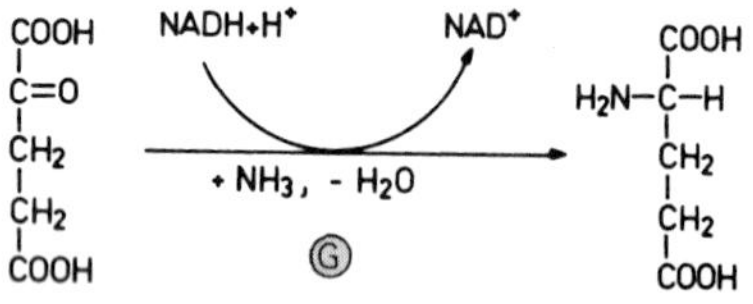

FIG. 127. Aminación reductiva. G = glutámico-deshidrogenasa.

Podría imaginarse que otros cetoácidos, como por ejemplo el ácido oxalacético, fuesen aminados reductivamente, al igual que el ácido α-cetoglutárico. En las plantas superiores parece que sólo es importante la aminación reductiva del ácido α-cetoglutárico. Con ello, la glutámico-deshidrogenasa es el enzima clave del metabolismo de los aminoácidos.

3. Formación de glutamina

El ácido glutámico es un ácido dicarboxílico, cuyo grupo carboxilo puede ser transformado en su amida correspondiente (figura 128). También para esto se utiliza NH_3. La reacción requiere ATP y es catalizada por la glutámico-sintetasa, un enzima muy ampliamente extendido en las plantas. La glutamina es una sustancia importante en el metabolismo del N. Así, suministra parte del N que se encuentra en el aminoácido arginina y en las bases pirimidínicas purínicas.

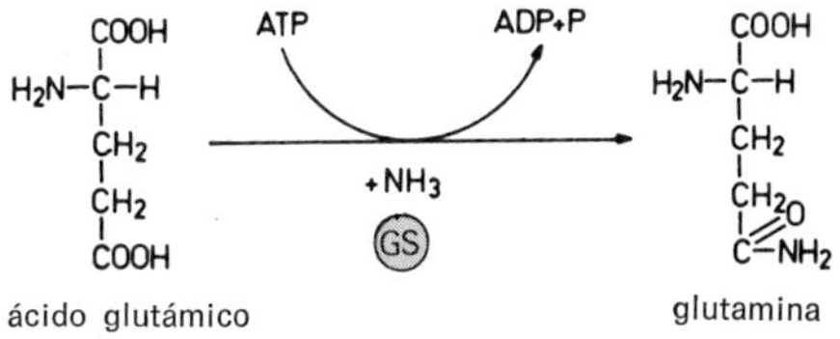

FIG. 128. Formación de glutamina. GS = glutamín-sintetasa.

Menos importante es la asparagina, la amida correspondiente del ácido aspártico. Posiblemente se forma por una ruta análoga.

4. Transaminación

El N está ahora reducido y por primera vez fijado en forma de grupos NH_2 en determinadas sustancias. Tratemos del ácido glutámico. Puede ceder sus grupos NH_2 a toda una serie de α-cetoácidos, por ejemplo al piruvato o al oxalacetato (fig. 129). El ácido glutámico pasa otra vez al α-cetoácido correspondiente, el ácido α-cetoglutárico y los α-cetoácidos a los aminoácidos correspondientes, piruvato a alanina, y oxalacetato a ácido aspártico. La transferencia reversible de un grupo amino en un α-cetoácido se designa como transaminación y los enzimas catalizadores como transaminasas. El coenzima de las transaminasas es el fosfato de piridoxal, que en forma de fosfato de piridoxamina es portador del grupo amino (fig. 129).

El ácido glutámico es el producto principal de la aminación reductiva. A través de transaminaciones de ácido glutámico a α-cetoácidos, se forman, como antes citábamos, otros aminoácidos, que pueden por su parte ceder su grupo amino por medio de la transaminación a otros α-cetoácidos, de manera que finalmente se obtiene todo el espectro de aminoácidos.

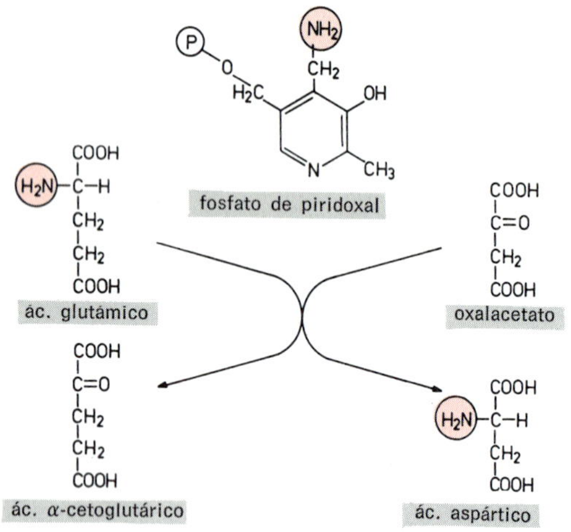

FIG. 129. Transaminación del ácido glutámico a oxalacetato.

5. Origen del esqueleto carbonado de los aminoácidos

Para algunos aminoácidos ya habíamos señalado el origen del esqueleto carbonado. Así, el ácido glutámico lleva el esqueleto carbonado del α-cetoglutarato, el ácido aspártico el del oxalacetato y la alanina el del piruvato. Las tres sustancias derivan de la degradación de carbohidratos, de donde ya nos son conocidas. El ácido glutámico, el ácido aspártico y la alanina son ahora sin embargo precursores para varios aminoácidos más. Se habla por ello de la familia del ácido glutámico, de la familia del ácido aspártico y de la familia del piruvato. Además de las ya nombradas, existen aún más familias de aminoácidos, que se pueden agregar al metabolismo de los carbohidratos. De ellas ya hemos estudiado la familia del ácido shikímico (fenilalanina y tirosina por una parte y triptófano por otra). La figura 130 nos da una visión de las diferentes familias y su relación con el metabolismo de los carbohidratos. Algunas veces pueden tener lugar incluso dos rutas de biosíntesis distintas. En las partes verdes e iluminadas de las plantas, se producen serina y glicina casi únicamente a través de la fotorrespiración (pág. 104), pero en la oscuridad, como se muestra en la figura 130, la familia de la serina puede venir también del ácido 3-fosfoglicérico.

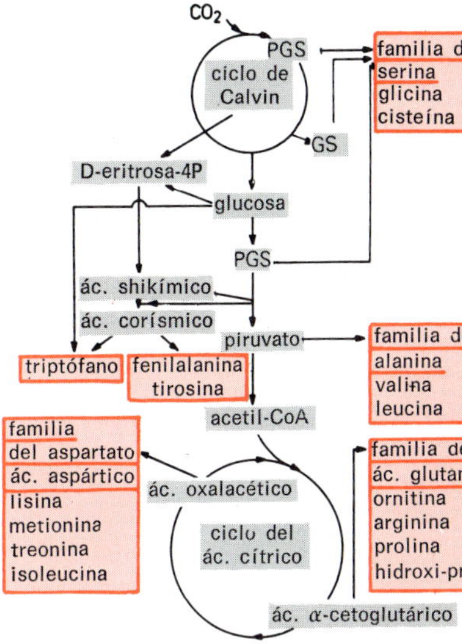

FIG. 130 a. Comunicación de las distintas familias de aminoácidos con el metabolismo. La complicada síntesis de la histidina no se ha representado. PGS = ácido 3-fosfoglicérico, GS = ácido glicólico.

SITUACIÓN DE LOS AMINOÁCIDOS EN EL METABOLISMO GLOBAL

El esqueleto carbonado de los aminoácidos deriva del metabolismo de los carbohidratos. Con ello, familias completas de aminoácidos pueden retornar, si es el caso, a un producto intermedio. El grupo amino, después de la reducción de nitrato, es incorporado al esqueleto carbonado, a través de aminación reductiva, sobre todo de ácido glutámico, y a través de transaminación.

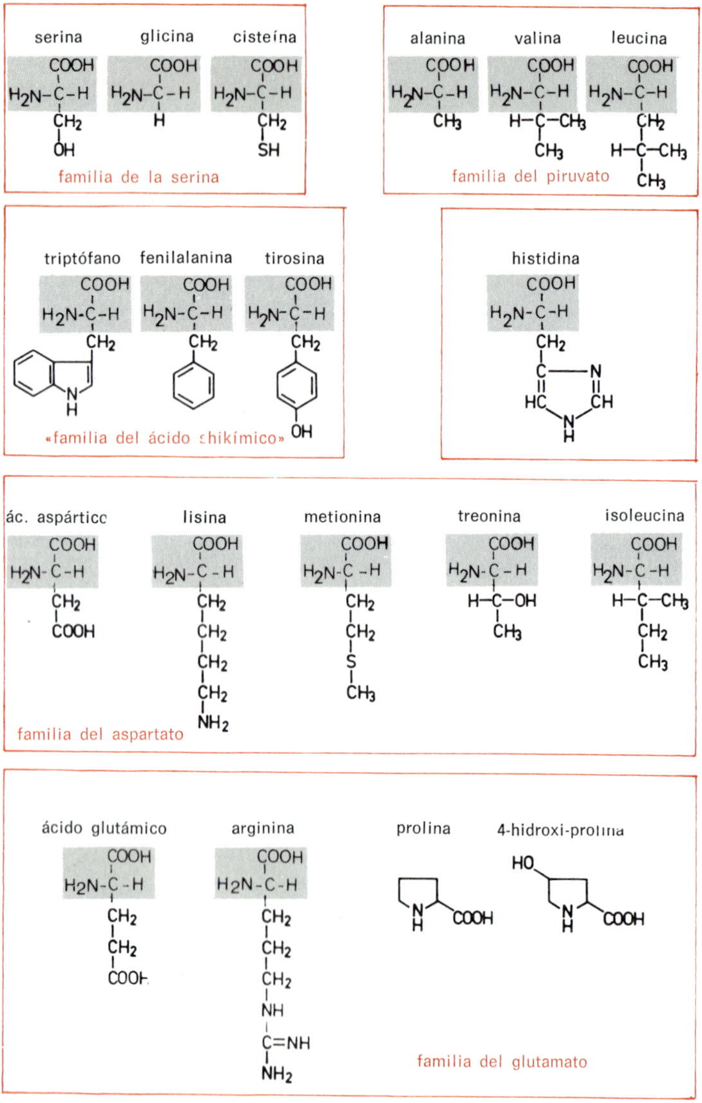

FIG. 130 b. Los aminoácidos más importantes repartidos según las familias de aminoácidos de la fig. 130 a.

ALCALOIDES

Los alcaloides son grupos de sustancias vegetales secundarias que reaccionan como bases y que por lo general muestran un heterociclo que contiene N. Su carácter básico se funda en su anillo N (alcaloide = parecido al álcali). Respecto a su biosíntesis, los alcaloides son casi exclusivamente derivados de los aminoácidos ornitina, lisina, fenilalanina, tirosina y triptófano.
Actualmente se conocen alrededor de 3000 alcaloides que se reparten entre unas 4000 especies de plantas. En vista de esta abundancia no ha de extrañar que no todas las sustancias habitualmente clasificadas como alcaloides, correspondan totalmente a la susodicha definición. Así, los alcaloides no se limitan a las plantas, ya que también se ha demostrado la existencia de algunos alcaloides en organismos animales. Además, no todas las sustancias agrupadas aquí, reaccionan como bases. Como excepciones a esta regla se conocen el ácido nicotínico, la colchicina y las betacianinas. Por último, el N no siempre está contenido en el heterociclo, como se puede ver en la fórmula de la colchicina. No obstante, también estudiaremos aquí estas excepciones, ya que su biosíntesis no deja duda sobre el estrecho parentesco con los «verdaderos» alcaloides.
En lo concerniente a la biosíntesis, ya WINTERSTEIN y TRIER en 1931 habían demostrado que los alcaloides, por su estructura, debían ser derivados de los aminoácidos. Un grupo amino incorpora después el N del alcaloide. Actualmente no hay ninguna duda sobre la exactitud de esta afirmación. La deriva biogenética a partir de los aminoácidos, es entonces la pinza que mantiene unido al heterogéneo grupo de los alcaloides. Sin embargo, esto no significa que a veces, aparte de los aminoácidos, también otros principios fundamentales, sobre todo el isopentil-pirofosfato, puedan ser aprovechados para la biosíntesis de alcaloides.
Aquí se citarán al menos los alcaloides terpenoides y los alcaloides esteroides. Se trata de sustancias cuyo esqueleto carbonado está formado exclusivamente de unidades de 5 átomos de C. Llevan N, cuya procedencia está en discusión. Debido a su N, la mayoría de las veces se colocan entre los alcaloides, a pesar

de no ser derivados de aminoácidos, pero igualmente podrían contarse entre los terpenoides (pág. 135).
Por último, se denominan protoalcaloides un grupo de sustancias sencillas que contienen N. A ellas pertenecen entre otras las aminas «biógenas» resultantes de la descarboxilación de aminoácidos, y sus derivados oxidados, alquilados o acilados.
No nos seguiremos ocupando de los alcaloides terpenoides, los alcaloides esteroides y los protoalcaloides. Del gran número de grupos de alcaloides verdaderos sólo podemos destacar unos pocos representantes pertenecientes a algunos grupos. La figura 131 da una visión general de algunos grupos de alcaloides.
Es de todos conocido que los alcaloides de organismos animales y humanos, pueden influir de distinto modo y reiteradamente sobre el sistema nervioso. La función de los alcaloides en las plantas productoras es menos conocida. Se acepta que algunos alcaloides sirven de protección contra la devoración, que otros vuel-

estructura	grupo	precursor
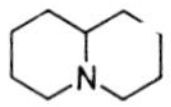	quinolicidina -A.	lisina
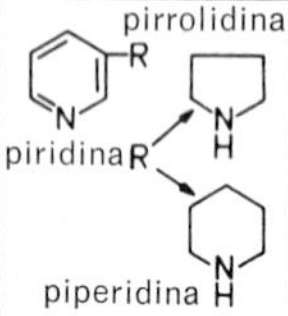	nicotinas -A.	ác. nicotínico ornitina lisina
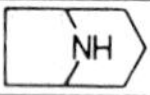	tropano -A.	ornitina
compárese con el texto	amarilidáceas -A. colchicina	fenilalanina tirosina
compárese con el texto	betacianos betaxantinas	tirosina
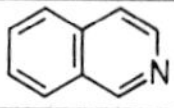	isoquinolina -A.	tirosina
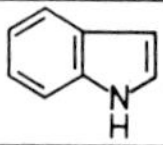	indol -A.	triptófano
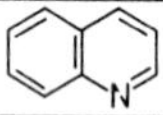	quinolina -A.	triptófano
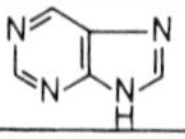	purina -A.	compárese con el texto

FIG. 131. Algunos grupos de alcaloides.

ven a ser movilizados y pueden hacer de reserva de N, pero a grandes rasgos los alcaloides parecen ser excreciones, que pueden luego ser utilizadas secundariamente en casos particulares, para determinadas funciones.

1. Derivados de los aminoácidos alifáticos ornitina y lisina

Ambos aminoácidos pueden ser precursores en la síntesis de sistemas de anillo que contienen N. La ornitina produce un anillo pentámero y la lisina un anillo hexámero. El anillo pentámero la mayoría de las veces se presenta en los alcaloides como un sistema pirrólico, y el anillo hexámero como un sistema piperidínico y piridínico. De los dos aminoácidos parten dos rutas hacia los sistemas de anillo. En la primera ruta (a), se forma la amino biógena por descarboxilación; de la ornitina se forma la putrescina y de la lisina, la cadaverina. En una segunda ruta (b), primeramente es separado oxidativamente un grupo amino. No se forma pues ninguna amina biógena. Más tarde se encuentran las dos rutas (fig. 132). Mientras que antes se creía que sólo la primera ruta se realizaba en la naturaleza, más tarde se supo que ambas rutas tienen lugar en ella, e incluso en ciertos casos, predomina la ruta (b).

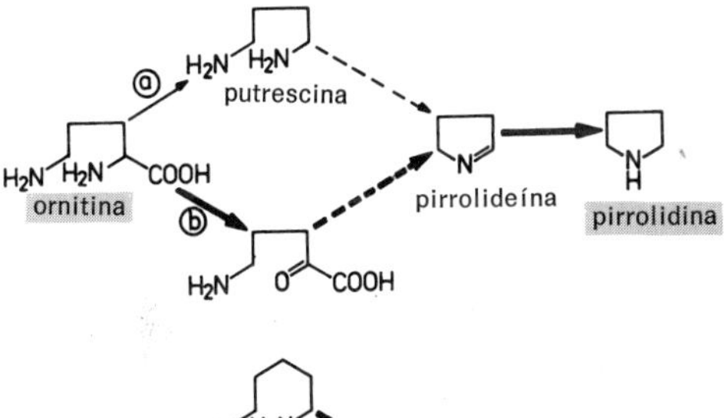

FIG. 132. Posibilidades de la ciclación de ornitina y lisina.

a. Alcaloides quinolicidínicos

Los alcaloides quinolicidínicos llevan uno o dos sistemas quinolicidínicos. Se encuentran sobre todo en las *Papilionaceae,* en el género *Lupinus.* Por su presencia en los altramuces, también han recibido el nombre de alcaloides del altramuz. A finales de los años veinte von Sengbusch seleccionó entre millones de plantas, mutantes del altramuz pobres en alcaloides, que se utilizaban como forraje. Se conocían como «altramuces dulces». Los alcaloides más importantes del altramuz son la lupinina, con un sistema de quinolicidina y la esparteína, lupanina y hidroxi-lupanina con dos de estos sistemas (fig. 133). El material de parti-

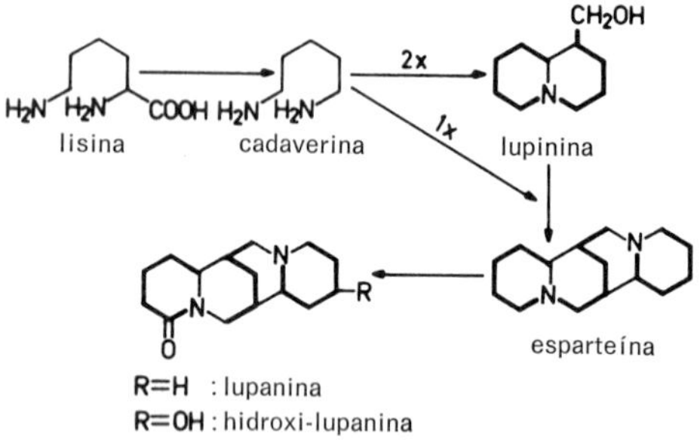

Fig. 133. Los alcaloides del altramuz más importantes y su biosíntesis.

da para la síntesis de los alcaloides del altramuz es el aminoácido lisina, que primero es transformado, a través de descarboxilación, en su amina biógena, la cadaverina. Luego, dos unidades de cadaverina se unen formando lupinina a través de eslabones intermedios aún hipotéticos. Por adición de una unidad más de cadaverina, de la lupinina se obtiene esparteína que después puede ser oxidada a lupanina y luego a hidroxilupanina.
El esqueleto carbonado de los alcaloides quinolicidínicos está formado por lisina. Tomamos dos grupos más de alcaloides, los alcaloides de la nicotina y los alcaloides del tropano, de los cuales sólo una parte del esqueleto carbonado se forma de los aminoácidos alifáticos ornitina o lisina.

b. Alcaloides nicotínicos y ácidos nicotínicos

Los alcaloides nicotínicos (alcaloides del tabaco) más importantes son la nicotina, nornicotina y anabasina (fig. 134). La nicotina

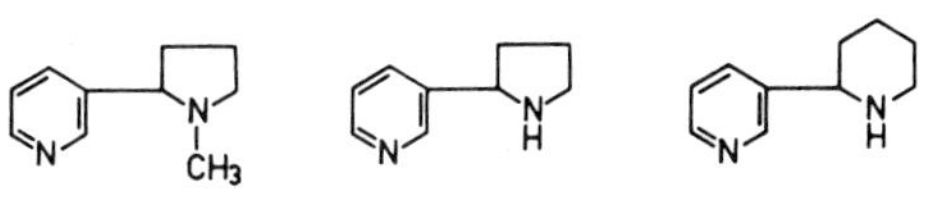

nicotina nornicotina anabasina

FIG. 134. Alcaloides del tabaco más importantes.

y nornicotina son los principales alcaloides de *Nicotiana tabacum* y la anabasina de *Nicotiana glauca.* Tanto la nicotina como la nornicotina constan ambas de un anillo piridínico, del cual cuelga al mismo tiempo un anillo pirrólico. En el caso de la nicotina, este anillo pirrólico lleva un grupo metilo en su anillo N. La anabasina consta también de un anillo piridínico, al cual sin embargo se halla unido un anillo piperidínico. El anillo piridínico de los alcaloides de la nicotina es suministrado por el ácido nicotínico. Primero debemos pues ocuparnos de la biosíntesis del ácido nicotínico (fig. 135). Se forma, según los organismos, por dos caminos distintos, que se encuentran a nivel del ácido quinolínico. En animales y hongos se produce ácido quinolínico, a través de la degradación del triptófano. En bacterias y plantas superiores un derivado de la glicerina se une con un derivado del ácido aspártico, formándose ácido quinidínico. Este ácido es luego transformado bajo descarboxilación en ácido nicotínico-mononucleótido, que bien directamente, o dando rodeo a través de NAD^+, puede pasar a ácido nicotínico libre. El ciclo desde y hacia el ácido nicotínico-mononucleótido, se denomina ciclo del piridín-nucleótido. La formación de ácido nicotínico —más exactamente del ácido quinolínico— por dos caminos diferentes, es un ejemplo de convergencia bioquímica.

Ahora vayamos a la biosíntesis del anillo pirrólico de la nicotina y la nornicotina. Aquí entra en juego la ornitina, pues nos produce por el camino ya esquematizado un componente pirrólico, que es luego unido al ácido nicotínico, formándose nicotina (figura 136). Aún está en discusión cuándo se unen los grupos metilos. Con toda probabilidad la ornitina o la putrescina ya están metiladas y llevan luego su grupo metilo a la nicotina. A través de desmetilación, la nicotina puede luego pasar a nornicotina.

La anabasina presenta dos anillos hexámeros que contienen N. Podría suponerse que ambos derivan del mismo precursor, quizás del ácido nicotínico. Esto no es así, por lo menos en el género *Nicotiana,* pues el componente piperidínico deriva de la lisina, siendo luego unido con el ácido nicotínico formándose anabasina (fig. 136).

Fue sorprendente que en sistemas libres de células de guisantes

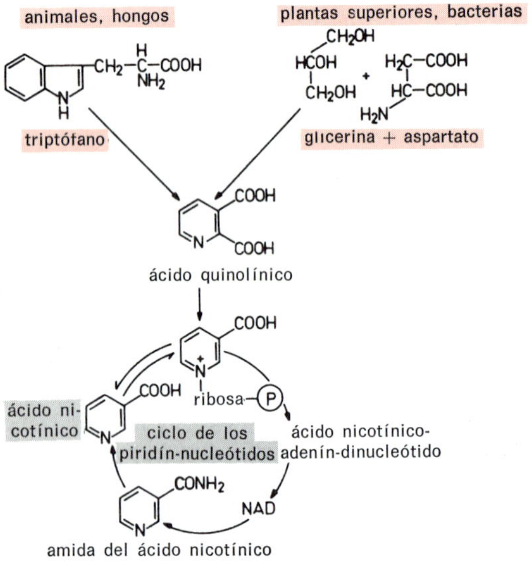

FIG. 135. Biosíntesis del ácido nicotínico.

y altramuces se formara anabasina, pues tanto las plantas del guisante como las del altramuz, contenían anabasina. Aún más sorprendente fue que esta anabasina estuviese formada por dos unidades de cadaverina, la amina biógena de la lisina (fig. 136). Probablemente la síntesis de anabasina en un sistema libre de células de guisantes y altramuces, se basa en enzimas inespecíficos. La experiencia nos enseña cuán cuidadoso se ha de ser con la interpretación de experimentos *in vitro* en plantas superiores.

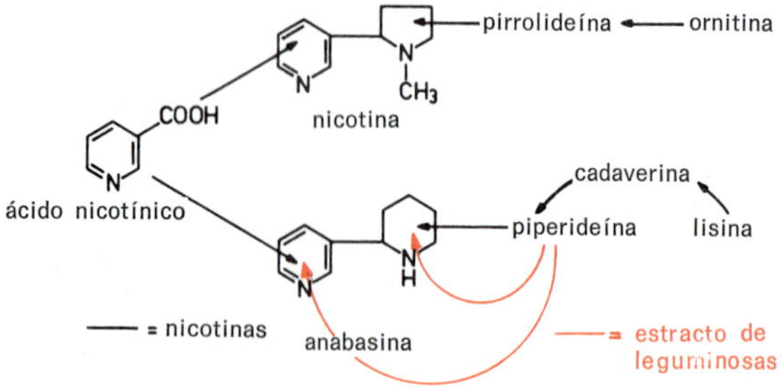

FIG. 136. Esquema de la biosíntesis de los alcaloides del tabaco.

Precisamente en plantas verdes superiores se está por atribuir a las hojas, los órganos de la fotosíntesis, muchas más capacidades sintéticas. Esto es válido especialmente para la síntesis de sustancias que se encuentran también o únicamente en las hojas. Sin embargo, precisamente para la nicotina —e igualmente para alcaloides del tropano— pudo verse que las raíces son el lugar de síntesis y que la nicotina es transportada desde allí a las hojas. Sólo una pequeña cantidad de nicotina se forma en el brote de *Nicotiana tabacum.* La desmetilación de la nicotina a nornicotina tiene lugar en las hojas. La anabasina, que en *Nicotiana tabacum* se presenta como alcaloide secundario, se forma predominantemente en las raíces. Por el contrario en *Nicotiana glauca,* la anabasina, que es el alcaloide principal, se forma con preponderancia en el brote.
Señalemos en estos descubrimientos, no sólo que en la raíz pueden presentarse propiedades sintéticas importantes. Saquemos también la conclusión de que en los experimentos, primero debería uno orientarse con fundamento sobre en qué órgano de la planta, en qué momento del desarrollo y bajo qué condiciones se forma la sustancia que nos interesa.

c. Alcaloides del tropano

El esqueleto del tropano les da nombre. Se presenta en dos variantes (fig. 137). La variante 1 se encuentra en las *solanáceas,* o sea entre otros en el género *Atropa, Datura, Hyoscyamus* y *Mandragora.* En ellas, un anillo pirrólico está unido con una cadena de 3 átomos de C. El esqueleto de tropano resultante está esterificado con ácido tropánico. Ejemplos conocidos son la hiosciamina, éster de la base tropina con ácido tropánico, y la escopolamina, éster de la base escopolina también con ácido tropánico.
La variante 2 es característica del género *Erythroxylon* (familia *Erythroxylaceae*). En ella, un anillo pirrólico está unido con una cadena de 4 átomos de C. Después de algunas modificaciones posteriores se obtienen sustancias como la cocaína.
La biosíntesis parte del aminoácido ornitina, que como está esquematizado más arriba, es transformado en el sistema pirrólico por dos caminos. Ahora deben aún formarse la cadena de 3 átomos de C o bien la de 4 átomos de C. En ambos casos, el material de partida es el acetato. Posiblemente, dos unidades de acetato forman primero acetoacetato, que luego es unido con el anillo pirrólico formándose la variante 2 del esqueleto del tropano. Esta variante puede ser luego transformada en cocaína. A través de descarboxilación, de ella puede obtenerse también

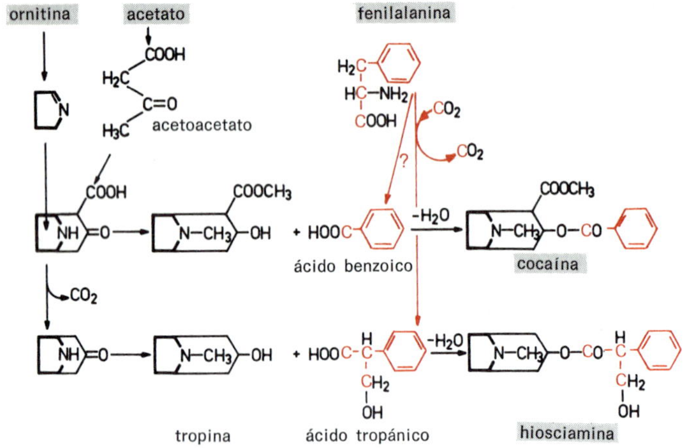

FIG. 137. Algunos alcaloides del tropano y su biosíntesis.

la variante 1 del esqueleto del tropano, que puede convertirse en hiosciamina o escopolamina. Además es necesario ácido tropánico, que se forma a partir de la fenilalanina (fig. 137).

2. Derivados de los aminoácidos aromáticos fenilalanina y tirosina

a. Alcaloides de amarilidáceas y colchicina

Los aminoácidos fenilalanina y tirosina son el material de partida para los alrededor de cien alcaloides conocidos de la familia de las *amarilidáceas* (fig. 138). La tirosina es descarboxilada luego a su amina biógena, la tiramina. De ella procede el N de los alcaloides de las amarilidáceas. La otra mitad de la molécula proviene de un cuerpo de C_6-C_1, que puede formarse a partir de la fenilalanina. Por un camino ya conocido para nosotros, la fenilalanina es transformada en ácido cafeínico. Probablemente sigue luego una β-oxidación a ácido protocatéquico y una reducción a aldehído protocatéquico, que es unido junto con tiramina a la sustancia clave de los alcaloides de las amarilidáceas, la norbelladina.

De la norbelladina pueden derivar los demás alcaloides de amarilidáceas más importantes. Por metilación se obtiene belladina. La metilación del hidroxilo es posible en un sistema libre de células de *Nerine bowdenii*. Los enzimas que intervienen son

FIG. 138. Algunos alcaloides de amarilidáceas y su biosíntesis.

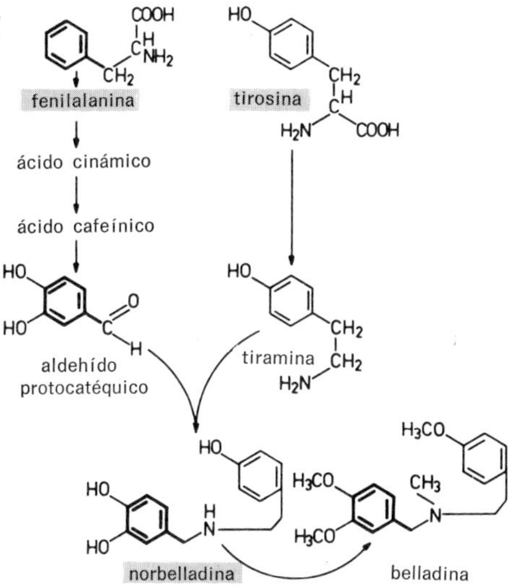

poco específicos, metilan a toda una serie de hidroxilos fenólicos más. Como ejemplo de algunos derivados más de la norbelladina, nombremos la galantamina, de la campanilla de nieve caucásica *(Galanthus woronowii)*. La colchicina, el alcaloide del cólquico *(Colchicum autumnale)* es conocido por los agricultores como medio de producción de plantas poliploides. Cuando se mira la fórmula, no muestra ninguna similitud con la de los alcaloides de amarilidáceas. Sin embargo, la colchicina debe ser mencionada en este lugar, pues su biosíntesis iguala en los puntos decisivos a la de los alcaloides de amarilidáceas (fig. 139). El material de partida vuelven a ser los aminoácidos fenilalanina y tirosina, y nuevamente una mitad de la molécula, proviene de la tiramina mientras que la otra deriva de la fenilalanina. Aquí, la fenilalanina es transformada en ácido sinapínico. El ácido sinapínico sin embargo no sufre β-oxidación, antes bien, su esqueleto de fenilpropano íntegro se acopla con la tiramina. A través de aún hipotéticos eslabones intermedios, se forma luego la colchicina. Los alcaloides de amarilidáceas y la colchicina, con las cumarinas, la lignina, los ácidos fenolcarbonados y fenoles sencillos, al igual que quizá los derivados del flavano, nos dan un ejemplo más de cómo los ácidos cinámicos con sus sustituyentes del anillo característicos, pueden ser introducidos en determinadas rutas de síntesis o degradación. Los sustituyentes se encuentran de nuevo en los productos resultantes.

FIG. 139. La colchicina y su biosíntesis.

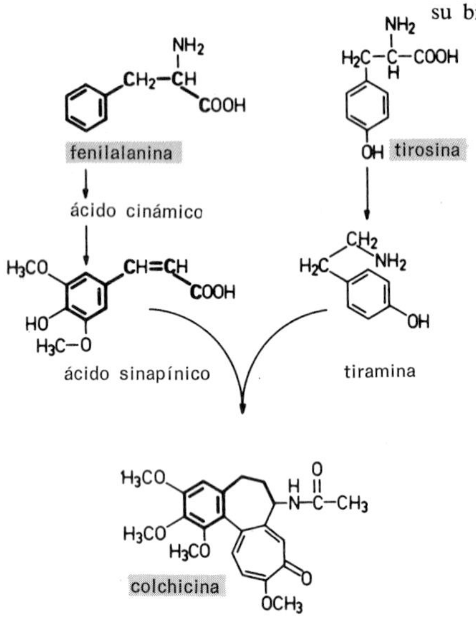

b. Betacianina y betaxantina (betalaína)

En el orden de las *Centrospermas,* se encuentran en todas las familias con excepción de las *Caryoplyllaceae* y *Molluginaceae,* pigmentos quimocromos rojos y amarillos, que forman un grupo de pigmentos propios. Debido a su presencia en el género *Beta* (maslo) se les llama betacianinas y betaxantinas.

Las *betaxantinas* son pigmentos amarillos (xanthos = amarillo). Un ejemplo es la indicaxantina de la chumbera *Opuntia ficus-indica.* Consta de un derivado piridínico, al cual está unido un anillo de prolina (fig. 140). En la biosíntesis, el anillo piridínico es colocado, a través de determinados cambios de posición de la dihidroxifenilalanina (DOPA), en el anillo del aminoácido prolina. La DOPA es un producto de oxidación de la tirosina. En otras betaxantinas, la prolina está sustituida por otros aminoácidos.

Las *betacianinas* son pigmentos rojos. Están en el jugo celular como glucósidos. Sus aglucones se denominan betacianidinas. Las betacianidinas constan de un derivado piridínico, al cual está unido un cuerpo de indol. Un ejemplo es la betanidina de la remolacha *(Beta vulgaris)* (fig. 140). Las dos partes de la molécula, tanto el componente piridínico como el componente indólico, son producidas en la biosíntesis a partir de la DOPA.

FIG. 140. Betacianina y betaxantina y su biosíntesis.

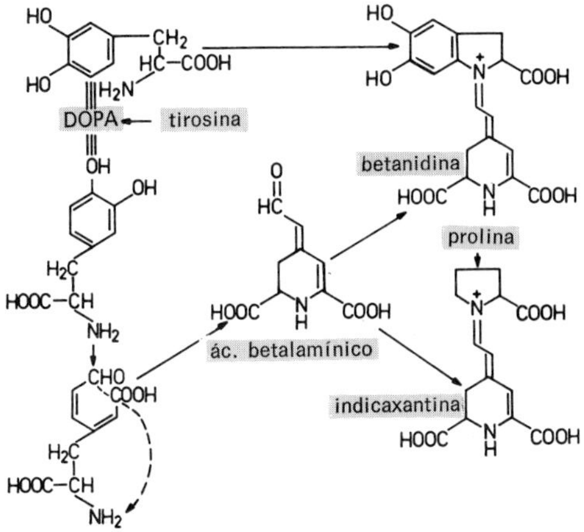

c. Alcaloide isoquinolina (alcaloide bencilisoquinolina)

Este grupo se caracteriza por el esqueleto de isoquinolina. Más importantes que los representantes de sencilla estructura, que sólo llevan el esqueleto de isoquinolina, son los derivados, en los cuales el esqueleto de isoquinolina lleva unido un resto bencilo más. Estas sustancias se denominan por ello, alcaloides bencilisoquinolinas. A ellos pertenecen los alcaloides principales del género *Papaver*.

La biosíntesis parte del aminoácido tirosina, que primero es hidroxilado a DOPA (fig. 141). Luego dos unidades de DOPA forman el esqueleto de la bencilisoquinolina. La sustancia clave es la norlaudanosolina, que fue hallada entre otras en el género *Papaver*. De ella pueden derivar las restantes bencilisoquinolinas. Aquí nombraremos sólo dos de estas derivaciones, la de la papaverina y la de la morfina.

Si todos los hidroxilos de la norlaudanosolina son metilados y además se deshidrogena el heterociclo portador de N, se llega a la papaverina. Si, por el contrario, sólo dos de los cuatro hidroxilos se metilan, se obtiene el norlaudanosolina-dimetil-éter y de él, a través de una N-metilación la norlaudanosolina-reticulina. De ella, la ruta de biosíntesis lleva a través de diferentes eslabones intermedios, a la tebaína, codeína y finalmente a la propia morfina.

El camino que se toma a partir de la norlaudanosolina, depende decisivamente del tipo de O-metilación. Si todos los hidroxilos se metilan —y esto podría suceder a través de enzimas metilantes completamente inespecíficos— se llega a la papaverina y sus derivados. Si se metilan sólo determinados hidroxilos de manera específica, se obtienen los *alcaloides morfínicos,* de los cuales los representantes más importantes son la tebaína, codeína y morfina. Está bien comprobado por datos bioquímicos y genéticos, por lo demás citados, que la tebaína primero es desmetilada a codeína y luego a morfina. Un paralelismo a ello lo constituye la ya conocida desmetilación de nicotina a nornicotina.

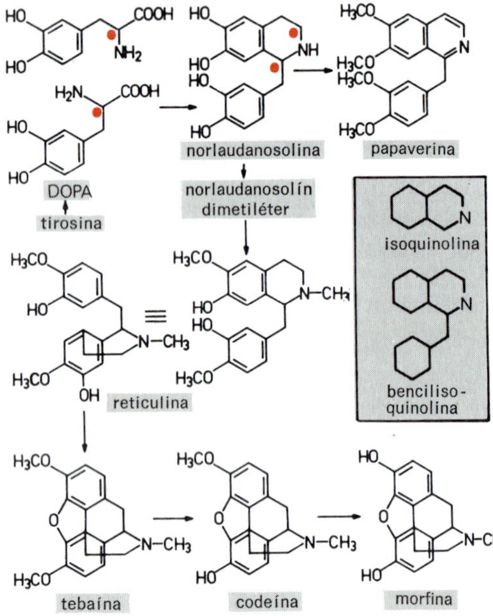

FIG. 141. Algunos alcaloides bencilisoquinolínicos (entre ellos papaverina y morfina), y su biosíntesis.

3. Derivados del aminoácido triptófano: alcaloides indólicos y sus derivados

Es característica la presencia de un núcleo de indol, que es aportado por el aminoácido triptófano. En el núcleo de indol, a menudo se sitúan aún uno o dos sillares de 5 átomos de C, de manera que se forman alcaloides de estructura complicada. Se llega incluso a la rotura del anillo de indol y a un nuevo cierre de éste, resultando así sistemas quinolínicos.

Un alcaloide indólico de estructura sencilla, es la fisostigmina

de *Physostigma venenosum* (fig. 142). Se forma a partir de triptófano, a través de su amina biógena, la triptamina.
Vayamos ahora a alcaloides indólicos de estructura un poco más complicada. En hongos del género *Claviceps,* sobre todo en el cornezuelo del centeno, en los esclerocios de *Claviceps purpurea,* se encuentran alcaloides que se caracterizan por su esqueleto ergolínico (fig. 142). Sorprendentemente estos *alcaloides del cornezuelo del centeno,* o mejor dicho *alcaloides ergolínicos,* se encuentran también en plantas superiores, en la familia *Convolvulaceae.* Un ejemplo conocido es el ácido lisérgico (fig. 142), que se presenta como amida o derivado peptídico, tanto en *Claviceps* como también en las *Convolvulaceae* (por ejemplo en el género *Ipomaea*).
En lo referente a la biosíntesis, pronto se pudo asegurar que el número de indol procede del aminoácido triptófano. Más quebraderos de cabeza representó el origen del esqueleto carbonado restante, aunque de todos modos se descubrió en los últimos años que era incorporado por el mevalonato, o sea, por el isopentenil-pirofosfato. En los alcaloides ergolínicos, el núcleo de indol está unido a una unidad de 5 átomos de C que deriva del metabolismo de los terpenoides.

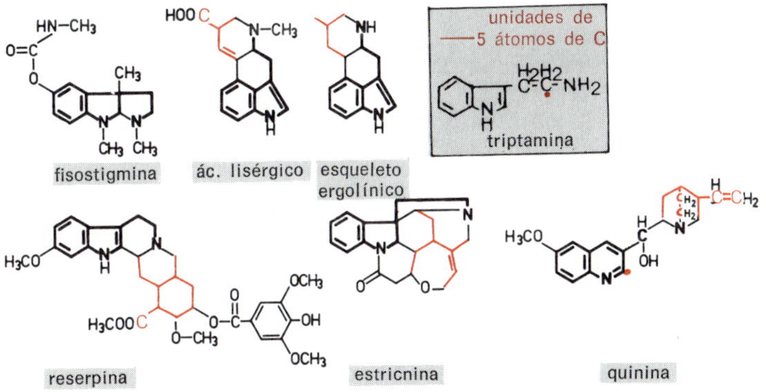

FIG. 142. Alcaloides indólicos. Su biosíntesis parte del triptófano, que es descarboxilado a triptamina.

En las familias *Apocyanaceae, Loganiaceae, Rubiaceae* y *Euphorbiaceae* se encuentran ya alcaloides indólicos de estructura más complicada, que pueden ordenarse en diferentes grupos. Como ejemplo podría servirnos la reserpina de *Rauwolfia serpentina.* Aparte del esqueleto fundamental de triptófano y las dos unida-

des de 5 átomos de C, se encuentra aún en su molécula una unidad de ácido sinapínico (fig. 142).
Finalmente, a los alcaloides indólicos pertenecen sustancias de estructura aún más complicada, como por ejemplo, la estricnina de *Strychnos nux-vomica,* que no obstante también posee el núcleo indólico (fig. 142). Pues bien, este mismo núcleo indólico puede sufrir una degradación. Esto sucede en el género *Chinchona* de la familia *Rubiaceae.* Algunos alcaloides de *Chinchona* llevan aún el núcleo indólico, en otros, como la quinina, tan importante farmacológicamente, el núcleo indólico se ha transformado en un *sistema quinolínico* (fig. 142). Para ello, primeramente se abre el anillo pentámero que contiene N del indol y luego se reorganiza en un anillo hexámero que contiene N. Con ello se ha formado un sistema quinolínico a partir de uno indólico.

4. Alcaloides purínicos

Los anillos purínicos ya nos son conocidos de las bases purínicas de los ácidos nucleicos. Su síntesis sigue los mismos principios en microorganismos, animales y plantas. Es típico que no se forme primero el esqueleto purínico libre y luego se transforme en su nucleótido, sino que se va adosando un anillo de purina tras otro a una unidad de ribosa-fosfato. Primero se forma pues un purín-nucleótido.
La biosíntesis empieza con 5-fosfatorribosil-pirofosfato, que primero es transformado en 5-fosforribosilamina (fig. 143). El grupo amino de este compuesto es tomado en plantas superiores por la asparagina a través de una transaminación. Su N pasa más tarde al N 9 del anillo purínico. En el siguiente paso, una glicina se une a través de un enlace peptídico con este grupo amino. Todos los restantes átomos de C y N son incorporados átomo por átomo. Los átomos de C derivan del «pool» de C_1 de la célula. Se trata aquí de grupos formilo transportados por el ácido tetrahidrofólico y de CO_2 transportado por la biotina. Los átomos de N derivan de los grupos amino de la glutamina y del ácido aspártico. El primer purín-nucleótido de esta ruta de biosíntesis es la inosina-5′-fosfato.
La inosina-5′-fosfato puede ser transformada en los nucleótidos de la adenina y guanina, ya conocidos de los ácidos nucleicos. Queremos ocuparnos aquí de otra posibilidad de utilización de esta sustancia, pues cuando se habla de alcaloides purínicos, se piensa principalmente en cafeína, teofilina y teobromina (fig. 143). Estos alcaloides purínicos metilados, sobre todo la cafeína, están muy extendidos. Conocida es su presencia en el café, entre otras

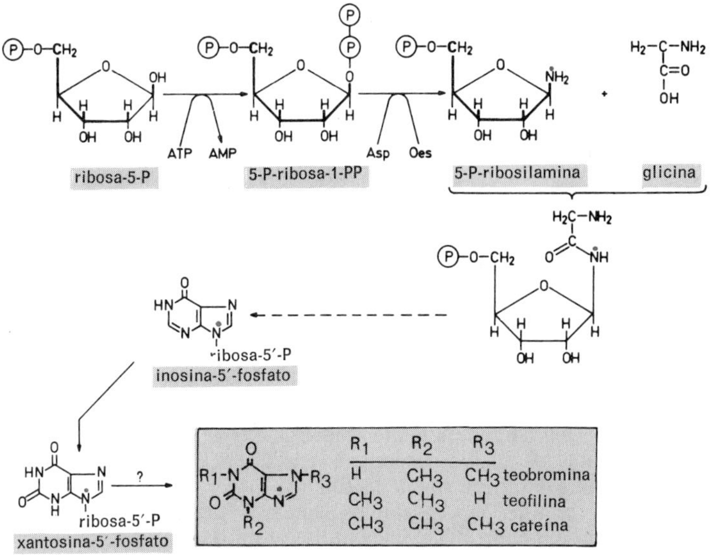

FIG. 143. Biosíntesis del núcleo de purina, alcaloides purínicos.

especies *(Coffea arabica)*, en el té *(Camellia sinensis)* y en el cacao *(Theobroma cacao)*.

La biosíntesis de los tres alcaloides purínicos nombrados, se conoce en primer lugar por sus rasgos esenciales. El material de partida debería ser otra vez la inosina-5′-fosfato, que luego es transformada en xantosina-5′-fosfato. Este nucleótido contiene la base purínica xantina que posiblemente primero se desprende y luego es metilada a alcaloides purínicos. Aún se discute otra posibilidad de síntesis, la de purina metilada. Antes habíamos citado que el tRNA se caracteriza por la presencia de bases raras. A ellas pertenecen también determinadas purinas metiladas. Se pudo comprobar que aquí la metilación tiene lugar no en las purinas libres, sino en las purinas asociadas al tRNA. En la degradación del tRNA pueden luego quedar libres.

No se sabe con certitud si esta segunda posibilidad se realiza en la síntesis de cafeína, teobromina y teofilina. Sin embargo, existen otros derivados purínicos que tienen estrecha relación con el tRNA y que son de gran interés para los fisiólogos, como las citoquininas. Son un grupo de fitohormonas, de las que es un ejemplo la isopentenil-adenina (IPA). La unidad de isopentanilo, según algunos experimentos, está en la adenina ya asociada al tRNA (compárese con la pág. 251).

5. Sistemática bioquímica

La sistemática de las plantas es la ciencia de la comparación de las plantas, y más ampliamente la ciencia del parentesco entre ellas. Puede realizarse a muy diferentes niveles, así puede llevarse a cabo a nivel citológico, anatómico o morfológico. Se pretende una integración de todos los datos obtenidos en los distintos niveles.

Cada formación de un carácter de tipo citológico, anatómico o morfológico, se basa en última instancia en determinados sucesos bioquímicos. Con ello se llega a hacer sistemática también con base química y bioquímica. Una revisión de las plantas según el contenido de sustancias propias puede servir a este objetivo. Debido a la cantidad de plantas a estudiar, este inventario está aún en sus principios. En consecuencia, no han de extrañar las sorpresas. Completamente inesperado, fue por ejemplo el descubrimiento de alcaloides ergolínicos en la familia *Convolvulaceae.* Hasta entonces se había tomado como sustancia típica del género *Claviceps,* o sea de los hongos. Igualmente inesperado fue un descubrimiento de los últimos años: las betalaínas que habíamos considerado hasta hace poco como pigmentos típicos de determinadas familias de *Centrospermae,* representan también los pigmentos rojos de la falsa oronja. Siempre se volvía a demostrar que muchas sustancias vegetales, también de esta naturaleza secundaria, se presentan esparcidas en el sistema global. Sin embargo, su presencia en determinadas categorías sistemáticas puede utilizarse como criterio adicional. Veamos un ejemplo: las betacianinas antes nombradas, se presentan en todas las familias del orden *Centrospermae,* con excepción de las *Caryophyllaceae* y las *Molluginaceae.* Con ello se confirma la idea de algunos sistemáticos de separar las *Caryophyllaceae* y las *Molluginaceae* del resto de las familias de las Centrospermas. Pero esto no significa que el resto de las familias que llevan betacianinas, formen una unidad cerrada. Las *Cactaceae,* por ejemplo, pueden separarse basándose en un periantio de diferente estructura y una placentación de distinto tipo. Con ello volvemos a un hecho que a veces se pasa por alto: un criterio bioquímico es sólo *uno* de los muchos criterios posibles y que ha de ser visto en conexión con los demás.

Actualmente no basta con utilizar la distribución de una sustancia como criterio, pues de igual modo que existe una convergencia en el sector morfológico-anatómico (piénsese en el fenómeno de la suculencia en las *Cactaceae, Euphorbiaceae* y *Stapeliaceae,* entre otras), existe también una convergencia de la formación de caracteres químicos. Un ejemplo de ello es la bio-

síntesis del ácido nicotínico, que se forma por distintas rutas en los diferentes grupos de organismos. Otro ejemplo sería la biosíntesis de la anabasina, cuyo anillo piridínico se forma de distinto modo en el género *Nicotiana* que en un sistema libre de células de leguminosas. Estos fenómenos de convergencia hacen dudar de si se puede usar como criterio sistemático la mera existencia de una sustancia. Debería usarse, si fuese posible, la ruta de biosíntesis como criterio. Con ello surgiría de la sistemática química, una verdadera *sistemática bioquímica.*
Aquí sólo podemos indicar que la sistemática química podría realizarse también con ayuda de la hibridación de DNA. Cuanto mejor es la hibridación entre preparados de DNA de dos organismos, más emparentados están estos organismos, prescindiendo de las excepciones. Pueden pues llevarse a cabo experimentos quimiosistemáticos sobre material genético. Incluso los productos de la transcripción y traducción, los polipéptidos, es decir, las proteínas, pueden usarse quimiosistemáticamente. Más que ninguno, los métodos serológicos muestran los mejores resultados una vez superadas las dificultades técnicas y siendo utilizados no aisladamente, sino en conexión con todos los demás datos disponibles.

Situación de los alcaloides en el metabolismo global

Los alcaloides representan el tercer gran grupo de las sustancias vegetales secundarias, junto con los terpenoides y los fenoles. Según su biosíntesis se trata de derivados de los aminoácidos, cuyos grupos aminos incorporan el N de los alcaloides. El esqueleto carbonado puede ser ampliado por incorporación de otro tipo de componentes, como son las unidades de isoprenoides.

PORFIRINAS

Las porfirinas son un pequeño pero importante grupo de sustancias vegetales secundarias. Ya habíamos tratado de su estructura al hablar de la clorofila.

La biosíntesis de las *porfirinas* se ajusta al ciclo del ácido cítrico y al metabolismo de los aminoácidos (fig. 144). Del ciclo del ácido cítrico deriva el precursor succinil-CoA y del metabolismo de los aminoácidos el precursor glicina. Ambos se unen en un eslabón intermedio inestable que pasa a ácido δ-aminolevulínico bajo desprendimiento de CO_2. Dos moléculas de ácido δ-aminolevulínico se reúnen formando porfobilinógeno. Con ello se ha formado el sistema pirrólico. Cuatro de estos porfobilinógenos se unen en los siguientes pasos en un sistema porfirínico. La primera porfirina en el curso de la biosíntesis es el uroporfirinógeno III. De los pasos intermedios siguientes hemos de nombrar la protoporfirina IX, pues a partir de ella se llega bien a una

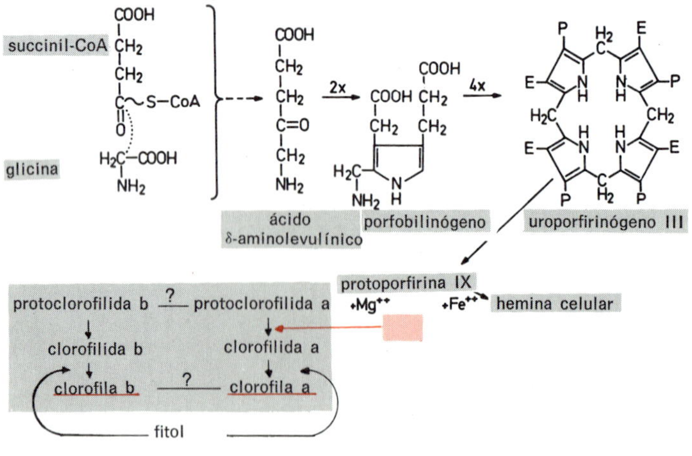

FIG. 144. Esquema de la síntesis de porfirinas. E = acetato, P = propionato.

Mg-protoporfirina IX, por incorporación de Mg^{++} y luego a las clorofilas, o bien a la Fe-protoporfirina IX por incorporación de Fe^{++} y luego a las heminas celulares, el grupo hemo, los citocromos, las citocromo-oxidasas, peroxidasas y catalasas.

La ruta de la Mg-protoporfirina IX a las clorofilas no se conoce en todas sus particularidades. Limitémonos a nombrar sólo algunos probables eslabones intermedios (fig. 144). También la conexión biogenética entre las clorofilas a y b aún está en discusión. Se podría transformar clorofila a en b, pero también se podrían separar antes las rutas de biosíntesis, a nivel de protoclorofilidas. Para los fisiólogos, en estas últimas etapas de la ruta hasta las clorofilas, es importante lo siguiente: la biosíntesis de las clorofilas en plantas superiores es dependiente de la luz. La reacción regida por la luz es la transformación de protoclorofilida en clorofilida a.

Proteínas ficobilínicas. Los pigmentos biliares de los organismos animales son a menudo tetrapirroles. Se forman a partir de la degradación de las heminas celulares. Esta degradación comprende la apertura del anillo pirrólico, obteniéndose tetrapirroles abiertos.

Estos tetrapirroles abiertos se encuentran también en las plantas. Se conocen sobre todo en cianófitos y algas, en las cuales están combinados con proteínas. Refiriéndose a su presencia en algas como complejos proteínicos, se designan como proteínas ficobilínicas. A ellas pertenecen las ficocianinas y ficoeritrinas. La biosíntesis de las proteínas ficobilínicas aún no está clara. Quizás se producen también en las plantas a través de heminas celulares.

Las proteínas ficobilínicas no sólo son de interés como pigmentos de cianófitos y algas, pues el *sistema fitocromo* es una proteína ficobilínica (fig. 200), que es de importancia decisiva precisamente para la morfogénesis de las plantas superiores.

Situación de las porfirinas en el metabolismo global. La biosíntesis de las porfirinas y con toda probabilidad también de las proteínas ficobilínicas, dos grupos de sustancias vegetales secundarias de importancia funcional secundaria, procede de dos fuentes: del ciclo del ácido cítrico, a través de succinil-CoA y del metabolismo de los aminoácidos, a través de glicina.

CRECIMIENTO POR DIVISIÓN

1. Desarrollo = crecimiento y diferenciación

En los capítulos anteriores nos hemos ocupado de las reacciones metabólicas de las plantas superiores. Con ello nos hemos procurado una base para la siguiente exposición sobre los procesos del desarrollo. El sistema multicelular de una planta superior se origina por reproducción sexual, a partir de una sola célula, el zigoto. Este crecimiento es el primer aspecto del desarrollo. Pero esto no es todo. Acordémonos de que las células de una planta pueden ser muy diferentes unas de otras. Este ser diferentes, esta diferenciación es el segundo aspecto del desarrollo.

El desarrollo se basa pues en el crecimiento y en la diferenciación. Preguntémonos por las correspondientes definiciones. Saber qué definición es válida para el crecimiento, depende del planteamiento y del enfoque del que pregunta. A veces es oportuno utilizar el aumento en peso seco, el aumento en peso fresco o el aumento de volumen, como parámetros. Otras veces se utilizan medidas de origen bioquímico como la síntesis de DNA o de proteínas.

Precisamente en plantas superiores el *crecimiento* se designa como *aumento irreversible del volumen.* Si aceptamos esta definición, hemos de citar una salvedad: en las plantas superiores hay que diferenciar entre crecimiento por división y crecimiento por alargamiento. Precisamente para el aumento de volumen a menudo considerable durante el crecimiento por alargamiento, la definición mencionada parece ser la más adecuada. No obstante, el crecimiento por alargamiento no es sólo «crecimiento», es al mismo tiempo un proceso temprano de diferenciación. Por ello hablaremos del crecimiento por división y del crecimiento por alargamiento en distintos apartados.

Por diferenciación se entiende un «ser diferente» de las células respecto a la estructura y función, detrás de la cual existe una síntesis programada de proteínas. La formación de modelos está en estrecha relación con la diferenciación, pues las células, tejidos u órganos diferenciados no están repartidos caprichosamente en el organismo, sino que se acoplan a modelos muy determinados. La formación de modelos está reorganizada en un todo, según la organización de las unidades diferenciadas.

2. Crecimiento por división

a. El ciclo mitótico

El crecimiento por división se basa en divisiones celulares mitóticas. Deberíamos suponer como conocido el curso de la mitosis. En las etapas de profase, metafase, anafase y telofase, los cromosomas son separados longitudinalmente cada uno en dos cromátidas homólogas. Estas cromátidas se reparten entre los dos núcleos hijos formados, de manera que de dos cromátidas homólogas, siempre una se adjudica a un núcleo hijo, y la otra al otro. Modificaciones posteriores análogas en el citoplasma, permiten la formación de dos células hijas, de las cuales cada una lleva uno de los núcleos hijos. En cada libro de texto que se ocupe de ello, se puede leer que la mitosis es, al contrario que la meiosis, una división que conserva el número de cromosomas del progenitor. Cada célula hija tendrá que llevar la misma información genética que la célula madre. Ya conocemos que el DNA representa el material genético de los organismos superiores y para demostrar esta afirmación debemos fijarnos especialmente en el DNA.

Ya que cada célula hija debe tener una dotación de DNA coincidente con la de la célula madre, el DNA de la célula madre debe ser reduplicado idénticamente por la mitosis. Dejemos de momento el «idéntico» y preguntémonos primero si una reduplicación de DNA de este tipo puede expresarse cuantitativamente.

Efectivamente, éste es el caso, pues en las zonas meristemáticas de las plantas, las células sufren, de mitosis a mitosis, el llamado ciclo mitótico o ciclo de la síntesis de DNA (fig. 145). Inmedia-

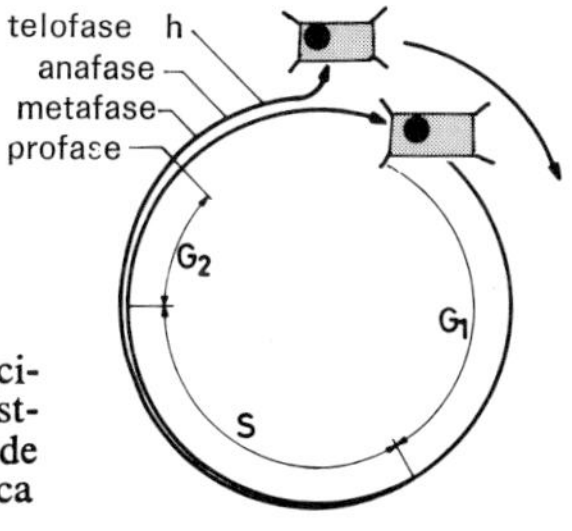

FIG. 145. Esquema del ciclo mitótico (ciclo de síntesis de DNA). G_1 = fase postmitótica, (G = gap, espacio), S = fase de síntesis de DNA, G_2 = fase premitótica (modificado según BIELKA 1969).

tamente a una división sigue una fase postmitótica sin síntesis de DNA. Con ella empalma una fase de la síntesis de DNA, en la cual el DNA se duplica desde el punto de vista cuantitativo. Después sigue otra vez una fase sin síntesis de DNA, que precede a la siguiente mitosis y que se denomina por ello premitótica. Ésta conduce a la mitosis, que termina con la división. Las células hijas resultantes pueden sufrir el ciclo de nuevo, en caso de que conserven la capacidad divisoria y estén a punto para la división.

b. Función autocatalítica del DNA: reduplicación

Reduplicación semiconservativa del DNA

Antes habíamos afirmado que el contenido en DNA de una célula se duplica realmente por una división mitótica. Ahora, lo siguiente que hemos de demostrar es que esta duplicación supone una reduplicación *idéntica,* pues sólo así se garantiza la conservación del número de cromosomas del progenitor en las células hijas.

A nivel molecular esto significa que de una doble hélice de DNA, debido a la duplicación, han de formarse dos dobles hélices de DNA idénticas. Para una reduplicación de este tipo, se desarrollaron varios modelos, de los cuales se demostró como concluyente el de la reduplicación semiconservativa del DNA. Una reduplicación semiconservativa del DNA de este tipo empieza al desdoblarse la doble hélice localmente en sus dos fibras simples (fig. 146). En los segmentos de las fibras simples libres se com-

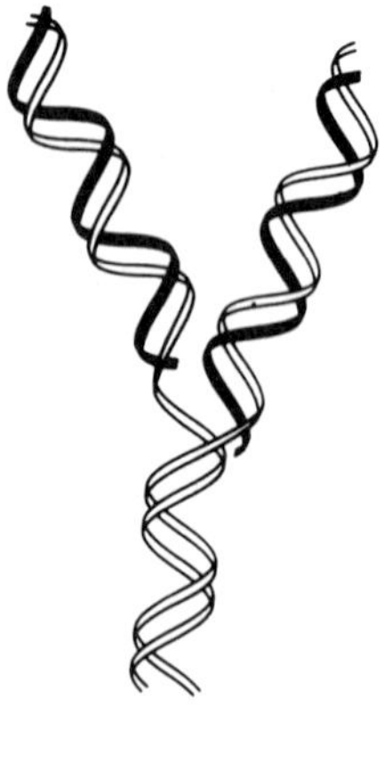

FIG. 146: Reduplicación semiconservativa del DNA. La nueva fibra de DNA está representada en negro (según STAHL 1969).

pleta una segunda fibra complementaria. El desdoblamiento y formación de las fibras complementarias continúa, hasta que finalmente en vez de una doble hélice de DNA, resultan dos dobles hélices de DNA idénticas.

SÍNTESIS DE DNA EN UN SISTEMA LIBRE DE CÉLULAS

De las fuentes más diversas, pueden adivinarse los enzimas que pueden realizar síntesis de DNA en un sistema libre de células. Se denominan *DNA-polimerasas* o DNA-replicasas. Necesitan, entre otros cofactores, DNA como «primer» y desoxirribonucleósido-5′-trifosfatos, como sillares del DNA. Los fosfatos de triosa se ordenan a lo largo de la fibra simple de DNA que sirve de modelo, según las reglas del apareamiento de bases: a una timina en la fibra le corresponde siempre una adenina como trifosfato, a una guanina en la fibra siempre una citosina como trifosfato, y así sucesivamente. Los sillares del DNA así colocados, son unidos por la DNA-polimerasa formando una fibra de DNA complementaria, bajo escisión de pirofosfato (fig. 147).
Significó un triunfo de la genética molecular, el que en 1967 KORNBERG consiguiera llevar a cabo la síntesis de DNA biológicamente activo en un sistema libre de células. Puso una DNA-

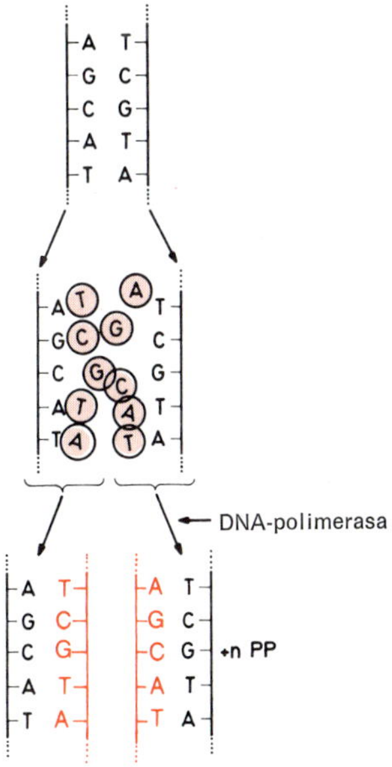

FIG. 147. Reduplicación semiconservativa del DNA en un sistema libre de células, con ayuda de la DNA-polimerasa. Letras en los círculos = trifosfatos 5′ (modificado según HESS 1968).

polimerasa de *E. coli* especialmente activa y DNA del fago øX-174 como «primer». El genoma de este fago consta de una fibra simple de DNA cerrada en forma de anillo. Partiendo de esta fibra simple de DNA se llegó a la síntesis de DNA en el sistema libre de células —y el DNA recientemente formado demostró en un test de infección ser exactamente como el DNA originario del fago øX-174. La actividad biológica, igual que otros detalles del experimento, llevaron a la conclusión de que se había llevado a cabo una reduplicación semiconservativa del DNA.

Ya en los experimentos de KORNBERG podía mostrarse que el enzima de Kornberg, la llamada *DNA-polimerasa I,* cooperaba con *ligasas.* Estas ligasas unían segmentos de DNA en unidades más grandes. En los experimentos de Kornberg, estas ligasas formaban el anillo del genoma del fago øX-174, de los segmentos producidos por la DNA-polimerasa I. Posteriores investigaciones llevaron finalmente al descubrimiento de DNA-polimerasas suplementarias, que disminuían la importancia de la polimerasa I. Desde entonces se acepta que la llamada *DNA-polimerasa III* es el verdadero enzima de la síntesis de DNA. En principio trabaja como habíamos descrito para la polimerasa I de KORNBERG. El enzima de Kornberg posiblemente alarga luego las fibras formadas por la polimerasa III y las ligasas enlazan por último estas fibras en macromoléculas aún más largas.

EXPERIMENTO DE MESELSON-STAHL

Anteriormente hemos tratado el tema en sistemas libres de células de virus y microorganismos. Pero también en plantas superiores pueden aportarse demostraciones del carácter semiconservativo de la reduplicación del DNA. Una de las demostraciones consistió en la repetición de un experimento, que habría sido realizado anteriormente por MESELSON y STAHL en bacterias y que debido a ellos lleva el nombre de experimento de Meselson-Stahl.

Las células de tejidos de un callo del tabaco se pueden multiplicar no sólo en un medio alimenticio sólido, sino también en medio líquido. En medio líquido el número de células se duplica aproximadamente en dos días. En aproximadamente dos días, las células sufren pues un ciclo de síntesis del DNA. Estas células se mantuvieron, durante varios ciclos de síntesis de DNA, en un medio con compuestos de nitrógeno «pesado» N^{15}. Con ello el N^{15} era incorporado a las bases purínicas y pirimidínicas del DNA. Finalmente todo el DNA estaba en forma de DNA «pesado» con bases N^{15}. Este DNA pesado se puede separar del DNA normal con bases N^{14}, en una ultracentrífuga en gradiente de cloruro de cesio.

Una vez que todo el DNA se volvió «pesado», las células fueron trasladadas a un medio de alimentación que otra vez contenía nitrógeno en forma de compuestos N^{14} normales. En determinados períodos de tiempo, se cogían muestras, de las cuales se aislaba el DNA y se probaba su densidad en gradientes de cloruro de cesio (fig. 148). Después de estar dos días en el medio N^{14}, todo el DNA estaba en forma «medianamente pesada». MESELSON y STAHL ya habían demostrado anteriormente en un experimento con bacterias, que las dobles hélices de este DNA medianamente pesado, constaban de una fibra simple N^{15} y una fibra simple N^{14}, o sea que representaban un híbrido N^{14}/N^{15}. Al cuarto día, es decir, después de dos reduplicaciones de DNA, se encontró una proporción de 1:1 de DNA normal y medianamente pesado. Con cada reduplicación de DNA, se reduce también la parte de DNA híbrido. La pérdida sólo se podía entender bajo la base de una reduplicación semiconservativa del DNA.

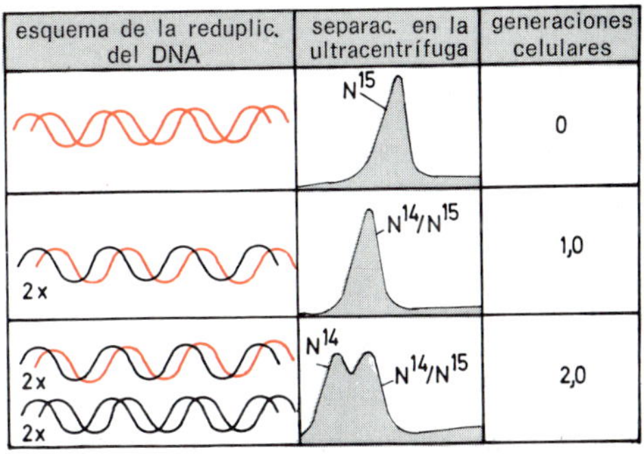

FIG. 148. Experimento de Meselson-Stahl. Las curvas centrales representan las cantidades de DNA-N^{15}, DNA-N^{14} y DNA híbrido, que se encuentran en las diferentes generaciones (modificado según HESS 1970).

EXPERIMENTOS DE TAYLOR EN VICIA FABA

El experimento de Meselson-Stahl aporta una demostración del carácter semiconservativo de la reduplicación del DNA a nivel molecular, pero los experimentos de TAYLOR permitieron también una correspondiente demostración a nivel cromosómico, en los cuales la técnica usada era la autorradiografía.

Se cultivaron ápices de raíces de haba *(Vicia faba)* en un medio con timidina-H^3 y colchicina. En las células vivas en división del meristemo radicular, se incorporaba timidina-H^3 al DNA de los cromosomas. Con ello, los cromosomas eran marcados radiactivamente. La colchicina permite la reduplicación del DNA, pero bloquea la formación del huso y con ello la división del núcleo. Los cromosomas hijos quedan reunidos en el núcleo «viejo», de manera que se pueden seguir fácilmente los descendientes de los cromosomas.

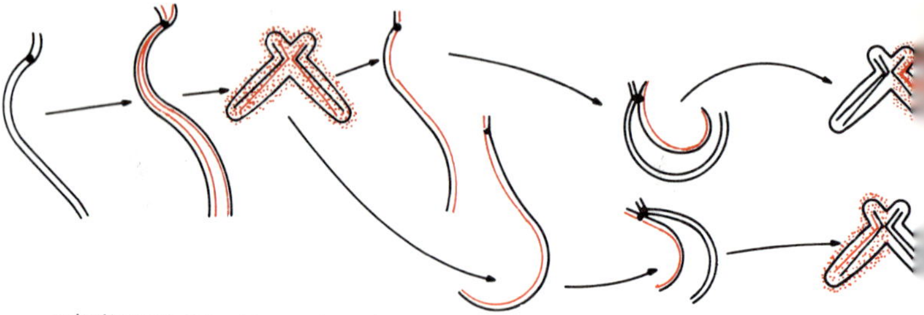

Fig. 149. Experimentos autorradiográficos de Taylor en *Vicia faba*. En la figura se ha representado la reduplicación semiconservativa de un solo cromosoma. La fibra marcada está representada en rojo. El ennegrecimiento de la placa fotográfica por radiación radiactiva = puntos rojos (modificado según Taylor et al. 1957).

Después de una primera reduplicación de cromosomas en medio con timidina-H^3, los dos cromosomas estaban marcados (fig. 149). Si los ápices de la raíz, después de esta primera reduplicación, se trasladaban a un medio sin timidina-H^3 y allí tenía lugar una segunda reduplicación, de los cuatro cromosomas en total, dos estaban marcados radiactivamente y dos no.

Demos ahora la interpretación de este hallazgo. El cromosoma de partida aún sin reduplicar, constaba de dos fibras. Aún es una cuestión fuertemente discutida, de qué manera están formadas estas fibras. Hagámonoslo más fácil y aceptemos que estas dos fibras formaban una doble hélice de DNA o una sucesión de dobles hélices de DNA, que estaban unidas unas con otras a través de segmentos intermedios de proteínas. En la primera reduplicación en presencia de timidina-H^3, en cada fibra simple de la doble hélice se formaba luego una nueva fibra complementaria, que estaba marcada radiactivamente por captación de timidina-H^3. Esta nueva fibra excedía en brillo en la autorradiografía a la vieja fibra acompañante no marcada. Con ello, después de la primera reduplicación se obtenían dos cromosomas marcados.

La segunda reduplicación tenía lugar en un medio sin timidina-H^3. Cuando cada una de las fibras simples que derivan de la primera reduplicación se restauran complementariamente, resultan cuatro fibras dobles, de las cuales dos no están marcadas y las otras dos están formadas de una fibra marcada y una fibra no marcada. En los dos últimos pares, la fibra marcada excede en brillo a la no marcada. Después de la segunda reduplicación, se encuentran pues dos cromosomas marcados y dos no marcados. Los experimentos de TAYLOR hablan en favor de una reduplicación semiconservativa del DNA, basándose en el «modelo de una fibra» de la estructura del cromosoma. Según este modelo, un cromosoma, antes de la reduplicación, consta en principio de una doble hélice de DNA, con proteína, como también habíamos destacado en la interpretación.

c. Tumores vegetales: agallas del cuello de la raíz

En relación con la planta intacta, la actividad de división celular está limitada a determinadas zonas, quizás a los meristemos de los ápices del brote y la raíz. Al ir del ápice del brote hacia abajo y del ápice radicular hacia arriba, la actividad de división disminuye, hasta que finalmente se interrumpe completamente. Al cesar la actividad divisoria, las células se hacen claramente distintas unas de otras, se diferencian.
Este paso del crecimiento por división a la diferenciación, supone una regulación ampliamente desconocida. Volveremos a hablar más adelante de algunos descubrimientos (pág. 296). Si la regulación es interrumpida se puede realizar la división celular, sin la consiguiente diferenciación. Las interrupciones pueden ser de diferentes tipos. Así, se pueden separar tejidos de la planta y cultivarlos en un medio alimenticio definido. Estos cultivos de tejidos pueden mantener prácticamente de modo indefinido su actividad divisoria bajo determinadas condiciones.

Otros ejemplos de regulación interrumpida son los tumores. Estos complejos con actividad de división celular ininterrumpida pueden deberse a diferentes causas. Se conocen tumores genéticos especialmente de híbridos de especies del género *Nicotiana,* sobre todo cuando una de las especies que se cruzan es *N. langsdorffii.* En éste y otros híbridos, el equilibrio se ve tan fuertemente alterado por el cruzamiento de genomas relacionados, que la actividad divisoria de las células no se puede llegar a controlar. Otros tumores son debidos a virus, por ejemplo el tumor de Black. Se debe al *Virus aurigenus magnivena* portado por el saltamontes. Más conocidas aún son las agallas del cuello de la raíz.

Las agallas del cuello de la raíz son tumores vegetales inducidos por *Agrobacterium tumefaciens.* No se forman de ningún modo sólo en los cuellos de las raíces, sino también en zonas cualesquiera de la planta (fig. 150). La condición necesaria es una herida. Ésta es necesaria para la infiltración de las bacterias, pero lleva también a un condicionamiento de las células vegetales, pues cuando se infiltran bacterias sin haber herida, no se forma el tumor. Se desconoce en qué podría consistir el condicionamiento. En el lugar de la herida, primero se forma, como es habitual en las heridas, un callo. De él crece más tarde un tumor. El callo y el tumor se pueden diferenciar bien, pues en el tejido del callo las divisiones celulares están orientadas periclinalmente, mientras que en el tejido tumoral no existe orientación.

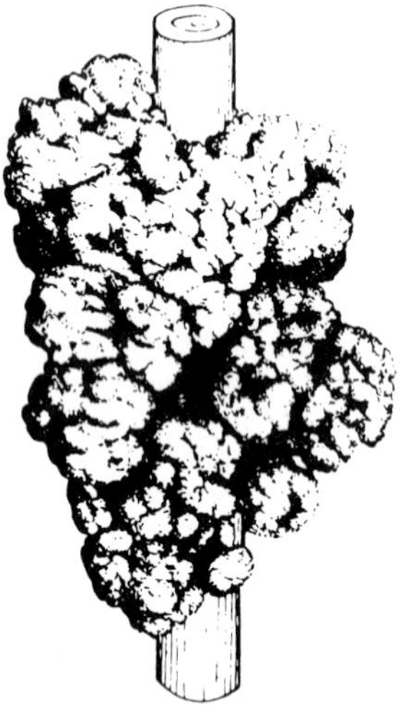

FIG. 150. «Agalla del cuello de la raíz» en un brote de una tomatera (según NULTSCH 1968).

Como verdaderos tumores, las agallas del cuello de la raíz, se caracterizan por un crecimiento por división indefinido. Esto también sucede en tejidos tumorales aislados y cultivados. Se puede suprimir las bacterias de los tejidos tumorales si se ponen a temperaturas de 40°. Entonces *Agrobacterium* muere, mientras que las células vegetales no resultan esencialmente dañadas. También este tejido tumoral libre de bacterias conserva en cultivos su actividad de división celular, sin tener que añadir factores que estimulen la división y retarden la diferenciación. Por el contrario, tejidos vegetales normales en cultivo necesitan la adición de semejantes factores, quizás de AIA, si han de conservar su actividad de división celular. El tejido tumoral, en comparación con el tejido normal se regenera pues constantemente. En esta regeneración interviene con seguridad DNA, como demuestran los experimentos de BOPP en *Bryophyllum daigremontianum.* Cuando en una mitad de una hoja de *Bryophyllum,* se infectan heridas con agrobacterias, primero se desarrolla el callo y de él los tumores. Cuando también se infecta la otra mitad de la hoja, pero además se inyecta la sustancia inhibitoria de la síntesis de DNA, la 5-fluordesoxiuridina, se forma el callo, pero no el tumor (fig. 151). El DNA entra pues en juego, pero al principio aún no se sabía si era DNA de la planta o de la bacteria. En muchos experimentos se consideró probable la existencia de un principio inductor de tumores (TIP) que sería cedido por las bacterias que no se infiltran en las células vegetales, sino que quedan localizados en los espacios intercelulares y que daría a las células el impulso para la regeneración (transformación). Habría ahora que asegurarse que se trata de DNA bacteriano, pues el DNA pasa en cantidades conocidas de las bacterias a las células vegetales y alcanza allí toda su función: se reduplica e induce también a la formación de proteínas específicas de las bacterias. En su actividad, debería basarse en última instancia la formación de tumores.

Resumamos: el material celular de la planta es producido a través del crecimiento por división. Las divisiones son mitóticas. Durante el ciclo mitótico, el DNA de los cromosomas se duplica semiconservativamente. Las mitosis son pues divisiones con igualdad hereditaria, por lo menos en lo que concierne a los factores genéticos. La actividad divisoria es controlada por el organismo. Esto se hace más claro cuando este control se interrumpe al formarse tumores.

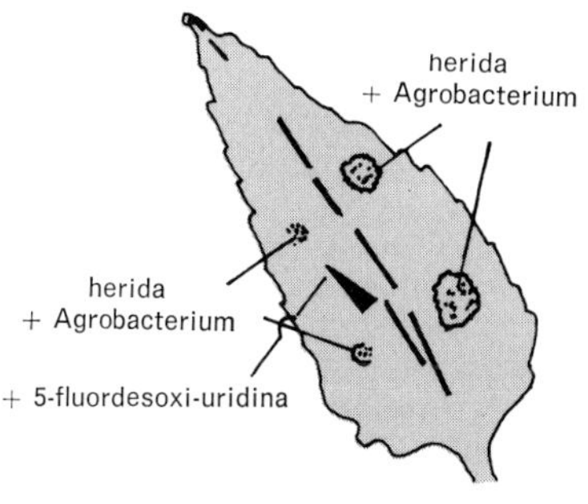

FIG. 151. Demostración de la participación del DNA en la formación de agallas del cuello de la raíz. Hoja de *Bryophyllum daigremontianum,* con ambas mitades heridas e infectadas con *Agrobacterium tumefaciens.* Una mitad ha sido además tratada con 5-fluordesoxiuridina, un inhibidor competitivo de la timidilato-sintetasa: en esta mitad sólo se forman callos y no tumores (modificado según BOPP 1963).

ACTIVIDAD GÉNICA DIFERENCIAL COMO PRINCIPIO DE LA DIFERENCIACIÓN

1. Totipotencia

Casi todas las células de las plantas superiores se forman a partir del zigoto, a través de divisiones mitóticas. Una excepción es el material haploide de los micro y macrogametófitos, producidos a través de meiosis. Antes habíamos dejado claro que la mitosis es una división con igualdad hereditaria. Todas las células diploides de las plantas superiores deberían pues disponer del mismo efectivo genético.

¿Cómo puede explicarse, sin embargo, que luego las diferentes células de la planta puedan diferenciarse de manera completamente distinta? ¿Cómo pues, basándose en una misma dotación genética puede llegarse a diferentes tipos de células, tejidos y órganos?

Podría primero aceptarse que la mitosis no es de igualdad hereditaria, o bien que siendo ya de igualdad hereditaria, después del cese de la actividad divisoria, se sufran modificaciones en la dotación genética de las células. En ambos casos, la planta pluricelular sería un mosaico de células y formaciones celulares genéticamente diferentes. A través de esta diferencia genética, se comprenderían entonces las correspondientes diferenciaciones.

En la práctica existen ejemplos de mitosis sin igualdad hereditaria, pero parece tratarse de casos particulares. Por lo general, todas las células de una planta superior disponen de la información genética total. Las células son genéticamente totipotentes u omnipotentes. Las demostraciones se aportaron en experimentos de regeneración. Es conocido, por ejemplo, que de una sola célula epidérmica de hoja de begonia, se puede formar una nueva planta de begonia completa. La célula epidérmica correspondiente, una célula ampliamente diferenciada, conserva aún pues toda la información genética (fig. 152).

Aún más asombrosos son los experimentos con células aisladas. Se cultivaron tejidos de zanahoria y tabaco, por ejemplo, del floema de la raíz de la zanahoria. Células aisladas de estos cultivos de tejidos, crecían dando plantas de zanahoria y tabaco ca-

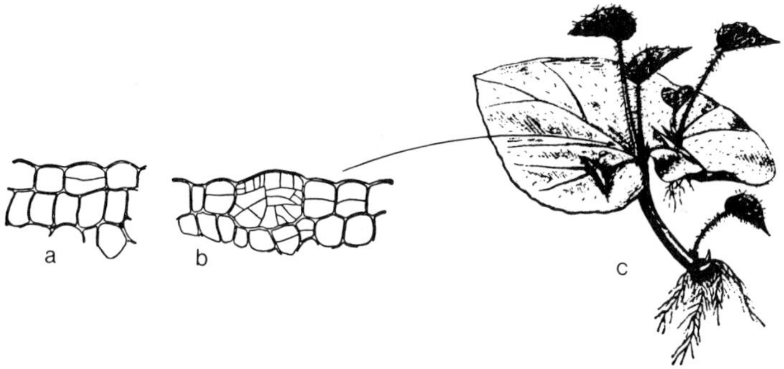

FIG. 152. Regeneración de las begonias. Una hoja de begonia separada forma raíces (c). Sus nervios foliares son cortados en parte. Alrededor de los cortes, se regeneran nuevas begonias. De una sola célula epidérmica puede formarse una planta completa (a, b) (modificado de STRASBURGER 1967).

paces de regeneración (fig. 153). Las correspondientes células, a pesar de la diferenciación, seguían siendo pues totipotentes.

Se pudo aún dar un paso más. Se separaron las paredes celulares de las células de la planta con ayuda de los enzimas correspondientes (pectinasas, celulasas, etc.). Se obtuvieron entonces protoplastos. Estos protoplastos aislados pueden igualmente convertirse en plantas completas. Esto no sucedía sólo en objetos estándar de los experimentos de regeneración como en el tabaco y la zanahoria, sino también en petunias, nabos, espárragos, estramonio, belladona, limón y en la hepática *Sphaerocarpus*. Seguramente esta lista se verá pronto ampliada, pero ya es suficientemente convincente.

Los protoplastos anteriormente citados se aislaron del mesófilo de hojas, o sea de células altamente especializadas. Con ello se aportó una demostración de la totipotencia. Sin embargo los protoplastos son del mayor interés por otras causas, causas que aquí se destacarán poco: representan buenos objetos para manipulaciones genéticas, tanto para hibridaciones somáticas como para transformaciones (pág. 7).

Lo que era posible en animales ya desde principios de los años sesenta, lo consiguió COCKING y después de él algunos grupos de trabajo más, diez años más tarde, en plantas: una fusión de los protoplastos también a través de las fronteras de las especies. Primeramente sólo se pudo llegar a la fusión de los citoplasmas

y no de los núcleos. Sin embargo, también se dio la suposición de una verdadera hibridación por fusión de núcleos entre células vegetativas diploides *(hibridación «somática»)*. En 1972 se consiguió también fusionar protoplastos de *Nicotiana langsdorffi* con los de *Nicotiana glauca* y de los protoplastos híbridos resultantes, originar plantas híbridas completas. Las plantas híbridas no se diferencian de los híbridos, que se pueden formar de ambas especies por cruzamientos convencionales (compárese con la pág. 199). Con ello se formó el primer híbrido somático.
A través de fusión de protoplastos, se pudo luego originar también un híbrido de otras dos razas de tabaco.

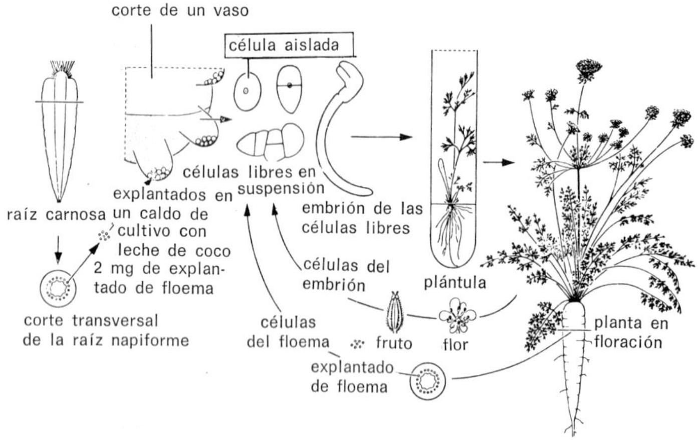

FIG. 153. Regeneración de las zanahorias, a partir de células aisladas (modificado de HESS 1968).

Pero más sorprendentes son los resultados de SCHIEDER en la hepática dioica *Sphaerocarpus donellii*. Las plantas femeninas llevan en su núcleo celular un gran cromosoma X, y las masculinas un pequeño cromosoma Y, además de 7 autosomas. Se disponía de diferentes mutantes de *Sphaerocarpus*. Uno de ellos no podía formar ácido nicotínico y no crecía pues en un medio alimenticio sin ácido nicotínico. Sin embargo, era capaz de sintetizar glucosa. Un segundo mutante se comportaba completamente a la inversa: podía formar ácido nicotínico, pero no glucosa y sólo crecía si se le suministraba ésta. Pues bien, se fusionaron protoplastos de un mutante femenino deficiente para el ácido nicotínico con protoplastos de un mutante masculino deficiente para la glucosa. Después de unos días, los productos de la fusión se llevaron a un medio mínimo sin ácido nicotínico y sin glucosa. Allí creció una plantita que por consiguiente podía formar tanto glucosa como ácido nicotínico. Este descubrimiento hablaba ya en favor de que se trataba de un híbrido, en el cual se complementaban los genomas de ambos lados. De todos modos se podrían haber puesto objeciones a esta interpretación, pero la plantita poseía también 14 autosomas —especialmente decisivos—, un cromosoma X *y* uno Y en sus núcleos celulares. Las plantas de partida tenían una doble señal: una bioquímica (síntesis y correspondientemente no síntesis de ácido nicotínico y glucosa) y una citológica (el cromosoma X y el cromosoma Y). Ambas señales se volvían a encontrar ahora en *una* plantita. No hay duda de que se trataba de un híbrido somático (fig. 154).

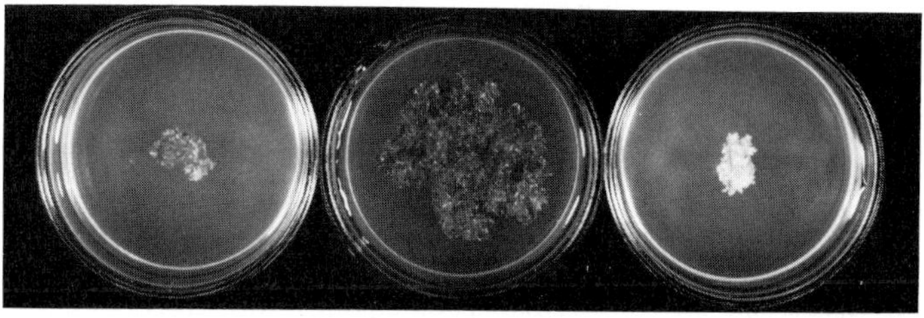

FIG. 154. Hibridación somática en el musgo *Sphaerocarpus donnellii*. Demostración de la hibridación en el test de crecimiento: a la izquierda la planta masculina deficiente en la síntesis de glucosa en un medio mínimo sin glucosa, a la derecha la planta femenina deficiente en la síntesis de ácido nicotínico en un medio mínimo sin ácido nicotínico. Ambas crecen muy mal. En el centro, los híbridos somáticos obtenidos por fusión de protoplastos de ambos mutantes. Crecen muy bien en un medio mínimo sin glucosa y sin ácido nicotínico (documento del Dr. O. SCHIEDER).

Se especula ya sobre híbridos somáticos, como los de patatas y tomates. Combinaciones de este tipo ya no parecen imposibles. También en experimentos de transformaciones, los protoplastos deberían suponer ventajas, ya que después de la separación de la pared celular, pueden incorporar fácilmente DNA. Una vez los protoplastos han integrado el DNA introducido, deberían poder originar la planta transformada. Se desea poder aumentar así las cantidades de transformación, normalmente muy bajas.

2. Actividad génica diferencial: el fenómeno

Por lo general las células diploides disponen pues de la información genética completa y pueden utilizarla también en la formación de caracteres. Pero ello no quiere decir que también todos los genes hayan de ser activos al mismo tiempo. Podría imaginarse que en un determinado tejido y en un determinado estadio del desarrollo, son activos muy determinados genes distintos de los que actuarían en otro tejido y otro estadio del desarrollo. A cada uno de estos tipos de genes activos, les correspondería pues una determinada potencia de diferenciación. Con ello se presenta una nueva posibilidad de entender la diferenciación: en lugar de una diferencia en la existencia de genes, entra ahora una diferencia en la actividad génica, que tiene como consecuencia las correspondientes diferencias en la formación de caracteres.

Debemos aún dar algunas definiciones. La actividad génica puede dividirse en procesos primarios y secundarios. Por *actividad génica primaria* se entiende la producción de mRNA, o sea la transcripción. Todas las etapas posteriores para la formación de caracteres y también la traducción son de naturaleza secundaria. Cuando la actividad primaria de un locus conduce a diferencias específicas en los tejidos y estadios del desarrollo, se habla de *actividad génica diferencial.* La actividad génica diferencial no es la única, pero sí una importante fuerza impulsora de la diferenciación.

Primero nos ocuparemos de la demostración de la existencia de una actividad génica diferencial en plantas superiores y de momento dejaremos la cuestión sobre las causas de la actividad génica diferencial.

a. Síntesis de RNA en los cromosomas gigantes

La actividad génica diferencial puede demostrarse en objetos adecuados con los métodos correspondientes ya en los propios cromosomas, así ocurre en los cromosomas gigantes y los cromosomas en escobilla.

Los cromosomas gigantes se encuentran en las glándulas salivales de dípteros como *Drosophila, Chironomus, Acricotopus* y *Sciara.* Son paquetes de algunos miles de cromátidas homólogas, colocadas paralelamente y ligeramente retorcidas como un cable (fig. 155). Cada cromátida muestra una disposición longitudinal: los cromómeros parecen estar alineados en el cromonema.

En los cromosomas gigantes, las estructuras homólogas de las cromátidas están a la misma altura. La disposición longitudinal de las cromátidas implica una disposición longitudinal del cromosoma gigante con discos transversales y segmentos intermedios. Esto es detectable mediante el microscopio.

En los discos transversales están situados los locus, como se

FIG. 155. Esquema de un cromosoma gigante (según KÜHN 1965).

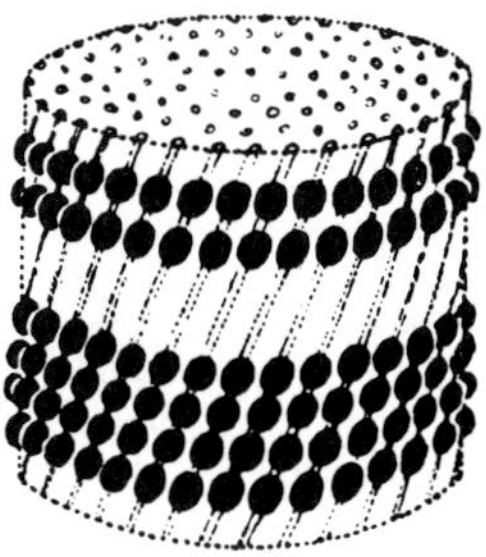

pudo demostrar en un detallado trabajo. Si estos locus pasan al estado de actividad primaria, entonces se llega a un cambio estructural de los discos transversales correspondientes. El DNA de los discos transversales se despliega formando el denominado puff (puffing = inflación) (fig. 156). Un puff especialmente fuerte se denomina anillo balbiánico. En el DNA desplegado de estos puffs se forma mRNA. Los puffs son pues lugares de alta actividad génica primaria.

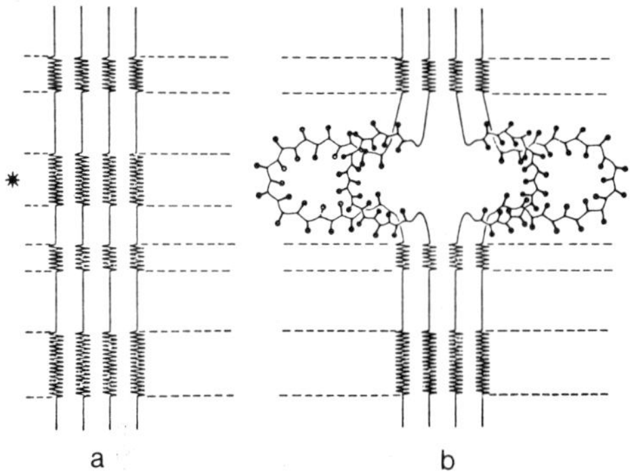

FIG. 156. Esquema de la formación de un puff. De las muchas cromátidas existentes, sólo se han representado cuatro (según BEERMANN 1966).

Los puffs no son estructuras constantes. En el transcurso del desarrollo de un cromosoma gigante dado, se vuelven a formar puffs ya existentes y también otros nuevos. También de tejido a tejido se encuentran diferencias en la formación de puffs en un determinado cromosoma gigante. En estos tipos de puffs específicos para los estadios del desarrollo y los tejidos, la actividad génica diferencial es detectable microscópicamente.

También en plantas superiores existen cromosomas gigantes, aunque más raramente, como sucede en las células de los suspensores del guisante *Phaseolus vulgaris*. Desafortunadamente, es más difícil trabajar con estos cromosomas vegetales gigantes que con los de los dípteros. De todos modos NAGL pudo establecer amplios paralelismos, pues también los cromosomas gigantes vegetales muestran un tipo específico del estadio de disgregación local de la estructura del cromosoma, que representa un tipo de puff (fig. 157). En este puff se forma RNA al igual que en los dípteros. A bajas o altas temperaturas y con tratamiento con actinomicina C_1 se vuelven a formar estas disgregaciones a modo de puff. Luego, en los lugares en cuestión, tampoco se forma más RNA. También en plantas superiores hay tipos de puff específicos, como expresión detectable al microscopio de una actividad génica diferencial, aunque en comparación con los dípteros, su significación es poca.

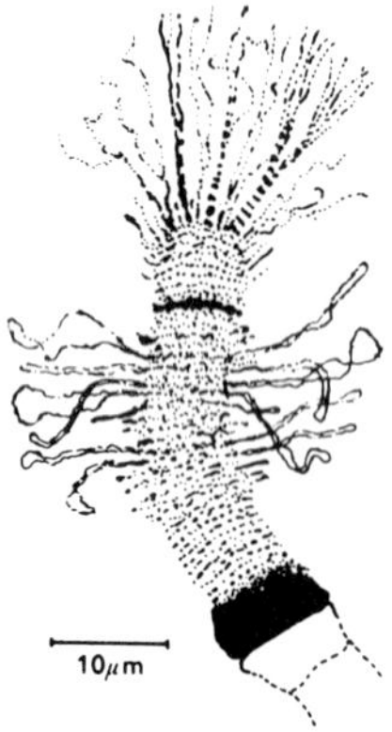

FIG. 157. Cromosoma gigante de un suspensor de *Phaseolus coccineus*. Las disgregaciones locales de la estructura implican la formación de un puff (según NAGL 1970).

b. mRNA específico de los estadios

Los tipos de puff específicos para los estadios y los tejidos, son modelos microscópicamente detectables de genes activos. A un tipo determinado de genes activos, le debería corresponder una determinada composición de mRNA y a otros tipos de genes activos, otra composición de mRNA. Debería pues ser posible, comparando los análisis del mRNA de diferentes estadios del desarrollo o tejidos, demostrar la existencia de una actividad génica diferencial.

Objetos apropiados para experimentos de este tipo son los embriones, pues en cada estadio del embrión deben ser activados muchos nuevos genes, si ha de continuar el desarrollo. Con un método muy sensible podría también demostrarse en embriones, que la composición del mRNA varía de estadio a estadio del embrión.

Los objetos de experimentación fueron distintos cotiledones viejos de cacahuete *(Arachis hypogaea),* de los cuales se aisló el mRNA. Después se comparó los mRNA de los diferentes estadios del embrión. Para ello se usó la llamada técnica del doble marcaje. Sólo trataremos aquí una línea de experimentación.

Veamos primero una prueba de control (fig. 158). Una muestra de embriones de cacahuete se alimentó con uridina-H^3 y una segunda muestra de brotes de cacahuete con uridina-C^{14}. El segundo día después de la germinación se aislaron los ácidos nucleicos de ambas muestras y se pasaron conjuntamente a través de una columna de metil-albumín-trípoli (compárese con la página 28). Esta separación conjunta es el punto decisivo del método, pues los preparados de ácidos nucleicos a comparar, están

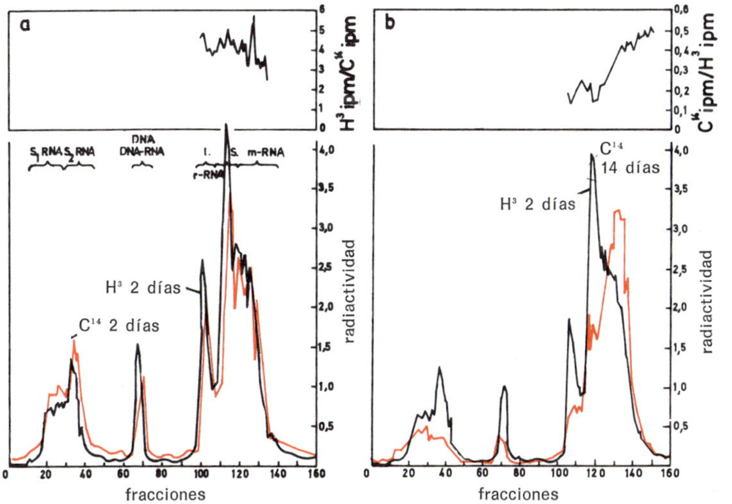

FIG. 158. Demostración de la existencia de mRNA específicos para los distintos estadios, en cotiledones de cacahuete (*Arachis hypogaea*) a = control. Ácidos nucleicos H^3 y C^{14} de cotiledones en el segundo día después de la germinación. b = experimento. Ácidos nucleicos H^3 y C^{14} de cotiledones en el segundo y catorceavo día respectivamente después de la germinación. Especialmente en la zona del mRNA (a la derecha de la figura) hay fuertes diferencias entre la curva H^3 y la curva C^{14}. (modificado según CHROBOCZEK y CHERRY 1965).

también sujetos a las mismas contingencias que pueden también influenciar en los resultados de los métodos «estandarizados». De la columna fluyen uno detrás de otro: tRNA, DNA y complejos de DNA y RNA, rRNA y mRNA. Cada grupo de RNA consta de muchos tipos de moléculas distintas que se reconocen en los distintos «picos» dentro de cada grupo. Con instrumentos de medida especiales, se puede separar el RNA marcado con uridina-H^3 del RNA marcado con uridina-C^{14}. Se puede ver que los perfiles de elución para el mRNA-H^3 y para el mRNA-C^{14} coinciden ampliamente. Con ello el método demostró ser fidedigno: donde no se debería esperar diferencias, no se verificaba el método.

Veamos ahora el experimento principal (fig. 158): con la técnica anteriormente esquematizada, se comparó el mRNA-H^3 de

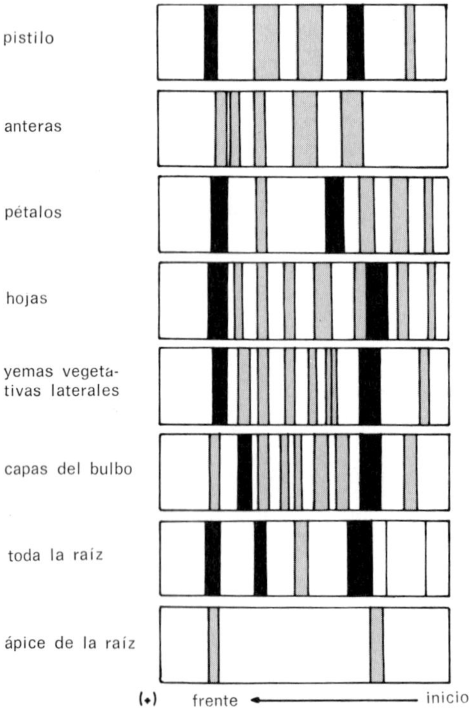

FIG. 159. Muestra de las proteínas específicas del tulipán. Separación por electroforesis de zona (modificado según STEWARD 1965).

cotiledones de dos días de edad con mRNA-C^{14} de cotiledones de 14 días de edad. Mostraban fuertes diferencias en los perfiles de elución, especialmente en la zona del rRNA y mRNA. Veamos lo que aquí nos interesa: los mRNA de diferentes estadios embrionarios se diferencian entre sí. También a nivel de mRNA puede pues demostrarse la existencia de actividades génicas diferenciales.

c. Tipos específicos de proteínas para estadios y tejidos

Puede darse aún otro paso y llevarse a cabo análisis comparativos de los primeros productos génicos secundarios, los polipéntidos y consecuentemente de las proteínas. Después de la implantación de un método unificado como es la electroforesis zonal en diversos medios portadores, en los últimos años se demostró la existencia de gran cantidad de tipos de proteínas específicas para estadios y tejidos. Como ejemplo de tipo específico para tejidos, damos el de las proteínas solubles de diferentes partes del tulipán (fig. 159).
A las proteínas, pertenecen también las proteínas enzimáticas. Ya nos habíamos ocupado de los isoenzimas, cuyas múltiples formas se ocupan de una determinada actividad enzimática. También para los más diversos isoenzimas se han descubierto en toda una serie de plantas, tipos específicos para estadios y tejidos, especialmente para amilasas, esterasas, catalasas, peroxidasas, diferentes deshidrogenasas y aminopeptidasas que fácilmente se ponen de manifiesto. En la figura 160 se muestran modelos de isoenzimas peroxidasas específicas para tejidos.
La actividad génica diferencial también es demostrable a nivel de proteínas. Se puede aún llegar más allá de la actividad génica

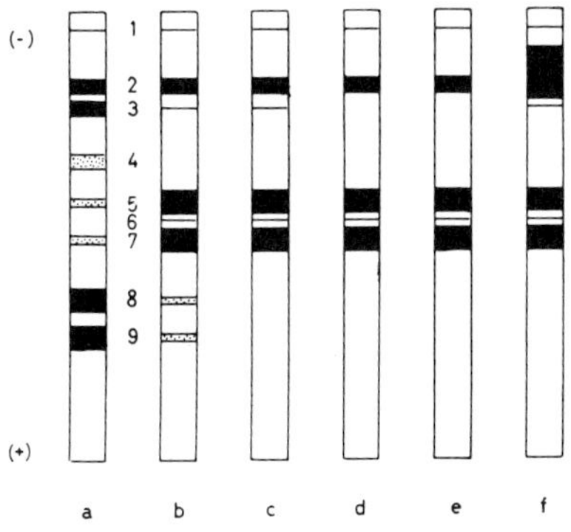

FIG. 160. Modelo del isoenzima específico de la peroxidasa de las petunias, (*Petunia hybrida*) a = yemas florales, b = hojas jóvenes, c = = hojas viejas, d = brotes jóvenes, e = brotes viejos, f = raíz (según HESS 1967).

primaria y ocuparse de la formación de caracteres visibles. La formación de caracteres transcurre en una sucesión ordenada; primero formación del carácter A, luego del carácter B y así sucesivamente. Detrás de esta sucesión visible se debería esconder según nuestro concepto, la actividad génica. En varios casos, mediante antimetabolitos, se pudo aportar una demostración experimental de la transcripción y la traducción. Con su ayuda se consiguió ligar la formación de determinados caracteres, quizás del carácter B, de una sucesión semejante. Más tarde volveremos a ver un ejemplo (pág. 351).

REGULACIÓN

1. Estado de actividad de los genes

El estado de nuestro análisis hasta aquí es: en la reproducción sexual, el material celular completo del organismo pluricelular deriva de divisiones mitóticas del zigoto. En el ciclo de la mitosis, el material genético localizado en los cromosomas, se reduplica semiconservativamente. Todas las células hijas llevan pues la misma información genética en sus cromosomas, que la célula madre. Se demuestra mediante experimentos de regeneración, que esto es cierto y además que durante la diferenciación, la potencia genética total puede también ser conservada.
La diferenciación de las células no puede pues, por lo menos en general, estar basada en modificaciones del efectivo de genes. Nosotros habíamos sacado la conclusión de que una actividad génica diferencial específica para estadios y tejidos era la fuerza impulsora de la diferenciación. La próxima cuestión ha de ser: ¿cómo se llega a esta actividad génica diferencial? Como quizás ya suponíamos, esta pregunta es de fondo, ya que hasta aquí habíamos hablado sólo de genes activos. Determinados estadios del desarrollo o determinados tejidos se caracterizaban por tipos específicos de genes activos. Este tipo de genes activos difiere de estadio del desarrollo a estadio del desarrollo, e igualmente de tejido a tejido. Esto significa, sin embargo, que en un paso de este tipo han de inactivarse genes hasta entonces activos y activarse genes hasta entonces inactivos. Basándose en esta consideración, en un estadio del desarrollo o tejido dado, por acción de una excitación dada, se puede distinguir entre los cuatro siguientes estados de actividad de los genes:

1. *Genes activos* (permanecen activos antes y después de la acción de excitación).
2. *Genes inactivos* (permanecen inactivos antes y después de la acción de excitación).
3. *Genes activables* (genes potencialmente activos, inactivos antes de la excitación, activos después de ésta).

4. *Genes inactivables* (genes reprimibles, genes potencialmente inactivos; activos antes de la excitación, inactivos después de ésta).

Nuestra pregunta sobre las causas de la actividad génica diferencial es pues una pregunta sobre los factores que activan y desactivan los genes. Seguidamente nos ocuparemos de esta regulación de la actividad génica, que sólo puede ser vista en conexión con el complejo global de la regulación de los procesos metabólicos.

2. Puntos de inserción de la regulación

El fisiólogo vegetal KLEBS afirmó ya en 1903, que el desarrollo de un organismo tenía lugar a través de un concierto de «estructuras específicas» con condicionamientos «externos» e «internos». No de total acuerdo con KLEBS, la «estructura específica», se identificó con el material genético. Actualmente la fisiología del desarrollo habla de una norma de reacción condicionada por el material genético, en la cual pueden influir factores externos e internos reguladores del crecimiento y de la diferenciación.

TABLA 5. Posibilidades de regulación en las plantas.

1.	Regulación por factores internos.
1.1.	Regulación intracelular.
1.1.1.	Regulación de la actividad génica.
1.1.1.1.	Regulación de la transcripción.
1.1.1.1.1.	Traducción a nivel de sustrato.
1.1.1.1.2.	Represión por producto final.
1.1.1.1.3.	Represión por histonas.
1.1.1.2.	Processing.
1.1.1.2.1.	Unidades transcriptoras y processing.
1.1.1.2.2.	Processing del rRNA.
1.1.1.2.3.	Processing del mRNA y modelo de las unidades transcriptoras del mRNA.
1.1.1.3.	Regulación de la traducción.
1.1.2.	Regulación de la actividad enzimática.
1.1.2.1.	Regulación enzimática.
1.1.2.1.1.	Efectos isostéricos: inhibición competitiva.
1.1.2.1.2.	Efectos alostéricos: inhibición y archivación por medio del producto final.
1.2.	Regulación intracelular: fitohormonas.
2.	Regulación por factores externos.

Debemos aún considerar que hemos de ocuparnos no de células aisladas, sino de organismos pluricelulares. Esto nos obliga a distinguir entre regulación intercelular e intracelular y correspondientemente, entre factores de regulación intercelulares e intracelulares.
Repetidamente se ha destacado que detrás de cada formación de caracteres, hay de una hasta muchas reacciones metabólicas. Con ello, podemos identificar regulación con «regulación de los procesos metabólicos» y cuando nos acordamos de que detrás de un proceso metabólico hay de uno hasta muchos genes, hemos alcanzado la comunicación con la actividad génica. La tabla 5 orienta sobre las posibilidades de regulación más importantes. La regulación de la actividad génica está en su punto medio y cuando no es la propia actividad génica la que se ve influenciada, sino por ejemplo la actividad de un enzima, puede, en la situación metabólica así modificada, llegarse secundariamente a modificaciones de la actividad génica. Estas acciones secundarias sobre el material genético no pueden nunca faltar en la complicada red de los procesos intracelulares.

3. Regulación por factores internos

Primero veamos la regulación por factores internos, factores pues que existen en el propio organismo. Sobre ello, como ya se había citado, hay que distinguir entre una regulación intracelular y una regulación intercelular.

a. Regulación intracelular

aa. Regulación de la actividad génica

Como regulación de la actividad génica, la mayoría de las veces no sólo se entiende la regulación de la transcripción, sino también de la traducción, pues ambos procesos por lo general van seguidos. Llevan a la formación de polipéptidos y correspondientemente de proteínas, entre las cuales, las proteínas enzimáticas tienen un interés especial. En muchos, pero no en todos los casos, la regulación de la actividad génica es una regulación de la síntesis de enzimas.

REGULACIÓN DE LA TRANSCRIPCIÓN

En 1961 JACOB y MONOD publicaron una hipótesis sobre la regulación de la transcripción, que desde entonces se denomina *modelo de Jacob-Monod.* Muchos experimentos posteriores sobre la

regulación de la actividad génica se realizaron en el sentido de comprobar el modelo de Jacob-Monod o —lo que también es importante para el progreso del análisis— de refutarlo. El modelo de Jacob-Monod ha demostrado reiteradamente ser acertado para las bacterias.
Según el modelo de Jacob-Monod, los genes se dividen en tres grupos: genes reguladores, genes operadores y genes estructurales. Las relaciones de grupo a grupo se caracterizan por una estricta jerarquía. En la cúspide están los *genes reguladores.* Dirigen la actividad de los genes operadores. Al estar generalmente separados espacialmente de ellos, realizan su función de control a través de la producción de sustancias inhibidoras de la actividad génica, que se denominan *represores.* Algunos de estos represores son proteínas, como pudo demostrar primeramente *Gilbert* en 1966-67 para el represor del operón lac de *E. coli* (véase más adelante). El segundo lugar en la jerarquía de los genes lo toman los *genes operadores.* Como antes se ha citado, su actividad es controlada por los genes reguladores. Por su parte, los genes operadores controlan a los genes estructurales y están en contacto espacial directo con ellos.
Los *genes estructurales* ya nos son conocidos, pues son los que producen polipéptidos a través de la transcripción y la traducción, que son necesarios para determinadas reacciones metabólicas. En los microorganismos, en varios casos, los genes estructurales que contribuyen a la síntesis de un producto final están uno detrás de otro en el genoma. Luego un gen operador que se encuentra directamente al lado del primer gen estructural de este grupo, dirige la actividad de todo el grupo. Un grupo semejante de genes estructurales funcionalmente interrelacionados, con el gen operador colocado sobre ellos, se denomina *operón.* En el conjunto interrelacionado de los genes reguladores, genes operadores y genes estructurales, puede llegarse a una activación de genes a través de una inducción del sustrato y también a una inactivación de genes a través de una represión por producto final. El papel decisivo es de los represores, cuyo estado de actividad es controlado por metabolitos de molécula pequeña, los llamados *efectores.*

Inducción por sustrato (fig. 161)

Veamos en primer lugar el esquema general de una inducción por sustrato: el represor producido por el gen regulador está en forma activa y bloquea el gen operador supeditado. Con ello, sin embargo, se interrumpe también la actividad del operón en conjunto. Ninguno de los genes estructurales del operón puede formar mRNA. Sin embargo, el represor puede ser inactivado a

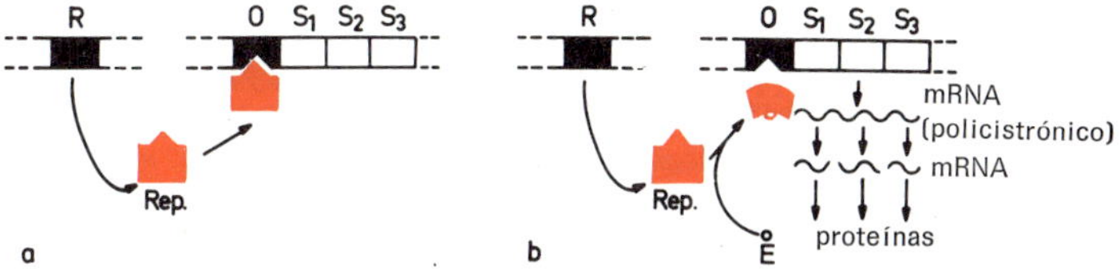

FIG. 161. Esquema de una inducción por sustrato. Un represor Rep codificado por un gen regulador R bloquea el gen operador 0 (a) y con ello la actividad de *todos* los genes estructurales (S_1 — S_3) del operón en cuestión (a). El represor es inactivado por un efector E de molécula pequeña. E es el sustrato de uno de los enzimas que son codificados por los genes estructurales del operón. Después de la inactivación del represor, el operón hasta ahora bloqueado, es activado, codificando sus genes estructurales el mRNA. Este mRNA primeramente es policistrónico, lo que significa que representa no sólo a un gen estructural, sino a varios o a todos los genes estructurales del operón en cuestión. El mRNA puede luego ser escindido en segmentos, que según el caso representan un gen estructural, y ser introducido en la síntesis de proteínas. A las proteínas pertenece también el enzima, que el efector puede utilizar como sustrato (b) (modificado según HESS 1968).

través de un efector de molécula pequeña. El efector causa una modificación de la configuración estérica del represor. El represor así formado, ya no encaja con el gen operador. Con ello el bloqueo del operón queda anulado. Los genes estructurales hacen que se forme mRNA. Se forma primero una sola larga fibra de mRNA, que representa todos los genes estructurales del operón. Se habla entonces de un *mRNA policistrónico* (unidad funcional del gen = cistrón). Después puede romperse en moléculas de mRNA aisladas, que si es el caso representan un gen estructural.

Con ello surge en seguida la cuestión sobre cómo realmente puede ser regulada la actividad de los genes estructurales a través de la colocación o no colocación del represor en el gen operador. Para el operón lac de *E. coli* (compárese más adelante), se ha descubierto que la región operadora consta de un promotor y un operador en sentido estricto (fig. 162). El operador en sentido estricto es el lugar de colocación para el represor, y el promotor lo es para la RNA-polimerasa (pág. 16). Si se coloca el represor en el operador, la RNA-polimerasa se ve impedida de

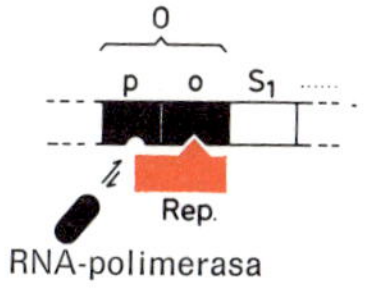

FIG. 162. Operón bloqueado por el represor: el represor que se encuentra en la región operadora en sentido estricto (o) tapa el lugar de inserción de la RNA-polimerasa en la región promotora (p). La polimerasa no puede entrar en contacto con la región promotora y con ello tampoco con el operón. La transcripción se interrumpe. Compárese las abreviaturas con la fig. 161 (de HESS 1957).

tomar contacto con el promotor y a partir de él, emprender la transcripción a lo largo de los genes estructurales. Este tipo de detalles aún no se conocen en las plantas superiores, pero sin embargo se postulan para ellas mecanismos similares.
El citado efector puede ser el sustrato de uno de los enzimas que son codificados por el operón en cuestión. De aquí viene la denominación de inducción por sustrato. Muchas veces se habla también de una *formación enzimática adaptativa,* pues la formación enzimática tiene lugar en ajuste con una nueva situación del metabolismo, como la producción de sustrato enzimático.
La inducción por sustrato permite pues un rápido ajuste —la determinación del período de tiempo es condicionada por la duración de la síntesis enzimática—. Es frecuente encontrar la inducción por sustrato en microorganismos, que han de ajustarse a condiciones del medio ambiente que varían radicalmente en corto tiempo. El ejemplo más conocido es el del operón lac de *E. coli.* En él están agrupados tres genes estructurales, de los cuales uno codifica la β-galactosidasa. Éste es un enzima que puede escindir enlaces β-galactosídicos de sustratos como la lactosa. Se ha demostrado que el represor es aquí una proteína y que es inactivado por la lactosa. A través del mecanismo antes mencionado, por adición de lactosa se llega a una síntesis adaptativa de β-galactosidasa en *E. coli.*
En plantas superiores existen toda una serie de descubrimientos que pueden interpretarse como inducciones por sustrato. Un ejemplo es la inducción de la timidín-quinasa de diferentes *Liliaceae* a través de su sustrato timidina. La timidín-quinasa transforma el nucleósido d-timidina en su nucleótido d-timidina-5′-fosfato con ayuda de ATP. La timidina-5′-fosfato es utilizada luego en la síntesis de DNA. Generalmente el sillar de DNA timidina-5′-fosfato es producido por otro camino (fig. 15). La actividad de la timidín-quinasa puede sin embargo ser importante, cuando la timina está disponible en su mayor parte en forma de su nucleótido timidina y ha de formarse DNA. Esto ocurre en una determinada fase del desarrollo del polen de algunas *liliáceas.* En este caso primero se acumula timidina en las anteras y un poco más tarde aumenta grandemente la actividad de la timidín-quinasa. Este aumento de la actividad responde a una nueva síntesis del enzima, que también se puede provocar por aporte experimental de timidina. De ello resultó otro descubrimiento interesante: la timidina aportada exógenamente induce la síntesis de timidín-quinasa en brotes de flores aislados de *Lilium longiflorum,* sólo en la fase del desarrollo en la cual el enzima es inducido en condiciones naturales (fig. 163). La posibilidad de inducción por sustrato resulta pues reducida por un

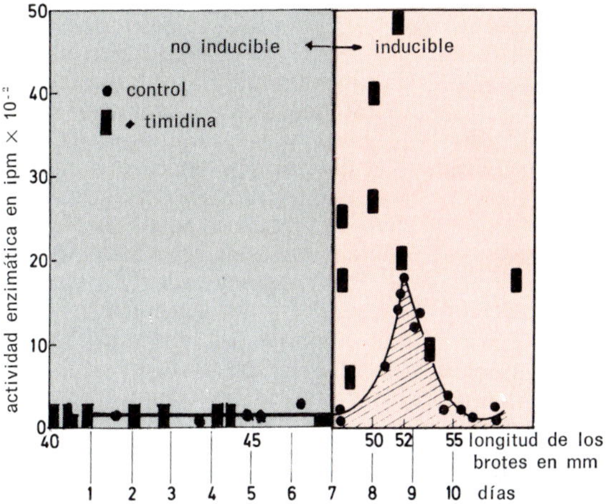

FIG. 163. Capacidad de inducción de la timidín-quinasa de *Lilium longiflorum*. Control: actividad enzimática durante el desarrollo de brotes en condiciones naturales. + timidina: capacidad de inducción de la actividad enzimática por aporte de timidina (modificado según HOTTA y STERN) 1963.

desconocido mecanismo de regulación que está por encima de ella.

El ejemplo de la timidín-quinasa nos muestra:

1. Por lo menos los principios de la inducción por sustrato se realizan también en plantas superiores.
2. La inducción por sustrato implica un control del tiempo de tipo desconocido.

Una inducción por sustrato y un control del tiempo de la inducción por sustrato por encima de ella, pudo descubrirse aún en otros casos, como en el de la nitrato-reductasa de distintas especies y en el de un enzima de la síntesis de antocianos de *Petunia hybrida*. Además existen muchos enzimas, para los que se estableció una inducción por sustrato o un control temporal sobre la síntesis. Estudiaremos aún algunos ejemplos para esta última posibilidad.

Represión por producto final

Primeramente tratemos otra vez del esquema global de la represión por producto final (fig. 164). El represor formado por el gen regulador, en este caso, al principio es inactivo. El gen operador no está bloqueado, todos los genes estructurales del operón forman mRNA. Ahora el represor es activado por un efector de molécula pequeña. El efector modifica la configuración estérica del represor, de manera tal que ahora el represor encaja en el gen operador como «la llave en la cerradura». Con ello *todos* los genes estructurales del operón son también bloqueados, y se interrumpe la producción de mRNA para determinados enzimas. El efector es aquí el producto final de una reacción o una cadena de reacciones, cuyos enzimas son producidos por el operón en cuestión. En *E. coli,* por ejemplo, todos los genes estructurales de la síntesis de arginina están agrupados en un operón de arginina. El operón de arginina produce pues todos los enzimas necesarios para la síntesis de arginina. El producto final de esta acción enzimática, la arginina, sirve como efector en la activación del represor propio del operón de arginina.

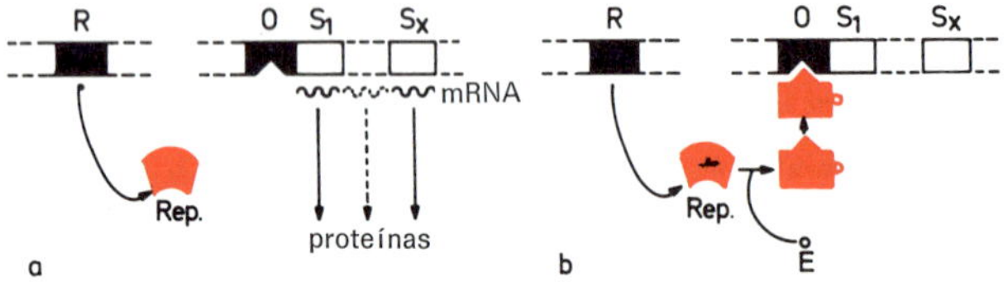

FIG. 164. Esquema de una represión por el producto final. El represor Rep., codificado por el gen regulador R, primeramente está inactivo. Los genes estructurales del operón (S_1 — S_x) codifican a través del mRNA, que puede ser también policistrónico (compárese con la fig. 161), proteínas y entre ellas también enzimas, que producen determinados productos finales (a). Uno de estos productos finales sirve de efector (E) en la activación del represor. El represor bloquea entonces el gen operador 0, colocado sobre el operón. Los genes estructurales interrumpen su actividad (b) (modificado según HESS 1968).

La represión por producto final permite también una acomodación relativamente rápida a condiciones cambiantes. Cuando en bacterias existe un exceso de una sustancia, ésta puede bloquear su propia síntesis posterior, a través de represión por producto final, ciertamente sólo bajo dos supuestos:

1. el mRNA, que se forma del operón en cuestión, y
2. los enzimas, que son codificados por este operón,

deben ser interrumpidos, pues si el mRNA y los enzimas fueran suficientemente estables, podría llegarse a través de ellos a una posterior producción de productos finales ya no necesarios. Respecto al mRNA de las bacterias, sin contar algunas excepciones, sabemos que es de vida corta. Su período de vida media (el tiempo en el cual la mitad de un determinado tipo de mRNA es descompuesto) comprende sólo unos pocos minutos. Por lo general también es corto el tiempo después del comienzo de la represión por producto final, que elimina de la célula el mRNA del operón bloqueado.

Los enzimas, la mayoría de las veces, son de vida larga, pero en las bacterias existe una solución más sencilla para el problema: se dividen y de división a división, el nivel de los enzimas no deseados se reduce. De igual manera puede naturalmente también reducirse por división el mRNA estable eventualmente existente.

La represión por producto final en bacterias, sólo es completamente activa cuando aún tienen lugar las divisiones. En las células de plantas superiores, una división semejante o una sucesión de divisiones puede hacerse imposible debido a determinadas diferenciaciones. Con ello la represión por producto final se desvaloriza mucho. En su lugar podría actuar la degradación de enzimas, a favor de lo cual hablan algunos datos. Nuestros conocimientos actuales aún no nos permiten emitir un juicio terminante sobre la significación de la represión por producto final en plantas superiores. De todos modos es ostensible que de los muchos casos de inducción por sustrato evidente en plantas superiores, sólo en unos pocos de ellos tiene lugar una posible represión de producto final. Este es el caso de la represión de la fitasa. Esta sustancia es un enzima hidrolítico que escinde el ácido fitínico, sustancia almacenadora de fosfato, en inosita y fosfato inorgánico (fig. 165). En el escutelo de embriones de

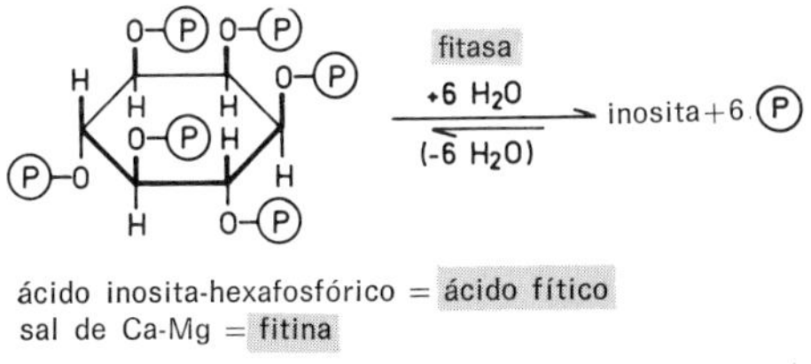

FIG. 165. Función de la fitasa.

trigo germinantes, el mRNA para la fitasa se forma en las seis primeras horas después de la germinación. Según las apariencias, el fosfato inorgánico aportado experimentalmente es capaz de interrumpir la síntesis de este mRNA. Ya que el fosfato inorgánico es un producto final de la actividad de la fitasa, podría tratarse de una represión por producto final.

Represión por histonas

En los cromosomas, el DNA está asociado con proteínas (figura 166). Entre estas proteínas se cuentan las histonas básicas, y en menor cuantía las proteínas nucleares ácidas y neutras, incluidos los sistemas enzimáticos acompañantes, como la DNA-polimerasa y RNA-polimerasa. Las histonas deben su carácter básico en un alto tanto por ciento a los aminoácidos básicos arginina y lisina. Según cuál de estos dos aminoácidos predomine, se habla también de histonas ricas en arginina e histonas ricas en lisina.

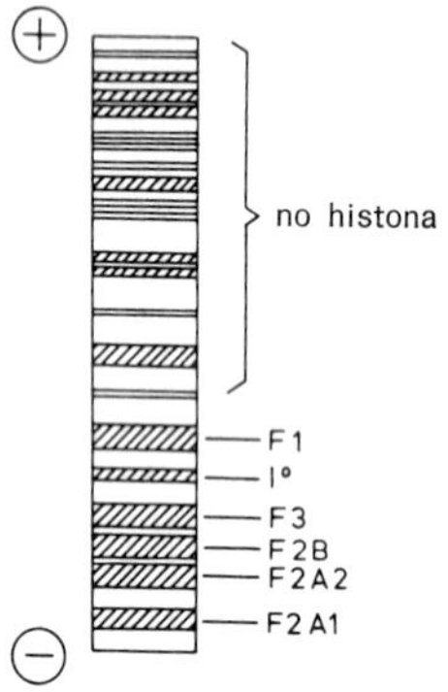

FIG. 166. Separación de todas las proteínas cromosómicas, con ayuda de electroforesis sobre gel de poliacrilamida. Se pueden detectar 5 fracciones principales en las histonas, de las cuales F1 y F2B son ricas en lisina, F2A2 contiene un poco más de lisina que de arginina y F2A1 y F3 son ricas en arginina. F2B y F2A1 constan únicamente de una proteína, mientras que las otras fracciones principales constan de varias subfracciones (de FELLENBERG 1974).

Las histonas y las proteínas nucleares ácidas son proteínas estructurales, pero por otra parte parece ser que participan en la regulación de la actividad génica. En lo referente a las plantas superiores, existen datos correspondientes especialmente a las histonas.

Represión de la transcripción en sistemas libres de células

Multitud de descubrimientos en plantas y sobre todo también en animales, demuestran que las histonas pueden inhibir la transcripción *in vitro*. En los experimentos correspondientes se combina bien la matriz de DNA de organismos superiores con la RNA-polimerasa de *E. coli*, que es más fácil de obtener y muestra una actividad más alta que el enzima correspondiente, por ejemplo, de plantas superiores. En ausencia de histonas tiene lugar la transcripción. Si se añaden histonas, esta transcripción puede ser interrumpida completamente.
Sin embargo, en los organismos vivos no son reprimidos todos los genes, sino sólo una parte de ellos. Con ello se plantea ya la cuestión de la especificidad en la acción represora de las histonas. Si las histonas realmente fuesen también *in vivo* los represores decisivos, debería esperarse de ellas que inhibieran específicamente sólo genes muy determinados, según el estadio de

desarrollo y el tipo de tejido. Son muy discutidos, por razones de método, los experimentos *in vitro* en los cuales se debía reprimir determinadas proteínas de reserva del guisante a través de histonas, de modo efectivo y específicamente según los tejidos. Más tarde se ha investigado, por ejemplo, si las fracciones de histonas antes mencionadas (fig. 166), pueden tener especificidad en la acción inhibitoria. Los conocimientos hasta ahora alcanzados en sistemas libres de células, son aún tan contradictorios que no forman un esquema claro. Sin embargo, hemos de excluir totalmente de ello que las fracciones de histonas citadas se encuentran en la más bonita regularidad en los distintos organismos, tejidos y estadios del desarrollo. Aun cuando se pudiera asegurar la existencia de diferencias en la acción inhibitoria de cada fracción de histonas, no se habría ganado nada para nuestro objetivo. Estas diferencias se encontrarían en todas las células, independientemente del estado de diferenciación.

Represión por histonas *in vivo*

Los experimentos en sistemas libres de células dejaron pues aún cuestiones en el aire. Por esta razón se intentó tratar con otro método la cuestión de la represión por histonas. Así FELLENBERG y BOPP, entre otros, consiguieron disminuir la actividad de algunos procesos morfogenéticos que implicaban determinadas actividades génicas, mediante tratamiento con histonas: la nueva formación de raíces en epicotilos de guisante inducida por AIA, la formación de felodermo de heridas en *Kalanchoe daigremontianum* y la formación de agallas del cuello de la raíz, fueron inhibidas por aporte de histonas de diferente origen. Determinadas modificaciones químicas de las histonas (sobre todo acetilación, metilación y fosforilación) llevaron también a modificaciones en la acción inhibitoria.
En algunos casos que no han de omitirse, surgieron dudas de que las histonas aportadas realmente llegaran al DNA del núcleo celular. En cambio, se discute también la influencia de las histonas en la permeabilidad del plasmalema, o sea, una acción muy periférica.

Modificaciones en el contenido en histonas durante el desarrollo

Si como se supone, las histonas participan en la regulación de la actividad génica, sería lógico pensar que durante el desarrollo ocurrieran modificaciones cuantitativas o cualitativas en el tipo de histonas y que también serían detectables analíticamente. En la práctica se han demostrado varias veces estas modificaciones, como durante la diferenciación de las flores o el desarrollo del polen. La mayoría de las veces la demostración se llevó a cabo con ayuda de determinados métodos de coloración, que a menudo permitían saber si existían modificaciones cuantitativas, cualitativas o ambas al mismo tiempo. Se pudo detectar una modificación cualitativa durante la meiosis de algunas plantas: aquí entra una nueva histona «meiótica». Estas modificaciones en el contenido en histonas concuerdan perfectamente con la hipótesis de que las histonas participan en la regulación de la actividad génica, pero no deberíamos olvidar que no representan demostración de ninguna clase.

Hipótesis del mecanismo de acción de las histonas

¿Cómo puede representarse exactamente el mecanismo de acción de las histonas en la represión de la actividad génica y más exactamente en la de la transcripción? Imaginémonos dos extremos posibles, aunque no deberíamos pasar por alto que quizás se podrían realizar ambas posibilidades.
Posibilidad 1: Las histonas inhiben como proteínas estructurales, inespecíficamente la actividad génica de cromosomas enteros o de territorios cromosómicos. Durante una división, los cromosomas se transforman a través de desenrollamiento, en una forma de transporte compacta. Después de la división los cromosomas vuelven a enrollarse. Determinados cromosomas o territorios cromosómicos pueden, por el contrario, permanecer desenrollados hasta poco antes de la próxima división. Cuando ya no tiene lugar ninguna división más, la forma desenrollada puede permanecer sin modificación. Estos cromosomas o territorios cromosómicos desenrollados se denominan heterocromáticos. En el material cromosómico heterocromático, la actividad génica está fuertemente reducida o interrumpida. Se acepta que las histonas, y dentro de ellas sobre todo la fracción principal F1 rica en lisina, podrían jugar un papel central como proteínas estructurales, en el desenrollamiento de los cromosomas (compárese con la fig. 166). Por ello serían represores inespecíficos de la actividad génica, pues todos los genes, en las zonas desenrolladas del cromosoma, verían inhibida en mayor o menor cuantía su actividad.
Posibilidad 2: Las histonas inhiben específicamente sólo muy determinadas actividades génicas. Una histona actuaría pues específicamente en un determinado locus génico. Ahora nos preguntamos cómo podría llegarse a una alta especificidad de este tipo. Histonas de muy diferentes orígenes, como las de timo de ternero y las del guisante, muestran sólo pocas diferencias detectables; son pues poco específicas (compárese también con la figura 166). Actualmente se podría objetar que mediante métodos de análisis mejorados, se podrían descubrir especificidades hasta

ahora aún desconocidas, pero sobre ello se nos ocurre aún algo más. Veamos dos versiones:

1. *RNA adaptador.* El RNA forma complejos con la histona que no necesita mostrar diferencias específicas de ninguna clase, pero el componente del RNA del complejo está relacionado específicamente con un determinado segmento de DNA, o sea con un locus génico: según las reglas del apareamiento de bases se coloca en la secuencia de bases homólogas en el DNA. Con ello la histona totalmente inespecífica, puede ahora interrumpir la transcripción en el locus génico en cuestión (fig. 167). El componente RNA sería pues el portador de la especificidad.
2. *Proteínas nucleares ácidas.* Otra vez partimos de una acción inhibidora completamente inespecífica de las histonas. Cuando pueden formar un complejo con un segmento de DNA, entonces en aquel lugar se inhibe también la transcripción. Esta formación del complejo puede ser impedida por las proteínas nucleares ácidas, pues donde se asocian proteínas nucleares ácidas con DNA, éste queda protegido contra las histonas. Las proteínas nucleares ácidas permiten la transcripción. Para tapar locus muy determinados, se debería buscar también, según esta hipótesis, la especificidad por parte de otro grupo de sustancias, en este caso las proteínas nucleares ácidas. Se está de acuerdo en que las proteínas nucleares ácidas, al contrario que las histonas, raramente están agrupadas de modo heterogéneo.

Tanto la posibilidad uno, como las variantes de la posibilidad dos, están de acuerdo con el modelo de Jacob-Monod. Esto es

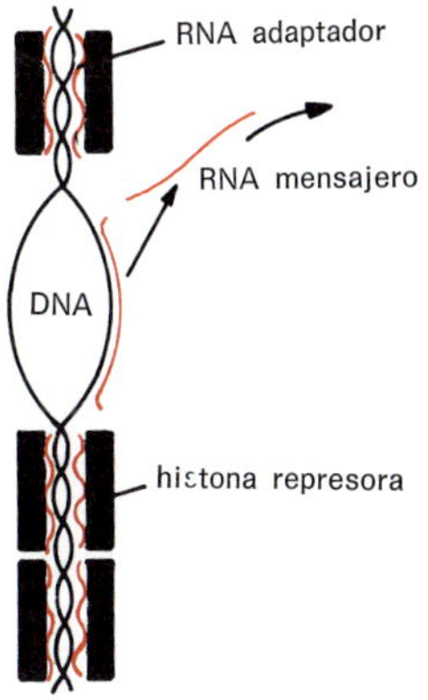

FIG. 167. Hipótesis del adaptador de la represión por medio de histonas.

poco sorprendente, pues, ¿por qué no deberían disponer los organismos superiores tan complejos, de posibilidades de regulación adicionales?
Resumamos: experimentos realizados *in vitro* e *in vivo* hablan en favor de que las proteínas nucleares, especialmente las histonas, pueden inhibir la transcripción. El mecanismo de esta represión se desconoce. Ninguna de las hipótesis viables coincide con los requisitos del modelo de Jacob-Monod.

PROCESSING

Unidades transcripcionales o transcriptoras y processing

En las bacterias, por lo general la traducción sigue inmediatamente a la transcripción. Mientras que un extremo del RNA tiene lugar la transcripción, puede empezar ya la traducción en el otro extremo. En organismos nucleados la situación es completamente diferente. Los lugares más importantes de la transcripción, los cromosomas del núcleo celular, están separados espacialmente de los lugares más importantes de la traducción, los ribosomas del citoplasma. Por ello es necesario un transporte del RNA, que según todas las probabilidades, ocurre en forma de ribonucleoproteidos. Este transporte demanda puntos de ataque para una regulación, que en bacterias no se dan. En seguida buscaremos estas posibilidades de regulación adicionales, pues sólo a través de ellas se comprenden, por lo menos aproximadamente, los complicados sucesos en los organismos superiores.
Una regulación del transporte del núcleo celular al citoplasma significa en última instancia una regulación de la disponibilidad del RNA para la traducción. Esto es válido para los 3 tipos de RNA. Sin embargo, interviene además otro factor: el RNA no sólo debe estar disponible, debe estar disponible en la *forma correcta.* En muchos casos, el RNA no es liberado por el DNA de ningún modo en la forma que puede ser utilizado en la traducción. Entonces, en primer lugar debe ser transformado en su forma definitiva. Esta «maduración» del RNA se denomina *processing.* Para entender de qué se trata este processing, acordémonos primero de la inducción por sustrato. Habíamos dejado claro que en un operón puede formarse mRNA policistrónico, o sea mRNA que representa más de un cistrón (pág. 217). Del DNA pueden liberarse secuencias de RNA que son más largas que un solo mRNA. Puede tratarse de varias moléculas de mRNA unidas entre sí, como en el ejemplo antes mencionado. En estas cadenas pueden también estar incluidos segmentos de RNA, que no lleven ninguna información para la síntesis de polipéptidos.

Vamos a tratar en seguida de algunos de estos ejemplos. Las secuencias de DNA que son transcritas bajo formación de una cadena ininterrumpida de este tipo, se denominan *unidades transcripcionales.* Un operón puede representar una unidad transcripcional de este tipo.

El RNA formado en una unidad transcripcional, se denomina más correctamente como *RNA-precursor.* Su processing consiste en que es escindido luego en subunidades funcionalmente utilizables. Se conocen las unidades transcripcionales y el processing de los tres tipos de RNA. Los tipos de unidades transcripcionales y con ello también de RNA precursor, pueden ser bien diferentes. Aquí hablaremos sólo de esta situación en la formación de rRNA y mRNA.

Processing del rRNA

Debemos limitarnos a los bien estudiados ribosomas citoplasmáticos. Acordémonos de que su rRNA consta de unidades 5-S, 18-S y 25-S (véase la pág. 16). Aquí ya no nos interesa el RNA 5-S formado por los genes, excepto el organizador nucleolar. Los RNA 18-S y 25-S se forman en el organizador nucleolar. Como su nombre indica, se trata de segmentos de determinados cromosomas, de los cuales está formado el nucléolo. Este nucléolo consta del organizador nucleolar y de RNA y proteínas ribosomales formados a partir de él. El RNA y las proteínas se asocián ya en el nucléolo en subunidades ribosomales.

En organismos nucleados, o sea también en plantas superiores, en el DNA del organizador nucleolar, se encuentran unidades transcripcionales, que constan cada una de un gen 25-S, un elemento intermedio de unión y un gen 18-S (fig. 168). Muchas de estas unidades transcripcionales están alineadas. Entre ellas existen zonas de separación (spacer), que contrariamente a los segmentos de DNA no son transcritos entre los genes 25-S y 18-S. En la unidad transcripcional se forma un rRNA precursor, que estando aún en el nucléolo sufre el processing. Primeramente se asocian proteínas. En los ribonucleoproteidos así formados, se metilan los RNA 18-S y 25-S. El segmento intermedio no se metila. La metilación tiene lugar en parte en los componentes de la ribosa y en parte en los componentes de las bases del RNA y es imprescindible para una normal transcripción. Finalmente, el trozo intermedio es separado por nucleasas. Con ello se obtienen las subunidades ribosomales casi terminadas. Casi, en cuanto que durante el processing, se añade aún el pequeño RNA 5-S al ribonucleoproteido 28-S. Las subunidades ribosomales entonces completas, dejan el nucléolo y núcleo celular en dirección al citoplasma y allí quedan dispuestas para la iniciación de la traducción.

En las anucleadas bacterias y en cianófitos, los RNA 16-S y 23-S no están agrupados en una molécula precursora, pero sí lo están en todos los organismos con núcleos estudiados en este aspecto. No hay duda de que en ellos se abren posibilidades de regulación adicionales a través del processing de las moléculas precursoras. Sin embargo, por el momento, nuestro cometido es sobre todo aclarar detalles sobre el transcurso del processing, al que seguirá el análisis de la regulación.

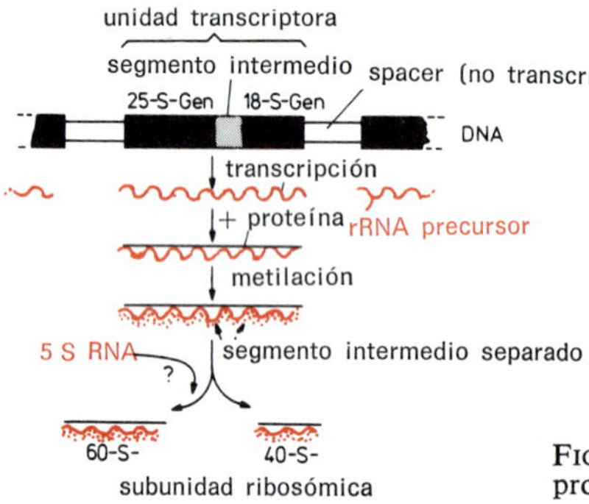

FIG. 168. Esquema del processing del rRNA.

Processing del mRNA y modelo de la unidad transcripcional del mRNA

La mayoría de los datos sobre el processing del mRNA en organismos superiores, fueron aportados por células animales y humanas. Sin embargo, la situación debería ser muy similar en las plantas superiores. Por esta razón los hechos e interpretaciones más importantes también se discutirán aquí.
También en la síntesis de mRNA se forma primero RNA-precursor. De la mitad hasta 3/4 del mRNA precursor es degradado rápidamente aún dentro del núcleo celular. Este RNA degradado rápidamente, no es mRNA. El mRNA se conserva en el resto que queda del mRNA precursor, que esencialmente es estable y es transportado del núcleo celular al citoplasma. El comportamiento del mRNA precursor y sus fracciones, tanto las estables como las inestables, fueron objeto de amplios experimentos. Los conocimientos adquiridos permitieron no sólo hacer afirmaciones sobre el processing del mRNA, sino también deducir a partir del RNA la organización de la unidad transcripcional codificada. Veamos primero la *unidad transcripcional*. De los distintos modelos representados, mencionamos aquí el de GEORGIEV (1969, en el resumen de 1972). Según este modelo, la unidad transcrip-

cional se divide en una *zona informativa* o *estructural* y una *zona no informativa* o *aceptora* (fig. 169).

La zona estructural contiene sobre todo los genes estructurales (compárese con la pág. 216), o sea, la información para la síntesis proteica. En la zona aceptora, por el contrario, no se encuentra ninguna clase de información para la síntesis proteica. Consta de numerosos lugares aceptores de enzimas o proteínas de acción reguladora. A los lugares aceptores de enzimas pertenece también un promotor, o sea, un lugar de ataque para la RNA-polimerasa. Entre las proteínas, hay que pensar en represores y derrepresores especiales, pero también en las proteínas cromosómicas, como las histonas ya discutidas en los párrafos anteriores. También podrían existir lugares de unión para hormonas (pronto veremos que las hormonas pueden activar y reprimir genes). A grandes rasgos, la zona aceptora corresponde a la región operadora en bacterias. Tiene funciones reguladoras: en su interacción con los ya citados efectores, falta saber si tiene lugar o no una transcripción.

La zona aceptora sin embargo es mucho más larga que la región operadora. A causa de esto ofrece muchas más posibilidades para intervenciones reguladoras. Así, el alto número de lugares aceptores, hace comprensible que efectores muy distintos puedan in-

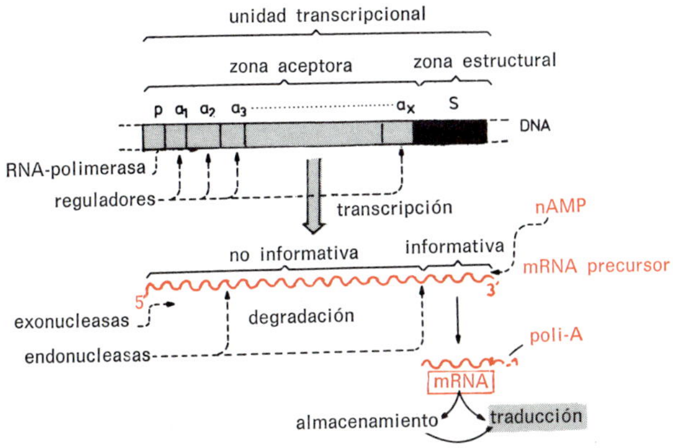

FIG. 169. Modelo de la unidad transcripcional y del processing del mRNA en organismos superiores. p = promotor (lugar de ataque para la RNA-polimerasa; a_1, a_2, a_3, ..., a_x = lugares de ataque para sustancias reguladoras de distintos tipos; S = gen estructural. Este modelo está muy simplificado. Así, en una unidad transcriptora puede quizás estar contenido más de un gen estructural, por lo que podrían existir lugares aceptores del mismo tipo o también más de un gen estructural repetido. La asociación con proteínas tampoco se ha considerado (modificado según GEORGIEV 1972).

fluir sobre la misma unidad transcripcional. Por otra parte, también es posible que un lugar aceptor, por ejemplo para un efector X, se halle en distintas unidades transcripcionales. Con ello sería comprensible que un efector X dado, pueda activar o reprimir más de una unidad transcripcional distinta. Así, las múltiples acciones de una determinada sustancia como veremos, por ejemplo en fitohormonas, serían aclaradas sin más. El modelo incluye con ello toda una serie de hechos que son característicos de fenómenos reguladores en organismos superiores —una ventaja esencial, incluso cuando apenas se debería haber tratado sobre el último modelo.

En la transcripción se forma primero un largo mRNA precursor. Su extremo 5′ es complementario a la zona aceptora, y su extremo 3′ a la zona estructural. Un primer paso del *processing* ahora en marcha, consiste en que en el extremo 3′ se enganchan moléculas de ácido adenílico. La formación de esta secuencia de poli A es independiente de una matriz de DNA.

Como en el rRNA, el processing continúa después de la asociación del RNA precursor con proteínas. Primero se escinde la parte no informativa. Con ello determinados segmentos del RNA no informativo podrían dar la señal de inicio para la acción de las exo- y endonucleasas aquí activas. El segmento informativo producido, unido a proteínas, deja el núcleo celular. La secuencia poli A, bien es necesaria para el transporte al citoplasma, o bien protege al trozo informativo del ataque de nucleasas. En el citoplasma, el RNA informativo puede almacenarse en forma de ribonucleoproteidos, que se denominan *informosomas,* pero también puede pasar inmediatamente a la traducción.

Si nos preguntamos por el sentido de este processing, tendríamos que buscarlo otra vez en las posibilidades de regulación adicionales entre la transcripción y la traducción. No todos los mRNA pasan inmediatamente de la transcripción a la traducción. Se puede parar el processing a cualquier nivel, almacenándose así el mRNA innecesario, que puede servir como precursor cuando sea necesario. Los mecanismos de regulación, que deben actuar en este caso no se conocen totalmente por el momento.

No olvidemos sin embargo que los experimentos sobre el transcurso del processing del mRNA llevaron también a otro resultado: de la organización del RNA precursor se pudo deducir la organización de una unidad transcripcional. Con ello, el análisis del processing dio también indicios para una mejor comprensión de la regulación de la transcripción en los organismos superiores.

REGULACIÓN DE LA TRADUCCIÓN

Si ha de tener lugar una traducción, primero han de existir todos los componentes antes mencionados (véase pág. 16) del sistema de la traducción. Cada factor que influye en la producción de estos componentes, pasa a ser un factor en la regulación de la traducción, como por ejemplo, el processing de los tres tipos de RNA antes mencionados. También la degradación del RNA, quizás del mRNA, aún antes de la traducción, es una regulación de este tipo. Así se pueden interpretar descubrimientos realizados en la caña de azúcar, como una degradación del mRNA para el enzima invertasa que escinde la sacarosa (véase pág. 81). La glucosa es así uno de los productos finales de la acción de la invertasa y parece estimular esta degradación.
Además no existe ningún dato en plantas superiores de cómo se regula el conjunto de los componentes de la traducción una vez dados. Casi todos los descubrimientos sobre este tema, fueron realizados en células animales, sobre todo en lo concerniente a la iniciación de la traducción. En tanto que esté en perspectiva otra alternativa a estas afirmaciones, a menudo muy especiales, queremos desechar una interpretación análoga.

bb. Regulación de la actividad enzimática

En la regulación de la actividad enzimática se distingue entre la regulación sobre proteínas enzimáticas y otros mecanismos reguladores que no atañen a la proteína enzimática sino que actúan a través de la preparación de coenzimas, otros cofactores o sustratos. Estos mecanismos de regulación, que no influyen sobre la misma actividad de la proteína enzimática, a veces se agrupan bajo la denominación de «regulación enzimática».
Trataremos aquí sólo de la *regulación sobre proteínas enzimáticas* y hemos de distinguir entre efectos isostéricos y alostéricos. Los *efectos isostéricos* ya los hemos estudiado: determinadas sustancias, que se asemejan desde el punto de vista estructural a los sustratos normales (fig. 170) y se unen en el mismo lugar que éstos. De aquí la designación de «isostérico». Sin embargo, estas sustancias, a pesar de toda la similitud, son tan diferentes de los sustratos normales, que no pueden ser confundidos. La proteína enzimática en cuestión resulta bloqueada por ellos. Se habla entonces de una *inhibición competitiva.* Ejemplos de esta inhibición competitiva son el bloqueo de la timidilato-sintetasa por 5-fluordesoxiuridina (pág. 24) y el de la succinato-deshidrogenasa por el malonato (pág. 97).

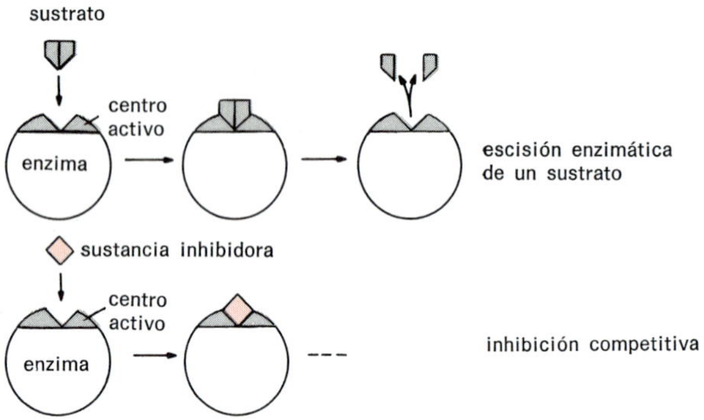

FIG. 170. Inhibición competitiva (efecto isostérico).

Efectos alostéricos: En este caso, las sustancias de actividad inhibidora o estimulante, no se unen en el lugar de unión para el sustrato, sino en otros lugares (de aquí su nombre). Si el lugar de unión alostérico está ocupado con una sustancia activadora o inhibidora, se llega a modificaciones de la configuración de la proteína enzimática, que por su parte traen consigo un aumento o inhibición de la actividad enzimática (fig. 171).
Veamos en primer lugar un ejemplo de una activación alostérica. Acordémonos de la reacción en el ciclo de Calvin, en la cual se encuentran los procesos secundarios con los procesos

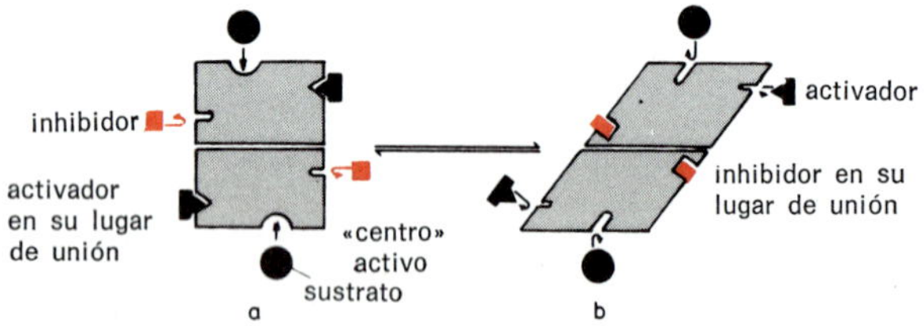

FIG. 171. Regulación alostérica de la actividad enzimática. Un enzima dado puede estar en estado activo (a) y en uno menos activo o completamente inactivo (b) (por motivos que aquí no trataremos, se acepta que los enzimas regulables alostéricamente, constan de más de una subunidad de las cuales aquí se dan dos). a: un activador alostérico se fijó en su lugar de unión. La consecuencia fue una modificación de la conformación de la proteína enzimática de manera tal que el sustrato puede unirse en el centro activo. El lugar de unión para el inhibidor alostérico está oculto. b: un inhibidor alostérico se fijó en su lugar de unión. Debido a una modificación de la conformación resultante, el lugar de unión para el activador y el centro activo quedaban ocultos. El sustrato no puede tomar contacto con la proteína enzimática.

primarios (fig. 37), la transformación de ácido 3-fosfoglicérico en 3-fosfogliceraldehído. El enzima activo es la triosa-fosfato-deshidrogenasa, más exactamente la triosa-fosfato-deshidrogenasa de los cloroplastos, pues en el citoplasma existe un isoenzima análogo, que aquí no nos interesa. La triosa-fosfato-deshidrogenasa actúa con ayuda del ATP y NADPH + H^+ formados en los procesos primarios. Muchos descubrimientos, aportados por distintos grupos de trabajo, sólo permiten aclarar que precisamente estas dos sustancias pueden actuar como activadores alostéricos de la deshidrogenasa. Es una regulación muy asombrosa por su oportunidad. Aparte de esto nos muestra que también los coenzimas pueden actuar muy bien como efectores alostéricos.
Mejor estudiadas que las activaciones alostéricas están las inhibiciones alostéricas. Las sustancias inhibidoras son productos finales de cadenas de síntesis. Por esta razón se habla también de *inhibición por producto final,* que hemos de distinguir de la represión por producto final ya mencionada. Un producto final de este tipo frecuentemente inhibe sólo al primer enzima de la cadena de síntesis en cuestión (fig. 172).

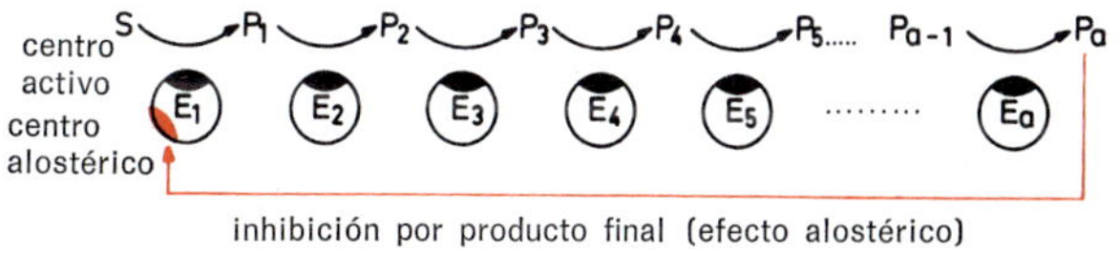

FIG. 172. Inhibición por producto final (efecto alostérico) (modificado según LEHNINGER de BIELKA 1969).

Un ejemplo es la inhibición de la treonín-desaminasa a través de L-isoleucina. La L-isoleucina es el producto final de una cadena de síntesis, en la que la treonín-desaminasa es el primer enzima (fig. 173).

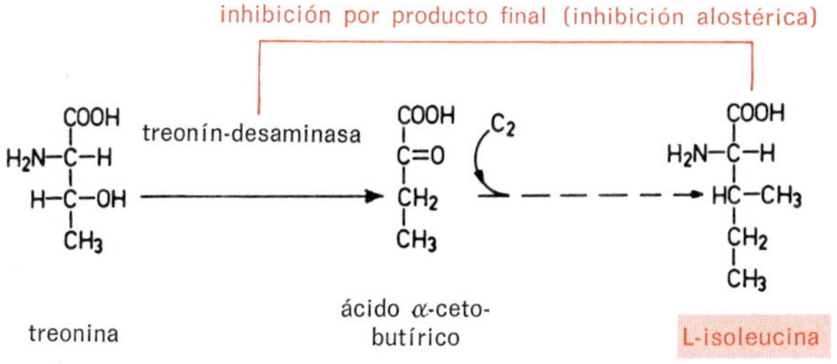

FIG. 173. Inhibición por producto final: inhibición de la treonín-desaminasa a través de isoleucina.

En la inhibición por producto final se modifica la configuración estérica de una proteína, precisamente de una proteína enzimática. También en la represión por producto final, varía la configuración estérica de una proteína, en este caso la del represor —que por lo menos en el operón *lac* de *E. coli* es una proteína—. A pesar de esta similitud debemos evitar confusiones: en la inhibición por producto final se inhibe la *actividad,* y en la represión por producto final la *síntesis* de la proteína enzimática.

Regulación fina por medio de isoenzima

Habíamos hablado hace poco de la inhibición por producto final de la treonín-desaminasa a través de isoleucina. La isoleucina pertenece juntamente con la treonina, metionina y lisina, a la familia de aminoácidos del aspartato (fig. 130). Al principio de la vía de síntesis de estos aminoácidos, se halla la transformación de aspartato a aspartil-fosfato, catalizada por la aspartato-quinasa. Más tarde la cadena de síntesis al principio lineal, se ramifica en los citados aminoácidos (fig. 174).

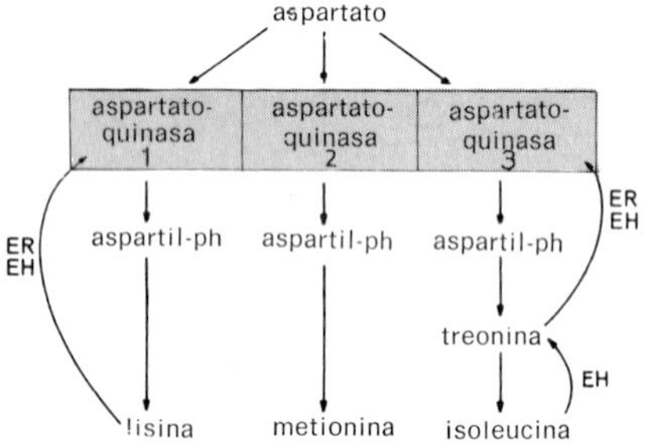

FIG. 174. Regulación fina por isoenzimas: biosíntesis de la familia del aspartato de los aminoácidos. ER = = represión por producto final, EH = inhibición por producto final. También la síntesis de metionina supone mecanismos de «feed-back» aquí no representados (compárese también con la figura 173).

Esta ramificación pone a la regulación intracelular ante una empresa difícil. Por ejemplo, en las células podría existir más treonina de la necesaria. El aporte posterior de treonina podría interrumpirse sin más mediante una represión por producto final o una inhibición por producto final de la aspartato-quinasa. Pero con ello también se pararía la síntesis de metionina y lisina, aunque estos dos aminoácidos quizás fuesen aún imperiosamente necesarios. El recurso consiste en la existencia, según los descubrimientos en *E. coli,* de tres isoenzimas de la aspartato-quinasa, de los cuales uno puede ser bloqueado por la treonina y un segundo por la lisina, a través de una represión o inhibición por producto final. También la actividad del tercer isoenzima de la aspartato-quinasa, implica una regulación análoga, un poco más tarde, en la cadena de síntesis. Aunque este descubrimiento fue realizado en bacterias, distintos resultados hablan en favor de que en plantas superiores la situación debería ser muy similar.

La regulación fina en la familia del aspartato parece ser ya suficientemente complicada. Pero es aún relativamente sencilla. Pensemos sólo que aparte de una represión por producto final existe también una inducción por sustrato y aparte de una inhibición por producto final también una activación por producto final (= activación alostérica). En la regulación de la biosíntesis de aminoácidos aromáticos en la levadura *Saccharomyces cerevisiae,* los cuatro mecanismos de regulación mencionados participan en distintos lugares.

En plantas superiores el análisis aún no está tan avanzado. Se ha concentrado en los pasos de la biosíntesis después del corismato (fig. 175, compárese también con la fig. 106). De todos modos se ha averiguado que el triptófano inhibe la antranilato-sintetasa como inhibidor alostérico y por el contrario favorece la actividad de la corismato-mutasa. La fenilalanina, al igual que la tirosina, ejerce una inhibición por producto final sobre el corismato-mutasa. Se ha demostrado en la judía *(Phaseolus aureus)* que la corismato-mutasa existe en dos isoenzimas, de los cuales uno es inhibido por la fenilalanina y el otro por la tirosina. También en este caso se vuelve a comprobar que los isoenzimas pueden ser factores decisivos en la regulación fina de las vías de biosíntesis.

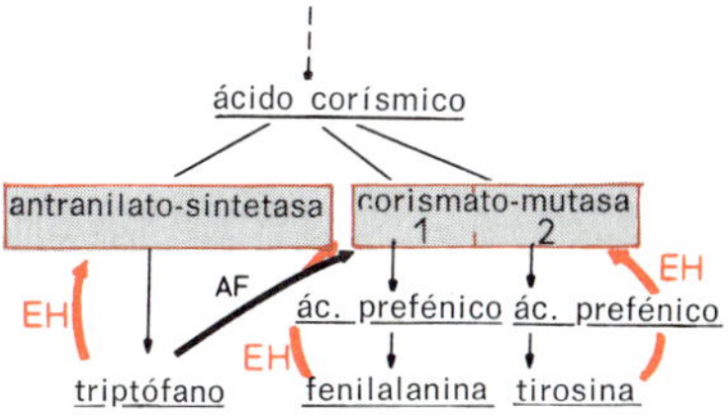

FIG. 175. Efectos alostéricos en la biosíntesis de aminoácidos aromáticos (ruta del ácido shikímico) en plantas superiores. EH = inhibición por producto final, AF = activación alostérica.

b. Regulación intercelular: fitohormonas

En organismos animales, la regulación se lleva a cabo de célula a célula por vía nerviosa y humoral. En las plantas la regulación recae en el sistema nervioso. Permanece la regulación por medio del sistema conductor, mediante el cual pueden ser transportados determinados factores de célula a célula y de órgano a órgano. Las hormonas vegetales, las fitohormonas, tienen un papel predominante.

Como todas las hormonas, las fitohormonas son también sustancias mensajeras, la mayoría de las veces activas en pequeñas cantidades, en las cuales el lugar de formación y el lugar de acción son distintos. El transporte del lugar de formación al lugar de acción, se lleva a cabo mediante el sistema conductor de la planta. En varios casos, las fitohormonas son sin duda también activas en el propio lugar de formación.

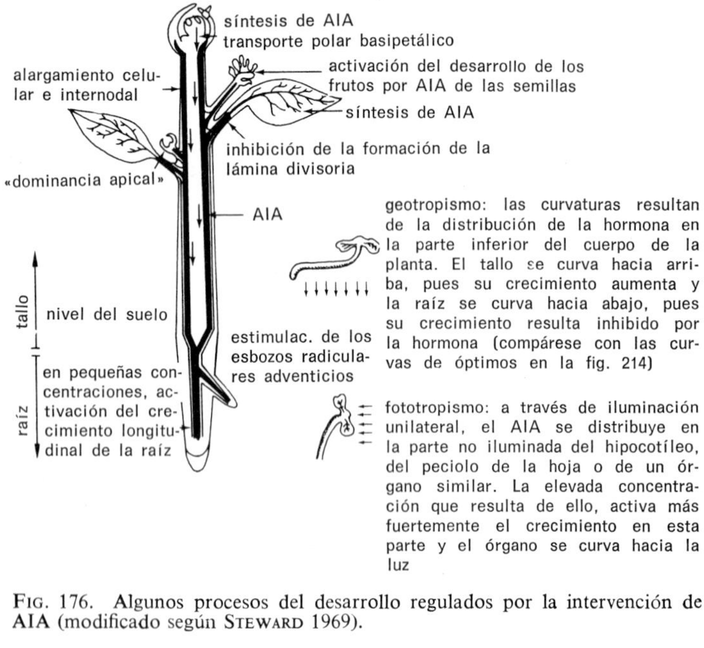

FIG. 176. Algunos procesos del desarrollo regulados por la intervención de AIA (modificado según STEWARD 1969).

Las hormonas animales a veces muestran, aunque no siempre, un espectro de acción realmente amplio. Esta afirmación es aún mucho más válida para las fitohormonas. Una misma fitohormona puede influir en múltiples procesos totalmente distintos (figura 176). Este es un hecho que deben considerar todas las hipótesis sobre el mecanismo de acción de las fitohormonas.

Los cuatro grupos conocidos de fitohormonas más importantes según su estructura química son determinados derivados del indol, las gibberelinas citoquininas y abscisinas. Seguidamente trataremos uno de estos grupos tras otro y luego volveremos a tratarlos en relación con su mecanismo de acción.

Derivados del indol: AIA

Constitución química

Algunos derivados del indol son fitohormonas. El más importante de ellos es el ácido β-indolacético, ácido 3-indolacético o abreviado AIA (fig. 177). Descubrió su existencia Kögl en 1934 en la orina humana, luego en microorganismos y finalmente también en plantas superiores. El AIA en las plantas se presenta libre o combinado, por ejemplo como glucoéster o mediante un enlace peptídico combinado con ácido aspártico y ácido glutámico.

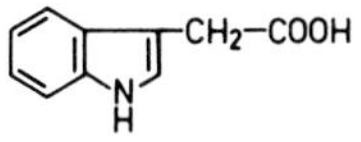

Fig. 177. AIA = ácido indol-3-acético = = ácido β-indolacético.

AIA

Historia, métodos de investigación

La existencia de las fitohormonas se conocía ya antes del aislamiento del AIA a partir de materia vegetal. La demostración definitiva la aportó Went en 1928, fundamentándose en trabajos preliminares que se remontan al pasado siglo. El material de sus experimentos fueron coleoptilos de *Avena,* vainas cilíndricas que rodean a la primera hoja del brote de la avena. Se decapitaron ápices de coleoptilos y fueron colocados encima de pequeños bloques de agar. Después de un tiempo los bloques de agar se colocaron sobre los coleoptilos decapitados. Los coleoptilos se curvaban entonces hacia el otro lado. La causa de esta curvatura era un fuerte crecimiento por alargamiento en los tejidos debajo del bloque de agar (fig. 178).

A partir de los ápices de coleoptilo se difundía pues una fitohormona a los bloques de agar, que luego circulaba hacia abajo a los coleoptilos y determinaba un crecimiento por alargamiento reforzado. Actualmente sabemos que la fitohormona más importante del coleoptilo de *Avena* es el AIA. Como se vio, sobre todo en trabajos de Pohl, el AIA circula en forma inactiva desde el grano de avena hacia arriba, hasta el ápice del coleoptilo, allí es activado y luego es conducido otra vez hacia abajo, al coleoptilo. El AIA y otras sustancias de acción similar, debido a la influencia en el crecimiento se denominan *sustancias del crecimiento* o *auxinas.*

El AIA se puede determinar cuantitativamente mediante muchos

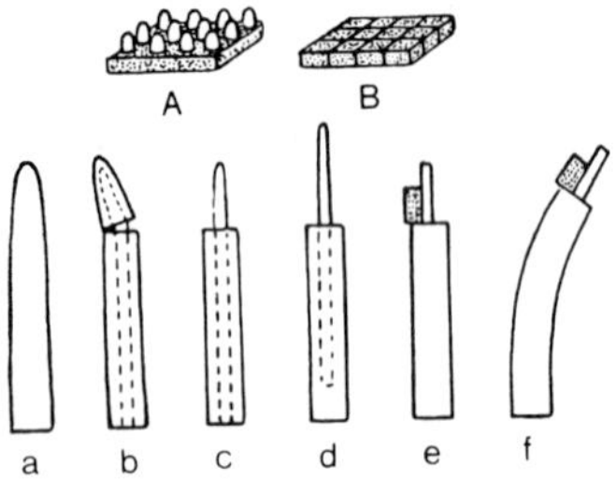

FIG. 178. Demostración de la existencia de AIA en los ápices de coleoptilo de *Avena* (test de la curvatura de WENT). Se colocan ápices del coleoptilo en agar (A). Después de la difusión del AIA en el agar, éste se corta en pequeños bloques (B). Lógicamente también se puede aportar AIA de otras procedencias en el agar, por ejemplo colocando los bloques de agar en soluciones de AIA o poniendo la solución de AIA con una pipeta en el agar. La preparación de los coleoptilos se lleva a cabo, primero decapitando (b y c), luego separando la primera hoja (d) y después pegando lateralmente un trocito de agar que contenga AIA con un poco de gelatina (e). El AIA circula desde el agar polarmente hacia abajo e induce un crecimiento por alargamiento, reforzado, en la parte del coleoptilo en cuestión (f) (según Walter 1962).

tipos del test. Un material de los tests más frecuentemente utilizado es, como antes, el coleoptilo de *Avena.* En el test de la curvatura de la *Avena,* se utiliza la técnica de Went: dentro de determinados límites de concentración, el coleoptilo se curva tanto más cuanto más AIA exista en el pequeño bloque de agar. Otro test frecuentemente utilizado es el test de la sección de *Avena,* que es un poco más fácil de llevar a cabo. Se cortan del coleoptilo cilindros de determinadas longitudes, justo debajo del ápice del coleoptilo. Las hojas primarias se separan de los cilindros, resultando cilindros huecos que se colocan en soluciones de AIA. Dentro de determinados límites de concentración, los fragmentos se alargan más cuanto más AIA exista en la solución (fig. 179).

Biosíntesis y degradación

La biosíntesis y degradación del AIA contribuyen al ajuste del nivel endógeno de AIA y con ello también a la regulación del cre-

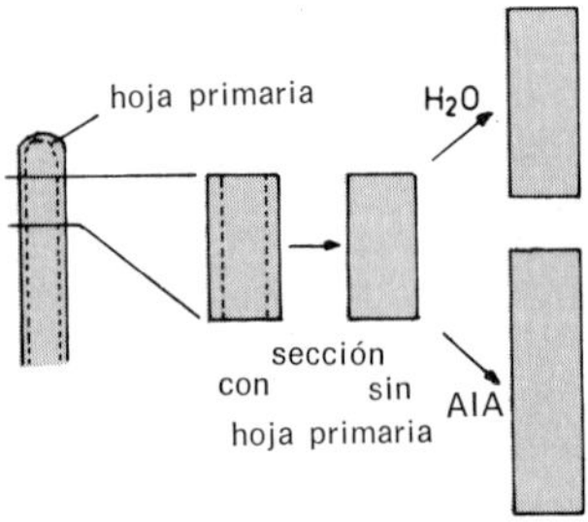

FIG. 179. Principio del test de la sección de *Avena.*

cimiento. Ya habíamos tratado la biosíntesis del AIA (pág. 145). En microorganismos y muy posiblemente también en plantas superiores, tiene lugar a partir del triptófano. Los lugares de síntesis de AIA, son sobre todo tejidos meristemáticos o partes jóvenes de la planta. En las dicotiledóneas es el ápice, o sea la punta del tallo principal, la más importante fuente de AIA. También los embriones lo producen. Por ejemplo, las fresas son inhibidas en su desarrollo, cuando se separan las semillas y con ellas los embriones. Si entonces se aporta AIA, las fresas se desarrollan normalmente (fig. 180). También las hojas en desarrollo son buenas productoras de AIA.

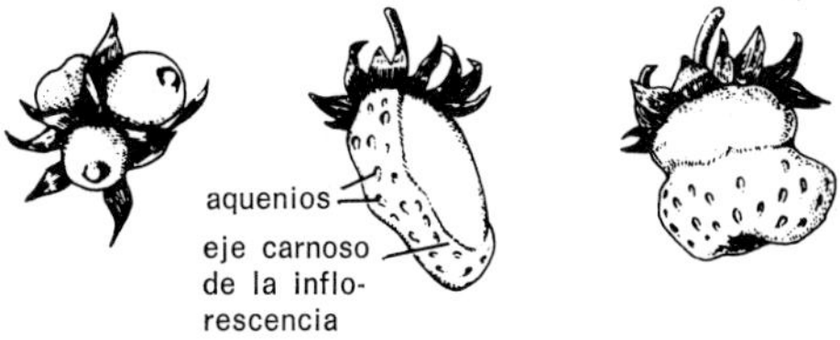

FIG. 180. Fresas deformadas después de la separación parcial de los aquenios. Sólo las partes del eje de la inflorescencia que eran surtidas con AIA de los aquenios se desarrollaban normalmente (según NITSCH DE TORREY 1968).

La degradación del AIA puede llevarse a cabo por enzimas y por la luz, sobre todo UV, ante catalizadores como la riboflavina. A los enzimas degradadores de AIA pertenecen las peroxidasas, que se denominan *AIA-oxidasas.* Como cofactores precisan de Mn^{++} y monofenoles como el ácido p-hidroxibenzoico o el flavonol alcanfor. Los o-difenoles como la pirocatequina o el flavonol quercetina, son sustancias inhibidoras de muchas AIA-oxidasas. Quizás en esta regulación de la actividad de las AIA-oxidasas, reside una de las funciones fisiológicas de los flavonoles.

Algunas funciones del AIA

1. *Crecimiento por alargamiento.* Más tarde trataremos sobre el crecimiento por alargamiento y su regulación por AIA (página 278).

2. *Divisiones celulares en el cámbium.* El AIA es uno de los factores que estimulan la actividad del cámbium. Especialmente importante es esta acción activadora del AIA sobre la división

en nuestros árboles de hoja caduca en primavera. De las yemas en esbozo, circulan hacia abajo sustancias hacia las ramas y luego al tronco, que estimulan la división en el cámbium. El AIA pertenece a estas sustancias.

3. *Divisiones celulares y formación de raíces.* La formación de raíces adventicias y raíces laterales parte de determinados focos de división celular, que en la formación de raíces laterales están localizados en el periciclo. Las divisiones celulares que originan la formación de raíces son estimuladas por el AIA. En la práctica, se utilizan preparados de AIA o de sustancias de crecimiento sintéticas de acción similar, para la formación de raíces de estacas.

4. *Divisiones celulares en cultivos de tejidos.* Las funciones 2 y 3 ya nos han mostrado que el AIA no sólo activa el alargamiento celular, sino también la división celular. Este último efecto se hace especialmente ostensible en cultivos de tejidos, pues en muchos de ellos las divisiones sólo tienen lugar cuando se incorporan determinadas sustancias activadoras de la división. El AIA pertenece también a estas sustancias.

5. *Dominancia apical.* De la punta del tallo principal, el «ápice», parten influjos inhibidores sobre el desarrollo de las yemas laterales. Esto se puede comprobar fácilmente, separando el ápice del tallo principal, ya que entonces surgen las yemas laterales. Se habla aquí de una dominancia apical.

Cuando se corta el tallo principal y se aporta AIA a la superficie seccionada, las yemas laterales permanecen como antes de la inhibición. El AIA es pues uno de los factores de la dominancia apical. Según nuevos descubrimientos, el AIA actúa sólo indirectamente: induce la formación de etileno en las yemas laterales, que luego funciona como la verdadera sustancia inhibidora del crecimiento de las yemas.

6. *Caída de la hoja y del fruto.* La caída de la hoja se inicia con la formación de una zona de separación en la base del peciolo (fig. 181). Se lleva a cabo por divisiones celulares transversales en la base del peciolo. En esta zona de separación las células se separan unas de otras. Esta separación, la mayoría de las veces, permite la degradación enzimática de los componentes de la pared celular como las pectinas, celulosas y hemicelulosas. De ese modo la cohesión de las células disminuye, separándose unas de otras por tensión mecánica. A menudo, la hoja queda aún colgando de bandas de xilema necrosado. Sin embargo esta última conexión también se rompe y la hoja cae. En la parte del tronco, la herida se cierra mediante una lámina protectora.

Como demostró Jacobs, entre otros, el AIA inhibe la caída de la hoja. Cuando se separa el limbo de una hoja de *Coleus,* el peciolo cae después de algunos días. Si se aporta AIA a la super-

FIG. 181. Corte longitudinal de un peciolo de *Coleus* con zona de separación (según TORREY 1968).

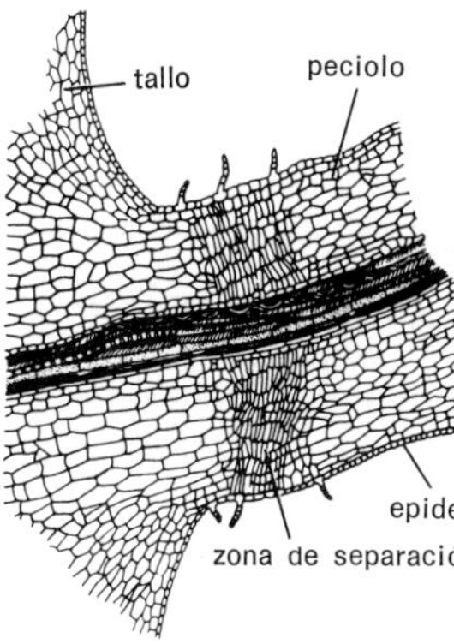

ficie del peciolo, éste permanece entonces unido al tallo. Este experimento confirma mediante pruebas el suministro de AIA a partir del limbo foliar. Mientras que el limbo foliar de *Coleus* ceda suficiente AIA al peciolo, la hoja permanecerá en la planta. Cuando el suministro de AIA a una hoja cada vez más vieja disminuye por debajo de un valor mínimo, se llega a la caída de ésta. El mecanismo de acción del AIA en la inhibición de la caída de la hoja está aún en discusión. Más complicado se hace cuando el AIA, en determinadas condiciones, puede también activar la caída de la hoja. Excluyendo esta acción particular del AIA, existen también otras sustancias que en general activan la caída de la hoja: el ácido abscísico y el etileno. Su mecanismo de acción se ha comprendido un poco mejor (pág. 254). Quizás dando este rodeo pueda también esclarecerse el mecanismo de acción de su competidor el AIA.

7. *Partenocarpia.* En toda una serie de plantas el AIA posibilita una partenocarpia, esto es, una formación de frutos sin copulación de gametos. Conocida es la partenocarpia por tratamiento de AIA en tomates, manzanas y pepinillos.

8. *Actividad enzimática.* El AIA puede estimular y disminuir la actividad de los enzimas. En segmentos de raíces y tallos de la judía, sustancias propias de la planta (AIA) y sustancias del crecimiento sintéticas como el ácido α-naftilacético y el 2,4-D (página 255), pueden «inducir» la capacidad de transformar determinados ácidos orgánicos en compuestos conjugados con el ácido aspártico. A estos ácidos orgánicos pertenecen el AIA y el propio ácido α-naftilacético, pero también el ácido benzoico.

GALSTON en cultivos de tejido del tabaco pudo demostrar un descenso de la actividad enzimática. En tejidos marcados del ta-

baco son detectables dos isoenzimas de la peroxidasa. Cuando se cultiva un tejido de este tipo, se encuentran dos isoenzimas de la peroxidasa más. Por aporte de AIA estas nuevas actividades no se pueden ya detectar.
El AIA puede también estimular la actividad de los enzimas (conjugados con ácido aspártico) o disminuirla (isoenzimas de la peroxidasa). Una modificación semejante de la actividad puede, pero no necesariamente, basarse en una correspondiente modificación de la actividad génica. En los dos ejemplos citados, aún no está claro si detrás de la modificación de la actividad enzimática, existe o no una correspondiente modificación de la actividad génica. Algunos datos hablan en favor de una influencia del material génico y con ello de un nuevo mecanismo de acción del AIA. Más adelante conoceremos, al tratar del crecimiento longitudinal, un ejemplo de que el AIA, efectivamente, puede activar el material génico. El primer caso de una activación génica por una fitohormona, sin embargo, no fue descubierto en los experimentos con AIA, sino con ácido gibberélico.

Gibberelinas

Constitución química

Las gibberelinas son fitohormonas, caracterizadas en su estructura química por poseer un esqueleto de gibano, y en su acción biológica por una fuerte activación del crecimiento en determinados mutantes enanos. Ya se había citado, que una gibberelina varias veces hallada en plantas superiores y frecuentemente utilizada en experimentos, es el ácido gibberélico (compárese con la pág. 136 y fig. 182). Aparte de éste, actualmente se conocen más de 40 gibberelinas. Generalmente en una planta se encuentra más de una gibberelina. Por el contrario, de los otros grupos de fitohormonas, frecuentemente sólo se puede demostrar la existencia de un solo representante en una planta dada.

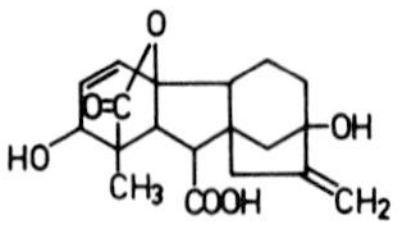

ácido gibberélico

FIG. 182. Ácido gibberélico.

Historia, métodos de investigación

Hace tiempo que en el Este asiático se conoce una enfermedad del arroz, en la cual las plantas enfermas se caracterizan por un crecimiento longitudinal especialmente intenso. Se habló de la bakanae, la enfermedad de los embriones locos. Se pudo demostrar que esta enfermedad es originada por el hongo *Gibberella fujikuroi* (= *Fusarium moniliforme*). En 1926 KUROSAWA consiguió originar también el crecimiento longitudinal reforzado con filtrados de cultivos del hongo. Con este test biológico, se abrió la puerta para el aislamiento y caracterización del principio activo. Después de la segunda guerra mundial, se pudo comprobar que las sustancias activas, que se denominaban *gibberelas,* no sólo existían en este hongo, sino que también estaban ampliamente extendidas en las plantas superiores.

La base de los métodos de investigación biológica sobre gibberelinas es, al igual que en el primer aislamiento, la activación del crecimiento longitudinal. Los objetos de test preferidos son mutantes enanos, por ejemplo de la judía y del maíz, en los cuales en comparación con cualquier forma normal, la síntesis de gibberelinas está bloqueada genéticamente. Después de un tratamiento con gibberelinas, estas plantas crecen normalmente. En los mutantes enanos del maíz, la solución a estudiar puede administrarse a la hoja primaria. Después de aproximadamente una semana, se determina su crecimiento longitudinal (fig. 183).

Biosíntesis (compárese con la pág. 136)

Algunas funciones de las gibberelinas

1. *División celular y alargamiento celular en la activación del crecimiento.* Una de las acciones más ostensibles de las gibberelinas, en la cual se basan también los métodos de test viables, es la activación del crecimiento longitudinal en los mutantes enanos o los llamados enanos fisiológicos. Las plantas con crecimiento longitudinal normal, son muy poco o nada influenciadas por las gibberelinas.

Hablaremos ya de los mutantes enanos. En algunos de ellos, como habíamos citado, la síntesis de determinadas gibberelinas es bloqueada genéticamente. En los enanos fisiológicos existe la potencia genética para un crecimiento longitudinal normal, pero sólo es activado bajo determinadas condiciones externas. A ellas pertenecen, por ejemplo, el frío y determinadas condiciones de luz. A los enanos fisiológicos pertenecen también las plantas en rosetón, que en el primer año forman sólo un rosetón de hojas pegado al suelo y luego, después de la acción de los fríos inver-

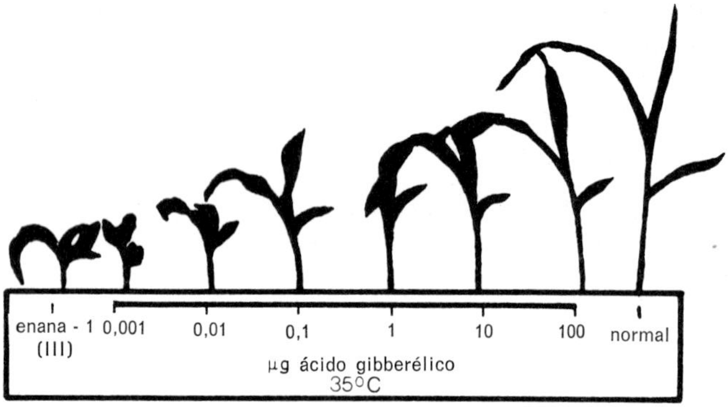

FIG. 183. Test del ácido gibberélico en el mutante enano dwarf-1 del maíz (modificado según RUHRLAND 1961).

nales, al año siguiente «se disparan». Una de las acciones del frío consiste en una modificación del nivel endógeno de gibberelinas. Por eso no es sorprendente que las gibberelinas aportadas del exterior sustituyan a los fríos y que puedan inducir el crecimiento de las plantas en rosetón, también sin acción del frío.

Sólo en relativamente pocas plantas se ha investigado si las gibberelinas activan el crecimiento longitudinal por una estimulación de la división celular o del alargamiento celular. Primeramente se había pensado sólo en una influencia sobre el alargamiento celular. Sin embargo, se descubrió, de manera sorprendente, que en las plantas en rosetón como *Hyoscyamus* o *Samolus,* se activan precisamente las divisiones celulares del meristemo subapical. En otras especies, como la judía, la división celular y el alargamiento celular son estimulados por las gibberelinas.

2. *Divisiones celulares en el cámbium.* En una serie de árboles de hoja caduca, se ha demostrado que las gibberelinas pueden también estimular en primavera las divisiones celulares en el cámbium. El AIA y las gibberelinas actúan pues conjuntamente en la activación de las divisiones.

3. *Partenocarpia.* Por tratamiento con gibberelina se puede determinar también la partenocarpia, por ejemplo, al igual que por AIA, en tomates, manzanas y pepinillos.

4. *Determinación de la formación de flores.* En plantas de día largo y una serie de plantas que necesitan el frío, las gibberelinas pueden determinar la floración, en condiciones no inductivas. Más tarde trataremos sobre ello (pág. 360).

5. *Pausa o letargo invernal de las yemas.* Cuando los días se hacen más cortos en otoño, las yemas de nuestras plantas leñosas pasan al estado de pausa invernal. Cuando se acorta la duración del día, en las yemas se acumulan sustancias inhibidoras como el ácido abscísico (véase más abajo), que bloquean su actividad. Durante los fríos invernales la inhibición desaparece paulatinamente: se acumulan entonces en las yemas factores que estimulan la actividad (fig. 184). A ellos pertenecen las gibberelinas. Se ha demostrado varias veces un aumento endógeno del nivel de gibberelinas, bajo la acción de los fríos en las yemas, y como era de esperar, también por aporte exógeno de gibberelinas, se pudo interrumpir la pausa invernal.

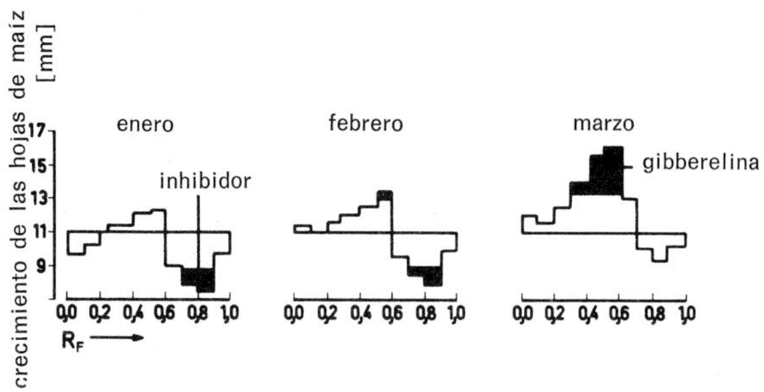

FIG. 184. Acción de los fríos sobre el contenido en gibberelinas y en inhibidores (posiblemente abscisinas) del grosellero negro. *(Ribes nigrum).* Se trata del llamado autobiograma: después de separación por medio de cromatografía sobre papel, los cromatogramas fueron cortados a lo largo en pedacitos, que se eluyeron. Se probó en un test de crecimiento de hojas de maíz, el contenido de los elevados en gibberelinas y también en inhibidores. En abcisas, el valor de R_7 que da el movimiento de cada componente en el cromatograma: 0,0 = línea de inicio del cromatograma; 1,0 = línea frontal del cromatograma (modificado según WILKINS 1969).

6. *Dominancia apical.* Se ha demostrado repetidamente que al aportar ácido gibberélico se refuerza la dominancia apical existente. En algunos casos, parece que el ácido gibberélico eleva el nivel de AIA endógeno, lo que lleva a un refuerzo de la correspondiente acción inhibidora del AIA en la formación de yemas laterales. Sin embargo, esta interpretación no es generalizada.

7. *Interrupción de la pausa de las semillas.* Muchas semillas sólo germinan en determinadas condiciones de luz; algunas, por ejemplo, después de exposición a la luz roja (pág. 307). En estas semillas, se puede provocar la germinación también en la oscuridad, por medio de gibberelinas.

La acción estimulante de la germinación por parte de las gibberelinas, se hace necesaria por ejemplo en la fabricación de cerve-

za. Por tratamiento de la cebada con gibberelinas, se puede alcanzar una misma cantidad de germinación durante todo el año.
8. *Comparación con el AIA.* Algunos procesos del desarrollo son influenciados en el mismo sentido por el AIA y las gibberelinas, como se ve al comparar sus funciones ya enumeradas. Por esta razón se ha aceptado que las gibberelinas son activadas a través de una influencia en el nivel de AIA endógeno. En algunos casos esta afirmación podría ser acertada. Sin embargo, no puede tratarse de una regla general, como muestra una comparación de la actividad de gibberelinas y AIA, en un gran número de procesos del desarrollo.
9. *Activación génica mediante ácido gibberélico.* En la germinación de las semillas, deben ser movilizadas sustancias de reserva que están almacenadas en el endosperma, cotiledones u otros tejidos. Las señales para esta movilización parten del embrión. En 1960, YOMO, en el Japón, y PALEG, en Australia, descubrieron independientemente, que el ácido gibberélico puede ser una señal de este tipo. Más tarde las investigaciones fueron llevadas a cabo sobre todo por VARNER en USA, y finalmente, en 1964, resultó la demostración de que el ácido gibberélico puede activar el material genético. La primera demostración de que una hormona podía dirigir la actividad génica, fue aportado ya antes de 1960 por CLEVER y KARLSON en experimentos sobre el mecanismo de acción de la hormona de la muda ecdisona de los insectos.

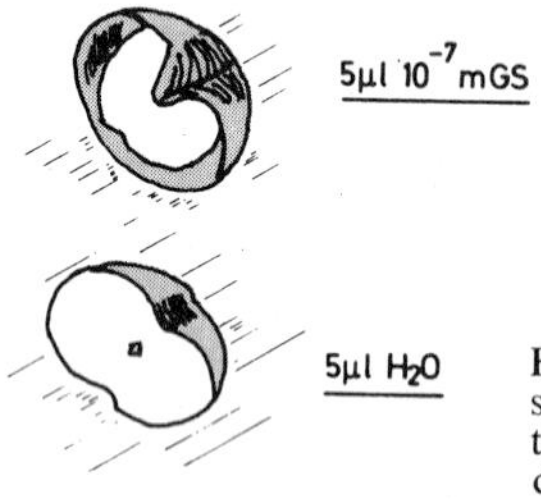

FIG. 185. Acción del ácido gibberélico sobre la hidrólisis de almidón en las mitades sin embriones de granos de cebada (modificado de Plant Research 66).

El material de investigación fue la cebada. En la germinación de la cebada se ha de movilizar sobre todo el almidón. Esto sucede a través de la acción hidrolítica de las amilasas (pág. 85). Se puede pues partir un grano de cebada, de manera que una mitad contenga el embrión y la otra mitad no. Entonces el almidón es hidrolizado sólo en la mitad del grano que lleva el embrión. Sin embargo, cuando se le añade ácido gibberélico a la mitad sin el embrión, también se degrada el almidón (fig. 185).

Este descubrimiento permite suponer que el embrión normalmente envía al endosperma ácido gibberélico, que una vez allí pone en marcha la hidrólisis del almidón. Esta suposición puede comprobarse. En la movilización de las sustancias de reserva de la cebada sucede lo siguiente: el embrión deja ácido gibberélico a disposición de la capa más externa del endosperma, la aleurona. Allí se activan genes para la síntesis de distintos enzimas de acción hidrolítica. Igualmente bajo influencia del ácido gibberélico se constituye de la forma «granular» del retículo endoplasmático, granular, porque los ribosomas se colocan sobre el sistema de membranas. Con la formación de estos ribosomas se tiene la seguridad de que la actividad génica no se desaprovecha en el vacío, sino que puede llevarse a cabo una síntesis proteica. Así se llega a la síntesis de los enzimas hidrolíticos citados. A ellos pertenece también la α-amilasa. Los enzimas pasan luego de la aleurona al endosperma portador de almidón situado en el interior. Allí la α-amilasa participa en la hidrólisis del almidón, mientras que otros enzimas de nueva síntesis hidrolizan proteínas y ácidos nucleicos.
Fue totalmente decisiva la demostración de que la α-amilasa y algunos enzimas más de acción hidrolítica, realmente eran formados *de novo.* Investigaciones detalladas no dejaron duda al respecto. Pruebas de este tipo son siempre necesarias, pues algunos enzimas ya existen en las semillas y no son formados *de novo* (de nueva síntesis) en la germinación, sino únicamente activados.

CITOQUININAS (FITOQUININAS)

Constitución química

Todas las citoquininas conocidas hasta ahora, según su constitución química, son derivados purínicos, sobre todo derivados de la adenina, en los cuales el grupo amino lleva determinados sustituyentes en la posición 6. La quinetina (6-furfuril-aminopurina) y la 6-bencil-aminopurina, son citoquininas sintéticas frecuentemente utilizadas en experimentos y la ceatina y la $N^6(-\beta^2$-isopentenilamino)-purina (IPA) son ejemplos de citoquininas que se presentan en la naturaleza (fig. 186).

Historia, métodos de investigación

Ya en 1913 HABERLANDT aportó indicios sobre qué sustancias del floema podían estimular divisiones celulares en el parénquima de la patata. La búsqueda de sustancias que provocan la división celular pareció ser prometedora, cuando se hubieron de-

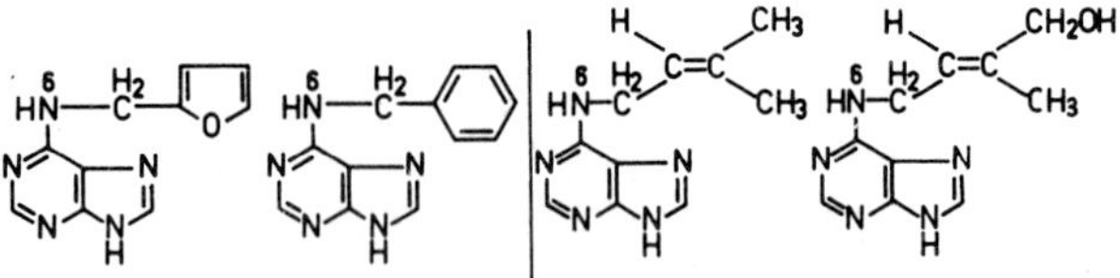

quinetina — 6-bencil-aminopurina — 6-isopentenil-aminopurina IPA — ceatina

FIG. 186. Citoquininas: a la izquierda sintéticas, a la derecha naturales.

sarrollado los métodos de tests correspondientes. Los tests más fidedignos son posibles en cultivos histológicos. En dichos cultivos, las divisiones celulares se ven también frecuentemente interrumpidas en un medio óptimo provisto de sustancias minerales, azúcares, aminoácidos y vitaminas. A veces las sustancias del crecimiento como el AIA pueden interrumpir las divisiones celulares, aunque tampoco en todos los casos.

En 1941 VAN OVERBECK descubrió que el endosperma fluido de coco, la leche de coco, puede provocar divisiones celulares en embriones cultivados en medios de alimentación artificiales. A continuación, sobre todo STEWARD y colaboradores, investigaron la influencia de la leche de coco en el crecimiento de los cultivos de tejidos. Comprobaron también en los cultivos de tejidos un efecto de activación de la división celular por parte de la leche de coco. En la mayoría de los casos, sin embargo, era necesario combinar la leche de coco con una sustancia del crecimiento como el AIA, ácido α-naftilacético o 2,4-D, si se quería obtener una actividad divisoria fuerte y permanente. El verdadero impulso, esto es, el descubrimiento de la citoquinina se debió a las investigaciones de otro grupo de trabajo, el de SKOOG. Como tan a menudo ocurre, la casualidad entró en juego. Preparados de DNA de levadura y de esperma de arenque, viejos o degradados por fuerte tratamiento en el autoclave, se probaron en tejidos de callos del tabaco. Provocaron la división celular. En 1955 se consiguió el aislamiento del principio activo, que se denominó quinetina. La quinetina es un producto de laboratorio, pero más tarde se pudieron encontrar sustancias químicamente emparentadas, que como la quinetina, estimulaban la división celular. Recibieron el nombre de citoquininas (citoquinesis = división celular). En 1964 se descubrió como primera citoquinina, la ceatina en el maíz. Aparte de esto, la ceatina, IPA y otras citoquininas se descubrieron en otras especies distintas, en parte, en hidrolizados de RNA. Ya volveremos a tratar de su existencia en el RNA.

Biosíntesis y degradación

El núcleo de purina debería ser producido a través de la vía usual de la síntesis de purinas (pág. 186). Se investigó la procedencia de los sustituyentes del grupo amino del IPA. El resto isopentenilo se forma a través de ácido mevalónico. El lugar de biosíntesis pueden ser las raíces.
Hasta ahora existen pocos datos sobre la degradación en plantas superiores. Los núcleos de purina pueden ser transformados en una serie de otros derivados de la purina.

Algunas funciones de las citoquininas

1. *Alargamiento celular y división celular.* A consecuencia de algunos descubrimientos, sabemos que las citoquininas pueden activar el alargamiento celular. Se trata sólo de una afirmación, de la cual podemos ya adelantar: las fitohormonas actúan inespecíficamente sobre los distintos procesos del desarrollo. De todos modos en las citoquininas, la activación de las divisiones celulares está, con mucho, en un primer plano.
2. *Pausa o letargo en la germinación de las semillas.* La quinetina puede romper la pausa en la germinación. Así, se puede estimular la germinación por iluminación con luz roja clara, por ejemplo en semillas de lechuga *(Lactuca sativa).* Más tarde nos interesaremos por este efecto lumínico (pág. 307). Aquí sólo tiene importancia el que la luz roja clara se puede sustituir por citoquininas: las citoquininas activan la germinación de las semillas de lechuga también en la oscuridad y si se administra a la vez luz roja clara y citoquininas, entonces se llega a un aumento sinergístico de la acción activante sobre la germinación.
3. *Dominancia apical.* Ya habíamos visto que el AIA y las giberelinas son factores de la dominancia apical. Estas sustancias inhiben el crecimiento de las yemas laterales. Se sabía de las citoquininas, que en cultivos de tejidos, activan la formación de yemas. También nos ocuparemos de este efecto más adelante (página 296). Aquí sólo un aspecto es importante: las yemas inducidas por la quinetina en cultivos de tejidos, no se inhiben recíprocamente en su desarrollo. No existe pues ninguna clase de dominancia de la primera yema formada, de las yemas viejas sobre las yemas jóvenes. En plantas intactas se puede afirmar lo mismo: las citoquininas activan en general el crecimiento de las yemas, también el de las yemas laterales. Esta acción activadora puede ser tan fuerte, que crezcan las yemas laterales, rompiéndose pues la dominancia apical.

Al tratar sobre las gibberelinas habíamos visto que un hongo puede producir estas sustancias, factores que en las plantas superiores pueden actuar como reguladores. Existe en las citoquininas un paralelismo. *Corynebacterium fascians* puede inducir en las plantas la formación de tallos aplanados (fasciados). Aparte de esto, la dominancia apical resulta anulada, con lo que se llega a la formación de «escobas de bruja» debido a la acumulación de yemas con igual crecimiento. KLÄMBT pudo demostrar la existencia de citoquinina en extractos de esta bacteria, cuya identificación hicieron un poco más tarde otros autores. A las citoquininas de la bacteria pertenece el IPA, ya conocido por nosotros. La bacteria fitopatógena produce pues las mismas sustancias, que también son formadas por las plantas superiores y que son utilizadas entre otras para la regulación del crecimiento de las yemas.

4. *Retraso de la senescencia o envejecimiento.* Las citoquininas pueden retardar el envejecimiento de las hojas, su senescencia. Característica de la senescencia es una ostensible degradación de clorofila, que es acompañada por una degradación de las proteínas en las hojas. En 1957 RICHMOND y LANG se dieron cuenta de que en hojas cortadas de la compuesta *Xanthium strumarium,* podía retardarse la senescencia algunos días con ayuda de quinetina. A continuación, el fenómeno del retraso de la senescencia fue investigado muy ampliamente entre otros por OSBORNE y el grupo de trabajo de MOTHES.

Veamos algunos ejemplos: Si se cortan hojas de tabaco y se colocan en una cámara húmeda, se vuelven amarillas gradualmente. El amarilleamiento se puede retrasar mediante quinetina. Este experimento base se puede variar de distintas formas, por ejemplo, se puede tratar la mitad de una hoja de tabaco cortada con quinetina y la otra no. Entonces amarillea rápidamente la mitad del limbo no tratada, mientras que la tratada permanece verde mucho más tiempo (fig. 187).

Con ayuda de sustancias marcadas con isótopos, pudo demostrarse que los aminoácidos y otras sustancias, como por ejemplo también las auxinas, fluyen de las zonas viejas de la hoja a la zona tratada con quinetina. Si una hoja tratada con quinetina está aún

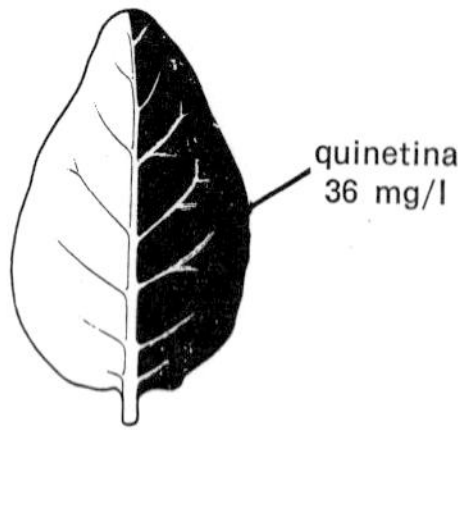

FIG. 187. Retraso de la senescencia por quinetina. La mitad del limbo tratada con quinetina de una hoja suelta de tabaco permanece más tiempo verde que la mitad del limbo no tratada (según MOTHES de HESS 1968).

unida al tallo, estas sustancias son transportadas desde el sistema caulinar, a través del peciolo, hasta la hoja tratada. Se habla aquí de una *atracción* por quinetina. Las sustancias que habían fluido, también se conservan en las zonas tratadas con quinetina: a la atracción le sigue la *retención*. La quinetina —al igual que las citoquininas naturales— estimula la síntesis de RNA y de proteínas. Aminoácidos marcados con C^{14}, que habían sido transportados al lugar del tratamiento con quinetina, son utilizados allí en la síntesis de proteínas. La estimulación de la síntesis de RNA y proteínas por citoquininas debería ser una de las causas esenciales del retraso de la senescencia.

Un retraso de la senescencia puede alcanzarse en algunos casos, también con AIA, sustancias del crecimiento sintéticas y ácido gibberélico. Sin embargo, la acción de estas otras fitohormonas tiene una expresión menos clara. Por el contrario, en las citoquininas es tan clara, que incluso algunos métodos de tests se basan en las citoquininas.

5. *Inducción de enzimas.* La estimulación de la síntesis de RNA y proteínas podría significar una activación del material génico, pero también otros descubrimientos refuerzan la posibilidad de la activación génica por citoquininas. Así existen algunos experimentos, en los cuales las citoquininas pueden inducir la síntesis de enzimas. Un caso de este tipo fue descubierto por BORRIS en la neguilla *(Agrostemma githago)*. En las semillas en letargo de la neguilla no se podía demostrar la existencia de nitrato-reductasa. La síntesis de enzimas se puede inducir cuando brotan los embriones y se tratan con nitrato. Se trata de una inducción por sustrato precisamente por la ya conocida nitrato-reductasa (página 219). Sin embargo, también las citoquininas (quinetina y 6-bencil-aminopurina) provocan las síntesis de enzimas. Sustancias inhibidoras de la transcripción y traducción actúan en contra de los iones nitrato y las citoquininas. Evidentemente, las citoquininas pueden, al igual que los iones nitrato, inducir una síntesis *de novo* de la nitrato-reductasa de *Agrostemma.*

Citoquininas como componentes del tRNA

La quinetina, la primera citoquinina, fue encontrada por primera vez en DNA degradado. Se trataba pues de un producto de laboratorio. Por ejemplo, se obtuvo también quinetina, al poner conjuntamente en el autoclave adenina, una base purínica de los ácidos nucleicos y alcohol furfurílico que puede formarse por hidrólisis ácida de azúcares. A continuación se vio sin embargo que entre las citoquininas y ácidos nucleicos existe una relación muy estrecha. Sin embargo, los ácidos nucleicos no son DNA, sino determinados tipos de tRNA.

En hidrolizados de tRNA de procedencia muy distinta (de bacterias, levaduras, hígado de ternera y plantas superiores), se puede demostrar la existencia de sustancias con actividad de citoquinina. En 1966 se identificó la primera citoquinina en tRNA de levadura. Se trataba de IPA. Después se encontró IPA en toda una serie de organismos más. Sin embargo, en la célula existen muchos tipos de tRNA, por lo general más de uno por cada uno de los 20 aminoácidos de las proteínas, aunque no todos ellos llevan IPA. Por ejemplo, el tRNA para la serina de la levadura lleva IPA, mientras que el tRNA para la alinina y la fenilalanina por el contrario no lo lleva. En 1966 ZACHAU consiguió una exacta localización de la IPA en un tRNA para la serina de la levadura. La IPA se encontraba inmediatamente al lado del anticodón (fig. 11). Según posteriores investigaciones, la citoquinina parece ser necesaria para el ensamblaje del anticodón en el codón del mRNA.

Después de estos descubrimientos se pudo suponer que el mecanismo de acción de la citoquinina residía en su composición a base de clases muy determinadas de tRNA y con ello en una influencia en la traducción. Si se cumpliera esta suposición, la citoquinina aportada exógenamente debería ser degradada en determinados tipos de tRNA. Desgraciadamente los pocos descubrimientos hasta ahora existentes sobre esta cuestión, son contradictorios. En parte se demostró una degradación de citoquininas en tRNA y en parte no, a pesar de que las citoquininas suministradas eran completamente activas. Además existen resultados según los cuales las citoquininas de ningún modo son degradadas en tRNA. En el caso de la IPA que se encuentra en el tRNA, se demostró repetidamente, que solamente después de que la adenina esté incorporada en el tRNA, se une el resto isopentenilo.

Resumamos: También en las citoquininas, el tercer grupo de fitohormonas, se suponen estrechas relaciones con los ácidos nucleicos. Las citoquininas pueden estimular claramente actividades genéticas, posiblemente a nivel de traducción. Pero queda aún por averiguar, si la existencia de citoquininas en el tRNA varias veces demostrada, tiene algo que ver con el mecanismo de acción de las citoquininas.

ÁCIDO ABSCÍSICO

Constitución química

El ácido abscísico es un terpenoide (fig. 188). Ácido abscísico es el nombre propuesto recientemente. Aparte de éste, aún están en uso las antiguas denominaciones de dormina y abscisina II.

El término «dormina» se refiere a que el ácido abscísico ocasiona el letargo invernal de las yemas, y el término «abscisina» a que el ácido abscísico puede activar la caída de la hoja y del fruto. El ácido abscísico parece ser común a todo el reino vegetal. Por su estructura química también se podría demostrar la existencia de sustancias cercanamente emparentadas, con acción en parte similar.

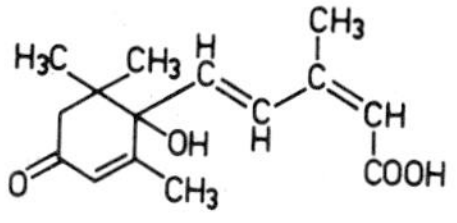

FIG. 188. Ácido abscísico.

Historia, métodos de investigación

Varias investigaciones han llevado a la suposición de que han de existir determinadas sustancias propias de la planta, que activen la caída de la hoja y que originen la pausa invernal de las yemas en los árboles de hoja caduca. El grupo de trabajo de CARNS y ADDICOTT trabajó en la fisiología de la caída de las cápsulas de las semillas del algodón. En 1963 pudo ser aislada una sustancia que estimulaba la caída de la cápsula y en 1965 se conoció su estructura química. La sustancia obtuvo el nombre de abscisina II. Al mismo tiempo otro grupo de trabajo, el de WAREING y CORNFORTH, se ocupaba de el aislamiento e identificación del principio que puede inducir a las yemas de los árboles caducos al letargo invernal. Esta sustancia se denominó dormina y pudo ser aislada en el arce. Se propuso que esta dormina era idéntica a la abscisina II. Los tests de ácido abscísico (= abscisina II = dormina) se basan en la inhibición del crecimiento, la activación de la caída de la hoja y del fruto, la inducción del letargo de las yemas y la inhibición de la germinación de las semillas, sólo para nombrar los más importantes.

Biosíntesis

La biosíntesis de ácido abscísico aún no está clara. Algunos datos hablan en favor de su formación a partir de xantofilas, por degradación. Otros resultados están de acuerdo con esta hipótesis. El ácido abscísico sería producido directamente por la conocida ruta del ácido mevalónico-isopentenil-pirofosfato, sin el rodeo que pasa a través de un carotenoide. También las gibberelinas se forman por la misma ruta (pág. 136). Pronto veremos que el ácido abscísico es un antagonista entre otros del ácido gibberélico. Un cambio de la ruta de biosíntesis del ácido abscísico a ácido gibberélico o viceversa, modificaría las concentraciones relativas de ambas sustancias, lo que tendría consecuencias en la morfogénesis.

Algunas funciones del ácido abscísico

Las fitohormonas hasta aquí estudiadas (compuestos del indol, gibberelinas y citoquininas) pueden designarse con un signo positivo: sin contar las excepciones, activan determinados procesos. Por el contrario, el ácido abscísico, sustancia de marcada actividad inhibidora, se caracterizaría pues con un signo negativo. En muchos casos, el ácido abscísico actúa en contra de las hormonas «positivas». Es entonces un antagonista de las hormonas «positivas». Del estado de equilibrio entre el ácido abscísico y los otros tres grupos de fitohormonas, depende que una determinada morfogénesis tenga lugar o no. Si domina el ácido abscísico, el proceso de desarrollo se interrumpe, si ganan las tres fitohormonas «positivas», se completa el desarrollo en cuestión. No hace falta decir que este esquema está muy simplificado. Aún veremos, por ejemplo, que también se establecen equilibrios entre las tres fitohormonas «positivas», que pueden ser decisivos para la calidad de las morfogénesis, por ejemplo, en la formación de raíces y yemas (pág. 295).
Veamos sólo un ejemplo de un estado de equilibrio de este tipo y sus consecuencias morfogenéticas (fig. 184). En nuestros árboles de hoja caduca, en otoño, disminuye la cantidad de gibberelinas en las yemas mientras que la de ácido abscísico aumenta. Esto es principalmente un efecto de la corta duración del día. En las yemas del grosellero negro *(Ribes nigrum)* en enero ya no se encuentra nada de gibberelina, pero sí cantidades importantes de una sustancia inhibidora del crecimiento. La sustancia inhibidora en *Ribes* es posiblemente, y en otros árboles de hoja caduca con seguridad, el ácido abscísico. Bajo la influencia de los fríos invernales y los días cada vez más largos, el contenido en sustancias inhibidoras disminuye y el de gibberelinas aumenta. Cuando finalmente el contenido en gibberelinas es suficientemente alto para superar el contenido en sustancias inhibidoras, se llega a la aceleración del crecimiento de las yemas en primavera.
En lo referente al mecanismo de acción molecular del ácido abscísico, se pudieron constatar acciones inhibidoras en la reduplicación del RNA, la transcripción y esporádicamente también en la traducción. Se demostró también que el ácido abscísico puede estimular la actividad de la ribonucleasa, un enzima degradador de RNA. Quizás actúe en este caso como un efector alostérico

(fig. 171). A través de la entonces forzada degradación de RNA, se pudo explicar toda una serie de acciones inhibidoras observadas.

El ácido abscísico puede pues inhibir la actividad génica. Debido a que los tres grupos de fitohormonas «positivas», por lo menos en algunos casos pueden activar la actividad génica, se puede entender el antagonismo antes mencionado. Sin embargo, esto no debe ser tan «sencillo», pues en los últimos años se ha llegado a la conclusión de que el ácido abscísico puede variar la permeabilidad de los sistemas de membranas y con ello la captación de sustancias. Volveremos a tratar aún sobre este tema al estudiar el movimiento de los estomas (pág. 326). En el conjunto de relaciones dado es importante que también pueda reducirse la toma, por ejemplo, de fosfato. Cuando el abastecimiento en las células del sillar de los ácidos nucleicos, el fosfato, se ve dificultado, se entienden sin más las acciones inhibidoras sobre la síntesis de ácidos nucleicos repetidamente observadas. Entonces habría que buscar el lugar de acción primario del ácido abscísico en la zona de las membranas celulares. La actividad génica sería en última instancia indirectamente influenciada.

Reguladores sintéticos

Se conocen un gran número de sustancias sintéticas que actúan en parte como sustancias de crecimiento y en parte como sustancias inhibidoras. Frecuentemente aventajan en la práctica a los reguladores naturales. Nombraremos algunos de ellos:

Sustancias del crecimiento sintéticas (fig. 189)

El *ácido α-naftilacético* está contenido en muchos preparados comerciales en lugar del AIA. Algunas de sus aplicaciones son: enraizamiento de estacas, inhibición de la actividad de la patata e inhibición de la floración en el ananás a punto de florecer.

El *ácido, 2,4-diclorofenoxiacético (2,4-D)* se halla presente en muchos herbicidas. Provoca la degeneración del crecimiento en dicotiledóneas, por ejemplo, mediante la formación de raíces adventicias acompañada de la inhibición del crecimiento de la raíz principal; produce fuertes deformaciones. Las monocotiledóneas y entre ellas las gramíneas son mucho menos sensibles. Evidentemente, pueden inactivar el 2,4-D por medio de un mecanismo aún en discusión. Por este motivo es posible, mediante tratamiento con 2,4-D, eliminar las malas hierbas dicotiledóneas de un campo de trigo, sin perjudicar a esta planta monocotiledónea.

Otras aplicaciones del 2,4-D son: inhibición de la caída del fruto en manzanos, perales, naranjos y algodoneros.

Inhibidores sintéticos (fig. 189)

La *clorocolinclorida (CCC)* y el *amo 1618* bloquean la síntesis de gibberelinas; con ello se inhibe el crecimiento. Cereales tratados con CCC muestran internudos torcidos y por esta razón una mayor estabilidad. Con amo 1618 se pueden producir por ejemplo crisantemos de tallo corto. En algunos casos, la formación de flores puede ser acelerada por CCC y amo 1618. *Morfactinas:* son un grupo de reguladores sintéticos de acción predominantemente inhibidora, con el esqueleto fundamental del ácido 9-hidroxifluoren-9-carbónico (= fluorenol). Las morfactinas, a pesar de que a simple vista tienen una constitución química similar, no son análogos estructurales de las gibberelinas. Los dos anillos aromáticos laterales en las morfactinas forman, junto con el anillo pentámero central, una estructura discoidal. Por el contrario, las gibberelinas con su esqueleto casi completamente saturado, muestran una estructura de forma casi esférica. La configuración estérica de ambos grupos de sustancias es pues completamente diferente.

ácido α-naftilacético

2,4-D ácido 2,4-diclorofenoxiacético

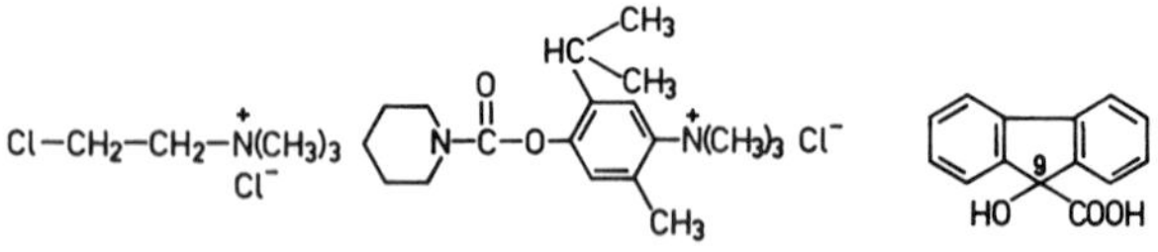

CCC clorocolinclorida

amo 1618

ác. 9-hidroxifluorenocarbónico-(9) fluorenol

FIG. 189. Sustancias sintéticas de crecimiento (arriba) y sustancias inhibidoras (abajo).

Las morfactinas llevan su nombre por ser morfogenéticamente activas. Su actividad es esencialmente inhibidora. Con ellas se inhibe la germinación de las semillas y el crecimiento de los embriones, el crecimiento longitudinal de los tallos y la formación de limbos foliares (fig. 190). La dominancia apical se rompe.

FIG. 190. Acción del clorofluorenol, una morfactina, en el desarrollo del nabo. A la izquierda control, a la derecha concentraciones crecientes de morfactina (modificado según MOHR y ZIEGLER 1969).

Como consecuencia de esto, se llega a un desarrollo de las yemas laterales y a una forma de crecimiento en escoba. Igualmente se inhibe el crecimiento de las plantas en rosetón.

En la práctica, las morfactinas se usan sobre todo en combinación con otros reguladores sintéticos. Así, el fluorenol y las sustancias de crecimiento fenoxílicas, como el 2,4-D, actúan sinergísticamente. Estos preparados de combinaciones de fluorenol y 2,4-D son utilizados como herbicidas en cultivos de gramíneas y prados. Para «amortiguar» el crecimiento en prados, se pueden usar combinaciones de morfactinas e hidracidos maleínicos. El hidracido maleínico inhibe sobre todo el crecimiento de las hierbas y un derivado clorado del fluorenol el de la mala hierba. Entonces se obtienen prados de bajo crecimiento, sin necesidad de segarlos repetidamente.

HIPÓTESIS SOBRE LOS MECANISMOS DE ACCIÓN DE LAS FITOHORMONAS

Las fitohormonas actúan controlando los diversos procesos del desarrollo. Según toda apariencia los compuestos de indol, las gibberelinas y citoquininas son determinantes totalmente inespecíficos. Las abscisinas son sustancias inhibidoras de las morfogénesis igualmente inespecíficas. Los tres grupos de fitohormonas «positivas» pueden activar, como puede comprobarse, el material génico y los ácidos abscísicos «negativos», reprimirlo. Todas las hipótesis sobre el mecanismo de acción de las fitohormonas, deben tomar en cuenta estos hechos (acción inespecífica y activación del material génico). Aquí veremos algunas de estas hipótesis simplificadas.

Hipótesis del «mensajero secundario»

Cuando nos planteamos la cuestión del mecanismo de acción de las hormonas, ha de resaltarse en primer lugar que las acciones hormonales típicas, en muchos casos no se deben de ningún modo directamente a las propias hormonas. En los últimos años aumentan los hallazgos, según los cuales muchas hormonas sólo son activas indirectamente. Esto es válido no sólo para la influencia de la actividad génica, sino también para otras acciones hormonales quizás sobre los sistemas de membranas o sobre enzimas alostéricos. Según las investigaciones, sobre todo de SUTHERLAND en hormonas animales, se propuso la hipótesis del *mensajero secundario.* Según ella, las hormonas, los mensajeros primarios, inducen la formación de unos mensajeros secundarios. En las «acciones hormonales» observadas no son responsables las propias hormonas, sino estos mensajeros secundarios.

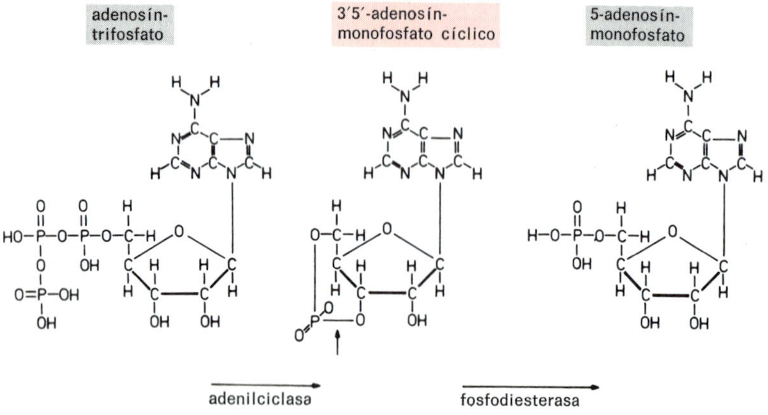

FIG. 191. Formación y degradación del AMPc (según ZENK 1970). La fosdiesterasa escinde en el lugar señalado con la flecha.

Adenosín-monofosfato cíclico (AMPc). Según nuestro estado actual de conocimientos, el mensajero secundario más importante es el 3',5'-adenosín-monofosfato cíclico (fig. 191). El mensajero primario, o sea la hormona, estimula la actividad de la adenil-ciclasa, la mayoría de las veces unida a la membrana, que forma AMPc a partir de ATP por escisión de pirofosfato. Por su parte

el AMPc puede estimular la actividad de diversos enzimas y así intervenir en el metabolismo y con ello en la formación de caracteres.
El nivel de AMPc endógeno puede regularse, por una parte a través de la activación de la adenil-ciclasa antes mencionada y con ello una activación de la AMPc-sintetasa y por otra a través de una degradación de AMPc por una fosfodiesterasa, que se sitúa en el puente fosfato de la molécula. La actividad de la fosfodiesterasa, naturalmente no es incontrolada. Así por ejemplo en mixomicetes *(Acrasiales)* se ha determinado un inhibidor proteínico de la fosfodiesterasa. En algunos *Acrasiales,* como *Dictyostelium discoideum,* el AMPc es idéntico a la acrasina, una sustancia quimotáctica que juega un importante papel en la agregación de las mixamebas en sincicios. Veamos también un ejemplo de la actividad del AMPc en plantas superiores: precisamente en el ejemplo de la síntesis de α-amilasa en la aleurona de la cebada (pág. 246), se puede sustituir el ácido gibberélico por AMPc. Basándose en estos y similares resultados, se ha aceptado que el AMPc podría ser un mensajero secundario del ácido gibberélico. También se pensó en relaciones análogas para otras fitohormonas, pero como ocurre tan frecuentemente en plantas superiores, pronto siguió el desencanto, pues si en ellas también el AMPc fuera un mensajero secundario, tendría que demostrarse su existencia como sustancia constituyente de la planta. En la práctica, se ha informado varias veces sobre la presencia de AMPc en plantas superiores. Sin embargo estas investigaciones han vuelto a ponerse en duda debido a otros resultados. Actualmente no nos resta más que aguardar a saber si el AMPc se puede hallar o no en plantas superiores. Mientras que no esté libre de duda, queda en el aire la cuestión de si tiene que considerársele como una auténtica clave o sólo como una llave falsa.
Etileno. Otro mensajero secundario, típicamente vegetal, debería ser el etileno. Puede formarse prácticamente en todas las células también en concentraciones variables. En plantas superiores la síntesis parte predominantemente del aminoácido metionina (figura 192). No son necesarios mecanismos de degradación especiales, pues la sustancia en forma de gas puede ser cedida fácilmente a la atmósfera.
Ya habíamos citado que en la dominancia apical, el etileno, que se forma bajo acción del AIA, debería ser la verdadera sustancia inhibidora (pág. 240). Esto es rápido para algunas otras morfogénesis. Veamos sólo un ejemplo: cuando sustancias del crecimiento como el ácido α-naftilacético determinan la floración en el ananás (pág. 255), el etileno es también el principio directamente activo. En todos los casos de este tipo, las sustancias del crecimiento como el AIA serían pues los mensajeros primarios

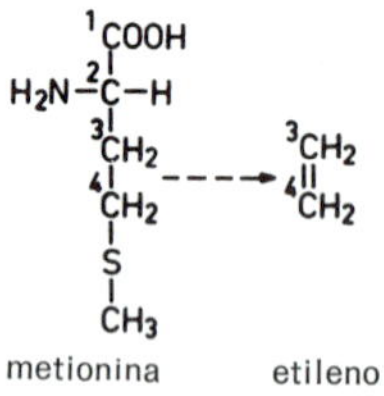

FIG. 192. Formación de etileno a partir de metionina.

y el etileno sería el mensajero secundario. Se desconoce cómo actúa el etileno. Es muy poco probable en su caso, un influjo directo sobre la actividad génica.

Hipótesis sobre los mecanismos de acción moleculares de las fitohormonas y los mensajeros secundarios

Después de ver que también las fitohormonas, por lo menos en algunos casos, pueden activar mensajeros secundarios, todas las hipótesis sobre los mecanismos de acción molecular han de considerar tanto las hormonas como sus mensajeros secundarios. Principalmente se discutirán tres puntos débiles: genes, enzimas y sistemas de membranas (fig. 193).

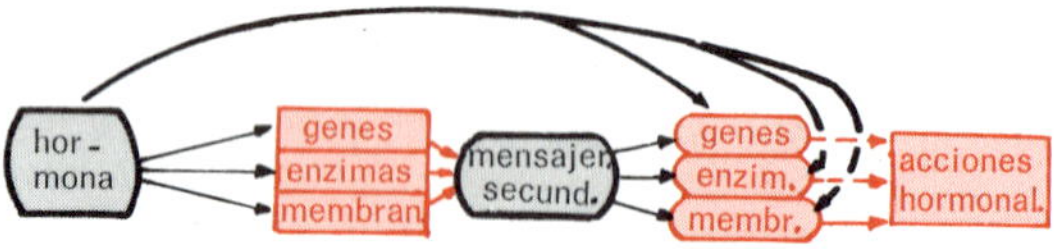

FIG. 193. Posibilidades de participación de las hormonas y sus sustancias mensajeras secundarias. Se ha tomado en cuenta que las hormonas pueden actuar también sin el gobierno intermedio de sustancias mensajeras secundarias. Los tres puntos de ataque (genes, enzimas y membranas) no deben excluirse mutuamente. Así, por ejemplo, en organismos animales se ha averiguado que la adenilciclasa está unida a la membrana. Luego es activada alostéricamente por determinadas hormonas y empieza la síntesis del mensajero secundario, el AMPc.

Fitohormonas y actividad génica. Acordémonos de que habíamos adjudicado un signo positivo y otro negativo a las fitohormonas —esto es ciertamente una simplificación (pág. 254). Acordémonos también de que habíamos sostenido como posibles cuatro estados de actividad de los genes (pág. 213). Por este motivo se deducen más de una posibilidad de influencia sobre estos estados de actividad:

1. *Activación general e inactivación de genes* (fig. 194). Las fitohormonas positivas activan todos los genes activables en un

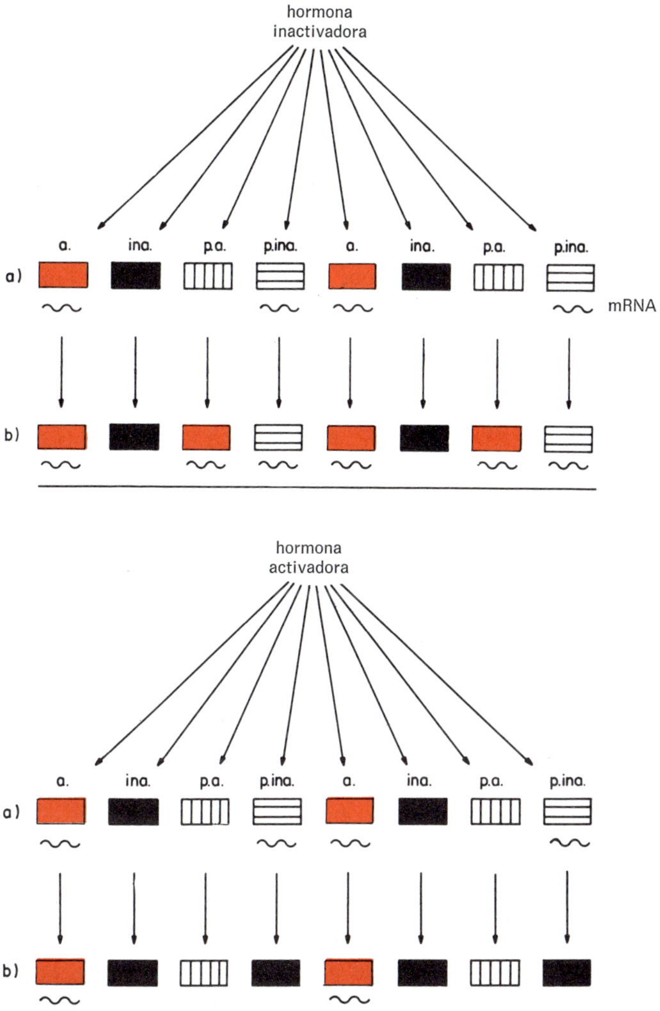

FIG. 194. Modelo de la acción de las fitohormonas: activación general, o inactivación de todos los genes potencialmente activos o inactivos. a) = = antes, b) = después de la acción de las hormonas. Estado de actividad del gen: a. = activo, ina. = inactivo, p.a. = potencialmente activo (activable), p. ina. = potencialmente inactivo (reprimible) (modificado según HESS 1968).

estadio y tejido dado y las fitohormonas negativas, como el ácido abscísico, inactivan todos los genes inactivables en un estadio y tejido dado.

Esta posibilidad al principio parece muy improbable, pues, ¿cómo puede la misma hormona influenciar en el mismo sentido un alto número de genes distintos? Sin embargo, este planteamiento no es tan extraviado, si se tienen a mano algunos datos sobre unidades transcripcionales. Aceptamos que una fitohormona puede activar un represor como efector alostérico. Seguimos suponiendo que el modelo de la unidad transcripcional de GEORGIEV (fig. 169) es acertado, por lo menos en principio. Entonces las más diversas unidades transcripcionales podrían tener lugares aceptores para el mismo represor. Si este represor fuese inactivado por una fitohormona, todas estas unidades transcripcionales y los genes estructurales contenidos en ellas pasarían a la transcripción. Así se hizo comprensible que una hormona dada pudiera activar muchos genes distintos.

2. *Activación e inactivación de un solo gen por fitohormonas, otras activaciones e inactivaciones secundarias.*

Una hormona «positiva» activa sólo un locus génico. Una fitohormona «negativa» inactiva igualmente un solo locus génico. La activación génica podría tener lugar de nuevo a través de una inactivación alostérica del represor correspondiente y la inactivación génica por el contrario a través de su activación. Mediante esta activación o inactivación génica se llega a inversiones en el metabolismo de la célula. Como consecuencia de ello, sólo pueden ser activados o desactivados otros genes secundarios.

3. *Intervención activadora o inhibidora en la reacción metabólica, activaciones o inactivaciones génicas secundarias* (fig. 195).

El mecanismo de acción primario no consiste en una influencia sobre la actividad génica, sino en el gobierno de una determinada reacción metabólica. En el entramado de todas las reacciones metabólicas, se llega a una inversión del metabolismo como en la hipótesis 2, que luego trae consigo la activación e inactivación secundaria de genes.

¿Cómo podría influir una hormona en una reacción metabólica? Después de habernos ocupado precisamente antes de las hormonas como efectores alostéricos en el control de la actividad de los represores, por lo menos no nos costará mucho dar una respuesta: las hormonas podrían también regular alostéricamente la actividad de los enzimas. Ya habíamos citado en este contexto, que el ácido abscísico se había discutido como activador alostérico de la ribonucleasa (pág. 255). También para otros enzimas se tomó en consideración una influencia alostérica a través de fitohormonas, sin poder tomar hasta ahora una decisión clara.

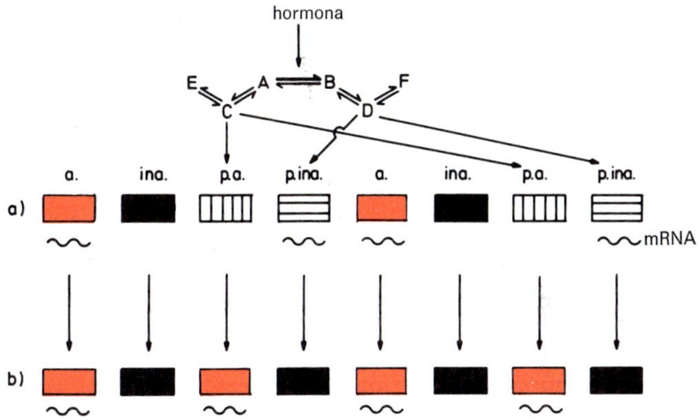

FIG. 195. Modelo de la acción de las fitohormonas: influencia sobre una reacción metabólica central. Luego secundariamente preparación, o sea, separación de los efectores, que pueden activar o reprimir todo un espectro de genes.

Por el contrario, en organismos animales se sabe con claridad, que por ejemplo algunas hormonas activan la adenil-ciclasa unida a la membrana (pág. 258), pudiendo así inducir la síntesis de su mensajero secundario, el AMPc.

Con el último párrafo estábamos preparados para abordar el segundo posible punto de ataque de las hormonas, el *control de la actividad enzimática.* En lo referente al tercer punto de ataque, los *sistemas de membranas,* hemos de acordarnos de las modificaciones de la permeabilidad debidas al ácido abscísico (páginas 255, 327). Queremos dejar esta cuestión con estas indicaciones, pues aún después de una amplia discusión, el asunto quedaría igual: no se conoce el mecanismo de acción molecular para ninguna fitohormona.

4. Regulación por factores externos

Hasta ahora hemos tratado sólo sobre la regulación por factores internos. Sin embargo, la situación dentro de un organismo es influenciada decisivamente por factores externos. De los muchos factores externos que pueden influir en el crecimiento y la diferenciación de las plantas, resaltaremos aquí la temperatura y la luz. Indudablemente, en este párrafo sólo podemos dar algunos fundamentos de la acción de la temperatura y la luz.

a. Temperatura

Cada reacción metabólica se caracteriza por un coeficiente de temperatura, que indica cuánto se modifica la velocidad de reacción para un determinado cambio de temperatura. El coeficiente de temperatura Q_{10} indica cuánto aumenta la velocidad de la reacción para un aumento de la temperatura de 10°C, por ejemplo, para una subida de temperatura de ±0 hasta +10°C:

$$Q_{10} = \text{velocidad a } 10°\text{C}/\text{velocidad a } \pm 0°\text{C}$$

En las plantas superiores Q_{10} es por término medio de 2 a 3. El óptimo de temperatura, la mayoría de las veces, está entre 28 y 32°C. Temperaturas por encima de los 35°C empiezan a causar daños.

Ya que las diferentes reacciones poseen coeficientes de temperatura ligeramente distintos, un cambio de temperatura puede favorecer una reacción y por el contrario perjudicar a otra. De este modo la temperatura puede intervenir regulando en el metabolismo y con ello también los procesos del desarrollo.

Existe otra complicación: en cada estadio del desarrollo tienen lugar muchas reacciones con coeficientes de temperatura más o menos diferentes. De ello resulta una temperatura media que es la óptima para el estadio del desarrollo en cuestión. Para otro estadio del desarrollo puede ser óptima una temperatura completamente distinta. En los años treinta, BLAAUW realizó en los Países Bajos investigaciones muy detalladas sobre ello.

El propósito era averiguar las condiciones bajo las cuales, las plantas bulbosas llegaban lo más rápidamente posible a la floración. Para ello, se colocaron bulbos a diferentes temperaturas después de la recolección. Resultó que cada proceso del desarrollo transcurría óptimamente a una determinada temperatura (figura 196). Los óptimos de temperatura para los diferentes estadios del desarrollo son distintos para cada especie, por ejemplo para los jacintos son completamente diferentes que para los tulipanes.

Por último no debería olvidarse que sobre las plantas en la naturaleza no actúan factores externos aislados, sino combinaciones de factores externos, por ejemplo combinaciones de determinadas condiciones de temperatura y de luz. Las flores del híbrido «Kriemhilde» de *Petunia,* son completamente blancas, si se mantiene la planta 64 días a plena luz del sol a 20°C. Cuando el lapso de tiempo bajo estas condiciones (a plena luz del sol y 20°C) se acorta, se forman más antocianos. Después de 30 días bajo las citadas condiciones, aún quedan sectores blancos en

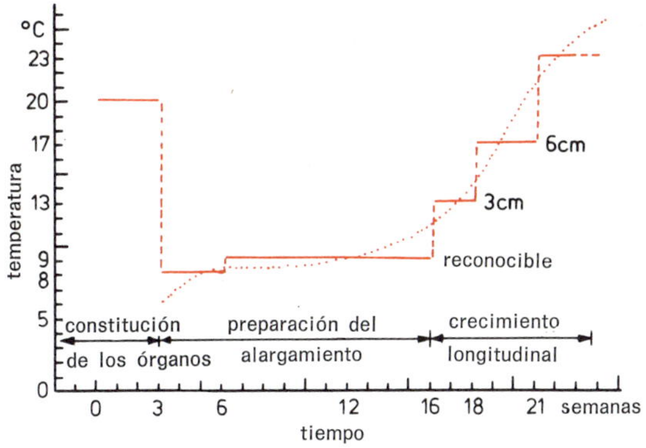

FIG. 196. Temperaturas óptimas para el desarrollo de bulbos de tulipán de la variedad W. Copland desde el inicio del crecimiento a la floración. Escalones: temperaturas determinadas experimentalmente; curvas punteadas: temperaturas óptimas posibles. Para la constitución de los órganos son necesarias temperaturas relativamente altas, para la preparación del crecimiento longitudinal, más bajas durante un periodo más largo y para el crecimiento longitudinal del tallo, otra vez altas temperaturas en aumento (modificado según HARTSEMA et al. 1930).

cada pétalo de la flor. También estos sectores pueden hacerse desaparecer: cuando las plantas se mantienen a la sombra a 30 °C, las flores se hacen completamente violetas. Aquí actúan pues conjuntamente dos factores externos en la formación del carácter antociano, la luz y la temperatura (fig. 197).
Debe aceptarse que la actividad génica pertenece también a los procesos metabólicos influenciados por la temperatura. Un factor a favor de ello es por ejemplo que la producción de RNA en cromosomas gigantes vegetales (pág. 208) pueda ser interrumpida por las bajas temperaturas. Sin embargo, aún no existe una demostración similar exacta que pudiera profundizar en la relación entre luz y actividad génica.

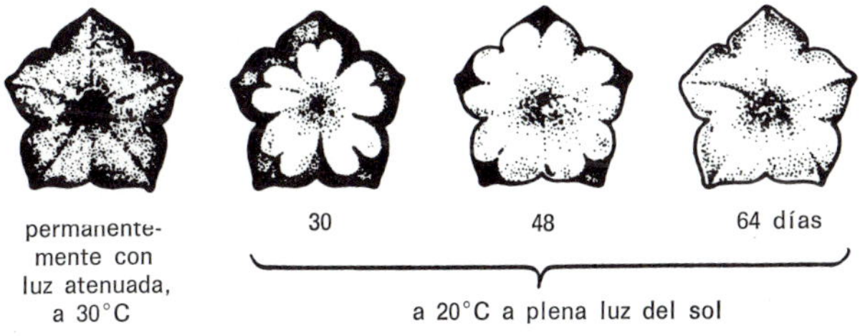

FIG. 197. Dependencia de la síntesis de antocianos en la variedad «Kriemhilde» de *Petunia hibrida,* de la luz y la temperatura (de KÜHN 1965).

b. Luz

El sistema fitocromo

La luz puede intervenir en el metabolismo a través de la fotosíntesis, pero exceptuando este principio general, la luz puede además controlar a través de otros sistemas de pigmentos y a través de otros mecanismos de acción, los procesos metabólicos y con ello también los procesos del desarrollo. Los procesos del desarrollo controlados por la luz se denomina *fotomorfogénesis*. Consecuentemente, los fotorreceptores se designan como morfogenéticamente activos o sistemas pigmentarios morfogenéticos. No el único, pero sí un sistema pigmentario morfogenético especialmente estudiado en los últimos años, es el sistema fitocromo.

La germinación de semillas de muchas especies se ve activada por la luz (pág. 307). Cuando se estableció el espectro de acción de la luz en la germinación de semillas de la lechuga *(Lactuca sativa)*, se descubrió que la luz roja clara (RC) activaba la germinación, y que por el contrario la luz roja oscura (RO) la inhibía. Sin embargo, Borthwick y Hendricks, que se ocuparon especialmente de la germinación de la lechuga, a principios de los años cincuenta descubrieron algo más: si a semillas de lechuga se les administraba primero RC, y luego RO, se anulaba la acción estimulante de la RC. Si se daba RC, luego RO y otra vez RC, germinaban los aquenios (fig. 198). Esto se podía repetir varias veces. Para la germinación, era decisivo qué calidad de luz se había administrado la última: RC significaba germinación, RO inhibición de la germinación.

Efectos análogos se dieron en otros objetos de estudio y otros procesos del desarrollo, por ejemplo en la floración (pág. 359). El máximo de acción de la RC estaba a 660 mμ, el de la RO a 730 mμ. La consecuencia final de todos estos datos fue (fig. 199): en las células de las plantas existe un sistema pigmentario morfogenético que puede presentarse en dos formas distintas, que pueden convertirse la una en la otra mediante luz de una determinada longitud de onda. Una forma tiene un máximo de absorción a 660 mμ y se denomina por ello P_{660}. Es fisiológicamente inactiva. Por radiación con RC de longitud de onda 660 mμ puede convertirse en la otra forma. Esta segunda forma tiene un máximo de absorción a 730 mμ y se denomina por ello P_{730}. Es fisiológicamente activa y produce las más diversas morfogénesis, como por ejemplo la germinación antes mencionada. Por radiación con RO de longitud de onda 730 mμ, el P_{730} se convierte

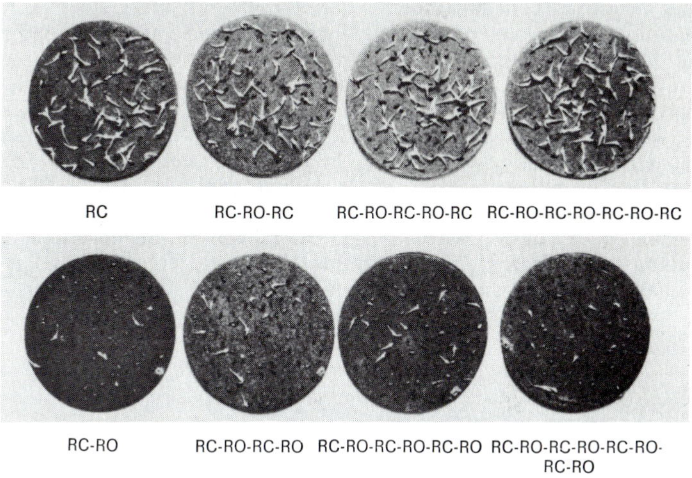

FIG. 198. Demostración del sistema pigmentario como factor de la germinación en la lechuga *(Lactuca sativa)* RC = rojo claro, RO = rojo oscuro (de GOODWIN 1965).

otra vez en P_{660}. Debido a esta oscilación entre las dos formas, se ha hablado de un «sistema pigmentario reversible rojo claro-rojo oscuro», una denominación que actualmente ha sido casi completamente sustituida por otra más corta: «sistema fitocromo».

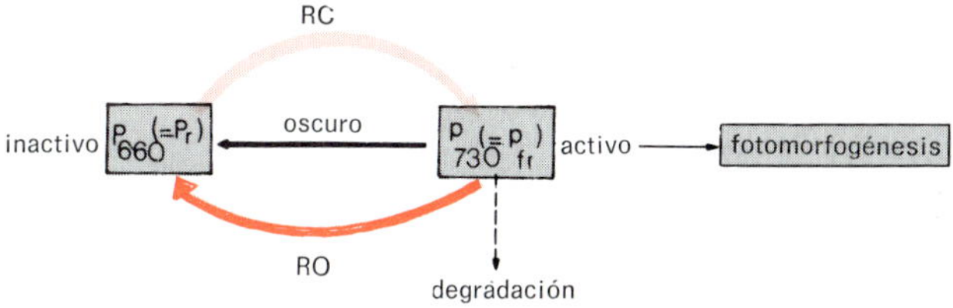

FIG. 199. Esquema de la función del sistema pigmentario. P_{660} se denomina también P_r (r = red, rojo), y P_{730} también P_{fr} (fr = far red, rojo lejano).

Este sencillo esquema de la función del sistema fitocromo, ha sido completado: el P_{730} puede pasar a P_{660} también en la oscuridad y el P_{730} puede ser eliminado también por degradación, como cabía esperar.
El sistema fitocromo está muy extendido en las plantas, aunque

en pequeñas concentraciones. Puede extraerse sin grandes dificultades, especialmente de embriones. También en la probeta, el fitocromo en suspensión pude pasar de una forma a la otra, por radiación con RC o RO. Se dijo que se trataba de un cromoproteido. El pigmento unido a la proteína en este cromoproteido está relacionado con determinados pigmentos de cianófitos y algas. Se trata de una ficobilina, en principio pues de una cadena de cuatro anillos pirrólicos, unidos entre sí por átomos de C. En el paso de P_{660} a P_{730}, es cedido un protón por el componente pigmentario, mientras que en la conversión contraria se toma un protón. Con ello, cambia el tipo de enlace en la proteína portadora y también su conformación (fig. 200).

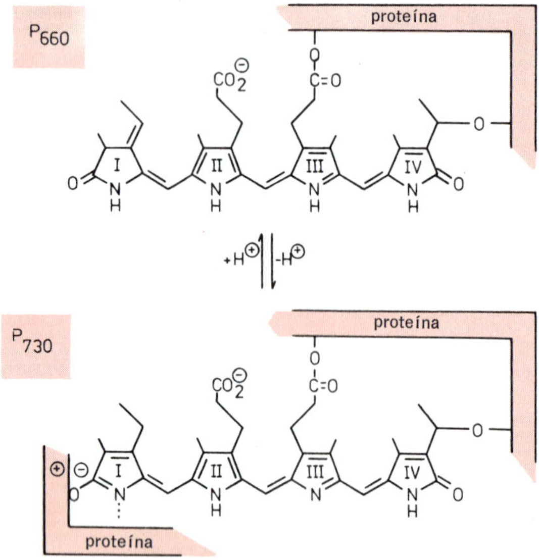

FIG. 200. P_{660} (= P_r) y P_{730} (= P_{fr}). El paso de una a otra forma tiene lugar bajo cesión o toma de un protón (H^+) por los componentes pigmentarios. El portador de proteínas, que sólo se ha representado parcialmente, sufre cambios en su conformación (según RÜDIGER y CORRELL 1969).

SISTEMA FITOCROMO Y ACTIVACIÓN GÉNICA

Una cuestión aún discutida es la del mecanismo de acción del sistema fitocromo. En 1965 MOHR llegó a la conclusión de que la luz, a través del sistema fitocromo, puede activar los genes. Los objetos de estudio fueron embriones de la mostaza blanca

(Sinapis alba). Estos embriones después de exposición a la luz, forman antocianos. A consecuencia de condiciones especiales, no es aquí RC, sino RO, la luz que puede inducir la síntesis de antocianos. Con actinomicina C_1, sustancia inhibidora en la transcripción que ya nos es conocida, puede interrumpirse la síntesis de antocianos dependientes de la luz (fig. 201). La actinomicina sólo es completamente activa, cuando se administra al inicio o muy al principio de la exposición a la luz.

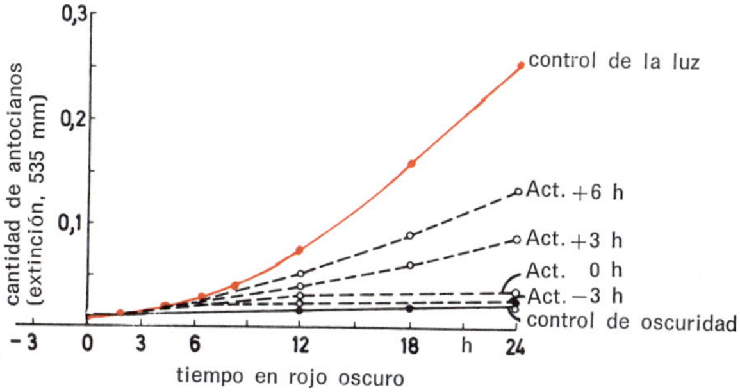

FIG. 201. Participación del material génico en la formación de un carácter controlado por fitocromo, la síntesis de antocianos en embriones de la mostaza blanca *(Sinapis alba)*. Act = adición de actinomicina C_1 (modificado según LANGE y MOHR 1965).

Si se suministra la actinomicina, por ejemplo 6 horas después del inicio de la exposición, se retarda, pero no se inhibe, la síntesis de antocianos. Los procesos decisivos de transcripción tienen pues lugar al principio del período de iluminación.

No puede desecharse una acción secundaria inespecífica de la actinomicina, pues en este caso, 6 horas después del inicio de la radiación, la actinomicina dada tendría que actuar inhibiendo. El resultado del experimento, que se puede aún completar con otros datos, dio la primera demostración de que el sistema fitocromo puede activar el material génico, en este caso los genes para la síntesis de antocianos.

La síntesis de antocianos es un proceso muy complicado, en el cual están implicados muchos genes (pág. 160). Diversos autores, como ZUCKER, MOHR y ZENK descubrieron en los años sesenta, que la luz puede estimular la síntesis de las fenilalanina-amonio-liasa, a través del sistema fitocromo. La luz activa pues el material génico para la síntesis de un enzima clave del meta-

bolismo del fenilpropano (pág. 149). También los antocianos, aquellas sustancias híbridas del acetato activo y de derivados activados del ácido cinámico, pueden formarse sólo cuando existe PAL activo. Desde el PAL hasta los antocianos existe una cadena de reacciones. En las primeras investigaciones, la síntesis del enzima de control fue inducida en parte por la luz y en parte por los sustratos correspondientes.
Mientras tanto se pudo demostrar una activación del material génico en algunas otras fotomorfogénesis. Sin embargo, con ello no se aclara la cuestión sobre el principio del mecanismo de acción del fitocromo, pues está sin responder la cuestión de si una cadena de acción controlada por el fitocromo, actúa o no directamente sobre el material génico. Partiendo de los datos de que se dispone actualmente, una influencia indirecta parece lo más probable (fig. 202): el sistema fitocromo sería el cofactor de una (o quizás también de más de una) reacción metabólica central. El género de esta reacción central se desconoce. Esta reacción metabólica está asociada a otras reacciones. Si la reacción central es influenciada oportunamente por el fitocromo, esto significa pues cambios en toda una red de reacciones. Como consecuencia de ello, se llega a una modificación de las concentraciones de los diversos efectores, que pueden actuar sobre el material génico activando o inhibiendo. Este modelo se ajusta a la realidad de que, como repetidamente se ha hecho constar, el material génico no puede ser sólo activado, sino también repri-

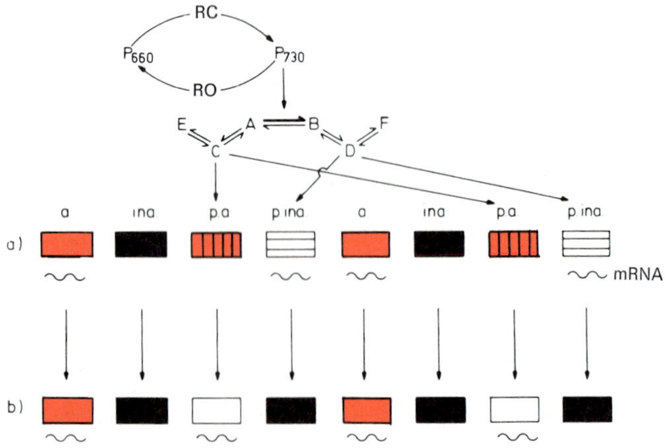

FIG. 202. Representación de la relación entre el fitocromo y el material génico (modificado según HESS 1968).

mido por el sistema fitocromo. Si volvemos la vista atrás, estableceremos un paralelismo respecto a la cuestión del mecanismo de acción entre los factores externos, luz y también temperatura, y las fitohormonas: tanto los factores externos como también las fitohormonas pueden influenciar el estado de actividad del material génico. Tanto en este caso como en el otro se desconoce si, y hasta qué punto, este control de la actividad génica se ha de interpretar como un suceso primario o secundario.

POLARIDAD Y DIVISIÓN CELULAR DESIGUAL COMO BASES DE LA DIFERENCIACIÓN

Los últimos capítulos son del más puro interés académico y además muy hipotéticos. Queremos apresurarnos a demostrar que nos encontramos todavía en los procesos de la diferenciación. Nuestro problema fundamental —ahora expuesto en una forma un poco distinta— era lo siguiente: una célula entra en el ciclo mitótico. De las dos células hijas, sin embargo, una o ambas, no sufren un nuevo ciclo mitótico, sino que empiezan a diferenciarse (fig. 203). Nuestra pregunta es: ¿qué ha sucedido durante o antes de la última división, para que sólo una o ninguna de ambas células se vuelva a dividir? y ¿cómo se relacionan con este suceso los mecanismos de regulación antes discutidos?

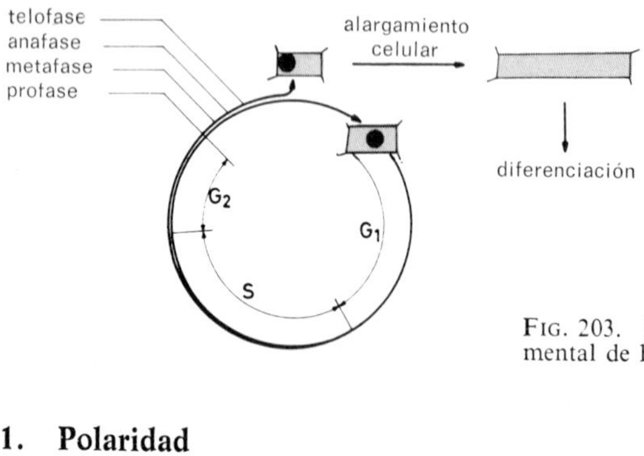

FIG. 203. El problema fundamental de la diferenciación.

1. Polaridad

La polaridad es la causa de que a lo largo de un eje puedan aparecer diferencias, de suerte que un extremo del eje sea diferente del otro. En particular se puede distinguir entre más de una posibilidad de diferenciación polar (fig. 204).

La polaridad se presenta en células aisladas, al igual que en asociaciones pluricelulares. Una célula aislada, ciertamente de naturaleza extrema con marcada polaridad, es el alga *Acetabularia*.

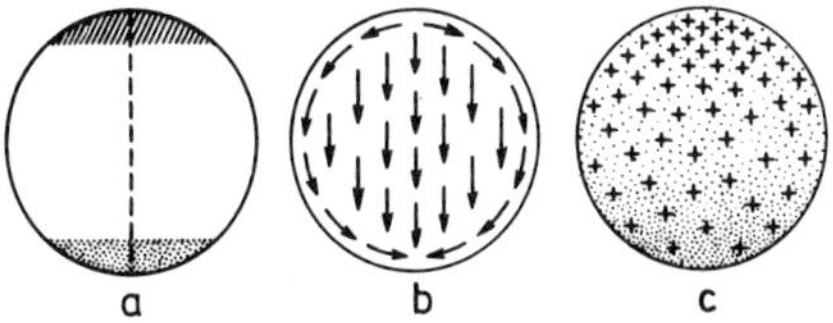

FIG. 204. Posibilidades de la diferenciación polar. a = polaridad de campo polar: en los polos hay concentración de diferentes sustancias. b = polaridad de dirección estructural: estructuras orientadas polarmente invaden el interior y/o la periferia. c = polaridad descendente: gradientes de sustancias entre los polos (de KÜHN 1965).

Sin embargo, también la ovocélula en el saco embrionario está polarizada, y lo está por su medio circundante inmediato, el saco embrionario. Por otra parte, el saco embrionario está polarizado por su posición en el organismo diploide. Con ello hemos llegado también a sistemas pluricelulares polarizados. Un conocido ejemplo de polaridad es el de una rama herbácea, de la que se corta un trozo (fig. 205). En su extremo inferior se forman raíces adventicias y en el superior no. Cuando se hace girar el trozo de rama 180°, entonces en el extremo «inferior» según su origen se forman raíces, aun cuando este extremo se encuentre ahora en la parte superior. La dorsoventralidad es también una forma especial de polaridad, por ejemplo la diferencia entre la parte superior y la parte inferior de las hojas.

No existen apenas células o sistemas pluricelulares que no estén polarizados. Una de las pocas excepciones son las ovocélulas del

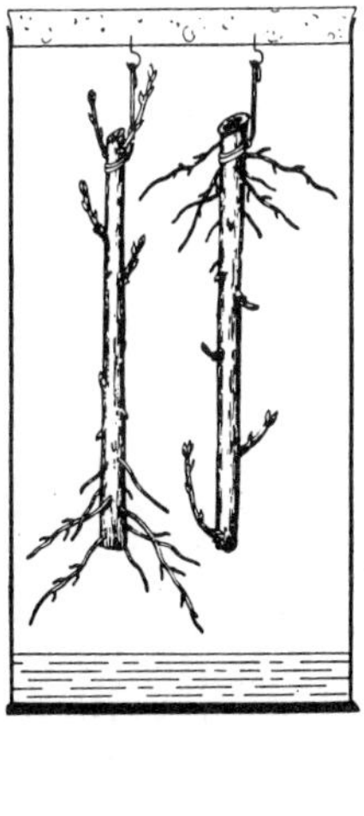

FIG. 205. Demostración de la polaridad con referencia a la capacidad de regeneración de una rama herbácea. A la izquierda orientación normal, a la derecha girada 180°. Las ramas se hallan en una cámara de humedad. (de WALTER 1962).

género de algas feófitas *Fucus*. No poseen ninguna polaridad preformada, por lo que se podrían usar en los experimentos correspondientes algunos factores que puedan actuar polarizando. La temperatura, la luz, el valor del pH, diferentes gradientes químicos y la variedad de huevos de *Fucus*, juegan un papel importante. En plantas superiores tendría que incluirse también la fuerza de la gravedad.

En lo referente a la base química de la polaridad, se puede pensar no sólo en estructuras fijas, sino también en gradientes de determinadas sustancias (fig. 204).

2. División celular desigual

Volvamos ahora a las dos células hijas, de las cuales una ya no se divide más, sino que empieza a diferenciarse. Se forman a partir de una célula madre, que en plantas superiores está asociada a un meristemo, quizás al meristemo apical del tallo de la raíz. Esta célula madre ya está polarizada por su posición en el meristemo, posee dos polos diferentes uno del otro. Este hecho por sí solo no nos ayudaría mucho en nuestro problema. Sin embargo, ¿qué ocurriría si ahora la división hasta estas dos células hijas tuviera lugar de manera que la nueva pared fuera perpendicular al eje de polaridad? Entonces resultarían dos células hijas diferentes una de la otra. Una división como ésta sería desigual, no en lo referente a los factores hereditarios cromosómicos, pero sí en lo referente a las estructuras y sustancias repartidas a lo largo del eje de polaridad, a las cuales pueden pertenecer también sustancias portadoras de caracteres hereditarios citoplasmáticos. Se habla en este caso de una división celular desigual (fig. 206).

La polaridad y la división celular desigual tienen como resultado células hijas sustancialmente diferentes unas de las otras. Cuando existen células hijas sustancialmente diferentes, podemos también entender que, a través de los conocidos mecanismos de regulación —a los cuales pertenece también la regulación de la actividad génica— puedan ser activados o inhibidos también otros procesos metabólicos diferentes en cada célula. Esto es debido a que en cada una de estas células están ahora disponibles reguladores distintos. Las exigencias dentro de ambas células pueden diverger tanto, que una entre nuevamente en el ciclo mitótico y la otra empiece a diferenciarse.

Demos aún algunos ejemplos de divisiones celulares desiguales, que aclaren el principio establecido principalmente por BÜNNING. Sabemos también por los ejemplos, que las divisiones celulares

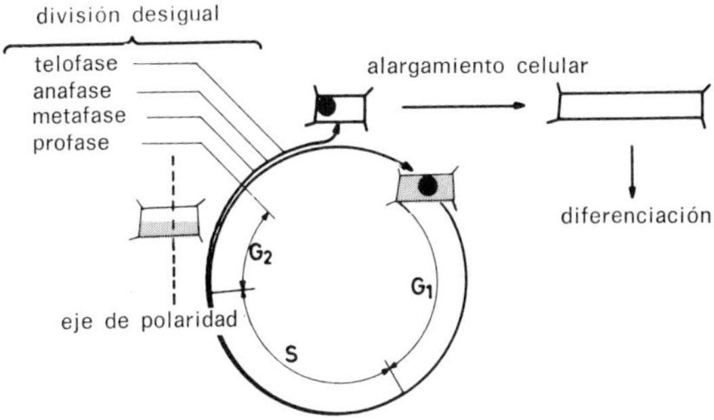

FIG. 206. Esquema de una división celular desigual.

desiguales de ningún modo se producen sólo en los meristemos apicales.

1. *Desarrollo de los estomas.* La historia del desarrollo de los estomas era antes un ejercicio memorístico para estudiantes, pues se conoce un gran número de diferentes tipos que pueden designarse todos ellos con nombres muy sonoros. Sin embargo, en principio siempre ocurre que una «célula madre primitiva» se divide desigualmente. La célula hija, por lo general más pequeña, más rica en plasma y con un núcleo más grande, sufre también divisiones más o menos numerosas, hasta que finalmente se origina la célula madre de las células oclusivas que se divide dando dos células oclusivas. En monocotiledóneas la situación es más sencilla (fig. 207). Una célula madre primitiva se divide desigualmente en una célula hija grande y en otra más pequeña rica en plasma. La célula hija pequeña es en este caso ya la célula madre de las células oclusivas: se divide longitudinalmente en las dos células oclusivas. Esta división sin embargo puede también no ocurrir, formándose entonces las «células cortas» que pueden su-

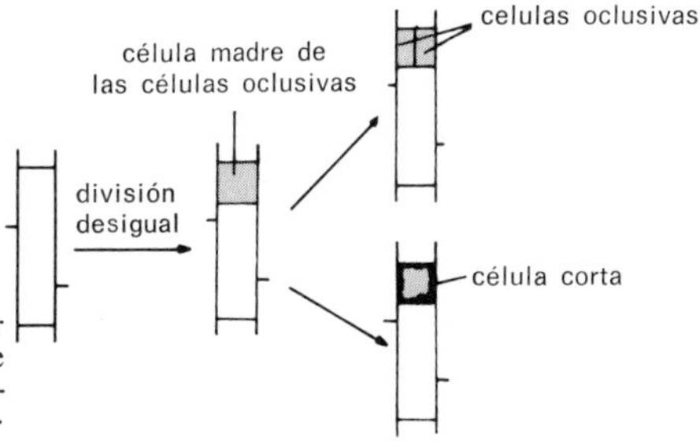

FIG. 207. División celular desigual en el desarrollo de los aparatos estomáticos y células cortas en las monocotiledóneas.

frir diferenciaciones especiales. Así, sobre ellas se puede depositar abundantemente ácido silícico.

2. *Formación de los pelos radiculares.* En algunas especies, cada o casi cada célula de la rizodermis puede originar un pelo radicular. En muchos casos se forman pelos radiculares sólo a partir de muy determinadas células de la joven rizodermis, son los tricoblastos. Estos tricoblastos se forman por divisiones celulares desiguales: una célula de la joven rizodermis se divide en una célula grande y otra pequeña rica en plasma. El destino de la célula más grande es distinto. Puede dividirse aún varias veces pero también es posible que como en *Phleum* no se divida más, pero se alargue mucho longitudinalmente. El tricoblasto no se divide más —puede sin embargo sufrir endomitosis en vez de mitosis— y se alarga mucho menos. En cambio de él crece el pelo radicular (fig. 208).

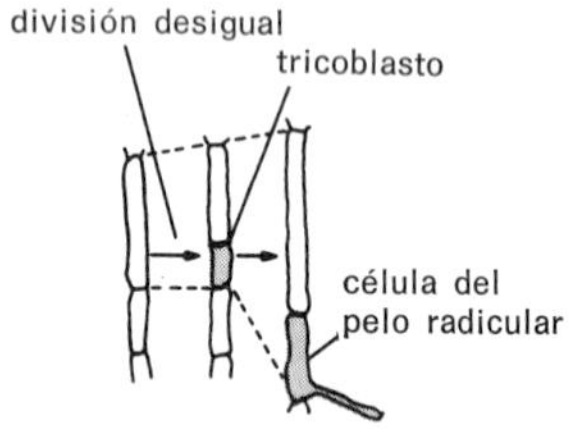

FIG. 208. División celular desigual en la formación de pelos radiculares de *Phleum* (modificado según TORREY 1968).

En los tricoblastos, mediante métodos citoquímicos, se puede demostrar la existencia de más RNA y proteínas que en las restantes células de la rizodermis. También se han estudiado citoquímicamente de modo comparativo algunos enzimas. En *Phleum* los tricoblastos se caracterizan por una más alta actividad de las fosfatasas ácidas y peroxidasas. Ya que las actividades de otros enzimas como la glucosa-6-fosfatasa en los tricoblastos y en otras células de la rizodermis no se diferencian entre sí, se acepta que los dos sistemas enzimáticos citados pudieran de algún modo estar en conexión con la formación de pelos radiculares.

3. *Mitosis del polen.* Los productos inmediatos de la meiosis en los sacos polínicos, son en primer lugar granos de polen unicelulares y haploides. En una división mitótica posterior, más o menos seguida, la 1.ª mitosis del polen, de cada célula de polen se forma una célula vegetativa y una generativa. Esta 1.ª mitosis del polen es desigual. La célula vegetativa es más grande y en su citoplasma lleva más ribonucleoproteidos. Su núcleo es grande y difuso. La célula generativa es mucho más pequeña, lleva menos ribonucleoproteidos en su citoplasma y posee un pequeño, pero compacto núcleo (fig. 209). Frecuentemente está rodeada

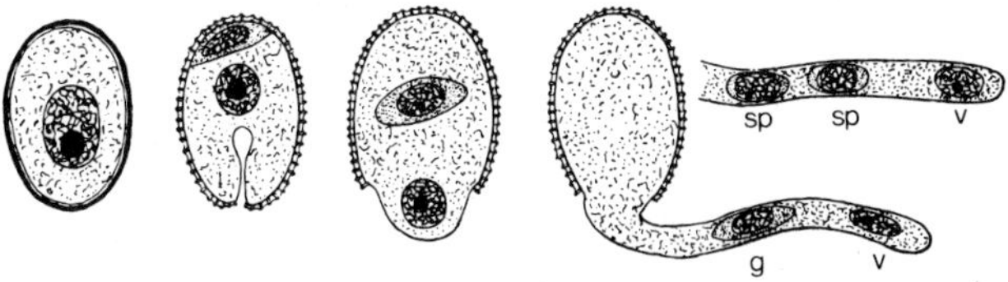

FIG. 209. División celular desigual en la primera mitosis polar y posterior desarrollo del polen de azucena. g = generativa, v = célula vegetativa. La célula generativa sufre una segunda mitosis, dando lugar a ambas células espermatógenas y correspondientemente a sus núcleos (sp). Esta división tiene lugar durante el crecimiento del tubo polínico (de WALTER 1962).

por todas partes por la célula vegetativa. En el estigma, la célula vegetativa da lugar al tubo polínico, mientras que la célula generativa sufre una 2.ª mitosis del polen, que produce las dos células y respectivamente los dos núcleos espermatógenos.
SAUTER y MARQUARDT siguieron detalladamente en peonías la síntesis de RNA y proteínas, así como modificaciones en el nivel de histonas en ambas células. En las células vegetativas se encontró una activa síntesis de RNA y proteínas. Su citoplasma tomaba una fuerte coloración de histonas ricas en arginina que estaban localizadas aparentemente en los ribosomas. En las células generativas no se pudo demostrar la existencia de síntesis de RNA y proteínas. Los núcleos de las células generativas producían una fuerte coloración de histonas ricas en lisina, que no se daba en los núcleos de las células vegetativas. Quizás estas histonas ricas en lisina actúan como represores de la actividad génica y con ello de la síntesis de RNA y proteínas.
Los ejemplos de divisiones celulares desiguales pueden multiplicarse fácilmente. Citemos solamente la formación de tubos cribosos y de células anexas en las angiospermas, de elaterios y células madres de las esporas en las hepáticas y de células hialinas y clorofílicas en los hongos esfagnáceos. Retrocedamos, después de esta demostración de las divisiones celulares desiguales, al problema abordado al principio, las divisiones que son desiguales en cuanto que una de las dos células hijas puede seguir dividiéndose y la otra empieza a diferenciarse. Por lo general la primera expresión de la diferenciación es un crecimiento longitudinal de la célula en cuestión.

CRECIMIENTO LONGITUDINAL

1. El fenómeno

Se puede definir el crecimiento como un aumento irreversible del volumen. El *crecimiento longitudinal* sería entonces un *aumento irreversible del volumen, a lo largo de un determinado eje.* Esta definición no es siempre acertada, pero sí la mayoría de las veces.

El crecimiento visible exteriormente de las plantas se basa predominantemente en el alargamiento de las células, que han sido producidas por los procesos meristemáticos de división. Veamos sólo un ejemplo de las dimensiones del crecimiento longitudinal: en toda la zona de alargamiento de la raíz del maíz, se registra un incremento de un 20 % por hora. Sin embargo, dentro de esta zona, el alargamiento no es proporcional. En una zona principal de crecimiento, el incremento supone un 40 % por hora, mientras que en el resto el crecimiento es menor. Veamos algunos valores absolutos: la velocidad del crecimiento longitudinal, con excepción de determinadas herbáceas o tubos polínicos es de algunas μ/min.

Más arriba la cuestión era la zona de principal crecimiento. Con ello llegamos a un fenómeno que ya era conocido por el fitofi-

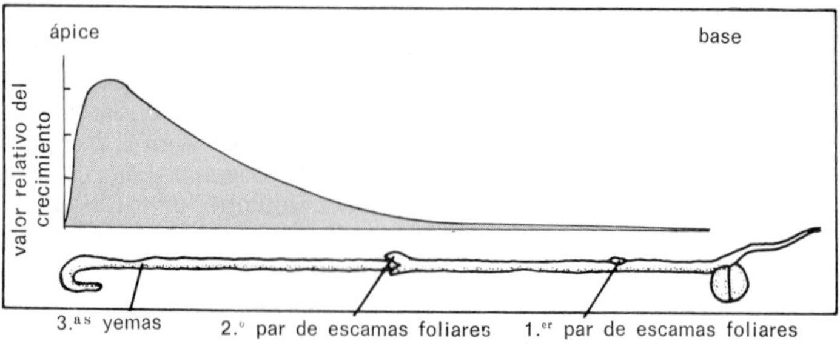

FIG. 210. «Período grande de crecimiento» en un embrión de guisante etiolado. El embrión etiolado forma sólo escamas foliares y ningún órgano foliar completamente funcional. (modificado según TORREY 1968).

siólogo JULIUS SACHS (1832-1897) y que se engloba bajo la denominación de «período grande de crecimiento». Se trata de lo siguiente: cada célula en particular primero se alarga poco, luego al máximo, hasta que el crecimiento longitudinal finalmente se vuelve a amortiguar. En la práctica recorre pues un período de crecimiento. Lo que es válido para las células en particular, sirve también para los órganos que son formados por estas células. En ellos se halla una zona de crecimiento principal, en la zona en la cual las células producidas por los meristemos se alargan al máximo (fig. 210).

2. El proceso dentro de la célula

a. Equilibrio de la presión osmótica de la célula

Es de todos conocido que el equilibrio de la presión osmótica se alcanza por difusión cuando en un recipiente se colocan cuidadosamente una sobre otra dos soluciones de sacarosa de concentraciones diferentes. Las moléculas del medio disolvente, el agua, difunden a la solución de sacarosa más concentrada e igualmente difunden moléculas de sacarosa a la solución menos concentrada, hasta que se ha alcanzado el equilibrio. Una difusión puede también llevarse a cabo a través de una membrana, pero las membranas de los sistemas biológicos no son igual de permeables para todas las moléculas. Puede ser que una membrana biológica permita pasar el medio disolvente pero no la sustancia disuelta. Una membrana de este tipo se designa como *semipermeable.* La difusión a través de una membrana semipermeable se denomina *ósmosis.* La célula vegetal es un sistema osmótico. Hay dos membranas semipermeables que son especialmente importantes por su contenido hídrico: el plasmalema, pegado a la pared celular y el tonoplasto que rodea a la vacuola. Entre ambas se halla el citoplasma con sus orgánulos. No habría que olvidar que el citoplasma tiene un papel importante en el equilibrio hídrico. Aludamos sólo a la posibilidad del origen de proteínas. Sin embargo, el contenido de la vacuola es mucho más decisivo, pues en su líquido celular frecuentemente hay una solución altamente concentrada de azúcares, glucósidos, ácidos orgánicos y a veces también sales inorgánicas, para nombrar sólo algunos componentes osmóticamente activos del jugo celular.
Las membranas semipermeables de la célula dejan entrar agua, pero por el contrario, no dejan apenas o en absoluto entrar a las sustancias osmóticamente activas antes mencionadas. Pongamos ahora nuestra célula en agua o en una solución acuosa de me-

nor concentración. Entonces penetrarán moléculas de agua en la vacuola para llegar al equilibrio de las concentraciones. Se habla por eso de una presión osmótica del jugo celular. A través de la entrada de agua en la vacuola, la célula se dilata y desarrolla una presión de turgencia. La dilatación ciertamente no continúa sin limitación hasta el equilibrio de concentraciones entre el jugo celular y el medio externo. La capacidad de dilatación de la pared celular y también la presión de las células y tejidos de alrededor actúan en contra de la turgencia y por último ponen fin a una posterior dilatación, también aunque no se haya alcanzado el equilibrio de concentraciones. Esta situación se resume en el *equilibrio de la presión osmótica de la célula:*

$S_z = S_i - W$ o, si

se quisiera considerar la presión en sentido contrario del tejido vecino,

$S_z = S_i - (W + A)$

S_z es la presión osmótica de toda la célula, S_i la presión osmótica o el valor osmótico del jugo celular, W la presión en sentido contrario de la pared celular y A la presión externa de las células vecinas. Lo que sucede en el citoplasma, puede ser desechado sin cometer errores demasiado grandes.

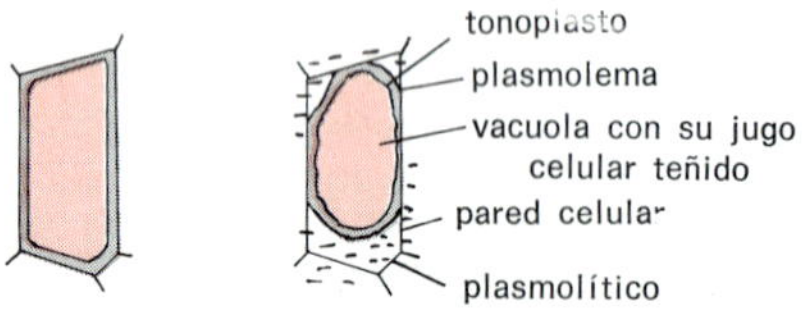

FIG. 211. Plasmólisis. La franja citoplasmática se ha representado exageradamente gruesa.

Uno puede fácilmente asombrarse de que la célula vegetal sea realmente un sistema osmótico de este tipo. Además se realiza una *plasmólisis.* Como objetos de estudio elegimos *Rhoeo discolor,* de cuyas hojas sacamos la epidermis interior. El lumen de las células epidérmicas está embebido casi completamente por el espacio del jugo celular, teñido de rojo debido a antocianos disueltos, ciñéndose el citoplasma a una delgada zona, no visible al microscopio óptico. Ahora coloquemos las células epidérmicas en una solución con un valor osmótico más alto que el de su jugo celular, por ejemplo la glicerina. Entonces el agua difunde de la vacuola a través de la franja plasmática al medio externo. La vacuola se reduce debido a la pérdida de agua, la pared celular ya no se dilata por la turgencia del contenido celular, el medio externo entra a través de la pared celular y el plasma se separa de la pared celular y sigue a la vacuola que se va empequeñeciendo (fig. 211). Ya que el revestimiento plasmático se separa de la pared celular, se habla de plasmólisis. Si la plasmólisis no se realiza durante demasiado tiempo, lo que dañaría irreversiblemente a las células, éstas se pueden recobrar, mediante una desplasmólisis. Para ello las células epidérmicas se dejan sencillamente en agua. Ahora el contenido de la vacuola, que a través de pérdida de agua se ha hecho más concentrado, tiene el valor osmótico más alto. El agua penetra en la vacuola por la franja plasmática, que se va haciendo más grande hasta que finalmente se alcanza otra vez el estado de partida.

b. Etapas del alargamiento celular

Parece que nos hayamos apartado un poco de la cuestión del crecimiento longitudinal. Pero el conjunto se comprenderá en seguida cuando citemos que en el crecimiento, las vacuolas, que son el único espacio central de jugo celular, se engrosan por toma de agua. La toma de agua significa sin embargo un aumento de la presión osmótica de la célula. Según el equilibrio de la presión osmótica $S_z = S_i - W$, este aumento puede alcanzarse a través de un incremento del valor osmótico del jugo celular S_i o a través de la disminución de la presión de la pared.

Entre la intensidad del alargamiento celular y la concentración en sustancias de acción osmótica, a veces, pero de ningún modo siempre, se puede encontrar una correlación. Por tanto la alternativa queda reducida a una disminución de la presión de la pared.

Esta disminución de la presión de la pared permite que se eleve la capacidad de dilatación plasmática. Los puntos de adhesión entre las macromoléculas de los componentes de la pared celular se deshacen, la pared se dilata plásticamente y después de que se ha realizado el alargamiento, se fijan nuevos puntos de adhesión. En las paredes celulares de la región de alargamiento de coleoptilos de avena, se hallan macromoléculas de distintos tipos (tabla 6). Todas ellas pueden enlazarse entre sí de molécula a molécula a través de grupos funcionales, lo que significa, sin embargo, la formación de puntos de adhesión.

La presión osmótica de la célula se incrementa a través del aumento de la plasticidad de la pared celular. Se llega a una entrada de agua en la vacuola y al alargamiento celular.

TABLA 6. Componentes de la pared en crecimiento del coleoptilo de avena.

Componente	%	Componente	%
Celulosa	25	Proteínas	10
Hemicelulosas	> 51	Lípidos	4
Pectina	3–5		

En un fuerte alargamiento celular y con ello en una dilatación plástica de la pared, los distintos tipos de fibrillas de la pared se separan tanto entre sí que se requiere un reforzamiento de la pared celular. En contados casos se trata de un *crecimiento por intususcepción,* en el cual se coloca nuevo material entre las mallas de la red de fibrillas, separadas por el alargamiento. Por lo general se llega a un *crecimiento por aposición,* a una colocación de nuevas capas sobre la pared original dilatada. Por otra parte se construyen nuevas redes de fibrillas, por decirlo de algún modo, desde el interior de la célula sobre la vieja y dilatada red de la pared. Por esta razón, en este tipo especial de crecimiento por aposición, se habla de un «multi-net-growth», de un «crecimiento por múltiples redes» (fig. 212). Las etapas del alargamiento celular son pues:

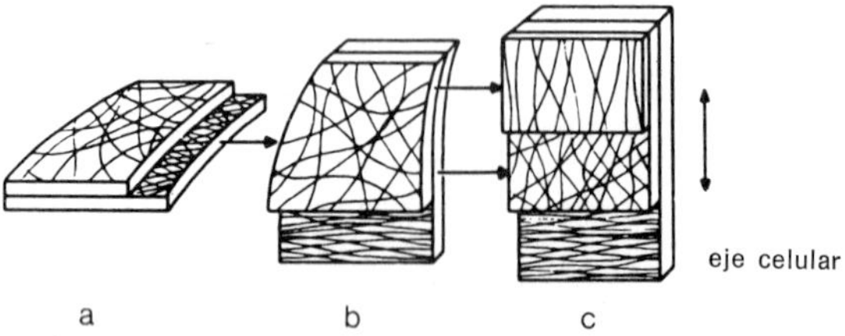

FIG. 212. «Multi-net-growth» de la pared celular de un pelo de algodón. a = en la región apical, b = en la transición de la punta del pelo a la parte tubular del pelo, c = en la parte tubular del pelo (de CUTLER 1969).

1. Aumento de la capacidad de dilatación plástica de la pared celular, por aflojamiento de los puntos de adhesión.
2. Entrada de agua en la vacuola y aumento del volumen por alargamiento celular.
3. Reforzamiento de la dilatada pared celular por «multi-net-growth».

3. Regulación

a. Establecimiento del equilibrio entre división y alargamiento

Una célula deja el ciclo mitótico, no sufre ninguna nueva mitosis, sino que empieza a alargarse (fig. 203). Su crecimiento longitudinal es un paso temprano de la diferenciación. ¿Cuáles son los factores decisivos para que la célula no se divida más, sino que se alargue y con ello ya se diferencie?
En experimentos con cultivos de tejidos se obtuvieron indicaciones de que los meristemos son semejantes, en cuanto que en ellos, bajo determinadas condiciones, puede mantenerse un crecimiento por división sin diferenciación. En cultivos de tejidos de callosidades del tabaco se encontró lo siguiente: si se añadía quinetina a los tejidos, no se obtenía ningún efecto o una actividad muy pequeña en la división celular. Si se combinaba quinetina con AIA, se producían divisiones activas. Si el medio sólo contenía AIA, las divisiones no se realizaban y las células se dilataban, a través de alargamientos en todos los sentidos, alcanzando grandes tamaños. En la acción conjunta de las fitohormonas, también se distingue entre división o alargamiento.
AIA + quinetina = división. AIA = alargamiento.

b. Regulación por AIA

DESPLAZAMIENTO POLAR

El AIA que deriva de la región apical del coleoptilo de avena, circula polarmente hacia abajo por el coleoptilo. «Polarmente» significa que esta circulación sólo puede tener lugar desde el ápice hasta la base y no en sentido contrario. De esto se puede uno convencer mediante algunos sencillos experimentos (fig. 213). Cortamos una sección de coleoptilo y en su superficie superior colocamos un trocito de agar embebido de AIA. Después de algún tiempo, se puede demostrar la existencia de AIA en un trocito de agar que se halla en la superficie inferior. Cuando se hace girar 180° la sección del coleoptilo y luego con la superficie morfológica superior hacia abajo, se coloca en un trocito de agar conteniendo AIA, en el agar sobre la superficie morfológica inferior que ahora se encuentra arriba, se detecta AIA. La fuerza de la gravedad no juega pues ningún papel en la circulación polar. Sólo son decisivas las partes morfológicas superior e inferior. El AIA circula de la parte morfológica superior a la inferior, pero no al revés.
La circulación polar del AIA, que también se puede demostrar

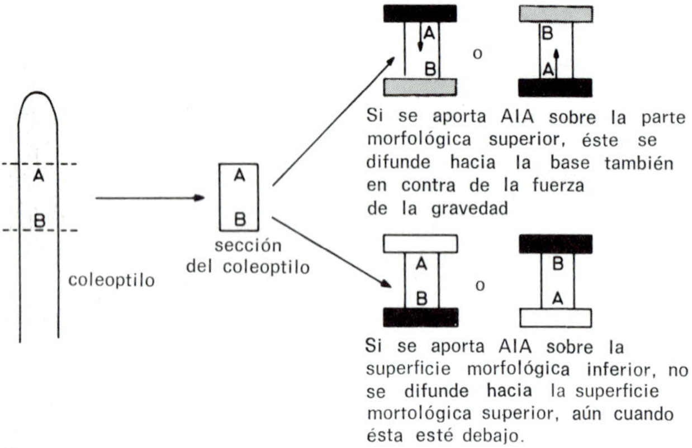

FIG. 213. Circulación polar del AIA en una sección de coleoptilo de *Avena* (de GALSTON 1964).

con otros objetos de experimentación, pertenece al capítulo de «polaridad» del que ya hemos hablado. Se desconocen sus causas.

ÓPTIMOS DE AIA

Si se representa la acción activadora del alargamiento del AIA en un órgano de la planta, en relación con la concentración de AIA, se obtiene una curva de óptimos. Con dosis crecientes de AIA, se llega primero a un incremento del crecimiento por alargamiento, pero finalmente se alcanza un máximo de alarga-

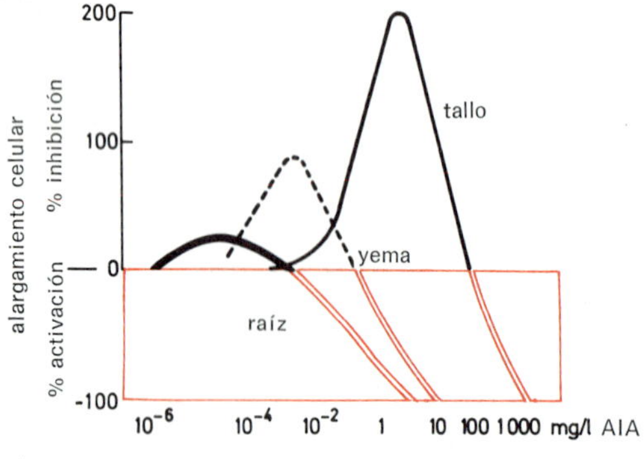

FIG. 214. Óptimos de AIA para tallo, yema y raíz (modificado según JANICK et al. 1969).

miento. Dosis aún más altas de AIA, actúan inhibitoriamente. Las curvas de óptimos para distintos órganos de una planta son absolutamente diferentes. En la figura 214 se dan las curvas promedio para tallo, yema y raíz. El óptimo para los tallos, por ejemplo para secciones de tallos de guisantes, pero también para coleoptilos de *Avena,* se halla en 10^{-5} m, para raíces en 10^{-10} ó 10^{-11} m, y para yemas, entre ambos valores. El que en general estas curvas de óptimos se realicen con éxito de ningún modo se puede comprender y tampoco explicarse sus causas (fig. 215). Con ácido gibberélico, incluso utilizando dosis en comparación más altas, no se obtiene ninguna acción inhibidora.

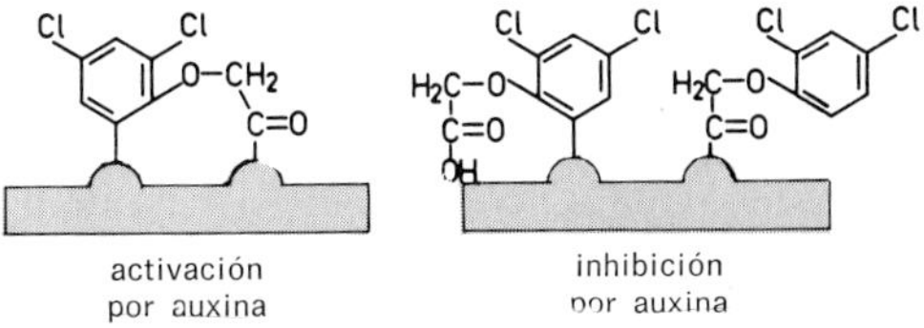

FIG. 215. Hipótesis de los dos puntos de fijación en la acción de la auxina. Como ejemplo tomamos la auxina sintética 2,4-D. Para auxinas naturales, se pueden hacer consideraciones análogas. La auxina sólo puede tener acción estimulante cuando su molécula se fija en dos posiciones de un portador, que puede ser una proteína. Para ello reaccionan el sistema aromático y la cadena lateral, esta última quizás a través de un enlace covalente con las posiciones correspondientes del portador. A altas concentraciones de auxina, en cada posición del portador se une una molécula de auxina. Con ello la acción estimulante no tiene lugar ya que el complejo ahora formado puede incluso actuar inhibitoriamente. A parte de la hipótesis de los dos puntos de fijación, también se estableció una hipótesis de tres puntos de fijación, basándose en consideraciones similares (modificado según LEOPOLD 1965).

Antes habíamos comprobado que el AIA es uno de los factores de la dominancia apical (pág. 240). Las distintas sensibilidades del tallo y la yema nos permiten comprender mejor el mecanismo, pues cuando en el tallo, el AIA circula polarmente hacia abajo, en una concentración que se halla enteramente en la zona óptima, esta concentración puede estar ya en una zona inhibidora para una yema lateral del tallo.

MECANISMO DE ACCIÓN DEL AIA

Acciones rápidas del AIA. Diversos resultados hablan en favor de que el material génico puede ser activado bajo influjo del AIA. Después de esta inducción por AIA, transcurre un determinado tiempo, una fase de reposo hasta que se forman los enzimas. En la inducción de la β-galactosidasa de *E. coli,* asciende a unos 3 ó 4 minutos. En plantas superiores esta fase de reposo es más larga. En la inducción de la nitrato-reductasa del maíz, se encontró la fase hasta ahora más corta en plantas superiores, que es de 2 horas.

Cuando el material génico es pues activado, transcurre un tiempo hasta conseguirse un efecto mensurable. Sin embargo, se ha observado varias veces, que el alargamiento puede tener lugar muy rápidamente después del aporte de AIA. En pelos radiculares, se ha comprobado un alargamiento de 10^{-13} m sólo pocos minutos después de añadir AIA. También en coleoptilos de *Avena* puede provocarse el alargamiento casi inmediatamente después del inicio del tratamiento con AIA. Estas acciones rápidas del AIA no pueden explicarse por inducción de enzimas u otras proteínas, asociada a una fase de reposo.

También en estas rápidas acciones del AIA ha de llegarse a una disolución de los puntos de adhesión. Aún no está completamente claro cuál podría ser la relación entre el AIA y los puntos de adhesión. Únicamente se puede excluir una acción directa del AIA sobre ellos, pues para eso la concentración de AIA activa, por lo menos en algunos experimentos, es demasiado pequeña. Entre el AIA y los puntos de adhesión debe pues intervenir otro sistema que potencie el efecto del AIA sobre ellos. Se podría pensar por ejemplo en una activación de enzimas por AIA, que deshagan luego los puntos de adhesión, o que por lo menos pongan en marcha cadenas de reacción en cuyo extremo se encuentre la disgregación de los puntos de adhesión.

El problema de las acciones rápidas del AIA no se hace más sencillo si recordamos que en la pared celular en alargamiento, existen muy diversas macromoléculas y con ello también muy diversos tipos de puntos de adhesión. En la práctica, entre el AIA y todos estos componentes de la pared celular, se han construido cadenas de reacción hipotéticas, que han de aclarar cómo puede el AIA deshacer los correspondientes puntos de adhesión.

Pronto se vio claro que primero había que estudiar la ultraestructura de la pared celular, pues sólo así se podía determinar cuáles de los muchos puntos de adhesión posibles eran decisivos para el alargamiento. Y habiendo hallado estos puntos de adhesión, se podría entonces también resolver cómo el AIA podía deshacerlos.

En 1973 Albersheim realizó un exacto análisis de la pared primaria capaz de alargamiento. Este investigador estudió las paredes primarias de células en cultivo del arce blanco. No obstante, se piensa que sus resultados se podrían aplicar, por lo menos en principio, también a células de asociaciones normales de tejidos. Reproducimos simplificadamente su modelo de la ultraestructura de la pared celular (fig. 216): fibrillas elementales de celulosa colocadas paralelamente rodean una masa de relleno formada por los más diversos carbohidratos (sustancias pectinosas, hemicelulosas) y proteínas de la pared celular. Los componentes de la masa de relleno están unidos fuertemente entre sí a través de enlaces covalentes. En la periferia de la masa de relleno se hallan xiloglucanos, o sea polímeros de carbohidratos de xilosa y glucosa. Estos xiloglucanos están unidos con las fibrillas elementales de celulosa colindantes, sólo mediante puentes de hidrógeno relativamente débiles.

Vayamos ahora al alargamiento y con ello también a los puntos de adhesión. ALBERSHEIM aceptó que los enlaces más débiles del sistema, los enlaces de hidrógeno antes citados, eran los puntos

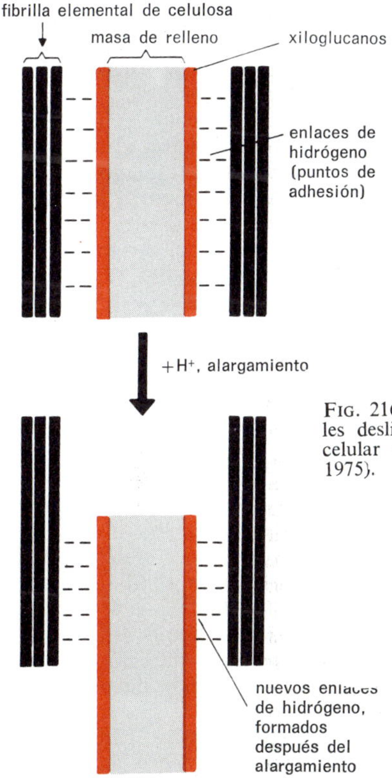

FIG. 216. «Modelo de los carriles deslizantes» del alargamiento celular (modificado según HESS 1975).

de adhesión decisivos. Se podían deshacer fácilmente, por ejemplo por aporte de iones H^+ o por aumento de la temperatura. Acordémonos ahora de que sobre la pared se da constantemente la presión de turgencia. Una vez están deshechos los puntos de adhesión, las fibrillas elementales de celulosa y la masa de relleno, bajo influjo de esta presión, se separan entre sí —y esto significa dilatación plástica de la pared celular y con ello alargamiento celular.

Este «modelo de los carriles deslizantes» del alargamiento celular es atractivo porque permite explicar desahogadamente resultados conocidos hace ya tiempo. La determinación del alargamiento celular se debe a acidificación, o sea a un exceso de iones H^+ y a un aumento de temperatura. También puede entrar en juego el AIA, por lo menos hipotéticamente, pues estudios de diversos autores, como HAGER, hablan en favor de que el AIA estimula una bomba de hidrógeno unida a la membrana y dependiente de ATP. Esta bomba suministraría entonces iones de H^+, éstos causarían un derrumbamiento de los puentes de hidrógeno entre las fibrillas elementales de celulosa y los xiloglucanos de la masa de relleno, las fibrillas elementales de celulosa y la masa de relleno se separarían y se produciría el alargamiento.

Esto es evidentemente muy sencillo. Sin embargo se trata de una hipótesis, que —como casi es de esperar en la investigación del AIA— mañana podría ser sustituida por otra. Por esta razón debemos dejar claro que: se desconoce el mecanismo de acción primario del AIA en el alargamiento celular rápido.

Crecimiento longitudinal de larga persistencia. Esta afirmación sirve también para un crecimiento longitudinal de larga persistencia inducido por el AIA. Ahora, sin embargo, un crecimiento longitudinal de larga duración, parece no ser posible sin una síntesis proteica acompañante. El AIA puede activar material génico que luego mantenga esta síntesis proteica. Los primeros datos sobre esto, los dio en 1965 un grupo de zoólogos. Éstos hallaron que la actinomicina C, anulaba en el coleoptilo de cebada el alargamiento inducido por el AIA. Los coleoptilos se alargaban en presencia de AIA y actinomicina sólo en las mismas pequeñas cantidades que los de control que crecían en agua.

Aparte de éste, otros autores realizaron similares estudios también con otros objetos de investigación. El AIA puede estimular ostensiblemente procesos de transcripción y traducción, unidos a un crecimiento longitudinal de larga duración. Incluso se ha visto que induce la síntesis de un enzima, de una celulasa. Pequeñas concentraciones de AIA aumentan la actividad de la celulasa en los epicotilos de guisantes jóvenes. Este aumento de la actividad puede evitarse mediante sustancias inhibidoras de la transcripción y traducción. Con ello tenemos un ejemplo de que el AIA, como otras fitohormonas, puede inducir la síntesis de enzimas —pero desafortunadamente este hallazgo no nos ayuda mucho en el análisis del crecimiento longitudinal, ya que estos epicotilos de guisante también se alargaban cuando se había bloqueado la síntesis de la celulasa. No existía pues ningún paralelismo entre actividad de la celulasa e intensidad del alargamiento celular.

Resumamos: existen efectos rápidos del AIA sobre el crecimiento longitudinal, que no pueden ser explicados por una activación del material génico. En el crecimiento longitudinal de larga persistencia, la síntesis proteica y con ella la actividad génica, juegan un papel importante. En este caso el AIA puede activar la transcripción y la traducción. Pero hasta ahora no se ha encontrado ninguna relación directa entre el AIA y la síntesis de un enzima que fuese de capital importancia en el crecimiento longitudinal. Como consecuencia, no se puede refutar que el influjo activante del AIA sobre la transcripción y la traducción podría ser indirecto y completamente inespecífico.

FORMACIÓN DE SEMILLAS Y FRUTOS

1. Procesos complejos del desarrollo y su regulación

El crecimiento longitudinal es un proceso de diferenciación muy sencillo. Seguidamente se va a tratar de algunos procesos complejos del desarrollo, que constan de un gran número de procesos particulares interrelacionados y sucesivos. En estos procesos del desarrollo interviene también el crecimiento longitudinal, pero como un componente más entre muchos.
No podemos tratar aquí de todos los procesos del desarrollo, sin tener en cuenta que de algunas morfogénesis sólo se conocen pocos datos, que podrían ser puntos de partida para un análisis de las causas. En la necesaria selección tendremos en cuenta los siguientes criterios:

1. En el embrión existen ya todos los órganos esenciales de la planta. El desarrollo embrionario es consecuentemente un estadio del desarrollo absolutamente decisivo. Transcurre estrechamente unido a la formación de las semillas y en su caso del fruto, y ha de ser por eso tratado en este contexto.
2. En la vida de la planta, los pasos de un estadio del desarrollo a otro, suponen fases especialmente críticas, tanto más críticas cuanto más inversiones de la transición tengan lugar, pues cuando un paso así tiene lugar en un tiempo o lugar equivocados, puede dañarse el individuo o incluso toda la población. Para evitar desarrollos defectuosos, este tipo de transiciones han de estar sometidas a una exacta regulación.
Pasos absolutamente decisivos son aquellos que transcurren de pausa a actividad (o al revés) y de fase del desarrollo vegetativa a fase reproductiva. Transiciones de pausa a actividad se dan por ejemplo en el crecimiento de yemas laterales y en la germinación. El paso de fase del desarrollo vegetativa a reproductiva en plantas superiores se lleva a cabo en la floración. Ya se ha tratado varias veces sobre la pausa y actividad de las yemas laterales (págs. 240, 245). Por esta razón queremos tratar ahora de la germinación y la floración.

3. Cuando se forma un organismo pluricelular, a medida que el organismo se hace más grande, se forma un sistema de transporte y comunicación que une entre sí todas sus partes.
Con ello nuestro problema queda determinado; trataremos una detrás de otra:

1. la formación de semillas y fruto, inclusive el desarrollo embrionario,
2. la germinación,
3. la diferenciación y función del sistema conductor,
4. la formación de flores.

2. Formación de semillas y frutos

En las semillas ya existe el embrión con los primordios del tallo y de la raíz. Con ello se anticipan procesos de diferenciación esenciales. En la germinación y los siguientes procesos, los esbozos de órganos existentes en el embrión se siguen diferenciando. Nos interesa cómo se llega generalmente a la formación del embrión con sus esbozos de órganos. Por eso, antes del capítulo de la germinación, damos algunos datos sobre la formación de semillas y frutos.

a. El proceso

Describamos seguidamente el proceso para angiospermas (figura 217). La meiosis transcurre en las células madre de las microsporas. Cada célula madre de las microsporas produce cuatro microsporas haploides. En cada una de ellas transcurre la primera mitosis del grano de polen que da una célula vegetativa y otra generativa (pág. 276). Luego, frecuentemente en el estigma o en el polen, tiene lugar la segunda mitosis del polen, en la cual se forman dos células espermatógenas. La célula vegetativa da lugar al tubo polínico, que en el tejido del pistilo anticipa el saco embrional.
En la nucela de los primordios seminales, una célula madre de las macrosporas sufre de manera completamente análoga una meiosis. De las cuatro macrosporas haploides resultantes, por lo general tres mueren y la cuarta forma el saco embrional. Su núcleo se divide en tres pasos, en ocho núcleos hijos, de los cuales se colocan tres en los dos extremos del saco embrional y allí forman células. Una de estas seis células haploides en el saco embrional es la ovocélula. Los dos últimos núcleos se fusionan

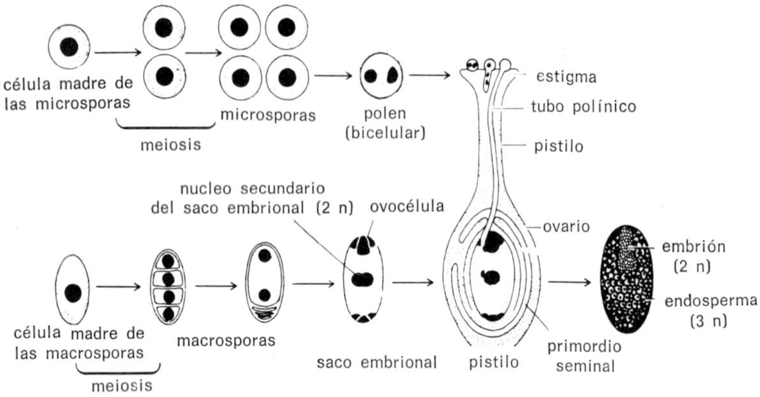

Fig. 217. Esquema de la fructificación y del primer desarrollo del endosperma y del embrión (modificado según Steward 1963).

entre sí en el denominado núcleo secundario diploide del saco embrional.

La fecundación es doble. Una de las dos células espermatógenas se fusiona con el núcleo secundario diploide del saco embrional en un núcleo endospérmico, ahora triploide. El núcleo endospérmico se divide en numerosos núcleos, que junto con un poco de citoplasma forman una célula cada uno. Así se ha formado el endosperma pluricelular. A continuación puede enriquecerse con sustancias de reserva, vitaminas, fitohormonas y otros factores que son necesarios para el desarrollo y en parte también para después de la germinación. En algunos casos como en el coco y en las cucurbitáceas, existe también un endosperma total o parcialmente líquido.

La segunda célula espermática se une con la ovocélula. Entonces el zigoto diploide se desarrolla formando un embrión, en el cual se reconoce el polo vegetativo y el polo radicular, al igual que los cotiledones (fig. 218). El endosperma es el proveedor de todas las sustancias necesarias, inclusive las fitohormonas controladoras y puede ser utilizado completamente en el desarrollo embrionario. Las sustancias necesarias para el desarrollo del embrión, se almacenan entonces en otros lugares, por ejemplo en nuestras leguminosas, en los cotiledones. Si el endosperma en las semillas permanece muy dilatado, se almacenan en él las sustancias necesarias para la germinación. Éste es el caso por ejemplo de nuestras gramíneas.

Como semilla se designa al embrión estático, rodeado por el endosperma más o menos bien formado a partir de él, y por la

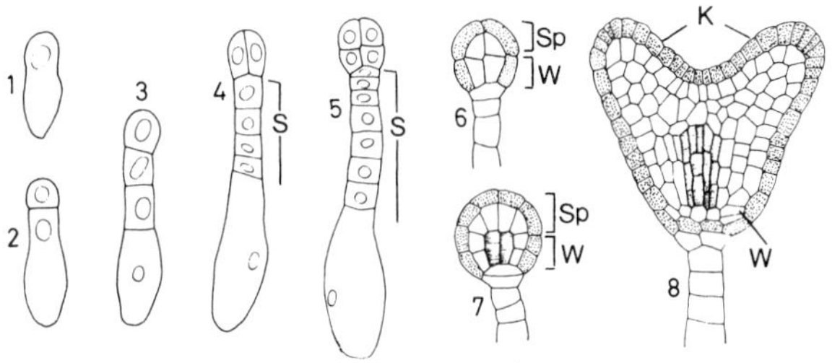

FIG. 218. Desarrollo embrionario de *Capsella bursa pastoris*. K = cotiledones, S = suspensor (célula superior = hipófisis), Sp = tallo (cotiledones + plúmula), W = raíz + hipocotilo (modificado de WALTER 1962).

cubierta seminal (fig. 219). Ha de mencionarse que las cubiertas seminales se forman a partir de los llamados integumentos, capas envolventes que rodean la nucela junto con el saco embrional. La semilla es ya una unidad de diseminación, lo que significa que la especie puede diseminarse en forma de semillas. En muchos casos, la unidad de diseminación es sin embargo el fruto (fig. 219). En un fruto, las semillas están rodeadas aún por una o muchas capas envolventes adicionales, que sobre todo se forman a partir de los carpelos. Sin embargo, en la formación del fruto pueden intervenir también ejes de inflorescencia y hojas en la zona de inflorescencia. La pared del fruto, el pericarpo, se divide, de fuera hacia dentro, en las capas exocarpo, mesocarpo y endocarpo.

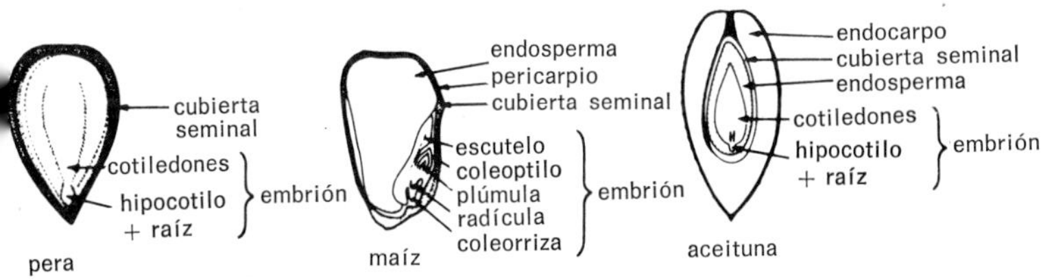

FIG. 219. Algunas semillas y frutos (modificado según JANICK et al. 1969).

El desarrollo del fruto se inicia exactamente con la formación de las flores, ya que los órganos de la flor se transforman en la pared del fruto. Esta transformación empieza con la polinización. Por esta razón se empieza a estudiar el desarrollo del fruto con la polinización y entonces se distinguen los siguientes estadios:

1. Fase de inserción del fruto que empieza con la polinización.
2. Fase de división que empieza con la doble fecundación.
3. Fase de alargamiento celular.
4. Fase de maduración.
5. Fase de senescencia, o sea de vejez, que aquí ya no nos debe ocupar.

b. Regulación

Diferenciación de los primordios del tallo y la raíz

Técnica de cultivos de tejidos

Los tejidos del fruto, el endosperma y el embrión, están en su diferenciación bien sincronizados uno tras otro. Seguidamente trataremos sobre algunas correlaciones. Sobre todo, el embrión ha de estar en estrecha correlación con el endosperma, que le provee de todas las sustancias necesarias para el desarrollo.
Se ha intentado determinar los factores a través de los cuales el endosperma interviene en el desarrollo del embrión. Los experimentos en principio van en sentido de sustituir el endosperma por un medio alimenticio con determinados aditivos. En este medio alimenticio se cultivan entonces tejidos, órganos o bien plantas enteras y por ejemplo también el embrión. La figura 220 muestra cómo pueden cultivarse órganos (raíces y meristemos apicales) y tejidos (callos de entrenudos del tallo) de una planta. Aquí nos debe interesar principalmente el cultivo del tejido calloso. Primero se corta un entrenudo del eje del tallo, se esteriliza y se coloca con su cara morfológica inferior en medio alimenticio con agar. En la superficie de la sección inferior, se desarrolla entonces una excrecencia de callo en forma de coliflor. A menudo la cara morfológica inferior forma también una amplia callosidad, si se coloca hacia abajo en el agar nutritivo. También en este caso se puede demostrar la polaridad: la cara morfológica superior del entrenudo produce —completamente indiferente de en qué orientación— sólo poco tejido calloso.
Se traspasan trozos de la callosidad a agar nutritivo fresco y se experimenta si se pueden mantener en crecimiento. Por lo general se presentan dificultades. Especialmente antes de 1940, sólo en casos excepcionales se consiguió cultivar la callosidad, así por ejemplo lo hizo Gautheret, un pionero de la técnica del cultivo de tejidos. Se vio que al añadir fitohormonas naturales o sintéticas y vitaminas, se activaba decisivamente la división celular en cultivos de tejidos. A principios de los años cuarenta, Van

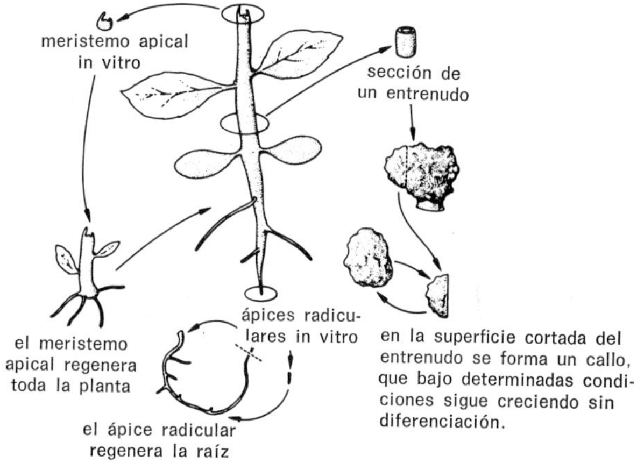

FIG. 220. Cultivos de órganos y tejidos de distintas partes de una planta superior (según TORREY 1968).

OVERBECK encontró que la leche de coco, o sea un endosperma líquido, es suficiente para las exigencias de la mayoría de los órganos y tejidos cultivados. Estudios posteriores, sobre todo de STEWARD, mostraron que la leche de coco es rica en fitohormonas de distinto tipo, sobre todo también en sustancias con acción citoquinínica. Desde entonces, la leche de coco se añade a menudo a los medios nutritivos. Es obvio que no se debe añadir leche de coco en determinadas situaciones, sobre todo cuando se quiere analizar lo más exactamente posible el influjo de las fitohormonas.

Inducción de los primordios del tallo y la raíz en cultivos de tejidos

La primera división del zigoto origina dos células, de las cuales una se desarrolla dando el suspensor y la otra dando el embrión (fig. 218). La posición de la pared celular en esta primera división se fija por la polaridad del zigoto —y la polaridad del zigoto, como habíamos mencionado, es fijada por la polaridad del saco embrional. En lo referente a las posteriores divisiones, habíamos visto ya que condicionan una determinada proporción de fitohormonas (pág. 283). Sin embargo, no se acaba todo sólo con las divisiones, pues estas divisiones han de tener lugar de manera que puedan formarse los órganos esenciales del embrión, los primordios del tallo y de la raíz.

Experimentos en cultivos de tejidos fueron de gran ayuda. Primeramente debería aclararse si en general, a partir de células en división de un cultivo histológico, pueden originarse embriones. Este es el caso. En 1959 REINERT, en cultivos de tejido de zanahoria, bajo determinadas condiciones, consiguió repetidamente inducir la formación de embriones en cultivos de tejidos. El punto álgido de este desarrollo es la formación ya mencionada de plantas completas, a partir de una única célula aislada de cultivos de tejidos, o a partir de protoplastos aislados (página 203). Ahora el embrión ya nos es demasiado en este contexto: preguntamos modestamente, bajo qué condiciones se diferencian los primordios de los órganos esenciales, los primordios del tallo y de la raíz.

Al igual que en el establecimiento del equilibrio entre división celular y alargamiento celular, también hay en este caso una interrelación de diferentes fitohormonas de importancia decisiva. En 1957 SKOOG y MILLER informaron de sus experimentos con cultivos de callosidades del tabaco (fig. 221). En el medio alimenticio existía AIA y quinetina en proporciones que variaban

FIG. 221. Control de la organogénesis en cultivos de tejidos, a través de determinadas proporciones de cantidades de fitohormonas (modificado según SKOOG y MILLER 1975).

de experimento a experimento. Para una determinada proporción de AIA y quinetina, se llegaba a un crecimiento por división de la callosidad sin diferenciaciones. Si se disminuía el contenido relativo en quinetina, entonces se formaban raíces. Si se aumentaba la cantidad de quinetina en la callosidad, se formaban tallos. Si la quinetina faltaba o existía en dosis demasiado altas, entonces se iniciaba el crecimiento del tejido.

Naturalmente se puede objetar que un cultivo de una callosidad no puede igualarse sin más a un embrión en desarrollo. También se pudieron obtener análogos resultados con cultivos de tejidos de algunas, pero no de todas, las demás especies. Sin embargo, en relación con nuestra pregunta, se puede llegar a las siguientes afirmaciones generales: la diferenciación de los primordios caulinar y radicular en el embrión en desarrollo, muy probablemente debería ser determinada por un alto contenido en distintas fitohormonas producidas por el endosperma.

Cultivo de embriones

Después de que empezamos a sospechar bajo qué condiciones tiene lugar el decisivo paso de la diferenciación, la formación de los primordios del tallo y la raíz, el posterior desarrollo del embrión es realmente de interés secundario. Si sin embargo lo tratamos, aunque brevemente, es porque el cultivo de embriones es de una gran importancia práctica.

En 1904 Hannig realizó el primer cultivo de embriones. Un pionero en este terreno fue también Laibach, que en 1925 dio cuenta de cultivos de embriones producidos a partir de cruzamientos entre distintas especies del género *Linum*. El cultivo de embriones se vio esencialmente facilitado después de que a principios de los años cuarenta, Van Overbeck descubriera el influjo activante de la leche de coco. Leche de coco, pero también hidrolizados de caseína, se añaden actualmente a los medios nutritivos utilizados para el cultivo de embriones.

Laibach había realizado el cultivo de embriones a partir de consideraciones prácticas. Tenía dificultades en la cría de híbridos con los que trabajaba. Estas dificultades las podía resolver si no utilizaba ya semillas capaces de germinar, sino que cultivaba jóvenes embriones. Éstos eran más tarde plantados en la tierra.

De modo similar se puede proceder también con otros cruzamientos de especies o géneros. En este caso también surgirán análogas dificultades, porque en las dobles fecundaciones de este tipo, se establecen combinaciones génicas extrañas, de manera que la relación entre ellas y luego también entre el endosperma y el embrión se ve estorbada. Así, después de un cruzamiento de especies o géneros, el endosperma frecuentemente más tarde o más temprano bien muere o bien no se desarrolla en absoluto. En estos casos los embriones también morirían o por lo menos resultarían dañados. Sin embargo, se pueden aislar y llevar a un medio nutritivo artificial, de manera que finalmente pueden ser plantados en la tierra.

1. La cebada cuadrada *(Hordeum vulgare)* es sensible a *Erisyphe graminis* var. *hordei*. *Hordeum bulbosum* es resistente. Se deseaban híbridos, pero sin embargo la cariópside después del

cruzamiento de las especies no presentaban endosperma y el embrión se necrosaba. Sin embargo, cuando los embriones se preparaban y se cultivaban en medios alimenticios, se obtenían híbridos capaces de reproducirse.

2. El trébol de olor *(Melilotus officinalis)* es resistente a la sequedad, pero tiene un contenido en cumarina combinada desagradable para el ganado, a partir de cuyos precursores puede formarse además el dicumarol, que es fuertemente venenoso. Por el contrario, en el meliloto blanco *(M. alba)* emparentado con él, después de determinados cruzamientos, se formaban razas exentas de cumarina. Se malograban los cruzamientos entre esta raza y *M. officinalis* muriéndose primero el endosperma y luego los embriones. También en este caso el cultivo de embriones se vio detenido por las dificultades.

Estos dos ejemplos quieren justificar la estrecha correlación que existe entre la investigación «aplicada» y la investigación «pura».

Desarrollo del fruto

Las alteraciones que pueden presentarse en determinados cruzamientos de especies y géneros en el desarrollo del endosperma y luego también en el embrión, demuestran lo estrechamente unidos que están el desarrollo del endosperma y el del embrión. Pero también el desarrollo de las capas del fruto está estrechamente unido con el desarrollo, sobre todo del endosperma.

Sigamos el desarrollo de los frutos a través de cada fase (página 294). En 1909 Fitting ya había indicado que se inicia con la *polinización,* no con la fecundación. Extractos acuosos de polen de orquídeas, provocaban la hinchazón del ovario de orquídeas. Más tarde se pudo demostrar que los extractos de polen contenían AIA. Continuando estos experimentos se pudo conseguir en los diferentes objetos de estudio, un desarrollo del fruto sin fecundación, una partenocarpia, por tratamiento con fitohormonas. Qué fitohormona actúa más fuertemente, depende de las especies. Con AIA o sustancias del crecimiento sintéticas de acción similar, puede determinarse la partenocarpia en la mayoría de las especies. Una excepción dentro de las rosáceas son los frutos *con hueso,* como las cerezas, melocotones y ciruelas. No reaccionan frente al AIA, pero sí frente al ácido gibberélico.

Con la polinización y con la transferencia de fitohormonas unida a ella, empiezan pues las modificaciones en los tejidos del fruto en formación. Sin embargo, al mismo tiempo, igualmente bajo el influjo de fitohormonas, también se impide la formación de una capa de separación por debajo de la flor y con ello la prematura caída del fruto (pág. 240).

La próxima fase del desarrollo del fruto se inicia con la doble fecundación. Durante esta fase se forma el endosperma. También el embrión crece a través de *divisiones*. Evidentemente, en relación con este fenómeno, en el tejido del fruto se llega también a activas divisiones celulares. Las hormonas controladoras derivan quizás primero del endosperma y en estadios más tardíos, del embrión. Parece tratarse, además de AIA y gibberelinas, sobre todo de citoquinina, como mostraron oportunos análisis de algunos frutos durante esta fase.

En la tercera fase se llega a un fuerte *alargamiento celular*. Las fitohormonas controladoras principalmente son AIA y gibberelinas. NITSCH ha demostrado claramente en fresas, que el AIA puede controlar el alargamiento celular. Las fresas son un fruto sincárpico, en el cual muchos aquenios constituyen el receptáculo carnoso hinchado. Si se separan los aquenios antes de la fase de alargamiento, se interrumpe la formación de la «baya». Si sólo se separan parcialmente los aquenios, el alargamiento celular sólo se interrumpe en las partes correspondientes (fig. 180). Sin embargo, cuando se sustituyen los aquenios por pequeños toques de una pasta que contiene sustancias del crecimiento, se alcanza un alargamiento celular normal y con ello la formación del sincarpo. En los períodos más tardíos de la fase de alargamiento, se puede llegar a un enriquecimiento de mono y oligosacáridos en la vacuola. Quizás a través del aumento del valor osmótico asociado a ello, se active aún más el alargamiento.

La fase de *maduración* se caracteriza por una serie de modificaciones bioquímicas: transformación de pectinas en ácidos pectínicos a través de escisión de grupos metilos (pág. 189); degradación de los ácidos pectínicos formados en unidades de pequeño peso molecular; hidrólisis de diferentes polímeros de carbohidratos a oligo y monosacáridos; formación de sustancias aromáticas; degradación de clorofilas; en algunos casos, como la manzana, síntesis de antocianos bajo control del sistema fitocromo. En la fase de maduración sobre todo se presenta un fuerte incremento de la respiración, que finalmente alcanza un máximo. El estadio de máxima respiración se designa como climaterio. Al alcanzarse este máximo, la fruta está «madura».

Aún no se conoce exactamente cuáles son los factores que controlan la maduración. Una serie de hipótesis tratan de sistemas que influyen sobre la respiración. Un factor muy discutido de la maduración es sobre todo el etileno. Cuando se deja actuar etileno sobre los frutos, se acelera la maduración. El etileno se forma también en los propios frutos, como mostraron experimentos con cromatografía de gas y tests biológicos. Los embriones de guisantes son buenos objetos para tests biológicos. Su crecimiento longitudinal se ve inhibido por el etileno.

La producción de etileno por los frutos se inicia en una serie de casos ya antes del climaterio. Esto hablaría en favor de que el etileno se halla al principio de la cadena de reacción, que conduce finalmente a la maduración. Sin embargo, también se podría pensar que se trata de un producto adicional de una cadena de reacción iniciada ya por otros factores, que luego aceleraría por su parte todo el proceso.

GERMINACIÓN

No es nada sencillo definir la germinación, en cuanto que no parece posible dar ninguna definición sin que existan excepciones. Por lo general se considera el *abrirse paso de la radícula* a través de la cubierta seminal, como criterio para el proceso germinativo. Sin embargo, en la utilización de este criterio debe tenerse claro que antes y después del efecto morfológico visible, ocurren pocos procesos visibles, que pertenezcan también a la germinación.

En muchos casos la semilla es capaz de germinar inmediatamente después de liberarse de la planta madre. En otros casos, la semilla sin embargo puede germinar sólo después de un período de pausa más o menos largo. Se habla en este caso de letargo de la germinación.

A continuación nos ocuparemos primero de las causas y etapas del letargo de la germinación y luego de la propia germinación. Con la germinación se inicia el período de brote germinal, que concluye con la formación del aparato fotosintético y con ello el paso a la autotrofia. También aquí deben ser citados por lo menos algunos datos.

1. Letargo de la germinación

El letargo de la germinación puede deberse a muy diferentes causas. Conozcamos algunas:

a. Embriones incompletos

En la liberación de las semillas o el fruto de la planta madre, los embriones aún no están completamente desarrollados. Durante el letargo de la germinación este desarrollo se completa. Veamos un ejemplo en nuestra flora: las semillas de fresno (*Fraxi-*

nus excelsior, compárese con la fig. 222) presentan un letargo durante el cual el embrión se desarrolla del todo.

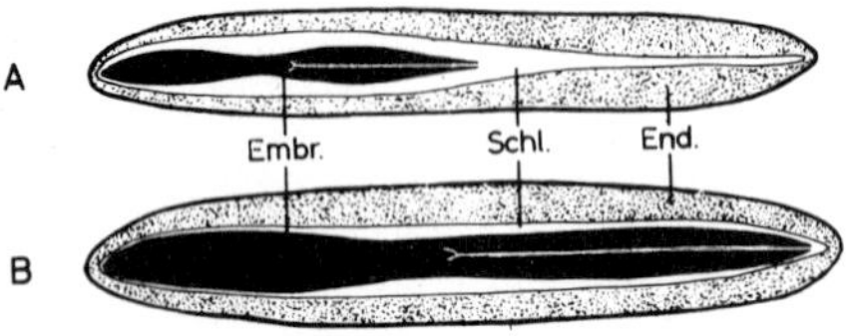

FIG. 222. Semillas de fresno *(Fraxinus excelsior)* inmediatamente después de la liberación de la planta madre (A) y después de 6 meses de estar en tierra húmeda (B). Embr = embrión, Schl = = cubierta seminal surgida del endosperma (End). (de RUGE 1966).

b. Madurez tardía por sequedad

En una serie de especies, la capacidad de germinación completa, sólo se alcanza cuando las semillas han pasado por un proceso de sequedad. Así, por ejemplo, las semillas del maíz son ya capaces de germinar casi inmediatamente después de la recolección, sólo en un bajo tanto por ciento. La capacidad de germinación completa se alcanza sólo después del reposo. Se puede ver que el aumento de la capacidad de germinación corresponde a un descenso en el contenido hídrico. A pesar de la existencia de varias hipótesis, aún no se ha aclarado cómo es que la completa capacidad de germinación se alcanza a través de la sequedad.

c. Impermeabilidad al agua y/o a los gases

La germinación no es posible sin una toma de agua y un intercambio gaseoso (compárese con las condiciones de germinación). Las capas que rodean al embrión pueden ser más o menos permeables al agua y a los gases. La capa de obstrucción puede haber sido formada por el endosperma, la nucela, por la cubierta seminal o por las paredes del fruto. Una cubierta seminal impermeable a los gases, la tienen por ejemplo los ya citados fresnos y los cadillos *(Xanthium strumarium).*

Las capas de obstrucción pueden hacerse permeables mediante diferentes métodos, cuya elección depende del tipo de capa: practicando escisiones en las semillas, y mediante tratamiento con ácido sulfúrico concentrado, alcohol, ácido prúsico o peróxido de hidrógeno. En la naturaleza las capas de obstrucción son degradadas gradualmente sobre todo por la acción de microorganismos. La humedad en combinación con el calor favorece el proceso.

d. Inhibidores

Todas las partes de una semilla o de un fruto, o incluso del mismo embrión, pueden contener sustancias inhibidoras que impidan la germinación.

En el propio embrión, se hallan inhibidores de estructura química aún desconocida, por ejemplo, en *Fraxinus excelsior* y *Xanthium strumarium.* Los embriones de *rosáceas,* sobre todo de nuestros frutales de hueso y frutales de pepitas, contienen amigdalina como precursor del inhibidor, del ácido cianhídrico. Al germinar las semillas, la emulsina β-glucosidasa igualmente existente, se activa y escinde las dos moléculas de glucosa de la amigdalina (fig. 223). El aglucón liberado se escinde espontáneamente en benzaldehído y ácido cianhídrico. Ya que el endosperma de las especies en cuestión no es permeable a los gases, el ácido cianhídrico no puede desprenderse, inhibiendo la germinación hasta que el delgado endosperma se pudre (compárese también con la fig. 204).

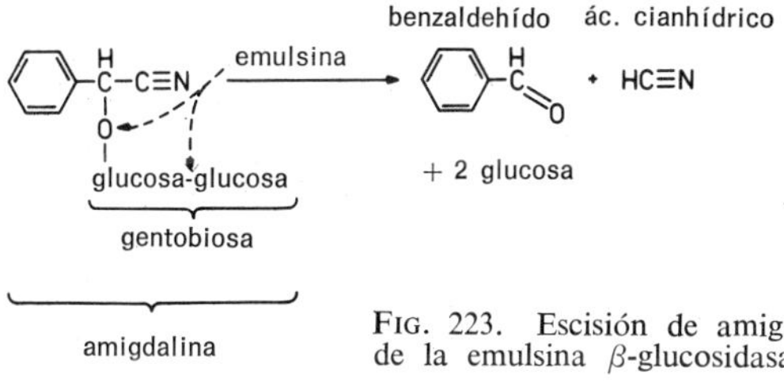

FIG. 223. Escisión de amigdalina a través de la emulsina β-glucosidasa.

Sin embargo, es sobre todo conocida la existencia de inhibidores en la pulpa del fruto. Ecológicamente parecen absolutamente necesarios, pues la pulpa de tomate sin inhibidores, exigiría quizás mejores condiciones para la germinación —lo que sería fatal, si las condiciones exteriores no fuesen favorables para el posterior desarrollo del embrión.

Las sustancias inhibidoras de la germinación contenidas en la pulpa, se designan a veces también como blastocolinas, una elección de nombre que no parece del todo correcta, en cuanto que podría dar a entender una uniformidad que no existe en absoluto, ya que a las sustancias inhibidoras de la pulpa pertenecen sustancias muy diferentes. Veamos algunos ejemplos:

El ácido abscísico es una sustancia inhibidora de la germinación contenida en la pulpa de la majoleta, mientras que el ácido *trans-*

cinámico lo es para *Parthenium argentatum,* arbusto de la familia compuestas de USA del sur y Centroamérica, que puede ser utilizada para la obtención de caucho. El ácido cafeínico y ferúlico realizan la misma función en la pulpa del tomate antes citada. También se discuten como sustancias inhibidoras de la germinación, la cumarina y la escopoletina.
Se conoce además toda una serie de sustancias inhibidoras de la germinación, cuya naturaleza química al principio se pudo conocer sólo en parte. Sin embargo, de la mayoría de estas sustancias se puede decir que su acción inhibidora de la germinación se ha determinado en el laboratorio. Es difícil aportar la demostración de que actúan en el mismo sentido bajo condiciones naturales.

2. Condiciones para la germinación

Como ya habíamos visto, en el propio embrión y en todas las capas que lo rodean, existen mecanismos de obstaculización. Si éstos resultan vencidos, el embrión es capaz de germinar. Sin embargo, sólo lo hace cuando se dan determinadas condiciones exteriores. Llamaremos condiciones para la germinación a las condiciones externas que permiten realmente la germinación del embrión capaz de germinar.

a. Agua

El agua es *conditio sine qua non.* La toma de agua por las semillas secas empieza con la hinchazón, un proceso puramente físico. Grupos hidrófilos, por ejemplo —NH_2, —OH y —COOH, atraen el dipolo de agua y forman a su alrededor una cubierta de hidratos. Las macromoléculas que llevan este tipo de grupos hidrófilos, o sea por ejemplo las proteínas y los polímeros de carbohidratos, se hinchan. A la toma de agua por hinchazón, se le suma la toma de agua ligada a la germinación. Especialmente el alargamiento celular que tiene lugar como consecuencia de la germinación se basa en una intensa incorporación de agua.
Como regla general podemos decir que la hinchazón puede contrarrestarse por pérdida de agua, sin dañar grandemente al embrión. Esto ya no es posible en la germinación que tiene lugar acto seguido, ligada a la actividad de división celular y al alargamiento celular. Por lo demás, los límites del proceso de germinación, que se apoya en una actividad bioquímico-fisiológica, no son tan rigurosos como a veces se suele formular. Así, en algunos embriones, aún durante la hinchazón, se puede formar

mRNA. En embriones de trigo, la síntesis de mRNA para la germinación empieza ya 30 minutos después del inicio de la hinchazón.

b. Oxígeno

Para la germinación es necesaria energía. Ésta se presenta en forma de ATP, que deriva de la cadena de fosforilación a nivel de sustrato y de la cadena respiratoria. El funcionamiento de la cadena respiratoria y con ello también de la fosforilación de la cadena respiratoria, supone sin embargo la presencia de oxígeno. Por esta razón, en general, la presencia de O_2 es una de las condiciones para la germinación. Algunas excepciones confirman esta regla: en el arroz y también en otras plantas, puede tener lugar la germinación debajo del agua, o sea bajo sólo una pequeña presión parcial de oxígeno, pero precisamente los embriones de arroz disponen de un sistema de glucólisis muy eficiente, que no requiere oxígeno.

c. Temperatura

Con las exigencias de temperatura que tiene cada especie en relación con la germinación, se puede demostrar bien el significado de los diferentes óptimos específicos, ya que los óptimos de temperatura de la germinación corresponden a las condiciones externas que se requieren para el desarrollo de la especie en cuestión. Un ejemplo: para pruebas de suelos del desierto de Colorado, se ha determinado que a +10 °C germinan preferentemente las anuales invernales (plantas anuales que germinan en otoño y florecen y dan frutos en la primavera o a principios de verano del año siguiente), y a 26-30 °C las anuales estivales (plantas anuales que realizan todo su desarrollo en el verano de un mismo año). Las anuales invernales y estivales muestran pues diferentes óptimos de temperatura para la germinación, que están adaptados a las condiciones externas requeridas para su posterior desarrollo.

Un caso singular expone la acción de las bajas temperaturas sobre semillas hinchadas. Una serie de semillas necesita una *estratificación fría,* una situación en un sustrato húmedo a temperaturas quizás sobre unos 0 °C, para germinar y para poder seguir desarrollándose.

Las bajas temperaturas intervienen en procesos muy distintos. Pueden anular obstáculos puestos por inhibidores y así hacer germinar el embrión. Este efecto de la temperatura tendría que haberse incluido realmente en el apartado anterior. Por otra parte puede sin embargo en muchos casos, inducir la misma germinación. El embrión permanece inhibido en su posterior desarrollo, si sobre él no actúan bajas temperaturas. Se desarrollan entonces en los llamados enanos fisiológicos. En particular puede inhibirse el crecimiento del epicotilo y del hipocotilo o sólo el del epicotilo. Consecuentemente se habla de un *letargo del hipocotilo* y/o *del epicotilo* que ha de ser interrumpido por bajas temperaturas —donde el término «letargo» es falso, pues se trata de un desarrollo frenado.

Veamos un ejemplo de la interrupción de inhibidores en el embrión: en el fresno *(Fraxinus excelsior),* como sabemos, el embrión al principio es incompleto. Este desarrollo incompleto se compensa en el verano del año siguiente. Sólo después, o sea en el segundo invierno, puede ser activo el frío invernal. Éste aumenta el nivel de gibberelinas en el embrión, de manera que se contrarrestan las sustancias inhibidoras y la semilla puede germinar a la primavera siguiente.

Ejemplos de letargo del epicotilo y letargo del hipocotilo: se sabe especialmente de nuestras *rosáceas* que sus semillas requieren una estratificación fría. En la manzana se ha descubierto lo siguiente (fig. 224): si se separa la cubierta seminal, no se llega como antes a la germinación. Sin embargo, si se quita también

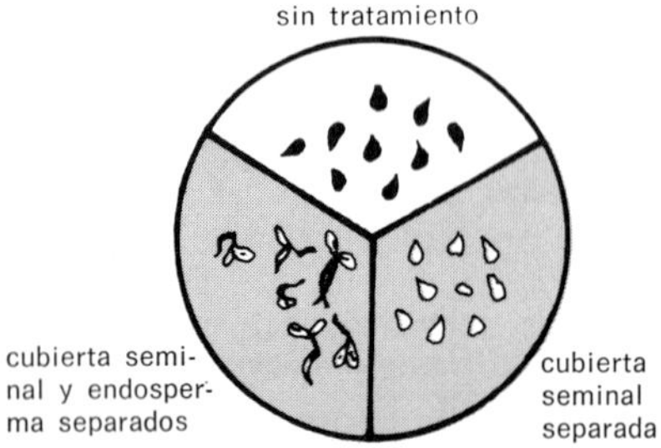

FIG. 224. Germinación de semillas de manzana después de separar la cubierta seminal y el endosperma (modificado según RUGE 1966).

la fina piel del endosperma, entonces los embriones germinan. (Ya habíamos citado que el endosperma de las *rosáceas* es impermeable a los gases y que por ejemplo no permiten que el ácido cianhídrico formado después de la entrada de agua se desprenda.) Los embriones, no sólo de la manzana, sino también de otras *rosáceas* muestran un letargo del epicotilo y del hipocotilo. Sólo después de que actúen bajas temperaturas, se desarrollan normalmente los embriones.

Ejemplos de letargo del epicotilo: en toda una serie de especies se llega incluso también sin la acción de las bajas temperaturas, a la germinación y al desarrollo del sistema radicular, pero el crecimiento del epicotilo permanece inhibido. Se forman plantas muy torcidas, como por ejemplo en algunas *rosáceas* como el albaricoque (fig. 225), en algunas *liliáceas* y en *Paeonia suffruticosa.* Después de la acción del frío, las plantas emprenden un crecimiento normal. Precisamente en este grupo, el ácido gibberélido puede sustituir total o parcialmente al frío. Se acepta por esta razón que en este caso, al igual que en el fresno, el frío podría inducir un aumento en el nivel endógeno de gibberelinas.

FIG. 225. Desarrollo de embriones de albaricoque después de estratificación fría (a la derecha) y sin estratificación fría (a la izquierda) (de RUGE 1966).

En determinadas especies del género *Trillium* de las *liliáceas,* se encuentra un interesante mecanismo (fig. 226). Estas especies requieren dos períodos de frío, separados por un lapso de tiempo con altas temperaturas. Después de la acción del frío en el primer invierno, puede desarrollarse el sistema radicular. Sin embargo, el letargo del epicotilo se rompe sólo en el segundo invierno.

d. Luz

El práctico sabe ya desde hace tiempo que semillas de determinadas especies son activadas en su germinación por la luz, mientras que por el contrario semillas de otras especies pueden ser inhibidas. La tabla 7 cita algunas especies que son activadas y otras que son inhibidas por la luz.
Ya habíamos citado (pág. 266) que la luz puede influir en la capacidad de germinación, a través del sistema fitocromo. Las semillas que se activan y las que se inhiben a la luz parece ser que se diferencian en el modo de reaccionar su sistema fitocromo ante la luz que reciben, que contiene no sólo rojo claro, sino también

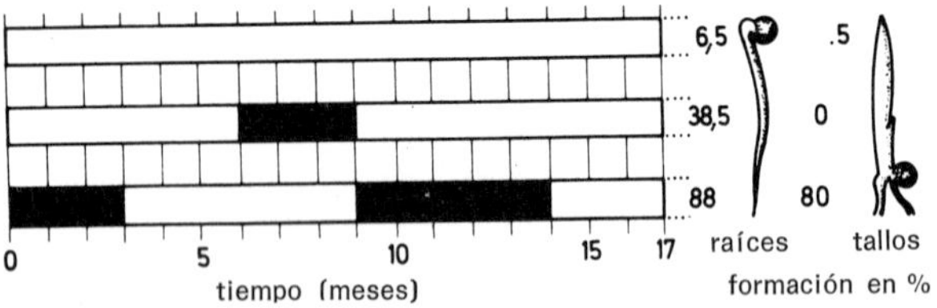

FIG. 226. Doble necesidad de frío en *Trillium* sp. Si no se da cada una de las dos acciones del frío, sólo germinan unas pocas plantas (arriba). Después de una acción del frío, se desarrollan las raíces (en medio). Después de una segunda acción del frío, crecen también los tallos (abajo) (modificado según KOLLER 1959).

rojo oscuro. En las semillas activadas por la luz, el P_{660} es transformado a través de RC en P_{730}, el estado activado del sistema, que luego puede provocar la germinación. En las semillas inhibidas por la luz, la concentración fija de P_{730} en la oscuridad parece ser suficientemente alta para provocar la germinación. Este punto es discutible en cuanto que en la oscuridad el P_{730} puede pasar a el más estable P_{660}. Por medio de la radiación,

TABLA 7. Algunas semillas que germinan a la luz y en la oscuridad (semillas activadas por la luz y semillas inhibidas por la luz).

Germinan a la luz	Germinan en la oscuridad
Digitalis purpurea	Amaranthus caudatus
Epilobium hirsutum	Cucurbita pepo
Lactuca sativa	Nigella damascena
Lythrum salicaria	Phacelia tanacetifolia
Nicotiana tabacum	Prenanthes purpurea
Oenothera biennis	

en las plantas que germinan en la oscuridad predomina el influjo de la RO, a través del cual el P_{730} existente o producido por RC es transformado en el inactivo P_{730} (fig. 227).
El mecanismo de acción posterior de la luz en la activación de la germinación es aún desconocido. En algunas especies podría estar más o menos relacionado con la producción de gibberelinas, pues en ellas, el efecto de la luz puede sustituirse total o parcialmente por ácido gibberélico. Sin embargo, esto no es válido para todas las semillas. No facilita la situación el que ade-

FIG. 227. Hipótesis sobre el modo de acción del sistema fitocromo en semillas activadas por la luz y semillas inhibidas por la luz.

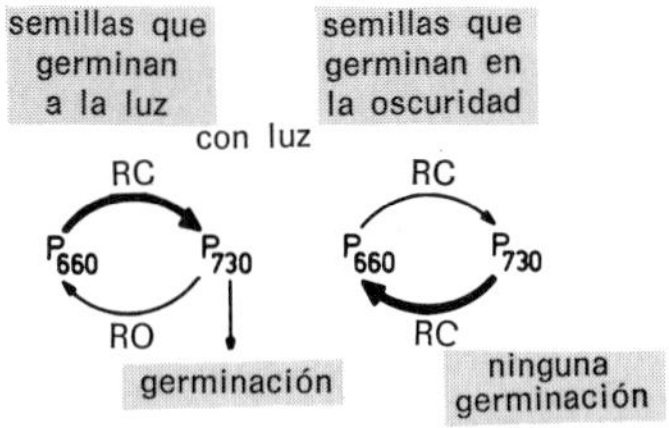

más del sistema fitocromo, puedan ser importantes otros sistemas pigmentarios, como el sistema absorbente de luz azul.

3. Movilización de sustancias de reserva

En la germinación, las sustancias de reserva localizadas en los tejidos de almacenamiento (cotiledones, endosperma, más raramente la nucela), han de ser movilizadas, pues para el embrión son las únicas fuentes de sustancias orgánicas, hasta que no ha formado su aparato fotosintético. Para el estudio de esta movilización, bastan algunas líneas y un recuerdo de datos ya aportados.
Las sustancias de reserva esenciales son carbohidratos, proteínas y grasas.

1. *Movilización de los carbohidratos:* por degradación a mono y oligosacáridos con ayuda de las correspondientes hidrolasas y en parte también de las fosforilasas. Ejemplo: degradación de almidón bajo influjo de ácido gibberélico en el grano de cebada (pág. 245).
2. *Movilización de las proteínas:* degradación hidrolítica a aminoácidos por proteasas. También estas proteasas en parte son formadas *de novo* en la germinación, de modo similar a la amilasa del grano de cebada.
3. *Movilización de las grasas:* hidrólisis de las grasas a ácidos grasos y glicerina, por lipasas (pág. 117). β-oxidación de los ácidos grasos a acetil-CoA (pág. 117). Una parte del acetil-CoA es transformado en carbohidratos, a través del ciclo del ácido glioxílico. Los enzimas clave del ciclo del ácido glioxílico, la isocitrato-liasa y la malato-sintetasa (pág. 119), en algunas semillas almacenadoras de grasas se forman *de novo* en la germinación. Se desconoce cómo se lleva a cabo la regulación de esta síntesis.

4. Formación del aparato fotosintético

Con la formación del aparato fotosintético finaliza la fase de embrión. La formación de las típicas estructuras de plástidos antes comentadas (pág. 59), sólo puede tener lugar a la luz. En la oscuridad se llega a desarrollos deficientes. También en la diferenciación de los plástidos interviene el sistema fitocromo. Con el establecimiento de la actividad sintética, otras rutas de síntesis, a las que hasta ahora se limitaba la actividad del embrión, se vuelven superfluas o menos importantes. Se llega a profundas inversiones en el metabolismo. Veamos un ejemplo de ello. Acordémonos de que a través del ciclo de Calvin (pág. 57) se pueden producir pentosas y también la tetrosa eritrosa-4-fosfato, que necesitan las plantas para determinadas síntesis. Sin embargo, las mismas sustancias pueden formarse a partir de la glucosa-6-fosfato en el ciclo de los fosfatos de pentosa (pág. 77). El enzima de iniciación del ciclo de los fosfatos de pentosa es la glucosa-6-fosfato-deshidrogenasa. Como pudo mostrar FEIERABEND en embriones del centeno, esta sustancia existe en el embrión ya antes de la germinación. Su actividad durante la germinación primero es fuerte, para permanecer casi igual con el paso a la fotosíntesis. Evidentemente el embrión obtiene los citados monosacáridos a través del ciclo de los fosfatos de pentosa (de aquí la alta actividad del enzima de iniciación, glucosa-6-fosfato-deshidrogenasa) y luego cambia a este respecto completamente al ciclo de Calvin, después de entrar en funcionamiento el aparato fotosintético. La glucosa-6-fosfato-deshidrogenasa ya no es ahora tan importante, pero sí el enzima de iniciación del ciclo de Calvin, la carboxidismutasa. Su actividad aumenta (fig. 228).
Con la formación del aparato fotosintético, se llega a una intensa

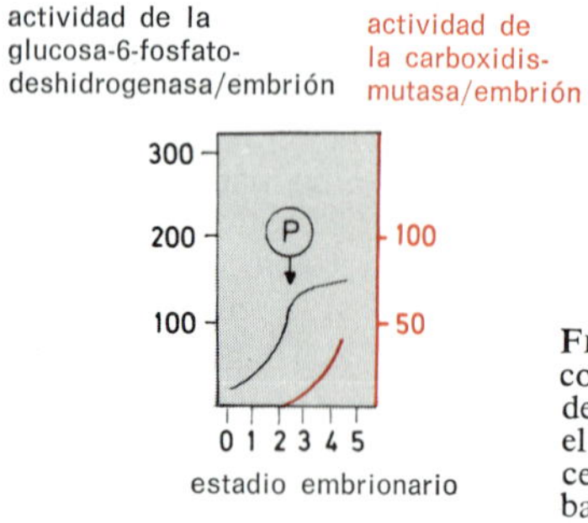

FIG. 228. Actividad de la glucosa-6-fosfato-deshidrogenasa y de la carboxidismutasa durante el desarrollo embrionario del centeno. P = en función del trabajo del aparato fotosintético (modificado según FEIERABEND 1967).

síntesis *de novo* de todos los enzimas necesarios, sin importar si, al igual que en el caso de la carboxidismutasa de embriones de centeno, ya antes existía actividad enzimática o no. Podemos preguntarnos en qué estructuras celulares tiene lugar esta síntesis. A primera vista, esta cuestión parece muy superflua, pues ya que los cloroplastos disponen de su propio DNA, debería aceptarse que en ellos está contenida la información para todos los enzimas propios del cloroplasto. Experimentos con antibióticos, sin embargo, nos sugieren una posibilidad mejor. Algunos antibióticos sólo son activos en muy determinados orgánulos. Ya habíamos citado (pág. 16), que en los cloroplastos se encontraban ribosomas 70 S y por el contrario en el citoplasma ribosomas 80 S. El cloranfenicol o más exactamente uno de los distintos isómeros del cloranfenicol, inhibe la traducción sólo en los ribosomas 70 S y no en los ribosomas 80 S. Si la síntesis de una proteína no se ve interrumpida por el cloranfenicol, es que debe transcurrir por consiguiente en los ribosomas 80 S. Resultado de análogos experimentos llevados a cabo en distintas plantas: muchos enzimas de los procesos primarios y secundarios de la fotosíntesis y también algunas proteínas estructurales de los cloroplastos, se forman no en los cloroplastos, sino en el citoplasma, sobre el mRNA claramente derivado del núcleo celular. En la judía *(Phaseolus aureus)*, a estas proteínas formadas en los ribosomas 80 S del citoplasma pertenecen por ejemplo la triosa-fosfato-deshidrogenasa, la triosa-fosfato-isomerasa y la aldolasa (compárese con la fig. 37).
Por lo demás, los resultados citados se ajustan difícilmente a la hipótesis de los endosimbiontes (pág. 16), pues si estuvieran de acuerdo con ella, entonces los cloroplastos como antiguos endosimbiontes deberían ser autónomos respecto a la formación de su aparato fotosintético.

5. Regulación de la germinación por fitohormonas

Hasta ahora hemos aportado muchos datos aislados y siempre nos hemos referido a la intervención de las fitohormonas. Intentemos ahora resumir todo el proceso de la germinación bajo el aspecto de una regulación por fitohormonas.
Supongamos primero que se han suprimido todos los obstáculos para la germinación, siendo la semilla pues capaz de germinar. También deben darse todas las condiciones necesarias para la germinación (agua, oxígeno, temperatura, luz). Cómo puede llegarse luego a la germinación y cómo pueden participar las fitohormonas en cada etapa de este proceso germinativo, fue esquematizado en 1968 por Van Overbeck para un grano de cereal,

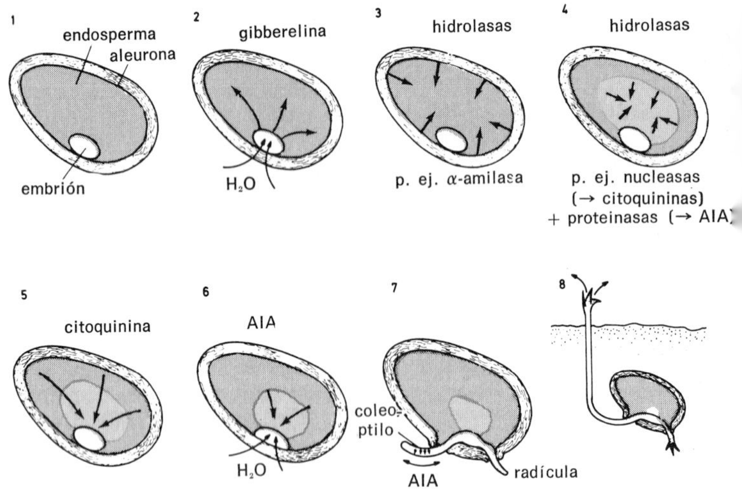

FIG. 229. Representación del proceso germinativo en el ejemplo del grano de cebada 1 = grano latente. 2 = toma de agua y cesión de gibberelina del embrión a la aleurona. 3 = síntesis de hidrolasas en la aleurona, difusión de las hidrolasas en el endosperma. A las hidrolasas pertenece la α-amilasa: degradación de almidón en el endosperma. 4 = síntesis de hidrolasas en la aleurona, difusión de hidrolasas al endosperma. A las hidrolasas pertenecen las nucleasas que producen precursores para la síntesis de citoquininas, a través de la liberación de purín-nucleótidos, y proteinasas que producen hipotéticos precursores para la síntesis de AIA, a través de la liberación de triptófano. 5 y 6 = citoquininas y AIA del endosperma conducen al embrión a la división celular y al alargamiento celular. 7 = el embrión en crecimiento atraviesa la cubierta seminal, el coleoptilo crece con geotropismo negativo hacia arriba y la radícula con geotropismo positivo hacia abajo (compárese con la fig. 176). 8 = el embrión empuja la tierra, sale a la luz y forma su aparato fotosintético (modificado según VAN-OVERBECK 1968).

por ejemplo para un grano de cebada (fig. 229): a través de la cubierta seminal permeable penetra agua en las semillas y también en el embrión situado en el interior de las mismas. El embrión se activa, llega a la síntesis de mRNA para diversos procesos y también a una difusión del ácido gibberélico a la aleurona. En la aleurona, el ácido gibberélico induce la síntesis de una serie de hidrolasas que movilizan sustancias de reserva. A ellas pertenece por ejemplo la α-amilasa, que degrada el almidón, pero también pertenecen a este grupo nucleasas y proteasas que atacan a ácidos nucleicos y proteínas respectivamente. A través de la actividad de las nucleasas se liberan también citoquininas contenidas en los ácidos nucleicos y a través de la actividad de las proteasas, junto con otros aminoácidos, se puede formar triptófano a partir del cual se forma AIA. Las citoquininas y el AIA actúan ahora sobre el embrión: las citoquininas inducen las divisiones celulares y el AIA el alargamiento celular. El embrión que crece de este modo, hace saltar la cubierta seminal. A ello le ayudan pectinasas y celulasas formadas por el mismo, en tanto que la cubierta seminal no haya sido descompuesta ampliamente por la actividad de los microorganismos del suelo. Primero sale la radícula de la semilla, luego el coleoptilo. Por último el AIA circula a la parte inferior de ambos órganos, como consecuencia de la fuerza de la gravedad. Debido a la diferente sensibilidad del coleoptilo y la radícula y a reacciones geotrópicas distintas, la radícula se curva hacia abajo con geotropismo positivo y el coleoptilo hacia arriba con geotropismo negativo. Tan pronto como el coleoptilo ha atravesado la tierra, se diferencia su aparato fotosintético. Con ello finaliza el estadio de embrión.

Esto es visiblemente plausible. Sin embargo, bien mirado, en algunos puntos se trata aún de una hipótesis de trabajo, que puede comprobarse o refutarse.

6. Regulación de la germinación y evolución

Casi se hace aburrido hablar de fitohormonas, pues ya habíamos averiguado que juegan un papel en cada proceso del desarrollo y que sólo en raros casos se puede hacer una afirmación sobre su mecanismo de acción primaria. Sin embargo, precisamente en la germinación se puede ver que las fitohormonas son sólo una parte de un todo muy complejo, pues habíamos expuesto una larga, pero de ningún modo completa lista de obstáculos (pág. 301) y de condiciones para la germinación (pág. 304). Esto no fue por gusto al detalle, sino porque un cúmulo de este tipo de mecanismos relacionados unos con otros, ya nos permitía suponer que la germinación es un proceso cuya regulación es de la mayor importancia para las plantas. Cuando hace poco hemos tratado de las fitohormonas, sólo hemos comprendido una parte del complejo proceso de regulación. A continuación trataremos de la importancia de algunos otros mecanismos reguladores.

Una germinación bajo condiciones que no permitan el posterior desarrollo de la joven planta, significa la muerte de la planta en cuestión. Los obstáculos a la germinación se establecen de modo que no permiten una germinación bajo condiciones externas no favorables. Estos obstáculos son en cierto modo graduados por las condiciones favorables. El patrón es dado a través de los obstáculos a la germinación.

Evaluación de la temperatura

Ya habíamos visto en el ejemplo de las anuales invernales y anuales estivales del desierto de Colorado, que cada especie muestra diferentes óptimos de temperatura para la germinación. Los ejemplos se pueden multiplicar. Así se sabe que las plantas de cultivo de zonas climáticas frías, germinan mejor a bajas temperaturas y las de latitudes cálidas, a altas temperaturas. Estos datos permiten reconocer una adaptación a las condiciones del momento.

En nuestras latitudes templadas, sería fatal que cada semilla que tuviese un óptimo de temperatura para la germinación a valores bajos germinase inmediatamente después de la entrada de estas bajas temperaturas. Esto significa que las semillas germinarían al inicio del invierno. Algunas especies, como nuestros cereales de invierno, son capaces de resistir en estado vegetativo la siguiente época fría, pero esto no es de ningún modo válido para todas las especies. Aquí entra en acción uno de los obstáculos a la germinación: sólo cuando las bajas temperaturas han actuado durante un determinado y largo período de tiempo —y esto en la naturaleza son los meses de invierno—, o sea cuando el patrón está completo, puede germinar la semilla. Este fenómeno lo habíamos visto en la estratificación fría. La cuestión ha de ser, cuál es el patrón. Sobre esto sólo se pueden hacer suposiciones. Puede ser que el contenido en inhibidores endógenos baje con una acción muy prolongada de las bajas temperaturas. Sin embargo en otros casos, como en el fresno, parece ser más importante un aumento inducido por las bajas temperaturas en el contenido de sustancias activadoras de la germinación, como las gibberelinas.

Evaluación química de la precipitación

En lo referente a la precipitación, esto es, al factor agua de la germinación, estamos mejor orientados sobre el tipo de patrón que sigue. Especialmente en las regiones áridas y semiáridas, la precipitación es *el* factor de germinación. WENT, EVENARI y otros investigadores, llevaron a cabo experimentos en plantas de estas regiones, sobre la evaluación química de la precipitación (chemical rain gauge).

Muchas plantas desérticas anuales sólo germinan cuando ha caído una precipitación como mínimo de 125 mm, o mejor de 250-500 mm. Esto es conveniente, ya que el suelo está suficientemente húmedo para permitir el posterior desarrollo de la planta. Sin embargo, la capa superficial del suelo en la que están las semillas, está tan bien humedecida después de una precipitación menor de 125 mm, como después de una más alta. ¿Cómo miden las semillas la cantidad de precipitación en estas condiciones? En muchos casos los inhibidores de la germinación existentes en el embrión y en las capas que lo rodean son el patrón. Estas sustancias inhibidoras de la germinación son lavadas con la caída de la lluvia y por esa razón se necesita una cantidad mínima de precipitación. Este hecho puede comprobarse fácilmente en experimentos de laboratorio. Si se colocan las semillas sobre arena y desde arriba se les administra una precipitación por lo menos de 125 mm, éstas germinan. Pero si la cantidad de agua la absorben desde abajo, la germinación se interrumpe, pues entonces los inhibidores no han podido ser lavados.

Antes hemos destacado dos obstáculos para la germinación. En una especie existe más de un obstáculo para la germinación y cuando se han apartado estos obstáculos, se han de dar las condiciones de germinación adecuadas. Este complicado sistema tiene sus ventajas: no para todas las semillas de una especie dada se cumplen en un momento determinado todas las condiciones para la germinación. La germinación de las semillas formadas en el mismo año se extenderá por esta razón a un espacio de tiempo más largo, posiblemente a años. Si en uno de estos años las plantas se mueren antes de la formación de semillas, debido a inesperadas condiciones externas desfavorables, la especie se mantiene sin embargo en el área en cuestión.

Mencionemos aún una observación, que precisamente en zonas secas puede hacerse siempre: si las semillas de las plantas anuales han germinado y las condiciones externas no son radicalmente desfavorables, todas las plantas se reproducen. Esto es tanto más sorprendente en cuanto que a veces crecen muy densamente unas al lado de otras. En estas condiciones las plantas resultan más pequeñas, forman menos flores y semillas, pero no se eliminan mutuamente. Análogas consideraciones pueden hacerse de un campo de cereales demasiado denso. La «lucha por la existencia» y la selección unida a ella, se concentran aquí en el proceso de la germinación.

El punto decisivo es pues la capacidad de germinación en adaptación a las condiciones externas existentes. En nuestras plantas de cultivo este hecho no tiene valor, pues nosotros los hombres las hemos cultivado precisamente para una rápida germinación. Nosotros determinamos el momento de la siembra y con ello de la germinación y así hacemos que resulten superfluos los fenómenos de adaptación que se dan en las plantas silvestres. No nos hemos de engañar: los fenómenos de adaptación en la germinación de las plantas silvestres se han llevado a cabo bajo la presión de una fuerte selección y se siguen desarrollando. La regulación de la germinación resulta así un factor principal de la selección y con ello de la evolución.

SISTEMA CONDUCTOR

Mientras que un organismo consista sólo de unas pocas células, la comunicación y el transporte de célula a célula pueden llevarse a cabo sin un sistema especial para ello. Si el número de células aumenta y con ello el tamaño del organismo, entonces han de formarse verdaderos sistemas conductores. Esta necesidad se hace tanto más imperiosa en cuanto que en el organismo pluricelular, la especialización en diferentes direcciones de cada célula se realiza a tal extremo que la célula altamente diferenciada no sería capaz de vivir y de funcionar sin la conexión con tipos celulares con otra clase de diferenciación.
En los animales dos sistemas se ajustan a las exigencias que se presentan: el sistema nervioso que sirve para la rápida comunicación entre las células y el sistema humoral que a través de las hormonas interviene en la comunicación, haciéndose cargo además del transporte de sustancias. Una posición intermedia ocupan las células neurosecretoras del diencéfalo, células nerviosas en las cuales pueden formarse hormonas, que luego son conducidas al lóbulo posterior de la hipófisis a través de fibras nerviosas. En las plantas falta el equivalente del sistema nervioso, en ellas los sistemas humorales se hacen cargo de la comunicación y del transporte de sustancias.
El sistema conductor de las plantas es un órgano de la comunicación y con ello de la *regulación intercelular.* Pensemos sólo en el transporte de fitohormonas desde el lugar de formación al lugar de acción. Pensemos sin embargo también en que determinados sustratos pueden ser conducidos de célula a célula. En caso de que fuesen luego llevados a través del sistema conductor a células aceptoras, y allí determinaran una inducción por sustrato (pág. 216), tendríamos ante nosotros en la inducción por sustrato, un mecanismo de regulación, no sólo intracelular, sino también intercelular, que en los puntos esenciales tendría gran similitud con la regulación por hormonas —aspecto que merecería ser totalmente revisado.
Por otra parte, el sistema conductor de las plantas es un órgano del *transporte en masa.* A través del sistema radicular se toma agua y sustancias minerales del suelo, que luego son conducidas

hacia arriba en la planta. Las sustancias asimiladas son conducidas desde las hojas fotosintéticas hacia arriba hasta los meristemos y zonas de alargamiento y también a las hojas más jóvenes en crecimiento. Estas sustancias también son transportadas hacia abajo al tronco y las raíces donde son almacenadas.
Sin embargo, a la función conductora está unido aún otro efecto: una parte de los elementos conductores, los del xilema, contribuyen, a través de la lignificación y reforzamiento de sus paredes (fig. 115), decisivamente a las *propiedades mecánicas* de las plantas superiores.

1. Los elementos

Aquí no se puede entrar en detalles sobre la morfología del sistema conductor. Acordémonos sólo de que hemos distinguido entre dos sistemas:

1. El *xilema,* con las tráqueas y traqueidas, de importancia directa para la conducción de sustancias. Tráqueas y traqueidas están muertas en el estadio diferenciado, pero no pueden desempeñar su función sin las células del xilema parenquimático vivas que las rodean.
2. El *floema* con los elementos cribosos, que en las gimnospermas son células cribosas y en las angiospermas tubos cribosos, que están asociados con células conductoras. Los elementos conductores están vivos aunque fuertemente degenerados, también en el estadio diferenciado. Así, en los tubos cribosos falta el núcleo. También las centrales energéticas de las células, las mitocondrias, han desaparecido o casi desaparecido de los tubos cribosos diferenciados. Las células conductoras aparentemente asumen parte de las funciones que no pueden desempeñar los tubos cribosos —un interesante campo de la regulación, pero difícil para trabajar.

2. La diferenciación

¿Cuáles son los factores responsables de que las células se diferencien en los elementos del xilema y el floema? Como en otras ocasiones, se obtuvieron también importantes datos en cultivos de tejidos.
Ya habíamos citado que en fragmentos cultivados de plantas superiores, se forma primero un tejido de herida, una callosidad en la sección. Tomemos ahora un fragmento de xilema y cultivémoslo. Primero forma también una callosidad de células no

diferenciadas (fig. 230). Después en esta callosidad se llega a la formación de nódulos de cámbium. Este cámbium diferencia elementos xilemáticos hacia el fragmento de xilema primitivo y elementos floemáticos hacia el otro lado. Veamos ahora el experimento contrario con un fragmento de floema (fig. 230). En este caso el cámbium da floema hacia el fragmento de floema y elementos xilemáticos hacia el otro lado. Existe pues evidentemente un gradiente de sustancias del fragmento cultivado hacia la callosidad, que especifica y controla la diferenciación de la conducción.

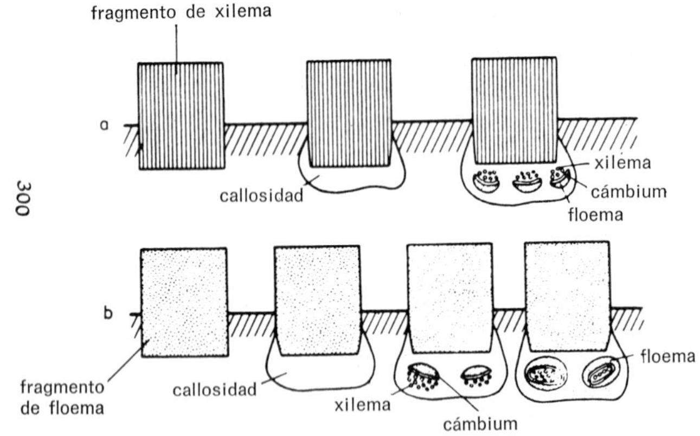

FIG. 230. Influjos orientadores de fragmentos de xilema y floema sobre la posición del xilema y el floema en las partes regeneradas (de KÜHN 1965).

En posteriores experimentos con tejidos de callosidades, se hizo claro qué sustancias pueden jugar un papel en estos gradientes. Se puede inducir una formación de sistemas conductores en tejidos hasta entonces indiferenciados, a través de adición de yemas, como pudo demostrar CAMUS en 1949 en la endivia *(Cichorium intybus)* y más tarde WETMORE en el saúco *(Syringia vulgaris)*. Cuando por ejemplo se coloca una yema de saúco sobre tejido calloso, se induce la formación de elementos xilemáticos. Primero se trata de pequeños nódulos, que luego crecen (fig. 231) y finalmente toman contacto con los sistemas vasculares de la yema. La inducción tiene también lugar, si entre la yema y la callosidad se coloca celofán. Ante todo, sin embargo, la yema puede ser sustituida por AIA y sustancias del crecimiento sintéticas: también en este caso se llega a la formación de elementos xilemáticos en la callosidad. El AIA es pues evidentemente

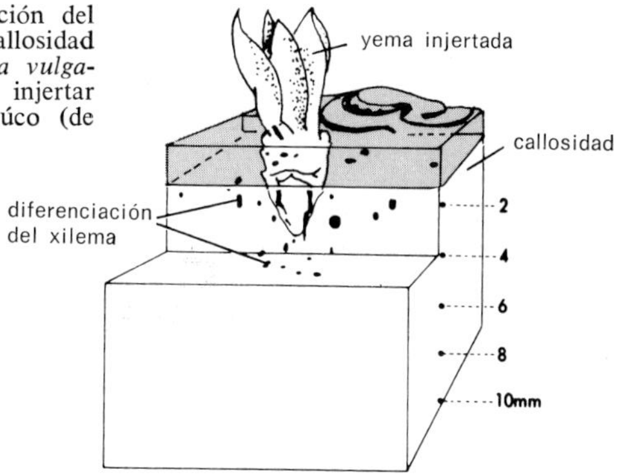

FIG. 231. Inducción del xilema en una callosidad de saúco (*Syringa vulgaris*) después de injertar una yema de saúco (de TORREY 1968).

uno de los factores que puede conducir a la formación de xilema.

Otros muchos estudios están encaminados en el mismo sentido. Citemos aún los experimentos llevados a cabo en otro sistema por JACOBS en la primera mitad de los años cincuenta. JACOBS produjo heridas en los entrenudos de *Coleus* y luego investigó la formación de xilema en la callosidad de la herida formada. Las nuevas fibras xilemáticas que se habían formado en la callosidad, se ponían luego en comunicación con las ya existentes en los entrenudos. Con ello se demostraba que en pequeñas masas y a través de ellas, las hojas ejercen un fuerte influjo sobre la diferenciación del xilema, también por debajo de la herida. La formación de xilema se inhibe al separar las hojas, pero vuelve a llevarse a cabo cuando después de cortarlas, se administra AIA sobre las secciones de los peciolos. El papel del AIA es confirmado por un estrecho paralelismo entre el contenido en AIA, que es transportado desde las hojas situadas por encima del lugar de la herida hacia abajo y desde las hojas por debajo de la herida hacia arriba, y el número de fibras xilemáticas inducidas en la callosidad (fig. 232). Por lo demás, en estos experimentos se reconoce que en *Coleus* el transporte de AIA puede tener lugar no sólo de forma estrictamente polar hacia abajo, sino también en la dirección opuesta, aunque sin duda en masas mucho más pequeñas.

Hasta ahora sólo hemos hablado del xilema y ahora debemos poner en juego el segundo componente del sistema conductor, el floema. No sólo en los experimentos de WETMORE en el saúco, sino también en los de JACOBS en *Coleus,* se demostró que puede alcanzarse una formación de floema, si se administra AIA combinado con sacarosa. Nos volvemos a encontrar aquí con un fenómeno ya conocido: la acción inespecífica de una fitohormona que puede influir en los distintos procesos de diferenciación y el hecho de que las combinaciones de los factores reguladores determinen la calidad de la diferenciación.

Inducción homoiogenética. Los experimentos antes descritos y también muchos posteriores, permiten ver siempre qué diferenciaciones ya existentes pueden inducir la formación de nuevas diferenciaciones del mismo tipo: el xilema en la callosidad induce la formación de nuevo xilema, que entra en contacto con el ya existente (por ejemplo, en *Cichorium, Syringa* y *Coleus*) o bien se dirige hacia él (fig. 230). De modo similar ocurre en el floema. Se habla en este caso de una inducción homoiogenética.

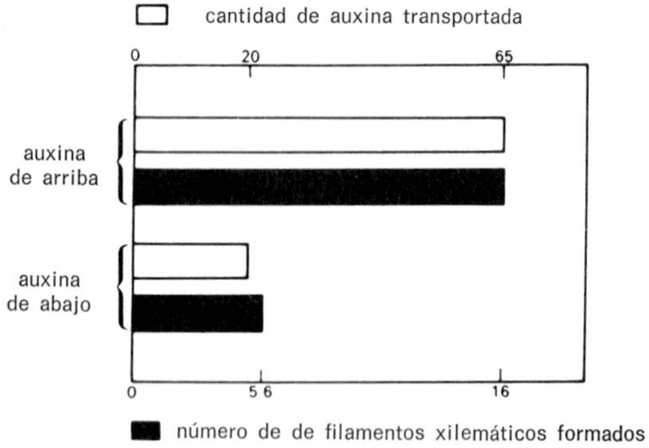

FIG. 232. Paralelismo entre el contenido en auxina transportada y el número de filamentos xilemáticos que son formados en la callosidad de la herida. Secciones de tallos de *Coleus* (de JACOBS 1956).

Existen también objeciones en contra de la idea de una inducción homoiogenética. Sobre esto trata un experimento de TORREY (figura 233). Las raíces del guisante *(Pisum sativum),* poseen un haz conductor triarca. Para la denominación de triarca, tetrarca, etc., ya se sabe que es decisivo el número de los radios xilemáticos. Cuando se cultivan segmentos de raíz, primero se regeneran un nuevo ápice radicular. En presencia de AIA, en las células producidas por este ápice radicular, no se forma sin embargo ningún haz conductor triarca, sino haces conductores con un número distinto de fibras xilemáticas. Con 10^{-5} m de AIA, se diferencia un haz conductor hexarca, si se retira el AIA, entonces disminuye proporcionalmente el número de fibras xilemáticas, desde 6, pasando por 5, hasta 4. Los haces conductores resultan pues pentarcas y tetrarcas.

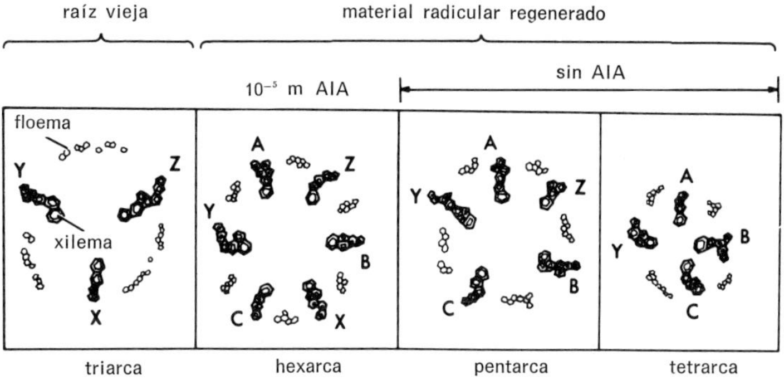

FIG. 233. Dependencia del número de filamentos xilemáticos formados en ápices radiculares en regeneración de la concentración de AIA (modificado según TORREY 1968).

En un principio estos datos parecen hablar en contra de una inducción homoiogenética, pues evidentemente la nueva región radicular formada no se ajusta en su producción de xilema a lo que se daba en el segmento de raíz viejo. Sin embargo, no debería olvidarse que se trataba de órganos aislados, bajo condiciones experimentales fuertemente modificadas. Así puede ocurrir que el AIA aportado del exterior sobrepasará fácilmente los gradientes de sustancias existentes, derivadas de las viejas fibras xilemáticas.

No hemos dicho pues la última palabra sobre la inducción homoiogenética. Sin embargo, podemos aceptar como seguro que: las fitohormonas no juegan sólo un papel en la estimulación de la división de un cámbium ya existente (págs. 239, 244), intervienen también en la diferenciación de las células producidas por este cámbium en elementos del xilema y floema. La calidad de la diferenciación (xilema, floema, etc.), como es normal es determinada por la interacción de varias fitohormonas entre sí y con otros factores.

3. La función

a. Transporte en ambas direcciones

Habíamos hablado en una ocasión de que en el sistema conductor tenía lugar un transporte de arriba hacia abajo, pero también al revés, de abajo hacia arriba. Un sencillo experimento nos da la demostración de esta afirmación (fig. 234): ponemos una planta de maíz en una solución alimenticia, de manera que una mitad de su sistema radicular esté sumergida en una solución alimenticia A y la otra mitad en una solución alimenticia B. En la solución alimenticia B se hallan compuestos con fosfato radiactivo P^{32}. La solución alimenticia A al iniciarse el experimento no contiene nada de radiactividad. Sin embargo, después de 6 horas, se podía encontrar P^{32} en ella que había sido transportado en forma de determinados compuestos, primero por el xilema hacia arriba y luego por el floema otra vez hacia abajo.

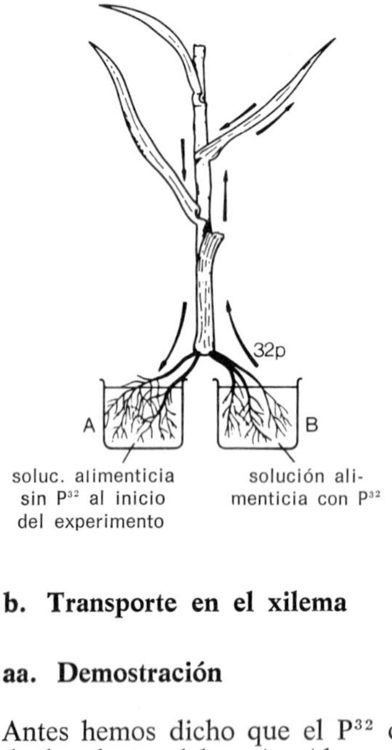

FIG. 234. Transporte bidireccional. La solución alimenticia **A**, al principio del experimento, no contenía P^{32} mientras que la solución alimenticia **B** sí lo contenía; 6 horas después del inicio del experimento, también se pudo demostrar la existencia de P^{32} en la solución **A** (de BIDDULPH y BIDDULPH 1959).

b. Transporte en el xilema

aa. Demostración

Antes hemos dicho que el P^{32} circula hacia arriba en el xilema de la planta del maíz. Ahora veamos la demostración de que en el xilema realmente puede tener lugar un transporte hacia arriba. Sobre este tema trata un experimento que fue realizado por STOUT y HOAGLAND en 1939 (fig. 235). Éste nos demuestra una muy temprana entrada del «tracer» radiactivo. Objetos del experimento fueron estacas de sauce (y otras especies) que ya tenían raíces. En un determinado fragmento de tallo, se separaron el xilema y el floema. Entre ambos tejidos se intercaló papel de parafina. Luego se le administró potasio radiactivo K^{42} a la planta, a través del medio alimenticio. Después de 5 horas se averiguaba el contenido en K^{42} del xilema y floema del fragmento de

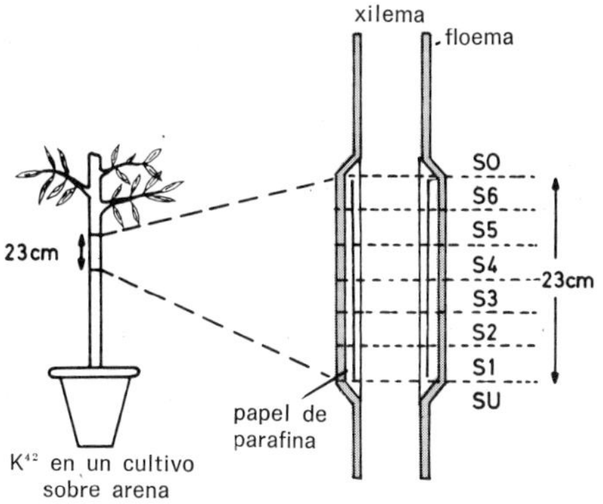

ppm K^{42}	
floema	xilema
53,0	47,0
11,6	119,0
0,9	122,0
0,7	112,0
0,3	98,0
0,3	108,0
20,0	113,0
84,0	58,0

FIG. 235. Transporte de sustancias minerales (K^{42}) en el xilema. En una rama de sauce (*Salix* sp.), se separó cuidadosamente el xilema del floema y se intercaló papel de parafina entre ambos. Se administro K^{42} al suelo. Después de 5 horas, se dividió el trozo tratado en secciones y en cada sección se investigó la existencia de K^{42} en el xilema y el floema por separado. S1 hasta S6 = secciones de la zona debajo del papel de parafina, SU = partes inferior desprovista de papel de parafina, SO = parte superior desprovista de papel de parafina. Los resultados de la medición se representan al lado. ppm = partes por millón (modificado según STOUT y HOAGLAND 1939).

tallo antes mencionado. Se vio que el transporte hacia arriba tenía lugar casi exclusivamente en el xilema. En los trozos situados encima y debajo de la zona estudiada, pasaba K^{42} del xilema al floema. El transporte lateral de distintas sustancias de este tipo entre ambos tejidos se ha comprobado varias veces desde entonces. En el xilema se transportaba sobre todo agua con sales minerales disueltas, pero también pueden conducirse otras sustancias, como por ejemplo en primavera, azúcar y algunos aminoácidos. También fitohormonas y sustancia del crecimiento sintéticas son transportadas en el xilema, como demostró SKOOG ya en 1938 (compárese con la fig. 232). Asimismo en el xilema se transportan medios de protección para las plantas. Se puede aportar la demostración de un transporte en el xilema, al separar el floema por descortezamiento anular (fig. 240). Si no obstante la sustancia es transportada, entonces es altamente probable que el xilema sea la ruta de transporte. Una técnica mejor es el estudio de exudados que pueden obtenerse sangrando plantas leñosas. Es conocida y utilizada comercialmente, la obtención de estos exudados o «jugos de sangría» en el arco de azúcar del este de Norteamérica. En marzo contienen alrededor de un 3 % de sacarosa. También se pueden estudiar los jugos de sangría que manan de tocones o también las gutaciones. Finalmente, existen métodos de análisis del contenido del xilema en el vacío.

bb. Mecanismo

Presión radicular

Hemos de preguntarnos ahora por el mecanismo que se ocupa del transporte en el xilema. Una primera posibilidad es que el agua y las sustancias en ella disueltas sean transportadas desde abajo hacia arriba, por medio de una presión. En la práctica existe una «presión» de este tipo. Todos conocemos las gotas fluidas que pueden pender de los dientes de las hojas, por ejemplo de la alquimia (*Alchemilla* sp.) y de las puntas de las hojas de los brotes de las hierbas. Se trata de una secreción activa de agua, es decir, de una precipitación acuosa que llevan a cabo las células vivas mediante consumo de energía y que se denomina gutación. Es especialmente importante cuando la transcripción se hace imposible debido a la alta humedad de la atmósfera y se conoce en las más diversas especies.
También se habían mencionado ya los jugos de sangría de heridas. Especialmente en primavera, de las secciones de tocones de árboles cortados recientemente, pueden manar gotas de líquido xilemático. También detrás de esta segregación, existe una actividad de las células vivas que se denomina presión de sangría o presión radicular.
Actualmente se puede medir la fuerza de la presión radicular, por ejemplo mediante la colocación de manómetros sobre las secciones. Con ello se puede hacer la decepcionante afirmación de que por lo general es inferior a una atmósfera. En la mayoría de los casos es suficiente para que la columna líquida en los vasos del xilema ascienda 10 m. Ya nuestros árboles indígenas son más altos, por no hablar de los árboles gigantes, como *Sequoia* y *Eucalyptus.* Además, los estrechos lúmenes de los elementos xilemáticos conductores, cuyas paredes están articuladas por reforzamientos locales de las paredes, oponen un considerable obstáculo a la subida del agua.

Transpiración

Hemos de volver pues la vista hacia otro mecanismo del transporte xilemático. La presión radicular puede ser sólo una contribución a la presión, especialmente en primavera cuando antes del nacimiento de las hojas, el xilema tiene más exigencias, pero sin existir aún la superficie de transpiración de las hojas. Con esto hemos dado con la solución: el transporte en el xilema se lleva a cabo esencialmente no bajo una presión desde abajo, sino mediante un remolino desde arriba. La condición para este remolino es la transpiración. La cesión de agua por la transpiración puede tener lugar a través de la cutícula y de los aparatos estomáticos, los estomas. Consecuentemente se habla de transpiración cuticular y estomática.

La *transpiración cuticular* sólo es importante en cierto modo, en plantas con una cutícula muy delgada. Por lo general supone menos de un 10 % de la transpiración total.

La *transpiración estomática* es pues, con mucho, el proceso más importante. Esto es válido respecto a la cantidad, como ya se había mencionado. Una superficie foliar que posea estomas, debido al efecto marginal (fig. 236), puede ceder mucha más agua de la que cabría esperar, en muchos casos una cantidad de agua correspondiente al propio peso y más por día.

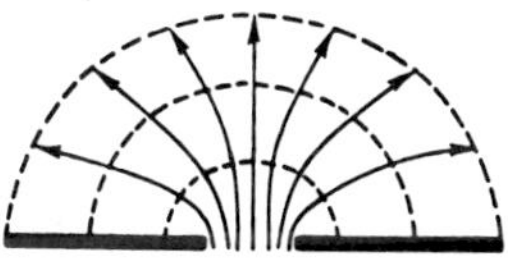

FIG. 236. Efecto marginal en la transpiración estomática. Las moléculas de agua que salen del estoma, cuando no sopla el viento, pueden difundirse también hacia los lados sin estorbarse mútuamente, lo que no es posible en la difusión de una superficie cerrada de agua (de SUTCLIFFE 1968).

Sin embargo, la transpiración estomática es también de esencial importancia, porque al contrario que la transpiración cuticular, es regulable a través de los movimientos de apertura y cierre de los estomas. Si las células oclusivas están completamente turgentes, los estomas están abiertos, si pierden la turgencia, se cierran los estomas (fig. 237). En la regulación de la turgencia y con ello también de la abertura, actúan conjuntamente una serie de factores:

1. *Agua.* Un suministro insuficiente de agua conduce a una pérdida de la turgencia de las células oclusivas y al cierre de los estomas.
2. *Luz.* Generalmente, por iluminación se llega a la abertura de los estomas. Especialmente activa es la luz azul, que es absorbida por un sistema pigmentario especial, aunque también intervienen la clorofila y el sistema fitocromo, después de la oportuna radiación.
3. *Temperatura.* Altas temperaturas por encima de 25 °C conducen al cierre de los estomas.

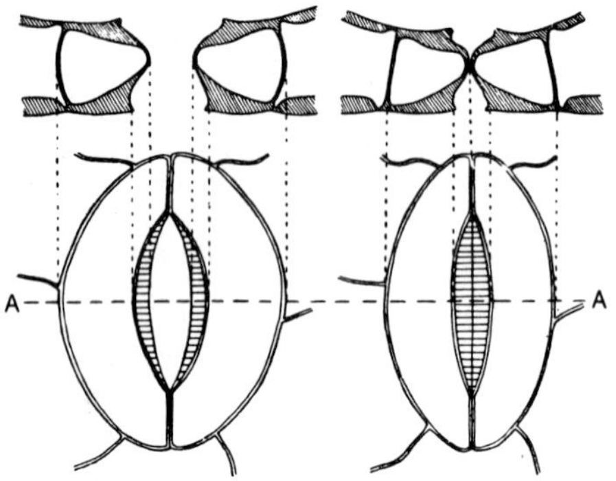

FIG. 237. Estomas abiertos (izquierda) y estomas cerrados (derecha). Abajo vistos por encima, arriba sección transversal (de WALTER 1962).

4. *Contenido en CO_2.* Las bajas presiones parciales conducen a la abertura de los estomas y las altas al cierre de los mismos.
5. *Regulación hormonal.* Las plantas marchitas pueden aumentar su nivel de ácido abscísico unas cuarenta veces. El ácido abscísico provoca el cierre de los estomas e impide así la posterior pérdida de agua. Esta acción puede ser extraordinariamente rápida. Las hojas del maíz, tres minutos después de ser colocadas en una solución de ácido abscísico, reaccionan cerrando los estomas. Están en marcha investigaciones sobre hasta qué punto puede utilizarse en la práctica la acción del ácido abscísico.

Para ello tendría que contarse con algunos factores que participan en la regulación. Sin embargo, su mecanismo de acción es aún desconocido. Se discute un influjo sobre el valor osmótico del jugo celular en las células oclusivas, que por ejemplo podría verificarse a través de una transformación de almidón en azúcar o a través de una fotosíntesis en las células oclusivas, por lo general portadoras de cloroplastos.
Especial atención ha merecido en los últimos tiempos el contenido en K^+ de las células oclusivas. En los últimos años, con métodos microscópicos refinados, se ha podido determinar el contenido en K^+ de las células oclusivas aisladas, que es mucho más alto en los estomas abiertos que en los estomas cerrados (figura 238). Al abrirse los estomas, el K^+ es transportado a las células oclusivas. Seguramente al mismo tiempo se forma también un anión posiblemente orgánico aún desconocido en las células oclusivas, o es transportado hacia ellas. En todo caso aumenta la turgencia y se llega a la abertura. Algunos resultados hablan en favor de la puesta en funcionamiento de una bomba de K^+ dependiente de ATP.

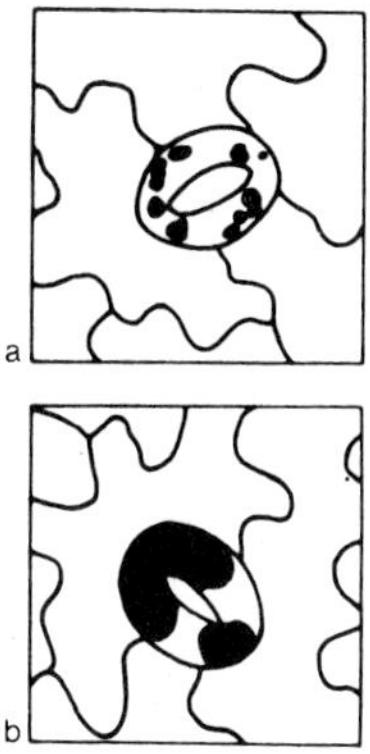

FIG. 238. Localización de K^+ (precipitado negro con determinados reactivos) en las células oclusivas de *Vicia faba*. La abertura de los estomas puede provocarse en este caso mediante iluminación. a = poco antes de una iluminación que produce la abertura, b = después de 3 horas de iluminación (de LÜTTGE 1974).

También se estudió el papel del ácido abscísico en la toma o cesión de iones. Con ello se vio que el ácido abscísico interrumpe el aporte de K^+ a las células oclusivas y la abertura de los estomas. El mecanismo de acción del ácido abscísico como «hormona antimarchitante» no está de ningún modo completamente aclarado, pero de todos modos significa un paso hacia adelante, saber que el ácido abscísico puede controlar ostensiblemente el contenido en iones, a través de un influjo sobre la permeabilidad del sistema periférico de membranas.

TEORÍA DE LA COHESIÓN

Ya habíamos expuesto que la presión radicular puede en última instancia ser una ayuda. Sin embargo, con la transpiración hemos conocido la verdadera fuerza para el transporte en el xilema, pues las células del parénquima de la hoja, que han cedido agua al exterior por las cavidades respiratorias internas y luego por los estomas, cubren su déficit de agua gracias a las finas ramificaciones del xilema del parénquima foliar. De este modo se ejerce un remolino sobre los filamentos de agua, que llenan los elementos del parénquima desde la zona radicular hasta el parénquima de la hoja. El resquebrajamiento de estos filamentos de agua se evita mediante la alta fuerza de cohesión entre las moléculas de agua, que se da en los capilares del xilema. Cuando en el extremo superior de un filamento de agua como éste se ejerce una succión debida a la transpiración, toda la columna de agua se mueve hacia arriba. Se habla pues de una teoría de cohesión (la designación de teoría, al contrario que en otras muchas ocasiones, está bien aplicada) de la subida de agua en el xilema. Por lo demás, sorprendentemente se han podido medir en las plantas altas fuerzas de cohesión; así en determinadas regiones del esporangio de los helechos, llegan hasta 250 atmósferas.

Además está aún la cohesión de las moléculas de agua a las moléculas de la pared del xilema, que impide que se despeguen los filamentos de agua de las paredes de los vasos, dificultando así su resquebrajamiento. Otro defecto lo produce la vaina de parénquima xilemático vivo alrededor de los elementos xilemáticos conductores muertos. Ésta impide la penetración de aire en los elementos conductores, posible en una fuerte transpiración bajo una considerable succión. Somos escépticos y deseamos por lo menos algunos datos para la demostración de la teoría de la cohesión sobre la subida del agua. Un experimento realizado a finales del pasado siglo (fig. 239) muestra ya que las fuerzas de cohesión, suponiendo la transpiración como fuerza impulsora, permiten un ascenso de líquidos en los capilares: sobre un capilar lleno de agua se coloca un bloque de yeso embebido en agua. El bloque de yeso y el capilar se ponen en una cubeta con mercurio. Mediante la transpiración, que actualmente podemos producir por ejemplo con un secador eléctrico, el mercurio en el capilar es arrastrado hacia arriba. Más tarde se sustituye el bloque de yeso por una rama (fig. 239), obteniéndose el mismo re-

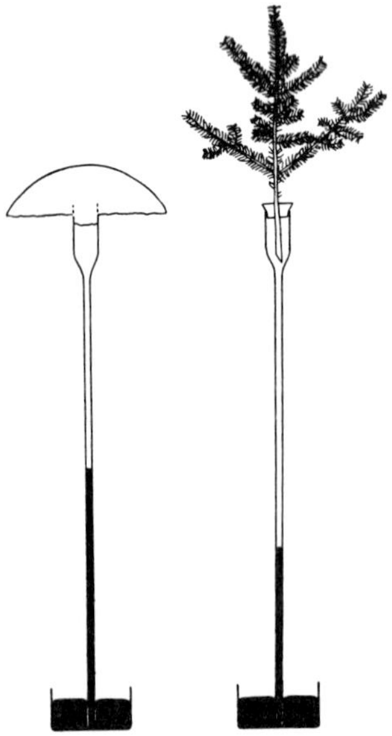

FIG. 239. Experimento sobre la teoría de la cohesión del transporte en el xilema. Después de la transpiración de un bloque de yeso o de una rama, se absorbe mercurio por un tubo de vidrio (de WALTER 1962).

sultado. El agua es pues absorbida igualmente por los elementos xilemáticos que por los capilares de vidrio.
De acuerdo con la teoría de la cohesión, la succión debería empezar en los extremos de la planta. Allí debería originarse también el movimiento del agua. La demostración la consiguió HUBER en 1936. El contenido del xilema se calentó eléctricamente de modo local y se siguió la circulación del líquido caliente mediante agujas térmicas introducidas en los conductos. Se vio que al iniciarse el calentamiento y con él la transpiración por la mañana, se detectaba primero un movimiento de agua en los ápices de las ramas y luego en el tronco de los árboles. También se puede medir la succión. Con una fuerte transpiración cada elemento conductor del xilema se contrae un poco en sus paredes, debido a la adhesión de la columna de agua. Esto no puede expresarse libremente, pero sí se puede medir la suma de los empequeñecimientos de los cortes transversales de todos los elementos xilemáticos: el diámetro del tronco de las plantas leñosas se hace claramente menor durante el calor del mediodía.

c. Transporte en el floema

aa. Demostración

Ya en 1679 MALPIGHI demostró que en principio, en el floema puede tener lugar un transporte desde arriba hacia abajo. Separó un anillo de corteza de todo el perímetro de distintos árboles y pudo comprobar un hinchamiento de la corteza por encima del descortezamiento (fig. 240). En el siglo diecinueve se descubrieron los elementos conductores del floema y se comprobó que en ellos tenía lugar el transporte de sustancias hacia abajo.
Estos experimentos de descortezamiento anular se realizaron aún

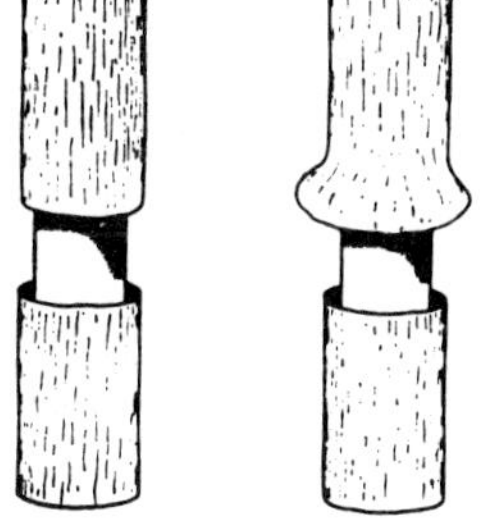

FIG. 240. Experimento de descortezamiento anular. Se quita un anillo de corteza de un tallo leñoso. Algunas semanas después se hincha la corteza por encima del descortezamiento, porque las sustancias transportadas hacia abajo se acumulan ahora en este punto (modificado según RICHARDSON 1968).

repetidas veces, pero como en el caso del xilema, tan pronto como la técnica del trazador estuvo suficientemente desarrollada, también se añadieron isótopos. En la figura 241 se reproduce un experimento de este tipo. Se trata de una combinación del experimento de descortezamiento anular y del de isótopos. Se ve que por descortezamiento anular se bloquea el transporte hacia abajo de las sustancias asimiladas en el floema, pero no el transporte hacia arriba de compuestos fosfóricos en el xilema. El floema y el xilema no sólo están separados uno del otro por su posición en la sección transversal del tallo, sino que pueden funcionar de modo completamente independiente.

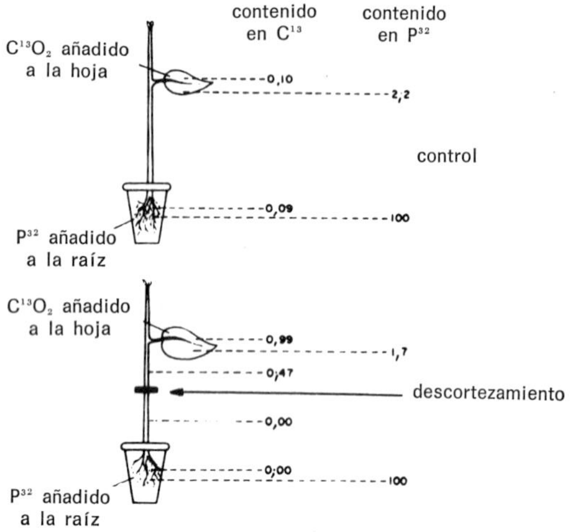

FIG. 241. Combinación del experimento de descortezamiento anular y del del trazador. Se administra $C^{13}O_2$ a una hoja y P^{32} a la raíz. En el control, los asimilados marcados con C^{13} se mueven hacia abajo y los marcados con P^{32} hacia arriba. Si se separa el floema por descortezamiento, se interrumpe el transporte hacia abajo de los asimilados C^{13}, pero no el transporte hacia arriba de los asimilados P^{32} (modificado según RABIDEAU y BURR 1945).

Preguntémonos también sobre el tipo de sustancias que son transportadas en el floema. Investigaciones autorradiográficas del floema después de la incorporación de sustancias marcadas, pueden dar información sobre ello. También se trabajó repetidas veces con pigmentos fluorescentes. Aparte de esto, los biólogos impusieron una técnica que aventaja a cualquier método bioquímico o biofísico, respecto a su sensibilidad y exactitud: la *técnica de los afídidos*

Los pulgones de las hojas toman de las plantas las sustancias alimenticias necesarias. Para ello pican los tubos cribosos. Pruebas microscópicas demostraron que la trompa sólo pica un solo tubo criboso. Algunas horas después de la picada, se adormece al pulgón en cuestión, por ejemplo con CO_2, y se le corta la trompa. De la sección sale el exudado del tubo criboso picado, que se almacena en micropipetas y luego puede ser analizado cromatrográficamente (fig. 242). Un afídido muy utilizado es *Tuberolachnus salignus,* que vive en los sauces (*Salix* sp.), o también *Acyrthosiphon pisum* que vive a expensas del haba *Vicia faba.* En lugar de los pulgones, puede utilizarse también cochinillas *(Coccidae).*

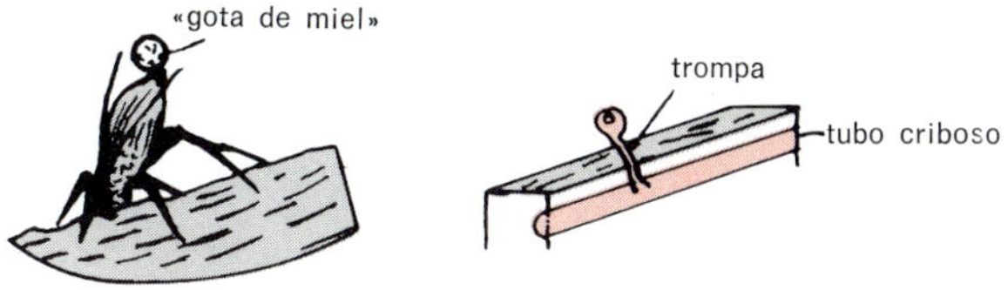

FIG. 242. Técnica de los afídidos. A la izquierda un afídido chupando, a la derecha trompa amputada del afídido anestesiado. De la trompa con la que sólo había chupado un tubo criboso, fluye jugo de los tubos cribosos que puede ser almacenado.

Con el procedimiento esquematizado se puede comprobar cuáles son las sustancias transportadas en el floema. Según la cantidad, en primer lugar están los carbohidratos, principalmente la sacarosa (fig. 243). Además en pequeñas cantidades hay oligosacáricos como la rafinosa, estaquiosa y verbascosa (pág. 80). En el jugo de los tubos cribosos, se encuentran además fosfatos de diferentes hexosas. También hay aminoácidos, amidas, nucleótidos, ácidos nucleicos, partículas víricas, fitohormonas, incluyendo la discutida hormona de la floración (pág. 355) e iones inorgánicos. Sin embargo, precisamente respecto a los iones inorgánicos se ha visto que de ningún modo cualquier ion puede ser conducido en el floema. Así, por ejemplo, sólo el calcio y el boro pueden ser transportados ostensiblemente en el xilema (fig. 244).

bb. Mecanismo

El mecanismo del transporte en los tubos cribosos aún no está aclarado. A pesar de esto, la mayoría de los hallazgos conocidos actualmente hablan en favor de la veracidad de la *hipótesis del*

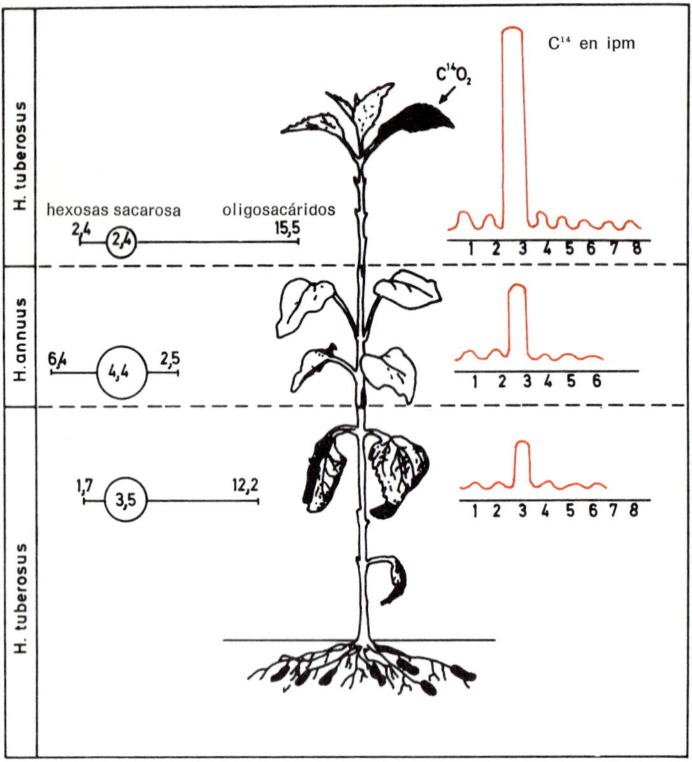

FIG. 243. La sacarosa como el carbohidrato más importante transportado en el floema. Doble injerto entre *Helianthus tuberosus* y *H. annuus* (compárese con el margen de la izquierda). A la izquierda el contenido relativo en diferentes carbohidratos de la corteza de cada fragmento de injerto. A la derecha la radiactividad relativa de los diferentes carbohidratos de cada fragmento de injerto, 1 = fructosa, 2 = glucosa, 3 = sacarosa, 4-8 oligosacáridos con peso molecular en aumento hacia la derecha. La sacarosa, independientemente de la especie de planta, sigue siendo el carbohidrato transportado más importante (modificado según KURSANOV 1963).

flujo de presión, propuesta por MÜNCH en 1926. Según ella, una convección o *corriente de masas* es responsable del transporte en los tubos cribosos, al igual que en el xilema o en el sistema de vasos sanguíneos de los animales. El motor de esta corriente de masas en los tubos cribosos es una disminución de la concentración de sustancias osmóticamente activas en la dirección del transporte.

FIG. 244. Transporte de boro en el xilema. Se repartió el sistema radicular de un plantón de hoja de *Nicotiana rustica,* la mitad derecha en una solución nutritiva con boro y la izquierda en una solución nutritiva sin boro (modificado según ZIEGLER 1963).

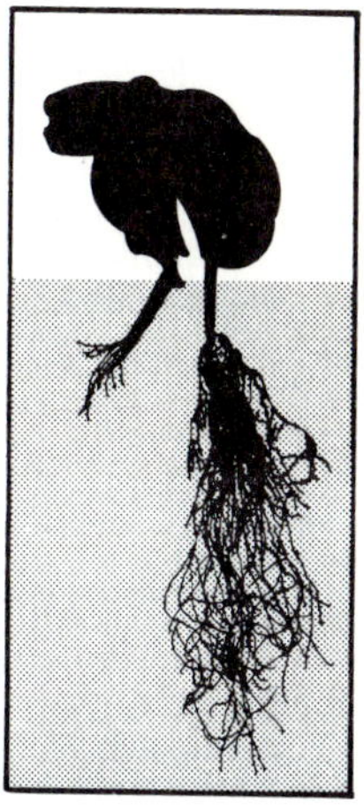

Aclaremos el principio de la hipótesis del flujo de presión mediante un modelo propuesto por MÜNCH (fig. 245). Dos células A y B, revestidas por abajo con una membrana semipermeable, se comunican por medio de un capilar R. La célula A contiene una solución de sacarosa al 10 % a la que se añadió rojo Congo para hacer visible el flujo de sustancias. La célula B contiene agua. La célula A, debido a su alto valor osmótico, toma agua de la vasija que la rodea, a través de la membrana semipermeable. La sobrepresión formada en la célula A, empuja la solución de sacarosa teñida a través del capilar, hasta la célula B, siendo empujada incluso el agua a través de la membrana semipermeable del extremo inferior de la célula B.
Pues bien MÜNCH identificó la célula A con los lugares de asi-

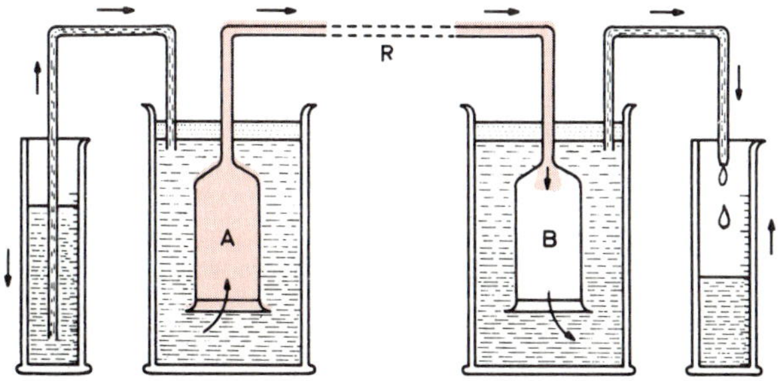

FIG. 245. Experimento tipo de Münch para la demostración de un flujo de masas (modificado según ZIEGLER 1963).

milación, o sea principalmente con las hojas verdes con su alta concentración de asimilados, los capilares con los tubos cribosos y la célula B con los lugares de almacenamiento de sustancias, el tronco o también los órganos almacenadores subterráneos. En los lugares de almacenamiento de sustancias, las sustancias asimiladas se acumulan en forma de grandes moléculas a menudo sólidas, de manera que allí la concentración de sustancias osmóticamente activas debería ser realmente pequeña. Un flujo de presión transporta las sustancias entre estos dos lugares de distinta concentración en sustancias osmóticamente activas (figura 246).

El que en los tubos cribosos puede efectivamente tener lugar un flujo de masas, se vio ya mediante los experimentos con afídidos: en este caso, se puede llegar después de días, a un flujo hacia el exterior de sustancias asimiladas por la trompa, que difícilmente puede explicarse de otro modo que por un flujo de masas. Pero existen criterios totalmente decisivos, que expuso claramente ZIEGLER en 1962: un flujo de masas exige:

1. un descenso osmótico en la dirección del flujo. Aquí no se puede confirmar la concepción primitiva de Münch (descenso osmótico desde las hojas hasta las raíces). Sin embargo, dentro

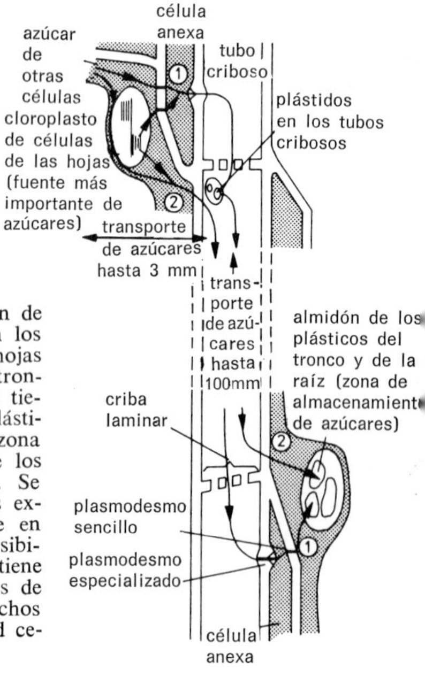

FIG. 246. Esquema de la traslación de azúcares del lugar de formación en los cloroplastos de las células de las hojas al lugar de almacenamiento en el tronco y las raíces. Se desconoce cómo tiene lugar el transporte desde los plástidos a los tubos cribosos y en la zona del tronco y zona radicular, desde los tubos cribosos hasta los plástidos. Se indican dos caminos. La ruta 1 es exclusivamente simplástica (compárese en la pág. 340), por lo que ofrece posibilidades de control. En la ruta 2 tiene lugar el transporte no sólo a través de estructuras plasmáticas, sino a trechos también a través de la misma pared celular (de WOODING 1971).

de los tubos se encontró reproducido este descenso de sustancias osmóticas en la dirección del flujo y fue absolutamente suficiente para permitir un flujo de presión.
2. semipermeabilidad del floema frente al tejido circundante, que debe ceder o tomar agua (en la fig. 245 serían las vasijas llenas de agua alrededor de las células A y B). Esta condición se cumple.
3. transitabilidad directa del sistema conductor para el líquido que fluye. Sobre este punto se acaloran los ánimos, pues en los tubos cribosos podría darse realmente un impedimento para el flujo, en forma de las cribas laminares. Volveremos a tratar sobre este punto.
4. hasta aquí hemos postulado lo que debería ser. Queremos ahora exponer lo que *no* debería ser, si es que ha de cumplirse la hipótesis del flujo de masas: *un transporte bidireccional en uno y el mismo tubo criboso.*

Un transporte bidireccional en una misma y única planta es absolutamente compatible con la hipótesis del flujo de presión y es también demostrable. Así, las sustancias asimiladas pueden ser transportadas no sólo de las hojas hacia arriba al meristemo caulinar, sino también hacia abajo en dirección a la raíz. Sin embargo, un transporte bidireccional en un mismo y único tubo criboso, podría contradecir las condiciones de la hipótesis del flujo de presión.
Sin embargo, esto pareció haberlo demostrado ESCHRICH en 1967, con la técnica de los afídidos en *Vicia Faba* (fig. 247). Sobre una

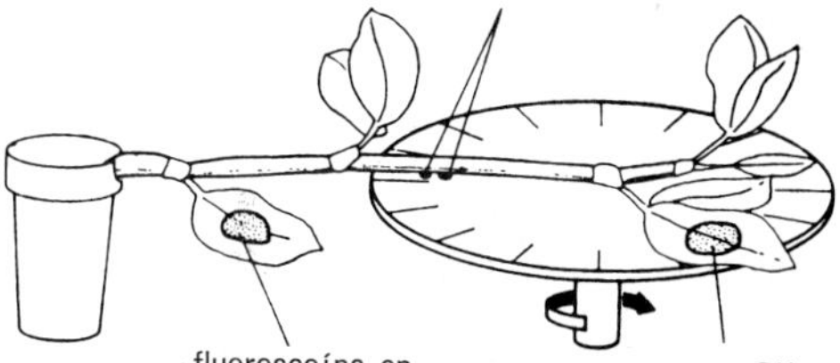

FIG. 247. Transporte bidireccional aparente en un tubo criboso. A una planta de *Vicia faba* que se hizo crecer horizontalmente, se le administró fluoresceína sobre una hoja inferior y urea C^{14} sobre una hoja superior. Entre ambas hojas se pusieron afídidos, cuyas gotas de miel se recogieron en un colector en rotación colocado debajo (compárese con la fig. 242). En las gotas de miel de un afídido pudo demostrarse la existencia de ambas sustancias. Debido a que los afídidos sólo chupan de un tubo criboso, este resultado habla en favor de un transporte bidireccional en el tubo criboso en cuestión (de ESCHRICH 1967).

hoja inferior de la planta se suministró fluoresceína, un pigmento fluorescente sobre una hoja de la parte superior de la planta, urea marcada con C^{14}. Entre ambas se colocaron afídidos. Se estudió la gota de miel afídido por afídido. En la gota de miel de un afídido se pudo demostrar la existencia de ambas sustancias, la fluoresceína y la urea C^{14}. Ya que los afídidos sólo chupan de un solo tubo criboso, este resultado habla aparentemente en favor de un transporte bidireccional y en contra de la hipótesis del flujo de presión.
Sin embargo, ESCHRICH encontró también una posibilidad de explicación, que está de acuerdo con la hipótesis del flujo de presión (fig. 248): en un tubo criboso fluye fluoresceína hacia arriba y en otro urea C^{14} hacia abajo. Los tubos cribosos están en contacto entre sí mediante comunicaciones transversales. A través de estas comunicaciones transversales, ambas sustancias pueden entrar en otros tubos cribosos y allí ser arrastradas por el flujo de masas, en la otra dirección.

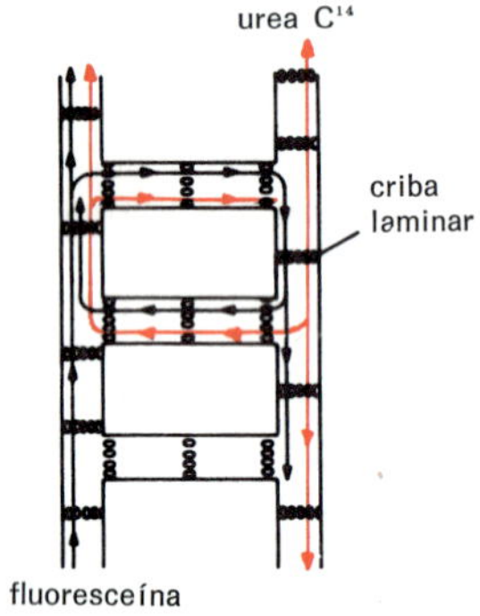

FIG. 248. Explicación del experimento de la fig. 247 sin el supuesto de un transporte bidireccional: a través de comunicaciones transversales, las sustancias llegan a los tubos cribosos vecinos y allí son arrastrados por el flujo de masas en dirección contraria (de ESCHRICH 1967).

ULTRAESTRUCTURA E HIPÓTESIS DEL FLUJO DE PRESIÓN

En los pasados años, se realizaron aún más hallazgos en este campo, que parecieron hablar en favor de un transporte bidireccional. Hasta ahora todos estos datos se discuten vivamente, de modo que por el momento la hipótesis del flujo de presión no se ve amenazada por ellos. Por el contrario, la investigación de la ultraestructura supuso fuertes dudas. Fue demostrado varias veces, por ejemplo por LÜTTGE en 1974, que la ultraestructura de las cribas laminares y del contenido de los tubos cribosos eran realmente demasiado «estupendas» para ser rudimentos sin función o que servían como artefactos de fijación.

FIG. 249. Poros cribosos de *Nymphoides peltata*. Filamentos a modo de cinta (flechas) penetran en los poros. Los poros están rodeados por todas partes de plasmalema (Pl) (de CANNY 1973).

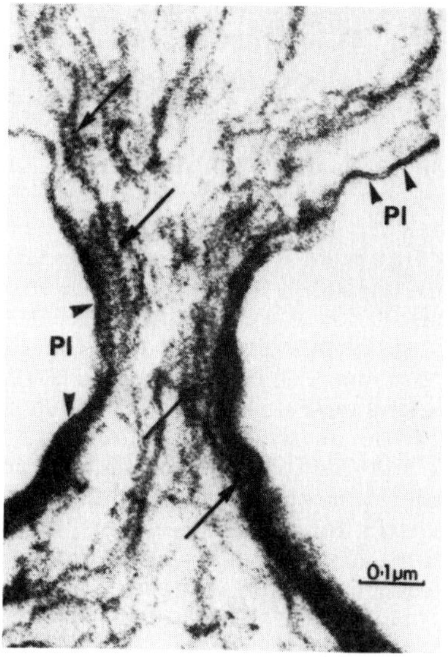

Para aclarar estos conceptos, trataremos aquí con más detalle sólo de la situación en la zona de las cribas laminares. Se trata de paredes transversales entre los tubos cribosos aislados. Están perforadas por poros cribosos. Al margen de los poros, entre la verdadera pared y el plasmalema que rodea el contenido vivo de los tubos cribosos y que también atraviesa los poros, se halla un anillo de calosa. Éste es un polímero de carbohidratos formado por moléculas de glucosa unidas por enlaces 1,3-β-glucosídicos. Al final del período vegetativo, se produce tanta calosa que los poros cribosos resultan taponados. Si los tubos cribosos

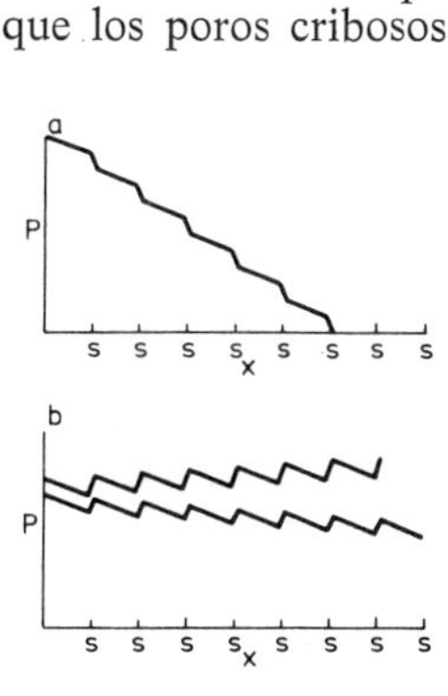

FIG. 250. Modificaciones en la presión (P) durante el transporte a través de un tramo X en el sistema de tubos cribosos. S = criba laminar. La presión desciende de criba laminar a criba laminar, y aún mucho más fuertemente en las mismas cribas laminares, en el caso de no intervenir ningún mecanismo activo (a). A través de mecanismos activos en las cribas laminares, se podría restablecer la presión primitiva (curva inferior en b) o incluso aumentada (curva superior en b) (de CANNY 1973).

deben volver a entrar en actividad en el próximo período vegetativo, el depósito de calosa se vuelve a reducir. Ya por la calosa, se puede comprobar pues que las cribas laminares pueden ser zonas de alta actividad fisiológico-metabólica.

En los tubos cribosos funcionales, el anillo de calosa supone un 10 % del diámetro de los poros cribosos. Pero el restante 90 % no está de ningún modo exento de estructuras. Aparte del plasmalema, proteínas fibrilares, las proteínas P (P = floema) pasan a través de los poros de tubo criboso a tubo criboso. Algunos investigadores son de la opinión de que aparte de las proteínas P, los poros son atravesados también por estructuras tubulares del retículo endoplasmático (fig. 249).

Pensemos cuáles deben ser las consecuencias de un transporte de asimilados. En nuestro esquema de la figura 245, habíamos tomado un sistema de tubos igualmente franqueables a lo largo de toda su longitud. No puede ser así, ya que cada criba laminar supone un impedimento, y después de atravesarla la presión debería realmente disminuir. La consecuencia sería una redacción cada vez mayor de la fuerza impulsora (fig. 250). Lo que maravilla es que se hayan sacado fuerzas de flaqueza y se haya aceptado que en las cribas laminares, la pérdida de presión pudiera ser compensada y quizás incluso sobrecompensada por mecanismos activos dependientes del ATP.

Con algunas suposiciones de este tipo hubiéramos dado la «perfecta» hipótesis del flujo de presión. Sin embargo, ninguna de las hipótesis aquí mencionadas está tan fundamentada como para que tuviéramos que adentrarnos en ella. De todos modos resumamos: la mayoría del gran número de los datos disponibles habla como antes en favor de la corrección de la hipótesis del flujo de presión de Münch. Por ello, de ningún modo ha de desecharse que sobre todo en la zona de las cribas laminares, tienen lugar procesos de transporte activo suplementarios.

Transporte activo

Antes habíamos abordado la posibilidad de mecanismos de transporte activo en las cribas laminares. Con ello surge la pregunta sobre la naturaleza del transporte activo. En sustancias no cargadas eléctricamente, existe un transporte activo cuando se mueven en contra del descenso de concentración y en sustancias cargadas eléctricamente, cuando el movimiento tiene lugar en contra del potencial electroquímico. El transporte activo, que supone por tanto un transporte en contra de un gradiente, representa un gasto de energía. Por lo general, en la célula viva esto significa que es dependiente de ATP. Varias veces, como sucedía antes en las cribas laminares, se trata de un transporte de corta extensión. Visto en conjunto, el transporte en el xilema o en el floema será en comparación un transporte de larga extensión.

Especialmente importante es el transporte activo cuando sirve para atravesar membranas. Acordémonos de la «bomba de K^+» ligada a las membranas y dependiente de ATP, que es activa en la abertura de los estomas (pág. 327). El transporte activo debería jugar un papel decisivo también en la toma de iones de las raíces. Los iones disueltos en el agua del suelo llegan primero a la pared celular. Atravesar la pared celular parece no presentar ninguna dificultad. Según una hipótesis viable, la pared celular embebida de agua es un «apparent free space». En él, los iones pueden moverse sin impedimentos, debido a la difusión. Este movimiento puede tratarse no sólo del recorrido de menor distancia a través de la pared celular en dirección al citoplasma y vacuolas, sino que puede tratarse también del recorrido de distancias relativamente largas en la zona de la pared celular. Sin embargo, en la zona radicular los puntos de Caspary ponen fin a la circulación a través de la pared (fig. 251). Así pues los iones se ven forzados a atravesar el plasmolema y luego el citoplasma. En el vencimiento de la barrera del plasmolema, los mecanismos de transporte activo podrían volver a ser de importancia decisiva.

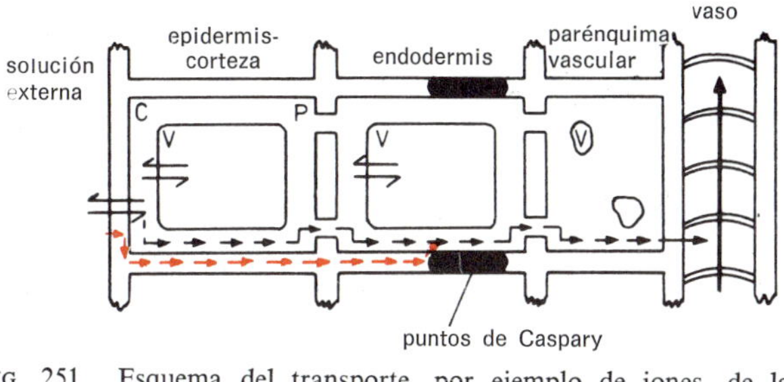

Fig. 251. Esquema del transporte, por ejemplo de iones, de la solución externa al cilindro central de una raíz. Después de traspasar las paredes celulares, puede tener lugar el transporte simplasmático (————). El transporte puede sin embargo llevarse a cabo también apoplasmáticamente (————) hasta los puntos de Caspary. Sólo entonces tiene lugar un traspaso forzoso al sistema simplasmático. C = citoplasma, P = plasmodesmos, V = vacuolas (modificado según Lüttge 1974).

En lo referente al mecanismo del transporte activo a través de membranas, se han desarrollado varios modelos (fig. 252). Se basan en parte en la existencia de transportadores (hipótesis del carrier), que están cargados con la sustancia en cuestión, que luego transportan a través de la membrana.

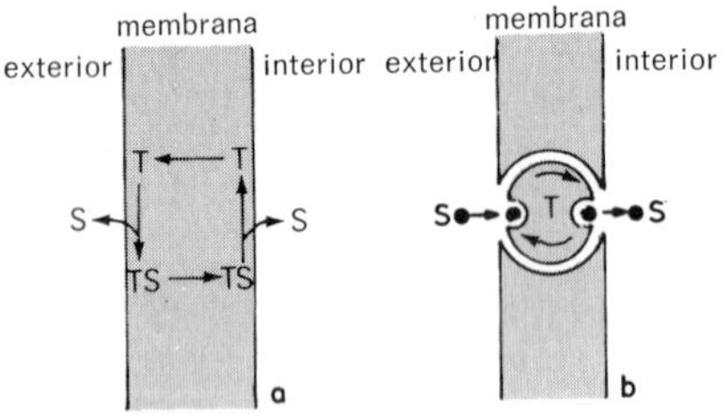

FIG. 252. Modelos del transporte activo a = un transportador localizado en la membrana se carga con la sustancia a transportar S y la conduce de la parte externa a la parte interna de la membrana. b = en la membrana se halla un sistema rotatorio T que toma la sustancia S y al girar la lleva a la parte interna (de LÜTTGE 1968).

TRANSPORTE APOPLASMÁTICO Y SIMPLASMÁTICO

Como antes habíamos expuesto, los iones de la zona de la pared celular pueden circular desde la solución externa hasta los puntos de Caspary de la endodermis. En este caso se puede hablar ciertamente de un transporte de extensión media. Sin embargo, más importante que la distancia recorrida, es que esta ruta de transporte exista fuera del plasmalema. Desde MÜNCH (1930), este tipo de transporte existente fuera de los límites del plasmalema, se denomina apoplasmático. Sistemas de transporte apoplasmáticos son pues por ejemplo las paredes celulares. En ellas puede tener lugar no sólo un transporte de corta extensión —directamente a través de la pared celular en dirección al plasmalema— sino también, como antes habíamos mencionado, un transporte de extensión media. Al sistema apoplasmático pertenecen también las tráqueas y traqueidas exentas de plasmalema en el estadio diferenciado, en las cuales puede darse un transporte de larga extensión.

La ruta de transporte existente dentro de los límites del plasmalema, se denomina simplasmática. A ella pertenecen todas las células comunicadas entre sí por plasmodesmos, en las cuales puede tener lugar un transporte de corta y media extensión. Sin embargo, pertenecen también a esta ruta los elementos cribosos, como órganos de un transporte de larga extensión que como sistemas vivos, están limitados exteriormente por un plasmalema (figura 249). Al contrario que el espacio apoplasmático, el simplasmático ofrece la posibilidad de un transporte activo y unido a éste, un control de las sustancias a transportar. Antes habíamos mencionado los puntos de Caspary de la endodermis. También aquí, los iones que habían circulado apoplasmáticamente a través de las paredes celulares, son forzados a penetrar en el espacio simplasmático. Con ello surge la posibilidad de un control de este tipo.

FLORACIÓN

1. Definiciones

Una primera fase esencial en la vida de la planta era el desarrollo del embrión, en el cual se formaban todos los órganos esenciales de la planta vegetativa. Una segunda fase decisiva era la germinación, el paso, asegurado por muchos mecanismos de control, del embrión que necesita las sustancias de reserva de la planta madre, a la joven planta independiente y fotosintéticamente activa.

El desarrollo vegetativo posterior trae consigo pocos nuevos aspectos decisivos. Esencialmente, se desarrolla lo que en estructura existía ya en el embrión. Habíamos estudiado un sistema que durante el crecimiento vegetativo se había diferenciado muy fuertemente, más exactamente, un sistema conductor. Otro paso que vuelve a ser de decisiva importancia, como la germinación, y que por ello está sometido a los más diversos controles, lo representa la floración.

La floración significa el paso de la fase vegetativa del desarrollo a la fase reproductiva. El meristemo caulinar está destinado ahora a la formación de sépalos, pétalos, estambres y carpelos en lugar de hojas. Este tránsito puede tener lugar a una determinada edad de la planta en cuestión, que viene fijada genéticamente dentro de unos determinados límites: la planta debe de haber alcanzado el estadio de *madurez de floración.* Este momento varía mucho de especie a especie. Si la planta está madura para la floración, entonces puede alcanzarse ésta. En ello han de distinguirse dos etapas, la inducción de la floración y la diferenciación de flores e inflorescencias.

En la *inducción de la floración,* englobamos todos los procesos que conducen a que las células de los meristemos caulinares dejen la dirección de diferenciación que hasta ahora tenían y que ahora formen los órganos foliares de la flor en vez de hojas. Una vez se ha iniciado este proceso oscilante en el meristemo, o sea que están situadas las ijadas, los *procesos de diferenciación* se encargan de las *flores* y las *inflorescencias* (fig. 253).

Para los fisiólogos y prácticos, la inducción de la floración es

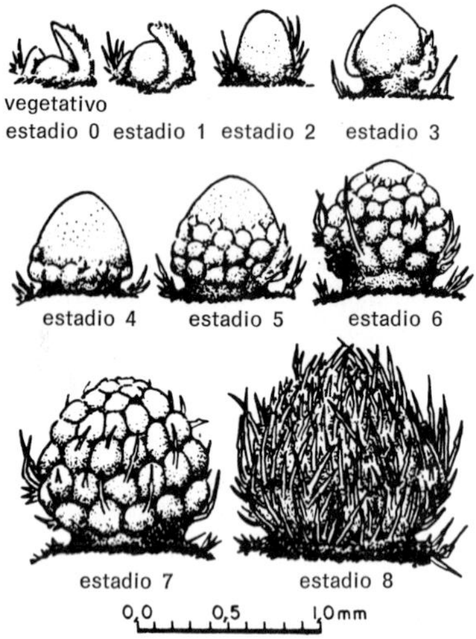

FIG. 253. El meristemo apical de *Xanthium strumarium* en estado vegetativo y en 8 estadios distintos de diferenciación de la flor (modificado según SALISBURY 1963).

de especial interés, pues la diferenciación sigue a la inducción de la floración casi automáticamente. Una represión de la inducción de la floración significa pues una represión de la floración. Por eso nos ocuparemos predominantemente de la inducción de la floración.

Veamos ahora algunos *termini technici* más. Durante la inducción de la floración, las plantas han de estar expuestas de igual modo a determinadas condiciones externas a lo largo de un determinado período de tiempo. El período de tiempo en cuestión se denomina *período de inducción* y las condiciones externas activas, *condiciones inductivas*. Las condiciones externas inductivas naturales pueden sustituirse en muchos casos mediante un tratamiento con determinadas sustancias químicas. Las condiciones externas bajo las cuales las plantas permanecen vegetativas, se denominan *no inductivas*.

A continuación vamos a tratar con más detalle las dos condiciones externas inductivas más importantes; determinadas condiciones de temperatura y luz. Para ello, primero acumularemos hechos y luego intentaremos reunir todos los datos en un esquema global aún forzosamente hipotético.

2. Temperatura e inducción de la floración: vernalización

Se conoce desde hace tiempo que nuestros cereales de invierno pueden llegar a la floración y a la formación de frutos, sólo des-

pués de la acción de los fríos invernales. En 1918 GASSNER expuso que los fríos pueden actuar ya durante la germinación y habló de una necesidad de frío, que puede suplirse por tratamientos experimentales con éste. En los años y décadas siguientes se realizaron tratamientos experimentales con frío en muchas especies con el fin de conseguir la inducción de la floración.
Ya hemos hablado repetidamente de la acción de las bajas temperaturas sobre el desarrollo de las plantas, así hemos tratado de ello en la germinación (pág. 305), en la supresión del letargo del epicotilo (pág. 306) y en el letargo de las yemas y también su interrupción (pág. 245). Todos estos fenómenos incluidas la acción del frío sobre la inducción de la floración se resumen accidentalmente bajo el concepto de «vernalización». Queremos entender por *vernalización,* sólo aquellos procesos provocados por un tratamiento con frío, que activan más o menos directamente la inducción de la floración. Por lo general las temperaturas activas se hallan entre unos pocos grados sobre cero y 15 °C.
Aparte de nuestros cereales de invierno, muchas anuales invernales y bienales (plantas de 2 años) dependen de una vernalización (pág. 352). Las bienales en el primer año forman un rosetón de hojas pegadas al suelo y así pasan el invierno. En el segundo año, bajo duraciones del día apropiadas, se llega a la formación del sistema caulinar y a la floración.
Recopilemos ahora hechos tomados de algunas plantas estudiadas con detalle.

a. Centeno petkuser

En las pasadas décadas, GREGORY y PURVIS se ocuparon especialmente del centeno petkuser. De él se conocen variedades estivales e invernales. Como puede comprobarse, las diferencias en relación con las necesidades de frío, están controladas genéticamente. En nuestras latitudes, el centeno de verano florece sin clara dependencia de los factores externos. El centeno de invierno necesita antes de poder florecer primero una acción del frío, que en la naturaleza se da en invierno después de la siembra, y luego días largos, que le son ofrecidos en el siguiente verano. Volveremos aún a tratar de las relaciones entre la duración del día y la floración (pág. 305).
Ya habíamos mencionado que se pueden vernalizar los brotes germinales. Pero incluso aún *estadios del desarrollo* más tempranos gustan del frío: se puede ya iniciar la vernalización en la planta madre cinco días después de la fecundación, por enfriamiento con hielo. En este momento el embrión consta de pocas

células. Este hallazgo es importante por la siguiente razón: hasta que finalmente la planta alcance la floración, el número de células se multiplicará considerablemente. A pesar de esto, no se encuentra «debilitamiento» de ningún género en el impulso de floración, una vez éste se ha producido. No puede menos que pensarse en la intervención de un sistema que, como los ácidos nucleicos, se pueda reduplicar idénticamente —un punto con el que podemos encontrarnos varias veces en la floración.

Otra cuestión era sobre el *lugar* de acción del frío. Sobre ello aportaron información cultivos sobre medios alimenticios artificiales. Se puede vernalizar embriones aislados sobre medios alimenticios y aún más: la vernalización tiene éxito también en ápices de tallo aislados. De los ápices caulinares tratados con frío, se pueden regenerar plantas capaces de florecer. En el centeno petkuser, el meristemo es pues el lugar receptor de las bajas temperaturas. Éste no es sin duda el caso de todas las plantas, como ya veremos.

Cuanto más tiempo se vernalice el centeno, más pronto se llegará a la floración. Después de una *duración de vernalización* de alrededor de 20 días, una posterior prolongación de la vernalización no trae consigo ninguna reducción más del tiempo hasta la floración (fig. 254). En la vernalización tienen lugar pues evidentes procesos, que transcurren paso a paso y que finalmente conducen a un determinado producto final. Cuanto más de este producto final exista, más rápidamente llega la planta a la floración, después del final de la vernalización.

Si después de una vernalización, se hace un tratamiento con

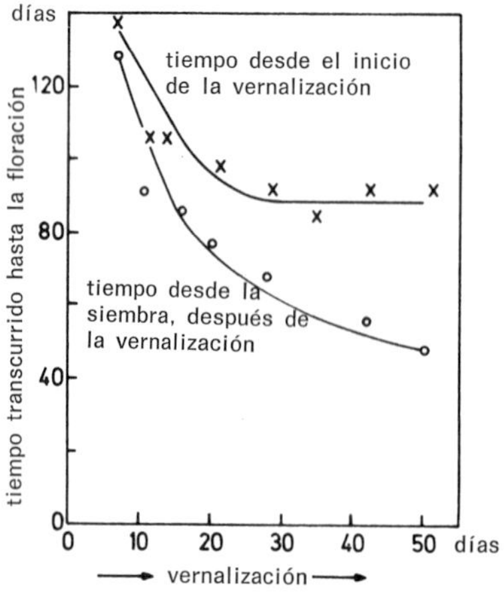

FIG. 254. Vernalización del centeno petkuser (de PURVIS y GREGORY 1937).

altas temperaturas (en el centeno petkuser de unos 40 °C, durante un máximo de dos días), se puede anular ampliamente el efecto de la vernalización. En este caso se habla de *desvernalización.* Ésta es más fuerte cuanto más corto sea el período de vernalización anterior. Esto argumenta en favor de un tipo de reacción escalonada hacia un producto final. Si la duración de la vernalización había sido suficientemente larga y había acumulado por tanto también suficiente producto final, se llega entonces a una rápida floración. Ha de mencionarse que las altas temperaturas no dañan al centeno. Las plantas desvernalizadas pueden volver a vernalizarse acto seguido.

b. Beleño

MELCHERS escogió el beleño como objeto de sus experimentos. *Hyoscyamus niger* se conoce como un componente de los ungüentos de las brujas de la Edad Media, que pueden causar alucinaciones de distintos tipos. A pesar de este pasado sospechoso, la especie demostró ser extremadamente útil en experimentos de vernalización y también de fotoperiodismo.

Se conoce una raza anual y otra bienal de *Hyoscyamus niger.* La raza anual, en el primer año forma sólo un rosetón de hojas pegadas al suelo, con el que pasa el invierno. Después de la vernalización, a través de la acción de los fríos invernales, al segundo año florece, en caso de que se den días largos (fig. 255). El día largo impera en verano en nuestras latitudes. La diferencia entre la raza anual y la raza bienal está también condicionada genéticamente.

Citemos sólo algunos hechos de los muchos aportados por MELCHERS y luego por LANG, que nos hagan continuar con el proceso dado. Un primer resultado importante fue que las razas bienales necesitan primero las bajas temperaturas y sólo después el régimen de día largo. Las mismas condiciones externas en sucesión inversa no actúan inductivamente. En *Hyoscyamus,* en ésta y sólo en esta sucesión, están acoplados uno detrás de otro los procesos que dependen de las bajas temperaturas y procesos que dependen de la duración del día.

Otros importantes hallazgos fueron realizados en *experimentos con injertos,* como los que fueron emprendidos en los años treinta por MELCHERS en *Hyoscyamus,* según experimentos anteriores de VÖCHTING en zanahorias. La raza bienal de *Hyoscyamus* se puede hacer florecer a través de un injerto florido de la raza anual, también bajo condiciones externas no inductivas (figura 256). Estos resultados llevaron a la hipótesis de que existía una *hormona de la floración* o *florígeno,* que circula del donan-

FIG. 255. Razas bienales del beleño *(Hyoscyamus niger)* y su floración bajo determinadas condiciones de temperatura y luz (de RUGE 1966).

te florido al receptor vegetativo llevándolo a la floración. Esta suposición se hace tanto más segura en cuanto que en ningún caso es necesario el crecimiento de los tejidos de ambas partes. A veces un estrecho contacto de tejidos permite ya la circulación del florígeno del donante al receptor. También el agar puede ser atravesado por el florígeno.

Pero los experimentos con injerto no sólo tuvieron éxito dentro de una especie, sino también con combinación de diferentes especies. Así se puede provocar la floración de *Hyoscyamus* bienal también por injerto de una rama florida de tabaco *(Nicotiana tabacum),* bajo condiciones no inductivas. El florígeno no es pues específico. Sin duda existen también resultados que indican diferencias entre las hormonas de floración de algunas especies. Más adelante hablaremos sobre los experimentos para el aislamiento de la hormona de la floración (pág. 358).

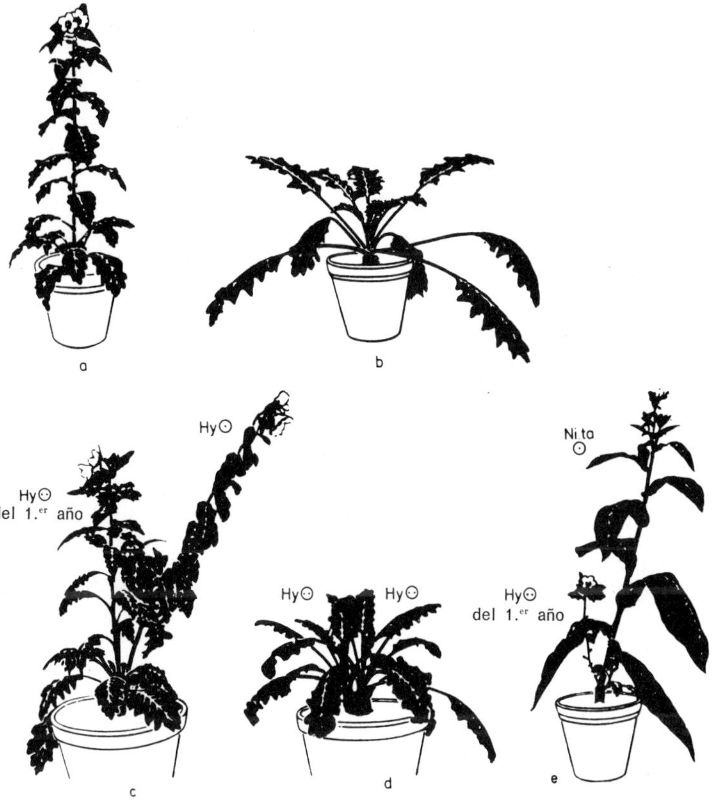

FIG. 256. Experimentos con injertos en *Hyoscyamus*. a = anual, b = bienal en el primer año, c = anual (a la derecha) sobre bienal en el primer año, d = control de bienal sobre bienal, en el primer año, e = *Nicotiana tabacum* sobre bienal en el primer año (de KÜHN 1965).

Antes nos habíamos acordado ya de las acciones del frío, en la interrupción del letargo de las semillas, letargo del epicotilo y letargo de las yemas. En todos estos casos, por lo menos en una serie de plantas estudiadas, la acción del frío se puede sustituir por tratamiento con gibberelinas. Con ello se plantea la cuestión de si en la vernalización se pueden utilizar gibberelinas en vez del frío. Este es el caso: desde 1956 LANG llevó a la floración a diferentes especies que necesitan la vernalización, como por ejemplo zanahorias (*Daucus carota,* fig. 257), también sin

FIG. 257. Sustitución del tratamiento por medio del frío, por ácido gibberélico en la zanahoria *(Daucus carota)*. A la izquierda planta no vernalizada en medio tratada con ácido gibberélico, a la derecha planta vernalizada (modificado según LANG 1957).

utilizar bajas temperaturas, a través de tratamiento con ácido gibberélico. Siguieron varios estudios análogos. Actualmente somos ya escépticos y sospechamos que el ácido gibberélico pudiera no ser una clave, sino una solución de emergencia que casualmente actuara también en la vernalización. A ello se le puede

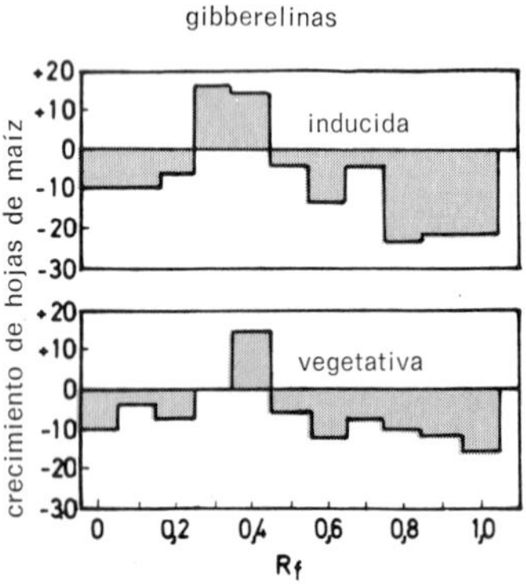

FIG. 258. Contenido en gibberelinas de plantas de razas bienales de *Hyoscyamus* inducidas y no inducidas por el frío. Las plantas tratadas con frío llevan un poco más de gibberelinas. Autobiograma como en la figura 184 (modificado según LEOPOLD 1964).

objetar que en plantas vernalizadas, en comparación con las no vernalizadas, pueden demostrarse modificaciones en el contenido en gibberelinas endógenas. Este es el caso también en *Hyoscyamus* (fig. 258). Las gibberelinas muy probablemente participan pues en la vernalización bajo condiciones naturales.

c. Streptocarpus wendlandii

Con el centeno petkuser y el beleño hemos tratado, por así decirlo, con objetos clásicos, que podrían ser representantes de otras muchas especies. Pongamos aún otra especie en juego, que nos ha de hacer recordar que la naturaleza puede ser inagotable en la realización de variantes. Aparte de esto, con ello podremos continuar nuestra recopilación de hechos.
Streptocarpus wendlandii es una especie de la familia de las *gesneriáceas,* nativas de las montañas del este hasta el sur del África. Según su hábito vegetativo, es una secesionista: de las dos hojas de germinación primitivas, pronto muere una; por el contrario la otra se desarrolla llegando aproximadamente a un metro de longitud, siendo el único órgano foliar de la planta vegetativa. El crecimiento de esta hoja es debido a un meristemo localizado en el límite entre el limbo foliar y el hipocotilo.
Streptocarpus florece cuando la planta se expone alrededor de 8 semanas a bajas temperaturas (+10°C) y días de corta duración. Después de esta inducción suceden dos cosas diferentes:

1. La hoja empieza a crecer intensamente. Durante las 8 semanas de inducción, el crecimiento fue inhibido completamente.
2. Del mismo complejo meristemático encargado del crecimiento vegetativo, se desarrolla una inflorescencia, a la que pueden seguir otras que se disponen en serie.

En el centeno petkuser e igualmente en otras especies como *Hyoscyamus,* el estímulo del frío es recibido por los ápices caulinares. Por el contrario en *Streptocarpus* lo es por la hoja. Esto lo pudo comprobar OEHLKERS en 1955, mediante elegantes experimentos. La hoja de *Streptocarpus* puede cortarse en esquejes que forman raíces y crecen formando nuevas plantas. Los esquejes de plantas vegetativas, en su base sólo forman hojas, y sin inducción, nunca inflorescencias. Los esquejes de hojas inducidas se dividen en más de un grupo: parte de ellos forman sólo hojas, parte primero hojas y luego inflorescencias, parte inmediatamente inflorescencias (fig. 259). Este último grupo, por consiguiente deberían mostrar el más alto contenido en florígeno. Pues bien, se partieron a trozos las hojas después de diferentes duraciones de inducción a la floración. Los esquejes que en seguida formaban flores, eran los de la mitad de la hoja. Aumentando la duración de la inducción, la zona en que se formaban en seguida flores, se desplazaba más y más hacia la base de la hoja. Con ello se demostraron dos cosas: que el florígeno, bajo la acción de las condiciones inductivas, se forma no en el meristemo, sino en la hoja y que el florígeno circula desde la mitad de la hoja

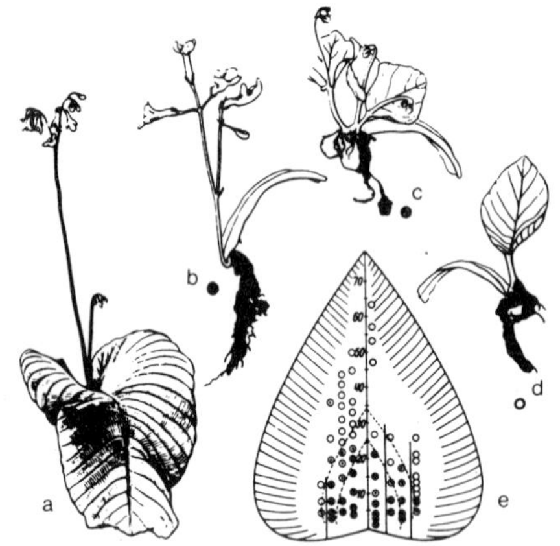

FIG. 259. Experimentos con esquejes en *Streptocarpus wendlandii.* a = planta florida. b = esqueje que enseguida forma inflorescencias. c = esqueje que primero forma hojas y luego inflorescencias. d = que sólo forma hojas. e = reparto de los esquejes. b, c y d sobre el limbo foliar (de KÜHN 1965).

hasta la base, en la cual normalmente se desarrollan luego las inflorescencias.

En otra planta que necesita vernalización, la lunaria perenne *(Lunaria rediviva),* WELLENSIEK pudo mostrar que el estímulo del frío es igualmente recibido por la hoja. Con ello resultan indicaciones de que la percepción del estímulo del frío podría estar relacionado con la existencia de células capaces de dividirse. De ello se deduce la existencia de una línea paralela a través del meristemo caulinar, para la percepción del estímulo del frío, pues también allí existen células con capacidad divisoria.

Volvamos ahora a *Streptocarpus.* El 2-tiouracilo, un análogo estructural del uracilo (pág. 22), en *Streptocarpus* se ha comprobado que se forma en el RNA. Si se trata la planta con 2-tiouracilo durante la inducción de la floración, ésta se ve bloqueada completamente o por lo menos fuertemente retardada, mientras que el crecimiento de la hoja no resulta influenciado. La floración se *inhibe* pues *selectivamente* (fig. 260, compárese con la pág. 23).

El experimento se puede interpretar como sigue: bajo las condiciones inductivas, se activan genes que participan en la inducción de la floración. Éstas sintetizan mRNA. Este mRNA se adultera con 2-tiouracilo y con ello el efecto de la inducción de la floración queda anulado. Otros genes corresponden al crecimiento de la hoja. La actividad de estos genes se interrumpe temporalmente durante la inducción de la floración: la hoja no crece y no se la puede inducir al crecimiento por adición de fitohormonas. Los genes para el crecimiento de la hoja durante la inducción de la floración, no forman pues mRNA. Por tratamiento

con tiouracilo, no puede aparecer tampoco ninguna adulteración del mRNA para el crecimiento de la hoja.
Después del término de la inducción, los genes para el crecimiento de la hoja vuelven a ser activos. Si ahora se le administra tiouracilo se interrumpe tanto el crecimiento de la hoja como también la diferenciación de las inflorescencias. Pero la inducción ya no se puede anular a través de un tratamiento suplementario de este tipo: todas las plantas florecen tarde o temprano —la anulación ocurriría sólo si la dosis de tiouracilo fuese tan alta que toda la planta muriese.

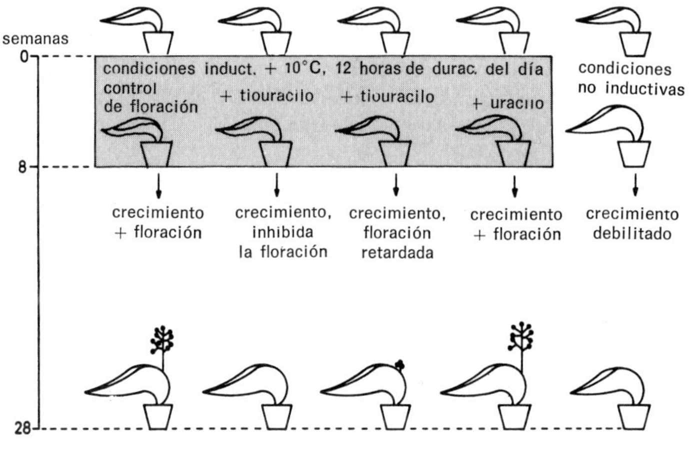

FIG. 260. Inhibición selectiva de la floración en *Streptocarpus wendlandii,* por 2-tiouracilo. Resultados análogos se obtiene también mediante tratamientos con etionina, un análogo estructural de la metionina (modificado según HESS 1968).

Estos y otros resultados confirmadores no dejan ninguna duda de que en *Streptocarpus,* durante el período de inducción, están activos los genes para la inducción de la floración. Exceptuando esto, tenemos aquí delante nuestro también un ejemplo para la demostración de una actividad génica diferencial: antes de la inducción, los genes para el crecimiento de la hoja, están activos, durante la inducción están activos los genes para la inducción de la floración y los del crecimiento de la hoja son reprimidos temporalmente. Después de la inducción, los genes para el crecimiento de la hoja vuelven a estar activos así como además aquellos para la diferenciación de la inflorescencia.

Desde estos primeros experimentos llevados a cabo el año 1959, se realizaron otros similares con antimetabolitos de la transcripción y traducción en muchas otras especies dependientes de la temperatura y duración del día, con similares resultados. Con esto se demuestra cumplidamente la participación del material génico en los procesos de la inducción de la floración.

d. Hipótesis de la vernalización

Intentemos recopilar los datos obtenidos hasta ahora para dar una hipótesis sobre los procesos de la vernalización (fig. 261). Análogas hipótesis, que se asemejan en puntos fundamentales, fueron propuestas tanto por Gregory y Purvis como por Melchers y Lang.

Primero se da un fondo génico. Dejémoslo con esta expresión un poco difusa, pues no sabemos en qué proceso en particular intervienen estos genes. Ante este fondo génico se desarrolla lo siguiente: una sustancia A, a bajas temperaturas, se transforma a través de uno o más pasos, en una sustancia B. B es inestable. A altas temperaturas, puede pasar otra vez a A o bien a un producto secundario D. Con ello se justificaría la posibilidad de una desvernalización. Si se mantienen las bajas temperaturas, B es transformado a través de uno o más pasos en una sustancia C. C es el producto final estable de la vernalización, por esta razón puede llamarse vernalina. Sólo hemos convenido en el hecho de que durante la vernalización, un producto final se acumula más y más a través de varios pasos de la reacción. En lo referente a la estructura química de C, se discute que podría tratarse de una gibberelina. El argumento principal en favor de esto, es que las gibberelinas pueden sustituir la acción por el frío.

Pero de la formación de vernalina no hay aún nada estudiado. Todavía ha de sumarse la duración del día apropiada, que en la mayoría de las plantas que necesitan vernalización, como el centeno de invierno y el beleño, es de día largo, y por ejemplo en

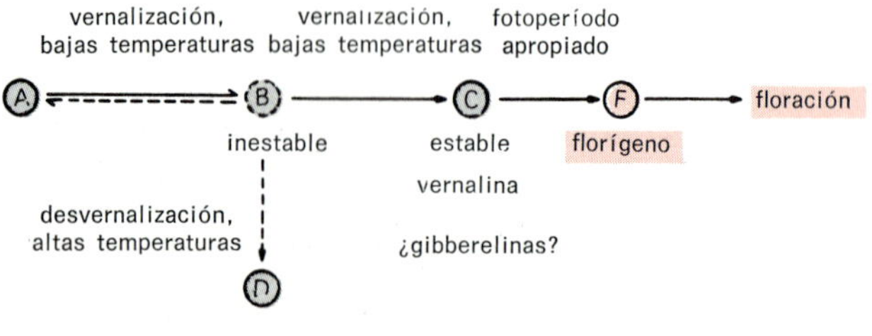

Fig. 261. Esquema de la vernalización y desvernalización.

Streptocarpus de día corto. Con los fotoperíodos apropiados (página 353), la vernalina es transformada luego en una sustancia F, la verdadera hormona de la floración o florígeno. Una alternativa sería que no se transformara la misma vernalina en florígeno, sino que la síntesis del florígeno fuese controlada por otros precursores.

El florígeno induce luego células meristemáticas, generalmente aquellas del meristemo caulinar que siguen una nueva dirección del desarrollo reproductivo. Con ello finaliza la inducción de la floración y los procesos de diferenciación de la flor se interrumpen.

Hemos tratado repetida y precisamente otra vez sobre el estrecho alcance de la vernalización y hemos hablado sobre la dependencia de la floración de la duración del día. Una dependencia de este tipo no la muestran sólo especies que necesitan la vernalización, sino también otras muchas especies.

3. Duración del día e inducción de la floración: fotoperiodismo

En el año 1920, Garner y Allard en los alrededores de Washington/USA, se preocuparon de hacer florecer una variedad del tabaco con hojas especialmente grandes. Esta variedad llevó el nombre de «Maryland Mammut». En Washington floreció por primera vez tan tarde durante el año, que en el campo la formación de semillas hubiera ocurrido en invierno. Para conservar las semillas y con ello la variedad, *Nicotiana tabacum* «Maryland Mammut» tuvo que ser puesta en un invernadero. Garner y Allard después de muchos experimentos infructuosos, resolvieron el acertijo: Maryland Mammut florecía sólo si la planta había sido mantenida un determinado tiempo en régimen de día corto y largas noches. Con ello el fenómeno del fotoperiodismo se agudizó para los científicos. Si en la inducción de la floración, colocamos el fotoperiodismo en un primer plano, no deberíamos olvidar sin embargo que, aparte de él, existe aún una serie de fenómenos distintos del fotoperiodismo.

a. Plantas de día largo y de día corto, plantas neutras

Una vez estuvieron alerta, los científicos pudieron confeccionar pronto largas listas de plantas, que tienen distintas exigencias en la duración del día y de la noche. Exceptuando casos particulares, se puede distinguir entre plantas de día largo, plantas neutras y plantas de día corto. No sólo para las plantas de día largo, sino también para las plantas de día corto, existe una duración del día crítica, que fijada específicamente, está por lo general entre 10 y 14 horas. Las plantas de día largo antes de florecer requieren una duración de iluminación que sobrepasa la duración crítica del día (más de 10 y 14 horas), las plantas neutras no demuestran ninguna dependencia claramente reconocible de la duración del día y las plantas de día corto necesitan una duración del día más corta que la crítica (la mayoría de las veces, menos de 10 a 14 horas). Parientes cercanos pueden pertenecer a grupos completamente diferentes. Así *Nicotiana tabacum* «Maryland Mammut» es una planta de día corto y *N. sylvestris* es una planta de día largo.

A la duración crítica del día, como veremos ahora, le corresponde igualmente una duración crítica de la noche. Por esta razón, se propuso rebautizar las plantas de día corto como plantas de noche larga y las plantas de día largo como plantas de noche corta. En la tabla 8 se dan algunos ejemplos para cada grupo en particular.

TABLA 8. Algunas plantas de día corto y plantas de día largo (PDC y PDL); plantas importantes experimentalmente, en cursiva.

PDC	PDL
Cannabis sativa	Allium cepa
Chrysanthemum indicum	Avena sativa
Dahlia variabilis	Beta vulgaris
Helianthus tuberosus	Daucus carota
Kalanchoe blossfeldiana	*Hyoscyamus niger*
Nicotiana tabacum	Nicotiana sylvestris
Perilla ocymoides	Lactuca sativa
Soja hispida	Papaver somniferum
Xanthium strumarium	Vicia faba

b. Análisis del fotoperiodismo en la inducción de la floración

LA HOJA COMO LUGAR DE CAPTACIÓN DE LUZ

Después de conocer el fenómeno, trataremos sobre algunos datos del análisis causal. Primero se vio que la hoja era el órgano que recibía el estímulo luminoso. Si, por ejemplo, sobre una planta de *Nicotiana tabacum* «Maryland Mammut» mantenida en régimen de día largo, se injertaba una sola hoja de *N. sylvestris, N.*

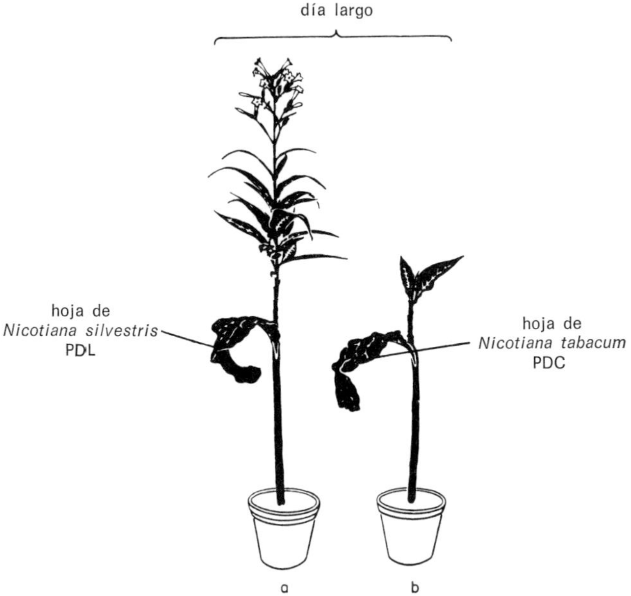

FIG. 262. Inducción a la floración en *Nicotiana tabacum* «Maryland Mammut», una planta de día corto, en día largo, a través de un injerto de hoja de la planta de día largo *N. sylvestris* (a). Control: hoja de *N. tabacum* M. M. sobre *N. tabacum* M. M. (b) (de KÜHN 1965).

tabacum florecía (fig. 262). Veamos otro experimento que realizó HARDER en *Kalanchoe blossfeldiana,* una conocida *crasulácea* de Madagascar de flor roja (fig. 263): *Kalanchoe* es una planta de día corto que florece sólo cuando ha recibido un tiempo no mayor de 10-12 horas de luz por día. Basta pues con mantener una sola hoja bajo esta duración inductiva del día, quizás por oscurecimiento mediante un pequeño saco. Entonces florece la zona caulinar por encima de esta hoja.

EXPERIMENTOS PARA LA VERIFICACIÓN DE UNA HORMONA DE LA FLORACIÓN

El estímulo luminoso se recibe en la hoja, pero el proceso oscilante tiene lugar en el meristemo caulinar. Este descubrimiento habla en favor de la existencia de una hormona de la floración también en las plantas dependientes del régimen de día largo, que circula desde las hojas hasta el meristemo apical. Otro experimento en el mismo sentido nos muestra (fig. 264): en *Pharbitis nil,* una *convolvulácea,* pueden inducirse ya los cotiledones. *Pharbitis* es una planta de día corto. ZEEVAART mantuvo durante diferentes tiempos, plantas en una oscuridad inductiva y separó los cotiledones por inversión bajo la luz. Si se separaban los cotiledones después de 14 horas de oscuridad, ninguna planta florecía. 14 horas de oscuridad, o sea un solo ciclo inductivo, normalmente ya son suficientes para la inducción de la floración, ya que después de esta duración de inducción, controles en los cuales se habían dejado los dos cotiledones florecían completamente.

FIG. 263. Recepción del estímulo luminoso por la hoja. El sistema axial empieza a florecer a través de una sola hoja de *Kalanchoe blossfeldiana* mantenida en régimen de día corto. (modificado según KÜHN 1965).

Si ahora pues se separan los cotiledones después de 18 horas de oscuridad, las plantas florecen. Una posterior ampliación del período de oscuridad, no puede aumentar ya más el efecto de floración. El que sólo se formen 5 flores por planta, en vez de 7 como en los controles, se basa en un perjuicio producido por la separación de los dos únicos órganos foliares completamente desarrollados durante el tiempo de inducción, los cotiledones. El resultado del experimento no puede explicarse de otro modo que por la circulación de una hormona de la floración desde los cotiledones al meristemo caulinar. Después de 14 horas de oscuridad, la hormona de la floración se ha formado en los cotiledo-

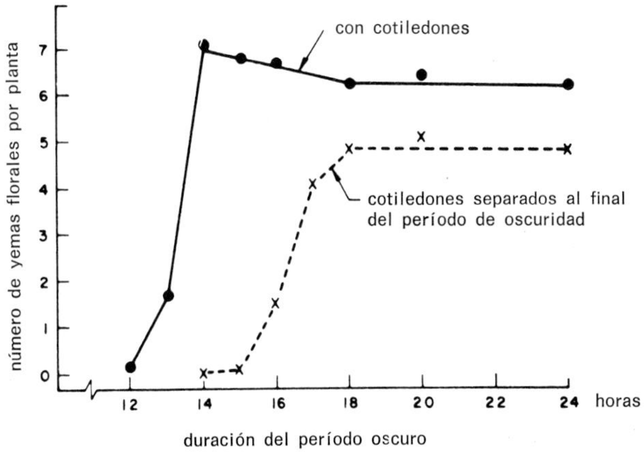

FIG. 264. Demostración de la circulación de la hormona de la floración desde la hoja al meristemo apical en *Pharbitis nil*. El test sobre la circulación consistía en la separación de los cotiledones después de diferentes períodos de tiempo tras el inicio del tiempo inductivo de oscuridad. *Pharbitis* es una planta de día corto, en la cual los cotiledones son ya inducibles (modificado según ZEEVAART de BEERMANN et al. 1966).

nes, pero aún no ha salido de ellos. Después de 18 horas, por el contrario, ha circulado suficiente florígeno desde los cotiledones, para garantizar un completo efecto de floración.

Finalmente, también en este caso los experimentos con injertos vuelven a hablar en favor de la existencia de una hormona de la floración. Como demostró TSCHAILACHJAN, entre otros, se puede inducir la floración en plantas dependientes de la duración del día también en fotoperíodos no inductivos, si se combinan con un injerto de otra planta en floración. Ya habíamos mencionado un injerto de este tipo entre el tabaco y el beleño (pág. 346). El ejemplo nos muestra también que los injertos de este tipo son posibles no sólo dentro de una misma especie, sino también de especie a especie. La hormona de la floración no es pues específica —esto se vio también en análogos injertos en plantas que necesitan la vernalización. Aparte de esto, la floración en plantas de día largo puede inducirse a través de plantas de día corto y viceversa. La hormona de la floración debería ser pues idéntica en las plantas de día largo que en las de día corto. Su circulación tiene lugar en el floema. Se puede injertar una planta inducida sobre una no inducida y hacer florecer a ésta. Luego se puede injertar la planta inducida a través del injerto, sobre una segunda planta no inducida y provocar la floración en ésta. Este

juego puede repetirse. Es importante que todas las plantas en esta serie llegan a florecer con total intensidad. No tiene lugar pues un debilitamiento del florígeno. Esto vuelve a hablar en favor de una intervención de procesos de la reduplicación idéntica en la inducción de la floración, sin que ciertamente pueda hasta ahora decirse algo más exacto sobre este problema.
Después de estas demostraciones, aparentemente convincentes sobre la existencia de una hormona de la floración, surge la pregunta de si esta sustancia está ya aislada y caracterizada. Aquí hay que dar la casi avergonzante respuesta de que, a pesar de todas las preocupaciones, las plantas han dado un chasco hasta a los más versados bioquímicos de todo el mundo: hasta ahora no ha tenido éxito, sin una segura comprobación, la extracción de la hormona de la floración y con ello el hacer florecer a las plantas bajo condiciones no inductivas. Sólo del cadillo *(Xanthium strumarium),* se han publicado algunas veces, la última en 1969, resultados aparentemente positivos. Quizá con ello se abra un camino.

ACCIÓN DE LA LUZ DE INTERRUPCIÓN: IMPORTANCIA DEL PERÍODO DE OSCURIDAD

Si a plantas de día corto se les administra luz de interrupción en forma de un relámpago de luz o de un período corto de luz, en el transcurso de un período de oscuridad, cuya duración sea suficiente para una inducción de la floración, las plantas permanecen en estado vegetativo (fig. 265). Si por el contrario se les administra luz de interrupción a plantas de día largo, durante un período de oscuridad demasiado largo para poder inducir la floración, las plantas florecen como si hubieran estado en régimen de día largo.
Estos experimentos con luz de interrupción nos demuestran que en plantas dependientes de la duración del día, también en el período de oscuridad, transcurren procesos decisivos. Como ya habíamos citado, se dieron por esta razón las denominaciones

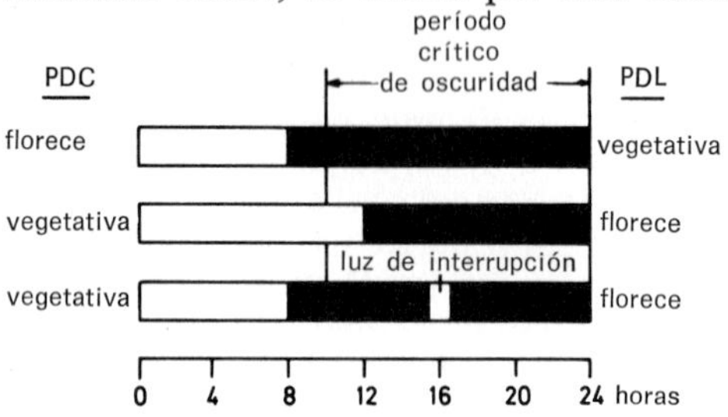

FIG. 265. Acción de la luz de interrupción en el período de oscuridad, sobre la floración de plantas de día largo (PDL) y plantas de día corto (PDC).

de plantas de noche larga y plantas de noche corta, correspondientes a las de plantas de día corto y plantas de día largo. Aparte de esto, mencionemos por último que en estos experimentos con luz de interrupción, como en otros muchos casos lo que acometen los teóricos, se hace pagar con dinero contante y sonante: si por ejemplo se quiere hacer florecer plantas de día largo en invierno, no hay que iluminarlas continuamente. En vez de esto, puede administrárseles un período corto de luz de interrupción durante un período de oscuridad y con ello economizar corriente.

INTERVENCIÓN DEL SISTEMA FITOCROMO

Ya habíamos visto que en plantas de día corto, se puede impedir la inducción de la floración, a través de luz de interrupción durante el período de oscuridad. Esta luz de interrupción era una luz blanca. Ahora nos interesa la luz cuya longitud de onda sea el componente activo en la luz blanca. Para ello, el grupo de trabajo de BORTHWICK y HENDRICKS realizó experimentos con la ya mencionada planta de día corto *Xanthium strumarium*.
El componente activo es el rojo claro, ya que si damos rojo claro como luz de interrupción, se impide la inducción de la floración (fig. 266). Pero aún se vio más: si después de rojo claro, se irradiaba con rojo oscuro, las plantas florecían. El rojo oscuro tenía pues un efecto inhibidor del rojo claro. Este cambio se pudo repetir. Si nos acordamos ahora de experimentos de aplicación y resultados análogos en la germinación de las semillas de la lechuga (pág. 266), hemos ya encontrado el hilo: el sistema fitocromo interviene en la inducción de la floración. La siguiente cuestión debe ahora ser de qué modo podría participar el fito-

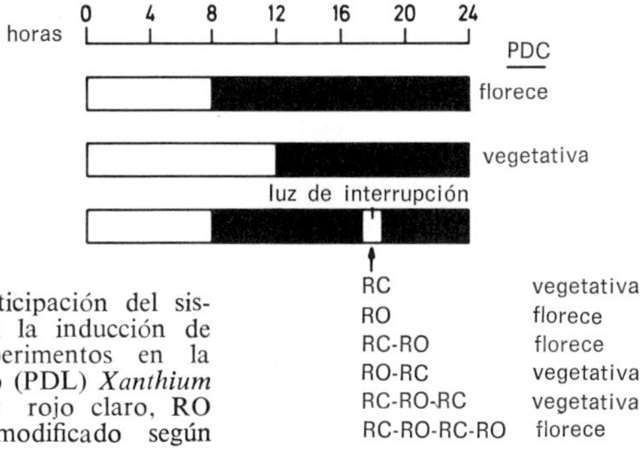

FIG. 266. La participación del sistema fitocromo en la inducción de la floración. Experimentos en la planta de día corto (PDL) *Xanthium strumarium*. RC = rojo claro, RO = ojo oscuro (modificado según GALSTON 1964).

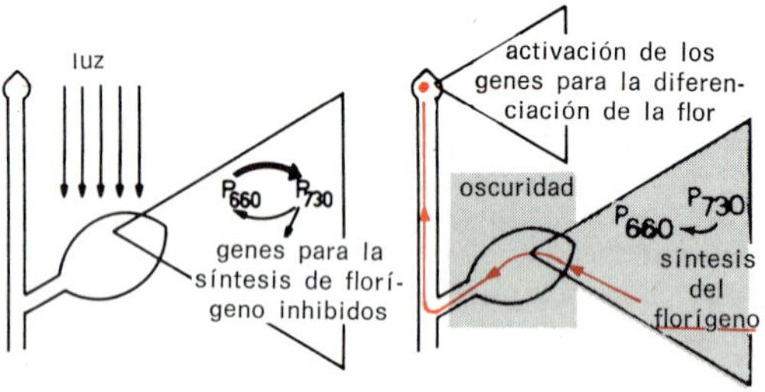

FIG. 267. Hipótesis de la inducción fotoperiódica de una planta de día corto.

cromo. Para plantas de día corto, BORTHWICK y HENDRICKS han desarrollado la siguiente hipótesis (compárese con la fig. 267): la radiación con rojo claro lleva a la formación de P_{730}, el fitocromo activo. Su actividad consiste en una inhibición de la inducción de la floración, a través de un mecanismo desconocido. En la luz del día existe más rojo claro que rojo oscuro. Consecuentemente de día se establece una concentración de P_{730} suficientemente elevada para impedir la inducción de la floración. De noche el P_{730} vuelve a transformarse en P_{660}, según toda apariencia, por un proceso controlado enzimáticamente. Una serie de resultados comprueban que esta conversión de P_{730} en P_{660} puede también tener lugar sin radiación de rojo oscuro. La consecuencia de esta conversión durante la noche es el descenso del contenido en P_{730} inhibidor: la síntesis de hormona de la floración, hasta ahora bloqueada, puede pues iniciarse. No omitamos que esta hipótesis, en algunas plantas de día corto, puede hacerse plausible sólo a través de hipótesis adicionales. Los experimentos que se adaptan también a las condiciones de las plantas de día largo, hasta ahora son poco convincentes.

GIBBERELINAS Y HORMONA DE LA FLORACIÓN

Las gibberelinas pueden sustituir al frío en muchas plantas que necesitan la vernalización. También se probaron las gibberelinas en plantas dependientes de la duración del día. Expongamos brevemente los resultados, en donde volvemos a incluir las especies dependientes del frío:

1. La mayoría de las especies que necesitan el frío, pueden hacerse florecer por tratamiento con gibberelinas.
2. Si después del frío, las plantas necesitan aún régimen de día

largo, por lo general por tratamiento con gibberelinas sólo se puede sustituir el frío, pero no el día largo.
3. En plantas de día largo sin requerimiento de frío, el régimen de día largo puede sustituirse por tratamiento con gibberelinas. Esto es válido especialmente para aquellas plantas de día largo en las cuales el paso a la floración está asociado a un crecimiento de rosetones.
4. En plantas de día corto, el régimen de día corto no puede reemplazarse por tratamiento con gibberelinas.

Se puede pues reemplazar por gibberelinas, bien el frío o el régimen de día largo, como indica el punto 2, pero raramente ambos a la vez. El régimen de día corto, por lo general no puede ser sustituido por gibberelinas. Podemos pues también desechar con seguridad que las gibberelinas puedan ser idénticas a las tan buscadas hormonas de la floración, pues

1. según los resultados de experimentos con injertos, las plantas de día largo llevan la misma hormona de floración que las plantas de día corto (pág. 357). Sin embargo, las gibberelinas pueden reemplazar el régimen de día largo pero no el de día corto;
2. en las mismas plantas de día largo, las gibberelinas no siempre actúan provocando la floración. Las plantas en rosetón son privilegiadas. Las plantas de día largo con entrenudos normalmente alargados, las llamadas plantas de día largo caulescentes, no pueden hacerse florecer mediante gibberelinas.

Las gibberelinas juegan pues un papel en la floración, pero no son hormonas de la floración.

INTERVENCIÓN DEL MATERIAL GENÉTICO

Al igual que en plantas que necesitan la vernalización, también en plantas dependientes de la duración del día, puede interrumpirse la inducción de la floración, por adición de antimetabolitos de la transcripción y la traducción. Las sustancias inhibidoras actúan parte en la hoja y parte en el meristemo caulinar. En lo referente a su acción en la hoja, podría aceptarse que perjudican la actividad de los genes que participan en la síntesis de la hormona de la floración. Su actividad en el meristemo caulinar, por lo menos en parte, no tiene ya que ver con la inducción de la floración, sino con la posterior diferenciación de las flores: se interrumpe la actividad de los genes para la diferenciación de las flores.

Aparte de esto, sin embargo, resultados antiguos de SALISBURY y BONNER en *Xanthium strumarium* y otros nuevos (1969) de

KREKULÉ en *Chrysanthemum rubrum,* también una planta de día corto, permiten suponer que a través de antimetabolitos como la 5-fluordesoxiuridina, podría impedirse una reduplicación de DNA en el meristemo caulinar, que parece ser necesaria para el éxito de la inducción de la floración. Aquí puede volverse a descubrir un paralelismo con la vernalización, ya que una vernalización eficaz parece estar asociada a células capaces de dividirse (pág. 350). Capacidad divisoria significa también capacidad para reduplicación del DNA. Actualmente una interpretación de estos resultados apenas tiene sentido.

HIPÓTESIS DE LA INDUCCIÓN FOTOPERIÓDICA DE UNA PLANTA DE DÍA CORTO

Intentemos reunir en una hipótesis los datos recopilados en los párrafos anteriores. Ciertamente esto sólo podemos hacerlo para las plantas de día corto, que están mejor estudiadas (fig. 267).
En la luz del día existe más rojo claro que rojo oscuro. Consecuentemente, de día en la hoja se obtiene una concentración de P_{730}, suficientemente elevada, como para producir una inhibición, de mecanismo químico desconocido, de la síntesis de la hormona de la floración. En la oscuridad el P_{730} se transforma paulatinamente en P_{660}. Si la oscuridad se mantiene durante suficiente tiempo, sobrepasando pues la duración de oscuridad crítica, existe entonces tan poco P_{730} que puede iniciarse la síntesis de la hormona de la floración. Ésta es controlada por los genes correspondientes y puede ser interrumpida por antimetabolitos de la transcripción y la traducción. Los gibberelinas intervienen de manera aún desconocida en la síntesis del florígeno.
Cuanto más a menudo se coloquen las plantas en un período de oscuridad inductivo, más hormona de la floración se formará. Después de un distinto número de ciclos luz-oscuridad, dependiente de la especie, existirá suficiente hormona de la floración, que circulará entonces por el floema a través del peciolo hasta el tallo y en éste hacia arriba al meristemo apical. Aquí el florígeno activará los genes para la diferenciación de la flor. También esta activación génica puede inhibirse por los antimetabolitos correspondientes. Con la incipiente actividad de los genes para la diferenciación de la flor, se acaba también la inducción de la floración. Se llega a un proceso oscilante en el meristemo, detectable al microscopio (fig. 253).
Veamos nuevamente: se trata de una hipótesis. Tengamos sólo presente al examinar la situación, que un punto central en este esquema, esto es la existencia del florígeno, aún no ha demostrado ser correcto.

c. Fotoperiodismo en la inducción de la floración como fenómeno de adaptación

Al hablar de la germinación, habíamos hecho constar que los distintos obstáculos a la germinación y las distintas condiciones germinativas, se formaban como adaptación a condiciones externas muy determinadas y diferentes según los casos. Lo mismo podemos suponer para la floración, un paso igualmente crítico en la vida de las plantas, pues una floración y luego una formación de semillas en un mal momento puede ser igualmente fatal que una germinación bajo condiciones desfavorables. En la dependencia de la floración del fotoperíodo se puede reconocer muy claramente una adaptación a las condiciones externas.

Primeramente se puede establecer que las plantas de las altas latitudes son en particular plantas de día largo. Se inducen pues con duraciones del día crecientes y pueden florecer y formar frutos, aún antes del inicio del invierno. En este caso las plantas de día corto hubieran fracasado, pues se hubieran inducido primero con los días cortos del otoño y luego hubieran pasado irreversiblemente con su fase reproductiva al invierno. Por el contrario es evidente que las plantas de latitudes muy bajas, o sea las plantas tropicales, han de ser plantas de día corto, en cuanto que no son neutras, y puesto que las plantas de día largo no florecerían en el ecuador. Hasta aquí hemos hablado sólo de latitudes muy altas y muy bajas. En una latitud geográfica media de 35-40°, se encuentran iguales cantidades de plantas de día largo que de día corto. Se han reunido datos, especialmente de nuestras plantas de cultivo, que tienen su procedencia en estas latitudes. En las latitudes altas era el duro invierno y en las bajas la duración del día siempre breve, que requerían la correspondiente adaptación. Para las latitudes medias otro factor regulador actúa repetidamente: los períodos de sequedad.

Simplificando, en las latitudes medias, un período de sequedad de este tipo se encuentra bien en el verano o en el invierno. En 1957 JUNGES probó la relación entre el origen de una serie de plantas de cultivo, el clima del lugar de origen y el comportamiento fotoperiódico. Con ello se vio que las plantas de cultivo de zonas con sequedad invernal, como determinadas regiones de China, la India y América Central son plantas de día corto, mientras que las plantas de cultivo de zonas con sequedad estival como determinadas regiones de Asia Central, Asia Menor y zonas mediterráneas, son por el contrario plantas de día largo.

El sentido de esta «regulación» debería verse a continuación:

El órgano duradero con el cual se supera el período de sequedad es la semilla. O sea, las plantas de zonas con sequedad in-

vernal se apresuran —hablando antropomórficamente— a proceder a la floración y formación de semillas al acortarse los días. Para las plantas de zonas con sequedad estival, los días largos son la señal de alarma para empezar la reproducción sexual a toda marcha.
El hombre ha plantado determinadas plantas de cultivo por todo el mundo, también en latitudes geográficas que hacen imposible la floración en el momento correcto. Sin embargo, con conocimiento de las bases fotoperiódicas de la inducción de la floración, le es fácil hacer reproducirse las plantas de cultivo en cuestión, mediante la correspondiente iluminación u oscurecimiento. Y al revés puede, en caso de que lo desee —pensemos en la germinación de la ensalada—, impedir también la floración a voluntad.

d. Luz y ritmos circadianos

Los párrafos sobre la inducción de la floración, a algunos lectores les pueden parecer ya bastante hipotéticos, a pesar de todos los hechos que conocemos, pues aún existen esencialmente más datos que nos son desconocidos. Sin embargo, no puede evitarse, precisamente en relación con el fotoperiodismo, abordar aún otro capítulo en el cual, a pesar de una abundancia de datos particulares, se desconocen las conexiones centrales. Queremos tratar brevemente sobre los ritmos circadianos.

El fenómeno del reloj biológico

Habíamos hablado de que las plantas pueden requerir días largos o cortos para llegar a florecer. Sobre ello nos habíamos dejado una cuestión en el tintero: ¿cómo se dan cuenta las plantas en cuestión de si son mantenidas en régimen de día largo o de día corto? ¿Cómo miden las plantas la duración del día? Nos estamos preguntando pues por el reloj interno. Sobre ello hemos de distinguir entre dos tipos de relojes:

1. *El reloj de arena.* Un determinado proceso es puesto en marcha por un estímulo y finaliza, al igual que la arena al resbalar de arriba abajo. El tiempo se mide pues por el transcurso de un determinado proceso. Un reloj de este tipo es fácilmente imaginable en el organismo viviente.
2. *El reloj oscilante.* Éste es el verdadero reloj «fisiológico» o «biológico», del cual se ha ocupado muy ampliamente BÜNNING en plantas. Un ejemplo: en *Kalanchoe blossfeldiana*

los pétalos se abren por la mañana y se vuelven a cerrar por la tarde. Es posible pues mantener a *Kalanchoe* durante un tiempo en oscuridad completa. Si las plantas habían sido mantenidas primero en un ciclo normal luz-oscuridad, el movimiento de los pétalos continúa luego, también en la oscuridad constante, o aunque con un pequeño amortiguamiento (fig. 268).

Detrás del fenómeno visible del movimiento de los pétalos, ha de existir un mecanismo que mida el tiempo, que sufra las correspondientes oscilaciones y que será pues un oscilador. Una vez este reloj fisiológico queda fijado, sigue transcurriendo de acuerdo con el ritmo establecido. En el ejemplo, la regulación se llevó a cabo por el cambio luz-oscuridad expuesto al principio. Los factores reguladores se denominan donadores del tiempo. Estos relojes fisiológicos están extendidos a organismos de todas

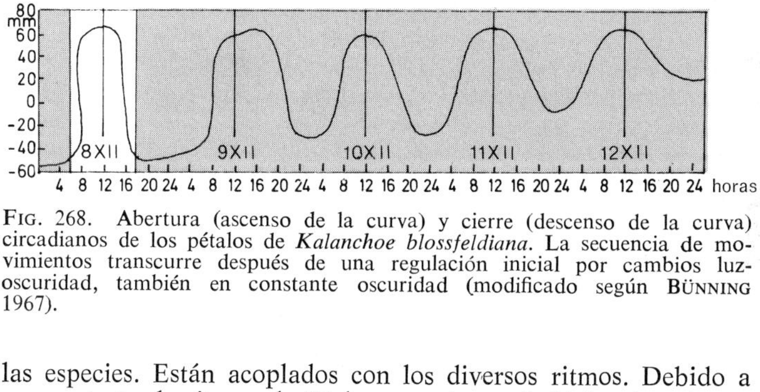

FIG. 268. Abertura (ascenso de la curva) y cierre (descenso de la curva) circadianos de los pétalos de *Kalanchoe blossfeldiana*. La secuencia de movimientos transcurre después de una regulación inicial por cambios luz-oscuridad, también en constante oscuridad (modificado según BÜNNING 1967).

las especies. Están acoplados con los diversos ritmos. Debido a que se trata de ritmos de 24 horas, antes se hablaba de «ritmos endógenos diurnos». Pero pronto se vio, sin embargo, que en condiciones externas constantes, estos ritmos muestran períodos, no de 24 horas, sino la mayoría de las veces, de 18-21 horas. Por esta razón, actualmente se prefiere la designación de *ritmos circadianos* (circa = aproximado, dies = día).

FOTOPERIODISMO EN LA INDUCCIÓN DE LA FLORACIÓN Y RELOJ FISIOLÓGICO

Volvamos a nuestro problema especial, el fotoperiodismo en la inducción de la floración. ¿Cómo se mide en este caso el tiempo, con el reloj de arena o con el oscilante, el reloj fisiológico en sentido estricto?
La respuesta según los datos hasta aquí expuestos, parece sen-

cilla: con el reloj de arena. A través del cambio luz-oscuridad, se pone en marcha un determinado proceso, durante cuyo transcurso la planta mide el tiempo. Evidentemente, un proceso de este tipo está también disponible, pues con el paso de luz a oscuridad, se inicia la conversión de P_{730} a P_{660}. Este proceso de conversión, bajo determinados supuestos, podría ser de todo punto el reloj de arena, utilizado por las plantas para medir la duración de la oscuridad.

Este mecanismo del reloj de arena, puede sin embargo funcionar, sólo si después de terminar el proceso, se le da otra vez la vuelta: debe llegarse siempre a un cambio luz-oscuridad. Durante la fase oscura, el P_{730} pasa a P_{660} y durante la fase lumínica el P_{730} se regenera, o sea que se vuelve a dar cuerda al reloj. Si la planta se lleva a condiciones constantes, como por ejemplo a oscuridad constante, este mecanismo del tiempo debería pararse.

Pero éste *no* es el caso. También en constante oscuridad las plantas sufren fases que se repiten periódicamente, en las cuales muestran una distinta sensibilidad frente a la luz. Primero veamos un ejemplo para la demostración en plantas de día corto (figura 269). En las plantas de día corto, como *Kalanchoe blossfeldiana,* como ya se había mencionado (fig. 265), puede impedirse la floración, a través de luz de interrupción en la fase oscura. Se llevó pues *Kalanchoe* a un período prolongado de oscuridad, después de los ciclos circadianos de luz-oscuridad iniciales, y durante la oscuridad se le administraron dos horas de luz de interrupción a intervalos determinados. Se tanteó pues la oscuridad con luz de interrupción, sobre las eventuales diferencias de sensibilidad a la luz. En la práctica, la influencia sobre la flo-

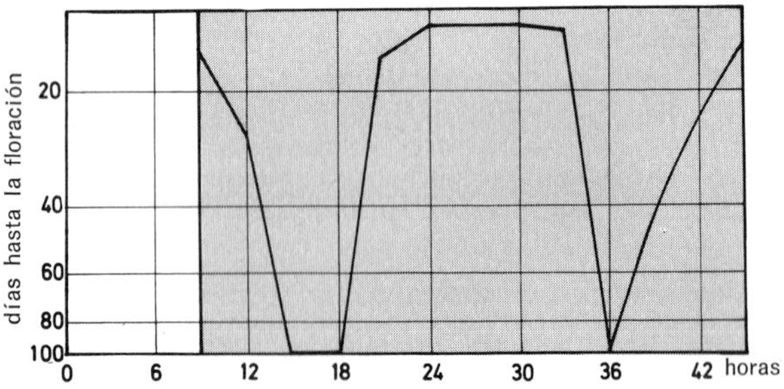

FIG. 269. Fotoperiodismo en la floración de una planta de día corto *(Kalanchoe blossfeldiana)*. En experimentos separados se ensayó con oscuridad prolongada, con luz de interrupción cada dos horas. Como indica el efecto sobre la floración, se repiten periódicamente fases de distinta sensibilidad a la luz (modificado según BÜNNING 1967).

ración, demostró que también en constante oscuridad existen fases que se repiten periódicamente de diferente sensibilidad a la luz.

Veamos ahora un experimento análogo en una planta de día largo (fig. 270). Las plantas de día largo, como *Hyoscyamus niger,* son activadas en su floración mediante luz de interrupción (figura 265). Después de los ciclos circadianos de luz-oscuridad, se colocó pues *Hyoscyamus* en la oscuridad y se tanteó otra vez la oscuridad con luz de interrupción sobre las fases de diferente sensibilidad a la luz, de dos en dos horas. Gracias a la influencia sobre la floración, se puede ver que también en oscuridad continua, estas fases se repiten periódicamente.

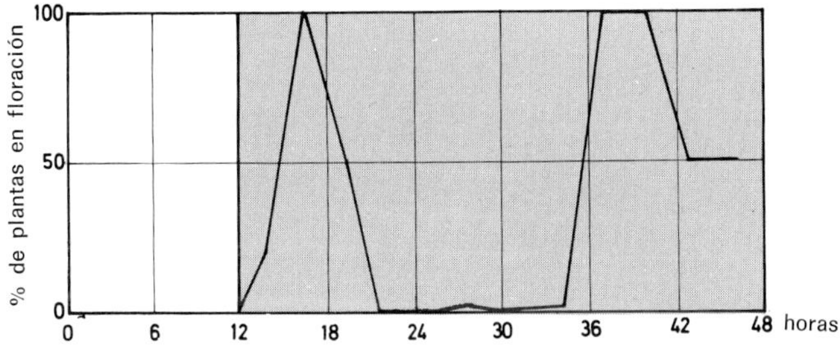

FIG. 270. Fotoperiodismo en la floración de una planta de día largo *(Hyoscyamus niger).* En experimentos separados se ensayó con oscuridad prolongada, con luz de interrupción cada dos horas. Como indica el efecto sobre la floración se repiten periódicamente fases de distinta sensibilidad a la luz (modificado según BÜNNING 1967).

Bajo condiciones de luz constantes, después de los ciclos circadianos luz-oscuridad dados al principio, las plantas oscilan aún durante 2-3 días, respecto a su sensibilidad frente a la luz. Hasta ahora habíamos hablado siempre del fotoperiodismo y sólo ahora reconocemos cuán acertados estábamos, pues realmente se repiten periódicamente estados de la misma sensibilidad a la luz. Detrás de estos fenómenos del fotoperiodismo en la inducción de la floración, existe un reloj fisiológico oscilante.

En lo referente a la naturaleza de los relojes fisiológicos, es relativamente fácil explicar, por ejemplo con bases moleculares, los descensos periódicos de actividad de determinados enzimas. Sin embargo, en fenómenos complejos del fotoperiodismo, los descensos de actividad de este tipo deberían ser sólo una parte de un sistema desconocido. Procurar una explicación para esto, es uno de los cometidos más interesantes de la botánica moderna.

BIBLIOGRAFÍA

A continuación nombraremos únicamente algunas exposiciones resumidas aparecidas desde 1970. * = introducciones. Revistas (aparte de las especializadas): Biologie in unserer Zeit, Biologische Rundschau, Naturwissen-schaftliche Rundschau, Scientific American y Umschau.
Artículos de aparición periódica (para especialistas): Fortschritte der Botanik y Annual Reviews (sobre todo Biochemistry, Genetics y Plant Physiology). Igualmente pensados para especialistas son los tomos de la Encyclopedia of Plant Physiology (New Series), que aparecen en amplia serie. Una buena introducción a temas concretos suponen los fascículos de Oxford Biology Readers.

Todos los capítulos

Bielka, H. (Hg.): Molekulare Biologie der Zelle. G. Fischer, Stuttgart 1973, 2. Aufl.
* Bogen, H.: Knaurs Buch der modernen Biologie. Droemer-Knaur, München-Zürich 1965, seitdem wiederholt Nachdrucke.
* Bogen, H.: Gezähmt für die Zukunft. Droemer-Knaur, München-Zürich 1973.
* Bresch, C., und R. Hausmann: Klassische und Molekulare Genetik. Springer, Berlin–Heidelberg–New York 1972, 3. Aufl.
* Buddecke, E.: Grundriß der Biochemie. De Gruyter, Berlin 1970.
* Czihak, G., H. Langer und H. Ziegler (Hg.): Biologie. Ein Lehrbuch. Springer, Berlin–Heidelberg–New York 1976.
* Günther, E.: Grundriß der Genetik. G. Fischer, Stuttgart 1971, 2. Aufl.
* Hess, D.: Genetik. Herder, Freiburg–Basel–Wien 1975, 4. Aufl.
* Karlson, P.: Kurzes Lehrbuch der Biochemie. Thieme, Stuttgart 1974, 9. Aufl.
* Kaudewitz, F.: Molekular- und Mikroben-Genetik. Springer, Berlin–Heidelberg–New York 1973.
* Knippers, R.: Molekulare Genetik. Thieme, Stuttgart 1971.
Ledbetter, M. C., and K. R. Porter: Introduction to the Fine Structure of Plant Cells. Springer, Berlin–Heidelberg–New York 1970.
* Kull, U. und H. Knodel: Genetik und Molekularbiologie. Metzler, Stuttgart 1976.
Ledoux, L. (Hg.): Genetik manipulations with plant material. Plenum Press, New York 1975.
* Libbert, E.: Lehrbuch der Pflanzenphysiologie. G. Fischer, Stuttgart 1973.
* Mohr, H.: Lehrbuch der Pflanzenphysiologie. Springer, Berlin–Heidelberg–New York 1971, 2. Aufl.
Milborrow, B. V. (ed.): Biosynthesis and its Control in Plants. Academic Press, London–New York 1973.
Nagl, W.: Chromosomen. Goldmann, München 1972.

* NOVIKOFF, A. B., und E. HOLTZMANN: Zellen und Organellen. BLV, München 1973.
* NULTSCH, W.: Allgemeine Botanik. Thieme, Stuttgart 1974, 5. Aufl.
PRICE, C. A.: Molecular Approaches to Plant Physiology. McGraw Hill, New York 1970.
* REINBOTHE, H.: Einführung in die Biochemie. G. Fischer, Stuttgart 1975.
STEWARD, F. C. (ed.): Plant Physiology, vol. I–VI C. Academic Press, New York–London 1960–1972.
* RENSING, L., R. HARDELAND, M. RUNGE und G. GALLING: Allgemeine Biologie. Ulmer, Stuttgart 1975.
* VON SENGBUSCH, P.: Einführung in die Allgemeine Biologie. Springer, Berlin–Heidelberg–New York 1974.
* STRASBURGERS Lehrbuch der Botanik für Hochschulen. G. Fischer, Stuttgart 1971, 30. Aufl.
* TRÄGER, L.: Einführung in die Molekularbiologie. G. Fischer, Stuttgart 1975, 2. Aufl.
* TROLL, W., und K. HÖHN: Allgemeine Botanik. Enke, Stuttgart 1973, 4. Aufl.
* Wissen im Überblick. Band „Das Leben“. Herder, Freiburg i. Br. 1971.

Metabolismo

BU LOCK, J. B.: Biosynthese von Naturstoffen. Bearb. und übers. von H. GRISEBACH und W. BARZ. BLV, München 1970.
CZYGAN, F. C. (Hg.): Farbstoffe in Pflanzen. G. Fischer, Stuttgart 1976.
* FROHNE, D. und U. JENSEN: Systematik des Pflanzenreichs (unter besonderer Berücksichtigung chemischer Merkmale und pflanzlicher Drogen). G. Fischer, Stuttgart 1973.
* GOODWIN, T. W., and E. I. MERCER: Introduction to Plant Biochemistry. Pergamon Press, Oxford 1972.
* HALL, D. O., and K. K. RAO: Photosynthesis. Arnold, London 1972.
HARBORNE, J. B., T. J. MABRY and H. MABRY (Hg.): The flavonoids. Chapman and Hall, London 1975.
* HOFFMANN, P.: Photosynthese. Akademie-Verlag, Berlin 1975.
* KINDL, H., und G. WÖBER: Biochemie der Pflanzen. Springer, Berlin–Heidelberg–New York 1975.
LEDOUX, L. (ed.): Genetic Manipulations with Plant Materials. Plenum Press, London–New York 1975.
LUCKNER, M.: Der Sekundärstoffwechsel in Pflanze und Tier. G. Fischer, Stuttgart 1970.
* RICHTER, G.: Stoffwechselphysiologie der Pflanzen. Thieme, Stuttgart 1971, 2. Aufl.
* TRIBE, M., and P. WHITTACKER: Chloroplasts and Mitochondria. Arnold, London 1972.
WHITTINGHAM, C. P.: The Mechanism of Photosynthesis. Arnold, London 1974.

Desarrollo (además del contenido hídrico y el transporte)

* BERNIER, G.: Cellular and Molecular Aspects of Floral Induction. Longman, London 1970.
* BLACK, M., and J. EDELMAN: Plant Growth, Heinemann, London 1970.
BRAUN, A. C. (ed.): Plant Tumor Research. Karger, Basel 1972.
* BUTTERFASS, TH.: Wachstums- und Entwicklungsphysiologie der Pflanze. Quelle und Meyer, Heidelberg 1970.
CANNY, M. J.: Phloem Translocation. University Press, Cambridge 1973.
CLARKSON, D. T.: Ion transport and cell structure in plants. McGraw-Hill, London 1974.
* EBERT, J. D., and I. M. SUSSEX: Interacting Systems in Development. Holt, Rinehart and Winston, New York 1970.
FELLENBERG, G.: Chromosomale Proteine. Ulmer, Stuttgart 1974.
* GALSTON, A. W., and P. J. DAVIES: Control Mechanisms in Plant Development. Prentice Hall, Englewood Cliffs 1970.
* HESS, D.: Entwicklungsphysiologie der Pflanzen. Herder, Freiburg–Basel–Wien 1975.
* HILL, TH. A.: Endogenous Plant Growth Substances. Arnold, London 1973.
KALDEWEY, H., and Y. VARDAR: Hormonal Regulation in Plant Growth and Development. Verlag Chemie, Weinheim 1972.
LESHEM, Y.: The Molecular and Hormonal Basis of Plant-Growth Regulation. Pergamon Press, Oxford 1973.
* KANDELER, R.: Entwicklungsphysiologie der Pflanzen. De Gruyter, Berlin–New York 1972.
LÜTTGE, U.: Stofftransport der Pflanzen. Springer, Berlin–Heidelberg–New York 1972.
MOHR, H.: Lectures on Photomorphogenesis. Springer, Berlin–Heidelberg–New York 1972.
* MOHR, H., und P. SITTE: Molekulare Grundlagen der Entwicklung. BLV, München 1971.
PRECHT, H., J. CHRISTOPHERSEN, H. HENSEL, and W. LARCHER: Temperature and Life. Springer, Berlin–Heidelberg–New York 1973.
REINERT, J. (Hg.): Applied and fundamental aspects of plant tissue culture. Springer, Berlin–Heidelberg–New York 1976.
SMITH, H.: Phytochrome and Photomorphogenesis. McGraw-Hill, London 1975.
STANLEY, R. G., and H. F. LINSKENS: Pollen. Springer, Berlin–Heidelberg–New York 1974.
STEWART, F. C., and A. D. KRIKORIAN: Plants, Chemicals and Growth. Academic Press, New York 1971.
STREET, H. E. (ed.): Plant Tissue and Cell Culture. Blackwell, Oxford 1973.
* STREET, H. E., and H. ÖPIK: The Physiology of Flowering Plants. Arnold, London 1970.
STREET, H. E. (ed.): Tissue Culture and Plant Science 1974. Academic Press, London–New York 1974.
* SUTCLIFFE, J. F., and D. A. BAKER: Plants and Mineral Salts. Arnold, London 1974.
VINCE-PRUE, D.: Photoperiodism in plants. McGraw-Hill, London 1975.
WAREING, P. F., and I. D. J. PHILIPS: The Control of Growth and Differentiation in Plants. Pergamon Press, Oxford 1970.

PROCEDENCIA DE LAS FIGURAS

La documentación para las figuras que sucesivamente se han citado fue tomada de la bibliografía dada. Excluyendo algunas excepciones, ésta ha sido profundamente modificada; las autotipias se han reproducido casi siempre por dibujos a rayas. Todas las demás figuras son originales.

BARON, W. M. M.: Organization in Plants. E. Arnold, London 1967, 2. Aufl.: 34, 35, 36.

BEERMANN, W.: Jahrbuch der Max-Planck-Gesellschaft, 1966, 69: 156.

BEERMANN, W., et al.: Cell Differentiation and Morphogenesis (Symposium). North-Holland Publishing Co., Amsterdam 1966: 264.

BENNETT, TH. P.: Elements of Protein Synthesis. An instructional Model. Freeman, San Francisco 1969: 4, 13.

BIDDULPH, S., und O. BIDDULPH: Scientific American 200, 44, 1959: 234.

BIELKA, H.: Molekulare Biologie der Zelle. G. Fischer, Stuttg. 1969: 145, 172.

BLASCHEK, W., und D. HESS: Z. Pflanzenphysiol. im Druck (1976).

BONNER, J., und J. VARNER: Plant Biochemistry. Academic Press, New York und London, 1965: 18.

BOPP, M.: Naturwiss. Rdsch. 16, 349, 1963: 151.

BÜNNING, E.: The Physiological Clock. Springer, New York 1967, 2. Aufl.: 268, 269, 270.

CANNY, M. J.: Phloem Translocation. Cambridge University Press, Cambridge 1973: 249, 250.

CHOLLET, R., and D. J. PAOLILLO: Z. Pflanzenphysiol. 68, 30, 1972: 42.

CHROBOCZEK, H., und J. H. CHERRY: Biochem. biophys. Res. Commun. 20, 774, 1965: 158.

CLOWES, F. A. L., und B. E. JUNIPER: Plant Cells. Blackwell, Oxford und Edinburgh 1968: 58.

CUTTER, E. G.: Plant Anatomy: Experiment and Interpretation. Part I. Cells and Tissues. A. Arnold, London 1969: 212.

DURE, L., und L. WATERS: Science 147, 410, 1965: 20.

ESCHRICH, W.: Planta 73, 37, 1967: 247, 248.

FEIERABEND, J.: Umschau 1967, 494: 228.

FELLENBERG, G.: Chromosomale Proteine. Ulmer, Stuttgart 1974: 166.

FREUDENBERG, K., und A. C. NEISH: Constitution and Biosynthesis of Lignin. Springer, Berlin-Heidelberg-New York 1968: 113, 115.

GALSTON, A. W.: Physiologie der grünen Pflanze, Franckh, Stuttgart 1964: 213, 266.

GEORGIEV, G. P.: Current Topics Develop. Biol. 7, 1, 1972: 169.

GOLDSBY, R. A.: Cells and Energy. Macmillan, New York und London 1968: 2. Aufl.: 30, 31.

GOODWIN, T. A.: Chemistry and Biochemistry of Plant Pigments. Academic Press, London und New York 1965: 198.

GOVINDJEE, and R. GOVINDJEE: Sci. American 231, 68, 1974: 32.

HALL, D. O., and K. K. RAO: Photosynthesis. Arnold, London 1972: 38a.

HARTSEMA, A. M., LUYTEN, I., und A. H. BLAUW: Verh. Koninkl. Ned. Akad. Wetenschap Afd. Natuurk. Sect. II 27, 1, 1940: 196.

HESS, D.: Z. Pflanzenphysiol. 56, 295, 1967: 160.

HESS, D.: Biochemische Genetik. Springer, Berlin-Heidelberg-New York 1968: 10, 88. 89, 147, 148, 153, 161, 164, 187, 194, 202, 260.

HESS, D.: in Wissen im Überblick, Bd. „Leben“. Herder, Freib. i. Br. 1970: 148.

HESS, D.: Entwicklungsphysiologie der Pflanzen. Herder, Freiburg-Basel-Wien 1975: 162, 216.

HOTTA, Y., und H. STERN: Proc. nat. Acad. Sci. (Wash.) 49, 648, 1963: 163.

JACOBS, W. P.: Amer. J. Bot. 90, 163, 1956: 232.

JANICK, J., R. W. SCHERY, F. W. WOODS und V. W. RUTTAN: Plant Science. Freeman, San Francisco 1969: 1, 214, 219.

KARLSON, P.: Kurzes Lehrb. d. Biochemie. G. Thieme, Stuttg. 70, 7. Aufl.: 56, 57.

KAUDEWITZ, F.: in 9. Kolloquium der Ges. f. Physiol. Chemie in Mosbach, 104, 1958: 5.

KIMBALL, J. W.: Cell Biology. Addison-Wesley Publ. Co., Reading, Menlo Park und London 1970: 12.

KOLLER, D.: Scientific American 200, 75, 1959: 226.

KREUTZ, W.: Umschau 1966, 806: 38b.

KÜHN, A.: Grundriß der Genetik. Quelle und Meyer, Heidelberg 1965, 4. Aufl.: 143, 197, 204.

KÜHN, A.: Entwicklungsphysiologie. Springer, Berlin-Heidelberg-New York 1965, 2. Aufl.: 155, 230, 256, 259, 262, 263.

KURSANOV, A. L.: in Advances in Botanical Research vol I, 209. Academic Press, London und New York 1963: 243.

LAETSCH, W. M.: Ann. Rev. Plant Physiol. 25, 27, 1974: 41, 46.

LANG, A.: Proc. nat. Acad. Sci. (Wash.) 43, 709, 1957: 257.

LANGE, H., und H. MOHR: Planta 67, 107, 1965: 201.

LEHNINGER, A.: Bioenergetik. G. Thieme, Stuttgart 1969: 27, 70, 71, 94.

LEOPOLD, A. C.: Plant Growth and Development. McGraw-Hill, New York, San Francisco, Toronto, London 1964: 215, 258.

LÜTTGE, U.: Aktiver Transport (Kurzstreckentransport) in Pflanzen. Springer, Wien und New York 1969: 252.

LÜTTGE, U.: Stofftransport der Pflanzen. Springer, Berlin-Heidelberg-New York 1974: 238, 251.

LYNEN, F.: Jahrbuch der Max-Planck-Gesellschaft 1969, 46: 9, 23, 79.

MOHR, G., und H. ZIEGLER: Symposium Morphaktine. Gustav Fischer, Stuttgart 1969: 190.

NAGL, W.: J. Cell Sci. 6, 87, 1970: 157.

NULTSCH, W.: Allgemeine Botanik. G. Thieme, Stuttgart 1968, 3. Aufl.: 150.
OVERBECK, J. VAN: Scientific American 219, 75, 1968: 229.
Plant Research '66. MSU/AEC Plant Res. Laboratory; East Lansing/Michigan 1966: 185.
PURVIS, O. N., und F. G. GREGORY: Ann. Botany 1, 569, 1937: 254.
RABIDEAU, G. S., und G. O. BURR: Amer. J. Bot. 32, 349, 1945: 241.
RICHARDSON, M.: Translocation in Plants. E. Arnold, London 1968: 240.
RÜDIGER, W., und D. L. CORREL: J. Liebigs Ann. Chem. 723, 208, 1969: 200.
RUGE, U.: Angewandte Pflanzenphysiologie. Eugen Ulmer, Stuttgart 1966: 222, 224, 225, 255.
RUHLAND, W.: Handbuch der Pflanzenphysiologie, Bd. XIV, 1162. Springer, Berlin, Göttingen, Heidelberg 1961: 183.
SALISBURY, F. B.: The Flowering Process. Pergamon Press, Oxford, London, New York, Paris 1963: 253.
SKOOG, F., und C. O. MILLER: Biological Action of Growth Substances. Cambridge University Press, Cambridge 1957: 221.
STAHL, F. W.: Mechanismen der Vererbung. G. Fischer, Stuttgart 1969: 146.
STEWARD, F. C.: Scientific American 209, 104, 1963: 217.
STEWARD, F. C.: Plant Physiology, vol. IV A, 1965: 159; vol. IV B, 1966: 44, 217. Academic Press, New York und London.
STEWARD, F. C.: Pflanzenleben. Bibliographisches Institut, Mannheim und Zürich 1969: 176.
STOUT, P. R., und D. R. HOAGLAND: Amer. J. Bot. 26, 320, 1939: 235.
STRASBURGER'S Lehrbuch der Botanik für Hochschulen. Gustav Fischer, Stuttgart 1967, 29. Aufl.: 152.
SUTCLIFFE, J.: Plants and Water. E. Arnold, London 1968: 236.
TAYLOR, J. H., P. S. WOODS und W. L. HUGHES: Proc. nat. Acad. Sci. (Wash.) 43, 122, 1957: 149.
TORREY, J. G.: Development in Flowering Plants. Macmillan, New York und London 1968, 3. Aufl.: 180, 181, 208, 210, 220, 231, 233.
TREBST, A.: Biol. in unserer Zeit, 2, 101, 1972: 33
WALTER, H.: Grundlagen des Pflanzenlebens. Eugen Ulmer, Stuttgart 1962, 4. Aufl.: 178, 205, 209, 219, 237, 239.
WEST, A.: in B. V. MILBORROW, Biosynthesis and its Control in Plants S. 143, Academic Press London und New York 1973: 98.
WIELAND, TH., und G. PFLEIDERER: Molekularbiologie. Umschau-Verlag, Frankfurt 1969: 22.
WILKINS, M. B.: Physiology of Plant Growth and Development. McGraw-Hill, London 1969: 31, 184.
WOODING, F. B. P.: Phloem. Oxford Biology Readers 15, Oxford University Press, Oxford 1971: 246.
ZACHAU, H. G., D. DÜTTING und H. FELDMANN: Angew. Chemie 78, 392, 1966: 11.
ZENK, M. H.: Ber. dt. Bot. Ges. 83, 325 (1970): 191.
ZIEGLER, H.: Naturwiss. 50, 177, 1963: 244, 245.

ÍNDICE ALFABÉTICO

Los números en **negrita** se refieren a la página en la que se trata el concepto más detalladamente y los indicados con un * se refieren a las figuras.